MONOGRAPHIEN AUS DEM GESAMTGEBIET DER PHYSIOLOGIE DER PFLANZEN UND DER TIERE

HERAUSGEGEBEN VON

M. GILDEMEISTER-LEIPZIG · R. GOLDSCHMIDT-BERLIN
C. NEUBERG-BERLIN · J. PARNAS-LEMBERG · W. RUHLAND-LEIPZIG

ZWEIUNDZWANZIGSTER BAND

DIE CHEMISCHEN VORGÄNGE IM MUSKEL
UND IHR ZUSAMMENHANG MIT ARBEITSLEISTUNG
UND WÄRMEBILDUNG

VON

OTTO MEYERHOF

BERLIN
VERLAG VON JULIUS SPRINGER
1930

DIE CHEMISCHEN VORGÄNGE IM MUSKEL
UND IHR ZUSAMMENHANG MIT ARBEITSLEISTUNG UND WÄRMEBILDUNG

VON

PROFESSOR OTTO MEYERHOF
DIREKTOR DES INSTITUTS FÜR PHYSIOLOGIE
KAISER WILHELM-INSTITUT FÜR MEDIZIN. FORSCHUNG · HEIDELBERG

MIT 66 ABBILDUNGEN

BERLIN
VERLAG VON JULIUS SPRINGER
1930

ALLE RECHTE, INSBESONDERE DAS DER ÜBERSETZUNG
IN FREMDE SPRACHEN, VORBEHALTEN.
COPYRIGHT 1930 BY JULIUS SPRINGER IN BERLIN.
Softcover reprint of the hardcover 1st edition 1930

ISBN-13: 978-3-642-88813-7   e-ISBN-13: 978-3-642-90668-8
DOI: 10.1007/978-3-642-90668-8

A. V. HILL

DEM ERNEUERER DER THERMODYNAMIK DES MUSKELS

IN FREUNDSCHAFT ZUGEEIGNET

Vorwort.

Das vorliegende Buch enthält zur Hauptsache eine zusammenhängende Darstellung der in dem Zeitraum von 1919—1924 aus dem Physiologischen Institut der Universität Kiel und anschließend bis 1929 aus dem Kaiser Wilhelm-Institut für Biologie, Berlin-Dahlem, veröffentlichten Arbeiten über die Chemie und Thermodynamik des Muskels. Kürzere zusammenfassende Darstellungen darüber sind schon mehrfach gegeben worden, vor allem in ASHER-SPIROS Ergebnissen der Physiologie (1923) und in BETHES Handbuch der Physiologie VIII. 1 (1924). Doch liegt der letzte dieser zusammenfassenden Berichte schon fünf Jahre zurück, und obendrein war eine ausführlichere und in sich abgeschlossene Behandlung des fraglichen Gebietes auf dem jetzigen Stande erwünscht. Die Arbeiten anderer Forscher sind so weit berücksichtigt, als sie die Grundlage dieser Untersuchungen bildeten, später in dem Maße, als sie für die hier behandelten Fragen von spezieller Wichtigkeit waren. Dagegen war es nicht beabsichtigt, ein Referat über die gesamte Literatur zu dem vorliegenden Thema zu schreiben. Eine besondere Stellung nehmen die Arbeiten A. V. HILLS und seiner Mitarbeiter ein. Die Erneuerung der Thermodynamik des Muskels, die man ihm verdankt, hat nicht nur einen wesentlichen Ausgangspunkt für die chemischen Arbeiten geliefert, sondern ist auch deshalb für die Darstellung des Buches von besonderer Wichtigkeit, weil die mit myothermischen Methoden erhaltenen Ergebnisse sich mit den kalorimetrischen und chemischen wechselseitig ergänzen und sich auf ihnen gemeinsam ein in seiner Grundlage gefestigtes Erkenntnisgebäude über die Energieumwandlungen im Muskel hat errichten lassen. Ich habe den myothermischen Untersuchungen HILLs daher ein größeres Kapitel (VIII) gewidmet. Doch wird hoffentlich bald von seiner eigenen Hand eine zusammenfassende Darstellung seiner thermodynamischen Arbeiten erscheinen — ausführlicher als es hier geschehen konnte — und mit der vorliegenden Schrift zusammen ein abgerundetes

Gesamtbild über die Energieumwandlungen im Muskel auf dem gegenwärtigen Stand unserer Kenntnisse ergeben.

Nicht unerwähnt möchte ich lassen, daß meine eigenen biochemischen Arbeiten von den Forschungen OTTO WARBURGS ihren Ursprung genommen haben, dem ich persönlich die Einführung in die zellphysiologischen Probleme und Methoden verdanke. Ohne die von ihm geschaffene exakte manometrische Methodik hätte auch die Atmung des Muskels und damit der entscheidende Zusammenhang von Sauerstoffverbrauch und Milchsäureschwund nicht vollständig erforscht werden können, wie seine großartigen Entdeckungen auf den Gebieten von Zellatmung, Gärung und Assimilation befruchtend auf viele der in diesem Buche geschilderten Untersuchungen gewirkt haben.

Als spezieller Ausgangspunkt für die Bearbeitung der Biochemie des Muskels seien noch genannt die Pionierarbeiten von FLETCHER und HOPKINS über die Milchsäurebildung im Amphibienmuskel (1907) und die von J. K. PARNAS über die Atmung und den Kohlehydratumsatz im Froschmuskel (1914/15).

Die Forschung über die chemischen Vorgänge im Muskel befindet sich noch in lebhaftem Fluß. So ist die chemische Aufklärung der Wärmebildung noch unvollständig, die Theorie der Muskelkontraktion steht erst in ihren Anfängen; auch überraschende Funde bisher unbekannter Substanzen aus den letzten Jahren verstärken den Eindruck, daß bei längerem Zuwarten manche Teile des Buches eine bestimmtere Fassung erhalten und manche provisorischen Annahmen dann entweder mehr gesichert oder auch revidiert sein würden. Die experimentelle Bearbeitung dieser ungelösten Probleme sollte jedoch das Erscheinen des Buches nicht länger verzögern. Es möge vielmehr zu ihrer fortschreitenden Lösung anstacheln.

Entsprechend dem Plane des Buches habe ich das Literaturverzeichnis in zwei Abschnitte gegliedert. Alle mit A bezeichneten Arbeiten entstammen dem eigenen Laboratorium; sie sind in chronologischer Ordnung von 1919 ab vollständig angeführt. Das Verzeichnis A stellt danach eine Bibliographie dar, in der auch von dem genannten Zeitpunkt an andere, zellphysiologischen Fragen gewidmete Publikationen enthalten sind. Das Literaturverzeichnis B enthält die im Text genannten Arbeiten anderer Forscher. Dieses ist alphabetisch geordnet. Die Buchstaben A und

B vor den Zahlen im Text weisen also auf die beiden getrennten Literaturverzeichnisse hin.

Der Kaiser Wilhelm-Gesellschaft zur Förderung der Wissenschaften und der Notgemeinschaft der Deutschen Wissenschaft möchte ich für die Förderung der in diesem Buche wiedergegebenen Arbeiten meinen Dank aussprechen. Vor allem aber danke ich meinen Mitarbeitern, besonders Herrn Privatdozenten Dr. K. LOHMANN, dem verschiedene wesentliche in diesem Buche wiedergegebene Fortschritte der Muskelchemie zu verdanken sind, und der sich der Mühe unterzog, Manuskript und Korrektur des Buches sorgfältig zu lesen.

Heidelberg, im Februar 1930.

O. MEYERHOF.

Inhaltsverzeichnis.

	Seite
Vorbemerkungen	1
1. Theoretische Gesichtspunkte	1
2. Stoffeinteilung	3
I. Atmung und Anaerobiose des Muskels	5
A. Sauerstoffversorgung des isolierten Muskels	5
B. Ruheatmung des isolierten Kaltblütermuskels	10
1. Atmungsgröße	10
2. Respiratorischer Quotient	13
3. Atmungbeeinflussende Substanzen	13
a) Lactat	13
b) Andere Substanzen	15
C. Ruheanaerobiose und Restitution im isolierten Kaltblütermuskel	17
1. Geschwindigkeit der anaeroben Milchsäurebildung	17
2. Starremaximum der Milchsäure	19
a) Höhe des Maximums	19
b) Säuerung	20
c) Verschiedene Milchsäuremaxima	23
3. Restitution nach Ruheanaerobiose	24
4. Kohlehydratbilanz bei dem Ruhestoffwechsel	27
D. Tätigkeitsstoffwechsel im isolierten Kaltblütermuskel	28
1. Historische Übersicht	28
2. Ermüdungsmaximum der Milchsäure	30
a) Bei Übertritt der Milchsäure in die Außenlösung	30
b) Schwankungen des Ermüdungsmaximums	33
3. Zeitlicher Zusammenhang von Arbeit und Milchsäurebildung	35
4. Oxydative Restitution	36
a) Erholung nach weitgehender Ermüdung	36
b) Bestimmung des Oxydationsquotienten aus dem isometrischen Koeffizienten	41
5. Kohlehydratbilanz	44
E. Stoffwechsel des Kaltblütermuskels in situ	48
1. Ruhestoffwechsel	48
2. Tätigkeitsstoffwechsel	50
F. Stoffwechsel des Säugetiermuskels	52
1. Versuche an ausgeschnittenen Muskeln	52
2. Versuche an durchströmten Warmblütermuskeln	56
3. Versuche am Menschen	59

Inhaltsverzeichnis. XI

Seite

G. Über den Stoffwechsel der Kontraktur 63
   1. Totenstarre 64
   2. Wärmestarre 66
   3. Chemische Starren 66
   4. Tonus 69

II. **Die mit der Tätigkeit verbundenen chemischen Vorgänge** ... 69
   A. Kohlehydrate..................... 70
      1. Polysaccharide 70
      2. Hexosephosphorsäuren 71
         a) Chemische Eigenschaften 73
           α) Dissoziationskonstanten 73
           β) Hydrolysezahlen 74
           γ) Reduktionswerte 76
         b) Gehalt und Umsatz im Muskel 78
   B. Neutralisierung der Milchsäure 83
   C. Adenylpyrophosphorsäure 85
      1. Hydrolyse der Pyrophosphatfraktion 87
      2. Ammoniakabspaltung aus Adenylsäure 88
   D. Guanidinophosphorsäuren ("Phosphagene") 92
      1. Chemische und physikalisch chemische Eigenschaften . . 93
         a) Dissoziationskonstanten 95
         b) Hydrolysenzahlen 98
      2. Verhalten der Kreatinphosphorsäure im ruhenden Muskel 99
      3. Verhalten der Kreatinphosphorsäure bei der Tätigkeit . 100
         a) Normale Muskeln 100
         b) Muskeln nach Aufhebung der indirekten Erregbarkeit 103
         c) Zusammenhang des Phosphagenzerfalls mit der Erregungsgeschwindigkeit bzw. "Chronaxie" 105

III. **Stoffwechsel des Muskelgewebes** 110
   A. Atmung der zerkleinerten Muskulatur 110
      1. Absolute Atmungsgröße 111
      2. Einfluß des Lactats 112
   B. Milchsäurebildung in der zerschnittenen Muskulatur 114
      1. Anaerobiose 114
      2. Zusammenhang von Atmung und Milchsäurebildung . . 117
      3. Kohlehydratumsatz 120
         a) Bilanz des präformierten Kohlehydrats 120
         b) Milchsäurebildung aus zugesetzten Kohlehydraten . . 121
         c) Intermediärvorgänge 122
   C. Aufspaltung von Adenylpyrophosphat in zerkleinerter Muskulatur 124
   D. Stoffwechsel des wasserextrahierten Muskelgewebes 128
      1. Rolle des Koferments in der anaeroben Kohlehydratspaltung 128
         a) Vorkommen des Gärungskoferments im Muskel . . . 128
         b) Rolle der Kozymase für die Milchsäurebildung . . . 130
      2. Rolle des Koferments bei der Atmung, "Atmungskörper" 131

XII Inhaltsverzeichnis.

Seite
    3. Bedeutung der Sulfhydrilgruppe 134
    4. Oxydation von organischen Säuren in wasserextrahierter Muskulatur 138
IV. **Die chemischen Vorgänge im zellfreien Muskelextrakt** 140
  A. Kohlehydratumsatz. 140
    1. Herstellung und Reinigung der Fermentlösung 141
    2. Umsatz der Polysaccharide 143
      a) Hydrolyse des Glykogens und der Phosphorsäureester 143
      b) Milchsäurebildung und Veresterung der Polysaccharide 144
    3. Umsatz der gärfähigen Hexosen mit Hefeaktivator („Hexokinase") 149
    4. Umsatz der Hexosemonophosphorsäuren 155
    5. Theorie des Zuckerumsatzes 157
    6. Analogien der Kohlehydratspaltung im Muskelextrakt und Hefesaft 159
      a) Rolle der Phosphorsäureester 159
      b) Intermediärprodukte 166
  B. Umsatz der Guanidinophosphorsäuren 170
    1. Kreatinphosphorsäure 170
    2. Argininphosphorsäure 171
  C. Rolle des Adenylpyrophosphats 172
V. **Der Spaltungs- und Oxydationsstoffwechsel der Zellen** 175
  A. Pasteur's Theorie. 175
  B. Aerobe und anaerobe Glykolyse tierischer Gewebe 177
    1. O. Warburgs Arbeiten über die Pasteursche Reaktion . 177
      a) Die Pasteursche Reaktion unter physiologischen und pathologischen Verhältnissen 177
      b) Beeinflussungen der Pasteurschen Reaktion 181
    2. Oxydativer Verbrauch des Lactats 182
    3. Stoffwechsel des peripheren Nerven im Vergleich zum Muskel 186
  C. Zuckerumsatz in Bakterien und Hefe 189
    1. Milchsäurebildung in Bakterien 189
      a) Anaerobe Milchsäurebakterien 189
      b) Aerobe Bakterien 189
    2. Atmung und Gärung der Hefe 190
  D. Unterschiede des Muskelstoffwechsels gegenüber dem der anderen Gewebe. 193
    1. Kohlehydratspaltung 193
    2. Ammoniakbildung 195
    3. Respiratorischer Quotient 197
VI. **Die chemischen Vorgänge im Zusammenhang mit der Wärmebildung** 197
  A. Historische Übersicht 198
    1. Myothermische Arbeiten 198
    2. Kalorimetrische Arbeiten 200

Inhaltsverzeichnis. XIII

B. Wärmebildung der anaeroben Phase 201
 1. Der kalorische Quotient der Milchsäure (c. Q.) 203
  a) Bei der Tätigkeit 203
  b) In der Ruhe 204
  c) Bei der Starre 206
  d) In zerschnittener Muskulatur 207
 2. Wärmebildung der enzymatischen Spaltungen im Muskelextrakt 208
  a) Spaltungswärme des Glykogens 208
  b) Spaltungswärme der Kreatinphosphorsäure 209
 3. Thermochemische Daten 210
  a) Verbrennungswärme des Glykogens 211
  b) Verbrennungswärme der Milchsäure 213
 4. Wärmebildung der physikalisch-chemischen Vorgänge . 214
  a) Eindringen von Säure 214
  b) „Entionisierungswärme" von Protein 216
   α) Die „scheinbare Dissoziationswärme" der Aminosäuren 216
   β) „Scheinbare Dissoziationswärme" des Eiweiß im Muskel 219
 5. Diskussion des kalorischen Quotienten 221
C. Wärmebilanz der aeroben Tätigkeit 224
 1. Kalorimetrisch gemessene Wärme der Restitutionsperiode 224
 2. Zyklus der aeroben Energieumwandlungen 226
 3. Die Energetik der Kohlehydratsynthese aus Brenztraubensäure 229

VII. **Chemische Vorgänge im Zusammenhang mit der Arbeitsleistung** 231
A. Der isometrische Koeffizient der Milchsäure 231
 1. Der isometrische Koeffizient der Milchsäure bei Einzelzuckungen 232
 2. Der isometrische Zeitkoeffizient 234
B. Der isometrische Koeffizient des Sauerstoffs . . . 238
C. Zusammenhang von Spannungsentwicklung und äußerer Arbeit 239
 1. Aufnahme des Spannungslängendiagramms 239
 2. Vergleich des Spannungslängendiagramms mit der effektiven Arbeitsleistung 243
 3. Spannungslängendiagramm und Ergometerkurve 248
D. Milchsäurebildung und effektive Arbeit 252

VIII. **Wärmebildung und Arbeitsleistung des Muskels auf Grund myothermischer Messungen** 255
A. Zeitlicher Verlauf der Wärmebildung 255
 1. Trennung der initialen und verzögerten Wärme . . . 256
  a) Verlauf der oxydativen Wärme 257
  b) Größe der oxydativen Wärme im Vergleich zur initialen 260
 2. Die einzelnen Phasen der initialen Wärme 263

Inhaltsverzeichnis.

B. Mechanische Leistung und Wärmebildung 270
  1. Isometrische Kontraktion 270
    a) Verhältnis von Spannung und Wärme bei Einzelzuckung und Tetanus 270
    b) Spannung und Wärmeentwicklung bei Kontrakturen 273
  2. Isotonische und auxotonische Kontraktion 274
    a) Regulation der Energie 274
    b) Anaerober mechanischer Wirkungsgrad 277

IX. **Ausblicke auf die Theorie der Kontraktion** 280
  A. Bedeutung von Oxydation und Anaerobiose . . . 281
    1. Arbeitsfähigkeit von Oxydationsvorgängen 281
    2. Geschwindigkeit der Energieänderung bei der Kontraktion 282
    3. Ausnützung der Nährstoffenergie durch anaerobe Prozesse 284
  B. Rolle der Spaltungsvorgänge 285
    1. Milchsäurebildung 285
    2. Entstehen von anorganischem Phosphat 287
    3. p_H-Änderung 288
    4. Freie Energie der Kohlehydratspaltung 290
  C. Physikalisch-chemische Zustandsänderungen . . . 290
    1. Änderung der Doppelbrechung und des Röntgendiagramms 290
    2. Volumenkontraktion 292
    3. Viscös-elastische Veränderung 293
    4. Histologische Beobachtungen des Kontraktionsvorgangs . 295
  D. Einige spezielle Kontraktionshypothesen 296
    1. Quellungshypothese 296
    2. Osmotische Hypothese 298
    3. Theorie der Änderung der Oberflächenspannung 299
    4. Theorien der micellaren Verfestigung 300
      a) Änderung der Gitterkräfte von Fettsäurekrystallen . . 300
      b) Innere Salzbildung des Verkürzungsproteins 301

X. **Methoden** 305
  A. Chemische Methoden 306
    1. Milchsäure 306
    2. Kohlehydrate 309
    3. Bestimmung der Phosphorsäurefraktionen 310
      a) Guanidinophosphorsäuren 311
        α) Kreatinphosphorsäure 311
        β) Argininphosphorsäure 312
      b) Pyrophosphatfraktion 312
      c) Hexosephosphorsäuren 313
  B. Manometrische Methoden 313
  C. Kalorimetrische Methoden 317

Literatur 319

Vorbemerkungen.
1. Theoretische Gesichtspunkte.

Das Ziel der Muskelphysiologie ist die Beantwortung der Frage, wie die chemischen Prozesse im Organismus mechanische Arbeit leisten; es ist daher ein Problem der allgemeinen Physiologie. Die befriedigende Lösung dieser Aufgabe müßte in der Zurückführung der Erscheinungen auf solche der unbelebten Natur bestehen. So unvollständig dies bisher gelungen ist, so zweifeln wir nicht, daß ein Teil dieses Weges, wenn auch ein noch so geringer, zu dem naturwissenschaftlichen Ziel der Biologie in den dargestellten Untersuchungen zurückgelegt ist.

Die Zurückführung auf Vorgänge der Chemie und Physik ist noch keine letzte Erklärung der Erscheinungen, doch ist es Sache der Physiker und Chemiker, diese letzte Erklärung zu liefern. „Zurückführung" bedeutet die Feststellung des Mechanismus, die Angabe eines Modells, das auf gleichem Wege zu gleichen Kraftäußerungen führt, wie sie der Organismus vollbringt. Fehler früherer Modellarbeiten war nicht dieses Ziel, sondern der Umstand, daß in ihnen Lebensäußerungen der Zelle nur äußerlich nachgeahmt wurden, während die Mittel des Organismus zur Erzielung derselben Wirkungen noch völlig unbekannt waren.

Die physikalischen und chemischen Voraussetzungen der Lebenserscheinungen zu finden, verlangt die strikte Anwendung des Kausalgesetzes, wobei ein bloßer Konditionalismus, den man im Anschluß an MACH und AVENARIUS auch in die Biologie hat einführen wollen, keineswegs ausreichend ist. Wir sehen also als letzte Ursachen für das Auftreten eines Vorganges in der belebten und unbelebten Welt die physikalischen Kräfte an, wenn auch für das Zustandekommen im besonderen Falle zahlreiche Bedingungen und eine bestimmte räumliche Anfangskonstellation gegeben sein müssen. Keinesfalls kann in der besonderen Forschungsweise der Biologie eine Stütze gegen die strikte Anwendung des Kausalgesetzes gefunden werden. Und sie wird nicht betroffen von den Diskussionen der modernen Atomphysik, welche die heute meist verwandte Formulierung des Kausalgesetzes (als Nahwirkungsgesetz) in Frage gestellt haben. Es mag ganz wohl sein, daß, wie RUSSEL in seinem Buche „Philosphie der Materie"[1] schreibt: „die Wissenschaft nicht mehr zu jener rohen Form der Kausalität zurückkehren wird, an die die Fidji-Insulaner und die Philosophen glauben". Da aber die der kausalen Erforschung bisher zugänglichen Vorgänge der Biologie, auch wenn sie sich an ultramikroskopischen Strukturelementen abspielen, noch immer Makroereignisse im Sinne der Atomphysik sind, so steht für sie die Gültigkeit der Kausalität als zeitlich und räumlich eindeutige Bestimmtheit der Vorgänge nicht in Frage. Damit lehnen wir auch gleichzeitig die Wirkung spezifisch vitaler Agenzien, Entelechien und ähnliches ab.

Wenden wir die physikalisch-chemische Erklärungsweise in der Muskelphysiologie an, so setzen wir das Vorhandensein des Organs, der fertigen Muskelmaschine als gegeben voraus. Natürlich könnte auch das Entstehen des Organs Gegenstand einer kausalen Untersuchung sein, aber unzweifelhaft ist das Problem der Formbildung das unzugänglichste der Biologie, da die spezifischen Bildungsgesetze der Organismen anderswo nicht anzutreffen sind. Ich habe an anderer Stelle etwas ausführlicher den Standpunkt erläutert (A 54), wonach das Belebte eine höhere Organisationsform der unbelebten Materie ist, die sich etwa zur Organisation der Moleküle (oder Atome) so verhält, wie diese sich zu den Elektronen und Protonen, aus denen sie aufgebaut sind. In der Muskelphysiologie wird also das fertige Organ als gegeben vorausgesetzt, wie in der Chemie das Vorhandensein der Atome und in der Physik als bisher niedrigste Organisationen die Protonen, Elektronen und die zu diesen gehörigen Quantenzustände.

Auch mit dieser Voraussetzung ist die Aufgabe, die Muskelarbeit zu erklären, bisher nur unvollständig gelöst; doch erscheint sie lösbar. Als Vorbild der noch zu leistenden Aufgabe kann etwa die Theorie der Sauerstoffatmung von OTTO WARBURG dienen, die eine nahezu vollendete physiologische Theorie darstellt. Die durch eine bestimmte Oxydationsgeschwindigkeit von Nährstoffmolekülen gekennzeichnete Sauerstoffatmung sowie die charak-

---

[1] Wissenschaft und Hypothese **32**, 103. Teubner 1929.

teristische Veränderung dieser Geschwindigkeit durch spezifische Gifte und unspezifische Narkotica ist durch die Entdeckung einer an Strukturteilen wirksamen, an Eiweiß gebundenen Häminverbindung als Katalysator zureichend kausal erklärt, da sich am unbelebten Modell mit den gleichen physikalischen und chemischen Mitteln wesentlich die gleichen Erscheinungen (natürlich ohne die Ausnutzung der Oxydationsenergie für andere Arbeitsleistungen) hervorrufen lassen. Die durch die spezifische Schwermetallkatalyse bewirkte chemische Aktivierung des Sauerstoffs ist danach die Ursache der Atmung; die besondere Verteilung des Atmungsferments, der Zustand der Nährstoffmoleküle in der Zelle und ähnliches wäre aber zu dem mit der Organisation gegebenen Bedingungskomplex zu rechnen, der als gegeben vorausgesetzt wird.

Die biochemische Problemstellung ist damit hinreichend genau umrissen. Trotzdem kann aber die Biologie bei ihrem gegenwärtigen Stande teleologischer Deutungen nicht entraten, indem die höhere Organisation des Lebendigen vom Standpunkt des Anorganischen als zweckgewollt erscheint. Die Frage nach dem „Sinn" einer Einrichtung bedeutet für uns, welche Mittel in der belebten Natur die Erhaltung des Organismus oder die dieser Aufgabe untergeordneten Funktionen seiner Organe ermöglichen. So könnte man auch von dem „Sinn" der entgegengesetzten Ladungen der Elementarbestandteile der Materie sprechen, die den Aufbau und die Erhaltung der Atome ermöglichen. Die Erörterung der ökonomischen Zwecke einer Einrichtung oder die Feststellung ihrer Regulation bedeutet also noch keine Annahme des Vitalismus.

2. Stoffeinteilung.

Der Inhalt des Buches ist in zehn Kapitel gegliedert. Diese hängen zwar untereinander zusammen, stellen aber doch jedes für sich eine bestimmte Seite des verschlungenen Themas von einem einheitlichen Gesichtspunkt dar. Der rein chemische Teil umfaßt Kap. I—V, während Kap. VI—IX den thermodynamischen Teil, d. h. den Zusammenhang der chemischen Vorgänge mit Wärmebildung und Arbeitsleistung zum Gegenstand haben. In Kap. X ist die „Methodik" beschrieben.

In Kap. I ist der energieliefernde Stoffwechsel des intakten Muskels bei Ruhe und Tätigkeit dargestellt, in Kap. II die besonderen chemischen Substanzen, die bei der Muskelarbeit Spaltungen oder Synthesen erfahren. Um falsche Verallgemeinerungen zu verhüten, sind der Stoffwechsel des Muskelgewebes selbst in Kap. III, der Spaltungsumsatz im enzymhaltigen Extrakt des Muskels in Kap. IV zur Darstellung gebracht. In Kap. V werden die Spaltungs- und Oxydationsvorgänge des Muskels mit den allgemeinen biologischen Gesetzmäßigkeiten des Stoffwechsels verglichen, vor allem mit der von O. WARBURG studierten Atmung und Glykolyse der verschiedenen Säugetiergewebe sowie mit Gärung und Atmung der Hefe.

Im thermodynamischen Teil (Kap. VI—IX) enthält Kap. VI die Wärmebildung der chemischen Vorgänge auf Grund kalorimetrischer Messungen, Kap. VII den Zusammenhang von chemischen Vorgängen und mechanischer Leistung, während das folgende Kap. VIII den myothermischen Experimenten von HILL und HARTREE gewidmet ist. Dies dient zur Bestätigung sowie teilweise zur Ergänzung und Verfeinerung der Ergebnisse der vorherigen Abschnitte. Schließlich faßt Kap. IX dasjenige zusammen, was in den vorhergehenden Teilen für eine Theorie der Muskelkontraktion verwandt werden kann.

Fast alle unsere näheren Kenntnisse der Muskelphysiologie stammen vom Kaltblüter. Nur hier bietet der Stoffwechsel für die thermodynamische Klärung des Kontraktionsvorganges übersichtliche Verhältnisse. Es wird deshalb nicht wundernehmen, daß der Kaltblütermuskel ganz im Vordergrund der folgenden Darstellung steht. Indessen sind gerade neuerdings auf den so geschaffenen Grundlagen analoge Untersuchungen auch am Warmblütermuskel — teils in situ, teils nach mehr oder weniger vollständiger Isolierung aus dem Körper — mit Erfolg ausgeführt worden. Diese sind in dem Abschnitt I F vereinigt.

Für diejenigen, die experimentell auf dem Gebiete tätig sein wollen, habe ich in einem Anhang (Kap. X) die in unserem Laboratorium verwandten Methoden kurz geschildert, soweit sie nicht schon zusammenfassend mitgeteilt worden sind (vgl. A 99, LOHMANN und A 100, BLASCHKO).

Nach der üblichen Bezeichnungsweise ist durchgängig in dem Buche die Milchsäure in Prozenten des Frischgewichts Muskulatur angegeben (etwa ein Fünftel des auf das Trockengewicht berechneten Gehaltes) und unabhängig von dem Gesamtvolumen Flüssigkeit, in dem sich die Milchsäure verteilen kann.

I. Atmung und Anaerobiose des Muskels.
A. Sauerstoffversorgung des isolierten Muskels.

Die Atmung isolierter Organe ist eine charakteristische Größe, vorausgesetzt, daß sie unter scharf definierten Bedingungen gemessen wird. Hierzu gehört an erster Stelle die Temperatur, das Milieu und zureichende Sauerstoffversorgung. Ferner kommen der Funktionszustand des Organs und der allgemeine Ernährungszustand zur Zeit der Entnahme des Organs in Betracht. Von den physikalischen Bedingungen erörtere ich vor allem das Zureichen der Sauerstoffversorgung, weil dieser Umstand häufig außer acht gelassen wird, wodurch irrtümliche Deutungen von Versuchsresultaten hervorgerufen sind.

Für einen von zwei parallelen Flächen begrenzten Gewebsschnitt, der sich in einer Lösung von konstanter Sauerstoffkonzentration c_0 befindet, hat zuerst O. WARBURG (B 279) die zulässige Grenzschnittdicke d' für den stationären Zustand abgeleitet.

$$d' = \sqrt{8 c_0 \frac{D}{A}}. \quad (1)$$

Hier bedeutet d' die Grenzschnittdicke, die noch eine ausreichende Sauerstoffversorgung der innersten Teile der Schicht oder des Gewebsschnittes garantiert, c_0 den äußeren Sauerstoffdruck in Atmosphären, D den von KROGH bestimmten Diffusionskoeffizienten des Sauerstoffes in dem betreffenden Gewebe, ebenfalls in Atmosphären pro cm^3 ausgedrückt, und A die Atmung in cm^3 O_2 pro cm^3 Gewebe und Minute. D ist von KROGH bei 20° für den Muskel zu $1,4 \cdot 10^{-5}$ bestimmt.

Für zylinderförmige Organe erhält man eine ähnliche Formel (unter Vernachlässigung der Grundflächen des Zylinders). Diese ist von O. MEYERHOF und W. SCHULZ (A 74) für die Atmung des Gastrocnemius, von R. W. GERARD (A 76) für den Nerven benutzt worden.

$$r' = 2\sqrt{c_0 \frac{D}{A}}. \quad (2)$$

Die Ableitung ist kurz folgende, wobei die Bezeichnungen dieselben sind wie in der Formel von O. WARBURG. Eine koaxiale Zylinderfläche vom Radius r und der Höhe 1 cm umschließt $1 \cdot \pi r^2$ cm³ Gewebe, das $A \pi r^2$ cm³ Sauerstoff in der Minute verbraucht. Durch diese Fläche des Zylinders diffundiert aber nach der Diffusionsgleichung

$$D\, 2\pi r \frac{dc}{dr}$$

Sauerstoff in der Minute von außen ein.

Diese Menge muß zur Versorgung hinreichen, also gilt im stationären Zustand:

$$A \pi r^2 = D\, 2\pi r \frac{dc}{dr} \quad \text{oder} \quad \frac{dc}{dr} = \frac{A}{2D} r,$$

und integriert:

$$c = \frac{A}{4D} r^2 + J.$$

Da c bei $r = 0$ gerade Null sein soll, muß die Integrationskonstante $J = 0$ sein. So ergibt sich die angeführte Formel.

Beträgt beispielsweise die Ruheatmung eines zylindrischen Muskels bei 15° 30 mm³ O_2 pro g und Stunde, so ist $A = 0{,}5 \cdot 10^{-3}$. Für $c_0 = 1$, $D = 1{,}4 \cdot 10^{-5}$, ist $r_0 = 2 \cdot \dfrac{1{,}4 \cdot 10^{-5}}{0{,}5 \cdot 10^{-3}} = 0{,}334$ cm. Sehen wir einen Gastrocnemius als derartigen zylinderförmigen Muskel an, so ist der höchst zulässige Durchmesser desselben (bei 15°) 6,7 mm. Es entspricht dies dem Muskelbauch eines 0,9—1 g schweren Muskels.

Für ein kugeliges Organ ergibt sich auf die gleiche Weise wie oben

$$R' = \sqrt{6 c_0 \frac{D}{A}}, \tag{2a}$$

wo R' der Grenzradius der Kugel ist. Diese Formel ist auch von E. N. HARVEY (B 147a) benutzt worden.

Allgemein ist kürzlich von A. V. HILL (B 159) die Diffusion von Sauerstoff und Milchsäure durch Gewebe mathematisch behandelt, sowohl für den stationären wie für den nichtstationären Zustand. Auch von ihm wird der Fall eines von zwei parallelen Flächen begrenzten planen Gewebsstückes und eines (unendlich langen) Zylinders unterschieden. Die erstere Formel kann man für den Sartorius, Semimembranosus usw. verwenden, die letztere für den Gastrocnemius. Integrieren wir die Formeln für die Abhängigkeit der Sauerstoffkonzentration von der Dicke des Gewebes noch einmal, für den planen Muskel in den Grenzen $d'/2$ und 0, für den Zylinder in den Grenzen r' und 0, so erhalten wir den im ganzen im Gewebe pro cm² Oberfläche gelöst vorhandenen Sauerstoff, bezogen auf die ohne Sauerstoffverbrauch im gleichen Gewebe vorhandene Sauerstoffmenge unter gleichem äußeren Druck. Die so berechnete Menge Q' ergibt sich im Falle des planen Gewebsstückes, wenn $d = d'$ ist, zu:

$$Q' = c_0 \frac{d'}{6}. \qquad (3)$$

Da $c_0 \cdot \frac{d'}{2}$ die pro cm² Oberfläche im Gewebe vorhandene Sauerstoffmenge ohne Atmung ist, ist Q' ein Drittel dieser Größe. Ist die Gewebsdicke geringer als die Grenzschnittdicke, so gilt:

$$Q = c_0 \frac{d}{2} - \frac{A\left(\frac{d}{2}\right)^3}{3D}. \qquad (4)$$

Der Subtrahend entspricht der durch die Atmung veranlaßten Verringerung der Sauerstoffmenge. Im Falle des Zylinders ergibt sich ebenso durch Integration von Gleichung (2) für den Fall, daß c bei $r = 0$ gerade Null ist:

$$Q' = \pi r'^2 c_0 - \frac{A \pi r'^4}{8D}. \qquad (5)$$

Hier ist wieder das erste Glied der Differenz die ohne Atmung pro cm² Oberfläche im Gewebe vorhandene Sauerstoffmenge, der Subtrahend die durch die Atmung im gleichen Volumen bewirkte Abnahme. Kompliziertere Formeln ergeben sich für den Zylinder, falls der Radius größer ist als der Grenzradius r'. Die allgemeine Formel für diesen Fall lautet nämlich:

$$c = \frac{A r^2}{4D} + B \log r + E \qquad (6)$$

und beide Integrationskonstanten B und E müssen dann ausgewertet werden. Auf Grund der von A. V. HILL berechneten Tabellen und Kurven läßt sich die Formel leicht für die in Betracht kommenden Muskelgrößen anwenden. Aus dieser allgemeinen Formel leitet sich auch die spezielle von KROGH (B 183, 184) her, die für den blutdurchströmten Muskel gilt und den zulässigen Diffusionsweg berechnen läßt, wenn der Sauerstoff aus einer Capillare in einen ihn umgebenden Muskelzylinder einströmt.

Dieser Fall ist natürlich für die Sauerstoffversorgung des lebenden Muskels der wichtigste, kommt aber für die Versuche an isolierten Muskeln nicht vor.

Analoge Betrachtungen gelten auch für die Diffusion der Milchsäure, sowie für den zusammengesetzten Fall, daß die Milchsäure aus dem Muskel heraus, der Sauerstoff hineindiffundiert. Der Diffusionskoeffizient der Milchsäure im Muskel, der von HILL und EGGLETON in einer besonderen Arbeit bestimmt wurde (B 62), ergibt sich, in üblicher Weise berechnet, zu $6,5 \cdot 10^{-5}$ bis $5 \cdot 10^{-6}$. Er nimmt mit der Erhöhung des Milchsäuregehaltes im Muskel ab und hängt offenbar mit der Weite der Lymphspalten zusammen, die sich durch Quellung des Muskelgewebes bei Anhäufung von Milchsäure verkleinern.

Um den Diffusionskoeffizienten des Sauerstoffs D sowie den Sauerstoffgehalt Q in absolutem Maße ausdrücken zu können und den wirklichen Gehalt in cm^3 O_2 zu berechnen, bedarf es der Kenntnis der Löslichkeit des Sauerstoffs im Muskel. Diese wurde von O. MEYERHOF und W. SCHULZ (A 74) bestimmt, indem bei gehemmter Atmung und $0°$ einmal die von sauerstoffgesättigten Muskeln in sauerstoffreie Ringerlösung abgegebene Sauerstoffmenge und ebenso die von sauerstofflosen Muskeln aus lufthaltiger Ringerlösung aufgenommene Sauerstoffmenge bestimmt wurde. Die erste Versuchsreihe betrifft die Löslichkeit des Sauerstoffs zwischen 0,08 und 1 at O_2, die zweite die von 0,00—0,16 at O_2. Die erste Reihe ergab einen Sauerstoffgehalt des Muskels entsprechend 80—82% des gleichen Volumen Wassers, die zweite Reihe einen solchen von 120—130%. Im Einklang mit ähnlichen Befunden an anderen Gasen wird also bei niedrigem Sauerstoffdruck etwas mehr Sauerstoff vom Gewebe als von Wasser physikalisch aufgenommen, sei es infolge des Lipoidgehalts, sei es durch Adsorption. Durchschnittlich darf man ohne großen Fehler die Löslichkeit von Sauerstoff im Muskel der in Wasser gleichsetzen. Bezieht man, wie üblich, den Diffusionskoeffizienten auf Gramm gelöste Substanz, so ergibt sich danach aus dem von KROGH bestimmten Wert der Diffusionskoeffizient D des Sauerstoffs im Muskel bei $20°$ zu $1,4 \cdot 10^{-5} \cdot \frac{1000}{31} = 4,5 \cdot 10^{-4}$.

Wieviel chemisch gebundener Sauerstoff daneben noch im Muskel existiert, der in der Atmung verbraucht werden kann, ist nicht bekannt. Das Cytochrom KEILINS (B 177) hat nach den Untersuchungen O. WARBURGS nicht die Funktion eines Sauerstoffüberträgers, sondern nur die eines Sauerstoffspeichers, und zwar eines Speichers aktivierten Sauerstoffs (B 284, S. 11). Es findet sich in größerer Menge in anhaltend stark tätigen Muskeln, wie in den Flügelmuskeln der Insekten und den Brustmuskeln der Vögel, in geringerer Menge in allen Warmblütermuskeln, fehlt aber nahezu in Kaltblütermuskeln: eine Verteilung, die vom Standpunkte der Sauerstoffspeicherung gut verständlich wäre. Für den Froschmuskel darf seine Menge also vernachlässigt werden. Andere sauerstoffübertragende Substanzen wie das Glutathion von HOPKINS (B 171) sind auch im Kaltblütermuskel in größerer Menge vorhanden. Die Menge Sauerstoff, die dem Disulfid des im Muskel präformierten Glutathions entspricht, berechnet sich nach TUNNICLIFFE (B 275) zu etwa 8 mm^3 O_2 pro g, was etwa ebensoviel ist als die bei Luftsättigung gelöste Menge. Ob sie aber in vivo wirklich benutzt wird, sei dahingestellt.

In den angegebenen Formeln wird vorausgesetzt, daß die Atmungsgröße der Zellen vom Sauerstoffdruck unabhängig ist. Diese Annahme entspricht den allgemeinen Erfahrungen über die Atmung tierischer Organe, wenn auch sehr niedrige Sauerstoffdrucke dafür nicht untersucht sind. [Bei Mikroorganismen scheint dies von Fall zu Fall verschieden zu sein. Bei Hefe sinkt nach Versuchen von IWASAKI (A 123) die Atmung (bei 28°) unter 1% Sauerstoff ab, bei Azotobacter schon von 3%, bei nitrifizierenden Bacterien nach älteren Versuchen (O. MEYERHOF, 1916—1919) von etwa 6%, dagegen ist nach WARBURG u. KUBOWITZ (B 290a) die Atmung des Micrococcus candicans selbst in 0,001% Sauerstoff (1°C) noch fast maximal.] Bei durchbluteten Organen wird man den in den Zellen herrschenden Sauerstoffdruck im allgemeinen dem in dem abfließenden Venenblut gleichsetzen. Nach BARCROFT (B 6, 1. Aufl., Kap. X, S. 163) beträgt z. B. der Sauerstoffdruck in den Venen der Speicheldrüse 39 mm Hg. Beim Muskel entsteht aber eine Komplikation durch den von KROGH (B 184) entdeckten Umstand, daß in der Ruhe ein großer Teil der Capillaren geschlossen ist, der Diffusionsweg infolgedessen so lang wird, daß möglicherweise — wie die Versuche von VERZÁR (B 276, 277) zu zeigen scheinen — der Sauerstoffgehalt schon bei einem venösen Sauerstoffdruck von 30 mm Hg auf Null sinkt.

Dann wird auch im durchbluteten Muskel der Sauerstoffverbrauch vom Sauerstoffdruck abhängig, was aber nicht so verstanden werden darf, als ob hier die Oxydationsgeschwindigkeit selbst sich in Abhängigkeit vom Druck ändert, vielmehr wird nur ein mehr oder minder großer Teil des Gewebes nicht mit Sauerstoff versorgt. Öffnen sich die Capillaren bei der Tätigkeit, so verkürzt sich der Diffusionsweg beträchtlich; andererseits steigt nunmehr die chemische Oxydationsgeschwindigkeit so an, daß wiederum — wie sich aus dem Späteren ergibt — bei starker Muskeltätigkeit der Sauerstoffgehalt in einem großen Teil des Muskels auf Null sinkt.

Für viele Versuchsanordnungen genügt nicht die Kenntnis der stationären Sauerstoffverteilung im atmenden Organ, sondern es ist wichtig zu wissen, wie rasch sich die äußere Änderung der Sauerstoffkonzentration durch den ganzen Muskel fortpflanzt bzw. wie rasch der Sauerstoffgehalt, der durch die Tätigkeit gesunken ist, sich in der anschließenden Ruheperiode wiederherstellt usw. Die Gleichungen für die Kinetik der Diffusion des Sauerstoffs und der Milchsäure sind in der angeführten Arbeit von A. V. HILL entwickelt worden. Stets geht die Zeit des Ausgleichs proportional mit dem Quadrat der Dicke des Gewebes (d_0 bzw. r_0). Für langsam diffundierende Stoffe kann man sehr dicke Muskeln bzw. ganze Froschschenkel als einen „halb unendlichen festen" Körper auffassen, der durch eine plane Oberfläche gegen eine Flüssigkeit grenzt. Dann gilt für die Geschwindigkeit v des Aus- und Eintritts von Stoffen durch die Oberfläche, wenn die Konzentration in der Flüssigkeit c_0 ist:

$$v = c_0 \sqrt{\frac{D}{\pi t}} \qquad (7)$$

und für die durch die Einheit der Oberfläche in der Zeit t übertretende Menge m:

$$m = 2 c_0 \sqrt{\frac{D t}{\pi}}. \qquad (8)$$

Diese Formel läßt sich für die Bestimmung der Diffusionskonstanten gelöster Substanzen im Muskel benutzen.

B. Ruheatmung des isolierten Kaltblütermuskels.
1. Atmungsgröße.

Die ersten Messungen des Sauerstoffverbrauchs isolierter Muskeln stammen von THUNBERG (B 271). Da jedoch ganze

Schenkel für diese Versuche benutzt wurden, ist die obige Bedingung der zureichenden Sauerstoffversorgung in ihnen nicht genügend erfüllt. Mit der manometrischen Methode von O. WARBURG maß zuerst PARNAS (B 236) den Sauerstoffverbrauch isolierter Gastrocnemien, wobei die Muskeln in Sauerstoff oder Sauerstoff-Luft-Gemischen hingen. Seit dieser Zeit sind systematische Messungen über die Atmungsgröße isolierter Muskeln in verschiedenem Milieu, bei verschiedener Temperatur, in verschiedenen Jahreszeiten usw. ausgeführt und ein großes Zahlenmaterial gewonnen (s. A 9, 14, 30, 39, 74).

Voraussetzung für alle Versuche ist, wie im vorigen Abschnitt dargelegt, die hinreichende Sauerstoffversorgung. Auf Grund der Formeln (1) und (2) ist die folgende Tabelle berechnet, die für Sartorien und andere plane Muskeln sowie für zylindrische Muskeln (Gastrocnemius usw.) benutzt werden kann, wenn man den Muskelbauch dem Durchmesser des Zylinders gleichsetzt. Da die Grundflächen des Zylinders und ebenso bei den planen Muskeln die Schmalseiten nicht berücksichtigt werden, rechnet man zu ungünstig, so daß bei Einhaltung der angegebenen Querschnitte die in der ersten Spalte angeführte Atmungsgröße niemals durch mangelnde Sauerstoffversorgung beeinträchtigt sein kann. Die Tabelle gilt für reinen Sauerstoff. In Luft würde die zulässige Atmungsgröße bei gleichem Muskelquerschnitt nur $1/5$ sein.

Tabelle 1.

Atmungsgröße in mm^3 O_2 pro g Frischgewicht und Stunde	Zulässiger Durchmesser ($=2r'$) von zylindrischen Muskeln in mm	Zulässige Dicke (d') von planen Muskeln mm
10	11,5	8
20	8,0	5,65
30	6,7	4,75
40	5,65	4,0
60	4,75	3,35
80	4,0	2,8
100	3,6	2,55
150	2,94	2,1
200	2,55	1,8

Die Atmung frisch aus dem Körper entnommener Muskeln ist anfangs stets höher als nach 2—3 stündigem Aufenthalt in sauerstoffhaltiger Ringerlösung. Von da an bleibt die Atmung für etwa 24 Stunden oder länger konstant. Das schon von PARNAS beobachtete Phänomen der Anfangssteigerung wurde von ihm auf die Reizung bei der Präparation und dadurch bedingte Milchsäurebildung bezogen. Diese Erklärung liegt zwar nahe, scheint aber doch nicht auszureichen; denn der Milchsäuregehalt, der sich unter diesen Umständen findet, ist nicht hinreichend für die am Anfang verbrauchte Menge Extrasauerstoff; auch ist in dieser Periode eine Abnahme der Milchsäure entweder überhaupt nicht nachweisbar oder außerordentlich gering. Wahrscheinlicher ist, daß der Muskel in vivo durch hormonale Einflüsse oder vielleicht auch durch die Tätigkeit der Capillarendothelien eine höhere Ruheatmung hat und daß diese Einflüsse innerhalb einiger Stunden zu wirken aufhören (vgl. auch Abschnitt E, S. 49).

Sieht man von der Anfangszeit ab, so ist die Atmung der Größenordnung nach durch die Temperatur bestimmt, zeigt aber beträchtliche Schwankungen. Die Atmung der Muskeln gut ernährter Frösche ist bei gleicher Temperatur durchschnittlich doppelt so groß als die von Hungerfröschen im Winter. Bei letzteren ist sie verhältnismäßig gut reproduzierbar und stimmt auch in symmetrischen Muskeln innerhalb 10% überein, was in anderen Jahreszeiten nicht stets der Fall ist. Es gelten die folgenden Durchschnittswerte pro g Frischgewicht und Stunde, wobei zwischen Sartorien und Gastrocnemien kein Unterschied besteht, die Atmung der Temporarien im allgemeinen aber etwas größer ist als die der Esculenten:

$7{,}5°$: $7-12$ mm^3 O$_2$ (Winterdurchschnitt $8-9$)
$15°$: $12-40$ mm^3 O$_2$ (Winterdurchschnitt 17)
$22°$: $25-55$ mm^3 O$_2$ (Winterdurchschnitt 35).

Von FENN (B 97) ist mit dem THUNBERGschen Mikrorespirometer die Atmung von Sartorien und anderen kleinen Oberschenkelmuskeln von Rana pipiens gemessen. Er findet bei $14{,}8°$ im Durchschnitt 59 mm^3 Sauerstoff, bei $22°$ 153 mm^3. Jahreszeiten sind nicht angegeben. Die Atmung ist also mehr als doppelt so groß als im Durchschnitt der oben angeführten Versuche. Dies rührt wohl hauptsächlich daher, daß die Messungen, wie es scheint, gleich nach Entnahme der Muskeln aus dem Tier begonnen sind, während die oben angeführten Zahlen sich auf die Zeit nach dem Abklingen der Atmungserhöhung beziehen. Außerdem liegen aber offenbar Differenzen bei verschiedenen Froscharten vor.

Ist die Atmung dauernd hoch über den angegebenen Werten, so kann man sie bei Esculenten und Temporarien nicht mehr als physiologisch betrachten. Die Muskeln zeigen unter diesen Umständen eine schlechte Erholungsfähigkeit. Allgemein erhöhen Schädigungen und Verletzungen die Muskelatmung beträchtlich, und zwar, wie weiter unten besprochen, durch gesteigerte Milchsäurebildung.

2. Respiratorischer Quotient.

Der respiratorische Quotient der Ruheatmung von Froschmuskeln ist ungefähr 1. Dies ergab sich schon mit den älteren Methoden [z. B. O. MEYERHOF und R. MEIER (A 30)] und wurde kürzlich von O. MEYERHOF und F. O. SCHMITT (A 107) bei gleichzeitiger Bestimmung von O_2 und CO_2 im selben Muskel wieder gefunden. Der Durchschnitt aller Versuche betrug 0,96 bei Schwankungen von 0,90 bis 1,09. R. W. FENN (B 97) fand mit dem THUNBERGschen Mikrorespirometer 0,92. Es ist gut möglich, daß die Abweichung von 1,0 real ist, so daß neben Kohlehydrat in kleiner Menge auch andere Substanzen oxydiert werden. In der Tat wird, wie der direkte Vergleich von Sauerstoffverbrauch und Kohlehydratumsatz bei der Ruheatmung ergibt, die Atmung zwar annähernd, aber wohl nicht vollständig durch den Kohlehydratverbrauch gedeckt. Es wäre falsch, diese Beobachtungen zu verallgemeinern und zu verlangen, daß in allen Muskeln, z. B. auch in denen hungernder Warmblüter, die Ruheatmung durch Kohlehydrat annähernd gedeckt würde. Daß dies sicher nicht der Fall ist, ist ebenfalls experimentell zu belegen (s. unten S. 58).

3. Atmungbeeinflussende Substanzen.

a. Lactat.

Während die Ruheatmung des Muskels in Sauerstoffgas und sauerstoffgesättigter Ringerlösung gleich ist, ist sie durch verschiedene Zusätze zur Ringerlösung beeinflußbar. Die für biologische Verhältnisse wichtigste Veränderung ruft das Lactation hervor. Gesteigerte Milchsäurebildung hat unter den verschiedensten Umständen (s. Kap. III, S. 112) eine Atmungssteigerung zur Folge, vorausgesetzt, daß nicht das Atmungsferment in spezifischer Weise, z. B. durch Blausäure, gehemmt wird. Diese durch Milchsäurebildung hervorgerufene Atmungssteigerung kann durch

Zugabe von Natriumlactat zur Ringerlösung nachgeahmt werden, während Steigerung der c_H die Atmung herabsetzt. Für den Atmungseinfluß der Milchsäurebildung ist also das Lactation verantwortlich. Tatsächlich wird durch von außen zugesetztes Lactat der gleiche Vorgang — oxydative Synthese des Glykogens — veranlaßt wie durch überschüssige *Bildung* von Milchsäure in Gegenwart von Sauerstoff. Die Versuche mit Lactat zeigen überdies, daß es ebenso in den lebenden Muskel eintritt, wie es aus ihm in die Ringerlösung oder das strömende Blut übertritt. Die im ausgeschnittenen Muskel mit Lactatzusatz erhältlichen Steigerungen hängen infolge des langsamen Eindringens der Milchsäure von der Muskeldicke ab. Bei Sartorien beträgt die Steigerung etwa 100%, wie aus der folgenden Tabelle hervorgeht, in der sowohl der Einfluß von l-Lactat[1] (rechts-Milchsäure) bzw. Gärungsmilchsäure sowie von reinem d-Lactat (links-Milchsäure) untersucht ist [O. MEYERHOF und K. LOHMANN (A 53)].

Tabelle 2. Atmungssteigerung mit l- und d-Milchsäure (20°).

Nr.	Sartorien		Lactat-zusatz, molare Konzentration	mm³ O₂ pro g u. Std.			Steigerung	
	Zahl	Gewicht g		ohne Zusatz	mit l-Lactat (rechts-Milchsäure)	mit d-Lactat (links-Milchsäure)	mit l-Lactat %	mit d-Lactat %
1	2	0,36	0,02	36,5	86	—	135	—
1a	2	0,36	0,02	35	—	36,2	—	5
2*	1	0,191	0,02	26,5	64	—	140	—
2a	1	0,210	0,02	24,7	—	30,1	—	20
3*	1	0,175	0,02	33,5	59	—	75	—
3a	1	0,131	0,02	34	—	40,5	—	15
4*	1	0,165	0,02	34	—	36,2	—	7
5	1	—	0,02	—	73,5	30	145	—

* Gärungsmilchsäure.

Im Gegensatz zu dem natürlichen l-Lactat ruft d-Lactat nur 5—20% Atmungssteigerung hervor. Die Steigerung der Atmung ist mit einem Verbrauch an Lactat verknüpft, wie die folgende Tabelle 3 zeigt, in der das verschwundene Lactat manometrisch durch Bestimmung der Bicarbonatzunahme gemessen wurde.

---
[1] Nach der neueren Nomenklatur bezeichne ich jetzt, abweichend von den Originalarbeiten, die rechtsdrehende Fleisch-Milchsäure als l-Milchsäure.

Auch hier überwiegt wieder der Verbrauch von l-Lactat beträchtlich den von d-Lactat.

Tabelle 3. Bicarbonatzunahme (= Milchsäureschwund) bei der Muskelatmung mit d- und d + l-Milchsäure (für d + l-Milchsäure stets Gärungsmilchsäure benutzt).

Nr.	Sartorien Zahl	Sartorien Gewicht g	Lactatzusatz, molare Konzentration	Versuchszeit Std.	Bicarbonatzunahme mit l+d-Lactat mm³	Bicarbonatzunahme mit d-Lactat mm³	Bicarbonatzunahme pro g und Std. mit l+d-Lactat mm³	Bicarbonatzunahme pro g und Std. mit d-Lactat mm³
1	2	0,32	0,013	4	128	—	*100*	—
1a	2	0,29	0,013	4	—	34	—	*29*
2	1	0,185	0,02	6	69,5	—	*63*	—
2a	1	0,185	0,02	6	—	29,8	—	*27*
3	2	0,345	0,01	5	200	—	*116*	—
3a	2	0,365	0,01	5	—	75	—	*41*
4	1	0,19	0,01	4½	66,7	—	*78*	—
4a	2	0,344	0,02	4½	44,5	—	—	*29*

Das verschwindende Lactat wird nur zum Teil oxydiert, zum Teil zu Kohlehydrat synthetisiert. (Über die Bilanz dieses Vorganges siehe später.) Dieser Vorgang ist deshalb von großer Wichtigkeit, weil er der oxydativen Restitution nach der Tätigkeit weitgehend entspricht.

b. Andere Substanzen.

Eine analoge Wirkung wie die Milchsäure hat nur die Brenztraubensäure, indem nicht nur die Atmung des ausgeschnittenen Muskels in ähnlichem Umfange wie durch Milchsäure erhöht wird, sondern diese Erhöhung letzten Endes auf den gleichen Vorgang zurückzuführen ist, nämlich Synthese von Kohlehydrat aus dem zugesetzten Pyruvinat. Dies ergibt sich außer durch Feststellung der Kohlehydratbilanz schon aus dem respiratorischen Quotienten. Die Synthese von Brenztraubensäure zu Zucker ist im Gegensatz zur Synthese der Milchsäure ein Reduktionsvorgang, bei dem Sauerstoff frei wird: $2 C_3H_4O_3 + 2 H_2O = C_6H_{12}O_6 + O_2$. Der respiratorische Quotient muß deshalb in diesem Falle über 1 steigen. Da auch carboxylatisch aus Brenztraubensäure etwas Kohlensäure abgespalten wird, muß von der gemessenen Kohlensäure ein gewisser Betrag in Abzug gebracht werden, wonach sich der restierende respiratorische Quotient zu 1,5—1,6 ergibt. Allerdings wird in Sauerstoff noch etwas mehr Kohlensäure als in Stickstoff carboxylatisch abgespalten, wie die Bestimmung des Verbrauchs an Brenztraubensäure ergibt; denn der theoretisch zu erwartende respiratorische Quotient auf Grund der Kohlehydratsynthese wäre nur 1,2.

Andere Substanzen, insbesondere Hexosen, aliphatische Aminosäuren, niedere Fettsäuren, Glycerinphosphorsäure, Glykolsäure, Dioxyaceton sind ohne Einfluß auf die Atmungsgröße. Eine kleine Steigerung bewirken Glycerinaldehyd, Glycerin und Glycerinsäure in Konzentrationen von $m/20$ bis $m/100$.

Eine größere Klasse von Substanzen steigert dagegen die Atmung auf indirektem Wege, nämlich durch Auslösung von Milchsäurebildung. Es sind dies vor allem die verschiedensten Kontraktursubstanzen; in besonders hohem Grade wirkt Coffein, das z. B. in 0,15 proz. Lösung die Atmung ruhender Muskeln aufs Achtfache erhöht. Zu dieser Gruppe gehören auch die indifferenten Narkotika. Daß die Wirkung auf der Auslösung von Milchsäurebildung beruht, geht daraus hervor, daß die Atmungssteigerung durch Narkotica ausbleibt, wenn man durch vorherige Reizung des Muskels den Milchsäuregehalt im Muskelinnern erhöht. Dann ruft nämlich das Narkoticum in Übereinstimmung mit der Wirkung auf andere Zellen eine Atmungs*hemmung* hervor. Diese zusammengesetzte Wirkung ist ganz ähnlich wie die Wirkung der Narkotica auf unbefruchtete Seeigeleier (A 3). Auch hier steigern die Narkotica die Atmung durch Entwicklungserregung; ist aber die Entwicklung bereits angeregt, so wirken die Narkotica atmungshemmend wie bei anderen Zellen. Als Beispiel der Narkoticawirkung am Muskel diene der folgende Versuch:

zwei ruhende Sartorien von 0,35 g Gewicht
in 3 Stunden 15 Minuten 20 mm³ Sauerstoff,
in 7 proz. Alkohol-Ringerlösung 27 mm³ Sauerstoff,
dagegen:
zwei kleine Gastrocnemien von 0,42 g durch Einzelreize ermüdet; danach gemessen in 2 Stunden
a. in Ringerlösung 48 mm³ Sauerstoff,
b. in Ringerlösung mit 7,5 proz. Alkohol 39 mm³ Sauerstoff

Ebenso hemmt Alkohol die Atmungssteigerung nach Coffein; z. B. zwei Sartorien von 0,18 g in 1 Stunde
in Coffein-Ringerlösung 62 mm³ Sauerstoff,
ebenso mit 7 proz. Alkohol 45 ,, ,,

Die atmungsteigernde Wirkung des Coffeins bleibt allerdings noch teilweise in gereizten Muskeln bestehen; hier ist offenbar außer der Milchsäurebildung noch ein zweiter Faktor beteiligt. Durch Blausäure wird die Atmung in gleichem Maße wie bei anderen Zellen gehemmt, nahezu vollständig schon durch $n/_{2000}$, was besonders für methodische Zwecke, zur Vervollständigung der Anaerobiose, von Wichtigkeit ist.

C. Ruheanaerobiose und Restitution im isolierten Kaltblütermuskel.

1. Geschwindigkeit der anaeroben Milchsäurebildung.

Eine für kurze Zeit bestehende Anaerobiose ist für den Muskel nicht als ein unphysiologisches Phänomen zu betrachten. Bei jeder stärkeren Muskelarbeit wird der im Muskel vorhandene Sauerstoff total verbraucht und dann bei Warmblütern (Mensch) in Zeiträumen von einigen Minuten, im Kaltblüter erst in erheblich größeren Zeiten wieder vollständig ersetzt. Entsprechend verträgt auch der isolierte Muskel eine komplette Anaerobiose für längere Zeiten ohne Schaden; erst nach mehrstündigem Aufenthalt in Stickstoff beginnt der Stoffwechsel abnorm zu werden.

Wie zuerst von FLETCHER und HOPKINS (B 104) festgestellt, findet während der Ruheanaerobiose eine für viele Stunden konstant anhaltende Bildung von Milchsäure statt. Bei nachherigem Aufenthalt in Sauerstoff verschwindet diese Milchsäure. Sie betrug in den Versuchen der englischen Autoren in 20 Stunden bei 12° etwa 0,09%, bei 18° 0,20%, bei 21° 0,28% Milchsäure. Die Zahlen von FLETCHER und HOPKINS sind im allgemeinen durch Milchsäureverluste bei der Isolierung und Herstellung des Zinklactats um 25—30% zu klein. In einer größeren Zahl von Versuchen aus diesem Laboratorium (A 13, 29, 30) ergaben sich die folgenden Werte pro Stunde, wobei die niedrigen dem Stoffwechsel von Hungerfröschen entsprechen und ferner Temporarien zur selben Jahreszeit etwas größere Zahlen ergeben als Esculenten (die Schwankungen sind jedoch nicht so groß wie bei der Atmung):

15°   0,006—0,014%
20°   0,013—0,020%
22°   0,017—0,022%

Werden abgehäutete Froschschenkel in Ringerlösung mit starkem Bicarbonatzusatz (etwa $2,5 \cdot 10^{-2}$ n) suspendiert, so ist die Geschwindigkeit der Milchsäurebildung erhöht, offenbar weil dadurch die Reaktion im Muskel etwas nach der alkalischen Seite verschoben wird. Der Stundenwert beträgt dann bei 20° 0,020 bis 0,030%.

Die Muskeln curaresierter Frösche zeigen genau die gleiche anaerobe Bildungsgeschwindigkeit wie die normalen; die Geschwindigkeit ist also nicht durch Erregungen von seiten des Nerven aus erhöht. Ferner stimmt auch die Geschwindigkeit nahezu überein mit derjenigen lebender, in Stickstoff gehaltener Frösche mit intakter Zirkulation, wenn man die Tiere durch Novocain oder durch Curare lähmt oder die Nerven durchschneidet. Auf diese Weise ergeben sich die Werte der folgenden Tabelle für stündliche Milchsäurebildung bei 15°.

Tabelle 4.
Stündliche Bildung von Milchsäure in der Anaerobiose (15°).

Behandlung der Frösche	Zahl der Versuche	% Milchsäure, Schwankungsbreite	% Milchsäure, Durchschnitt
Isolierte Muskeln normaler Frösche	8	0,006—0,014	0,009
Isolierte Muskeln curaresierter Frösche	5	0,008—0,013	0,011
Lebende Frösche in N_2 nach Nervendurchschneidung	10	0,009—0,020	0,013
Lebende Frösche in N_2 nach Rückenmarkdurchschneidung	4	0,008—0,017	0,0135
Lebende Frösche in N_2 nach Curaresierung	6	0,009—0,017	0,013
Lebende Frösche in N_2 nach Novocainlähmung	4	0,011—0,015	0,013

Die anaerobe Milchsäurebildung des isolierten Muskels entspricht also angenähert der im lebenden Tier, falls der Nerveneinfluß ausgeschaltet wird. Ist letzteres nicht der Fall, so ist die Milchsäurebildung des lebenden Tieres viel größer (s. später S. 49).

Die angegebenen Zahlen für den isolierten Muskel beziehen sich auf Anaerobiosezeiten von etwa 20 Stunden. Verfolgt man den Vorgang genauer, so findet man, daß er nicht sofort mit Entziehung des Sauerstoffs einsetzt, und zwar ist die Verzögerung größer, als dem im Muskel gelösten Sauerstoff entspricht. Dieser muß bei 15° in etwa $^3/_4$ bis 1 Stunde, bei 20° in knapp $^1/_2$ Stunde durch Atmung verbraucht sein. Die Milchsäurebildung ist aber in den ersten $1^1/_2$ Stunden nur so groß wie sonst etwa in $^1/_2$ Stunde und beträgt bei 20° nur ungefähr 0,005% in der ersten Stunde. Dies beruht vielleicht auf der Wirkung des chemisch gebundenen Sauerstoffs; es ist aber auch möglich, daß bei Abwesenheit von Sauerstoff der Milchsäurebildungsprozeß erst allmählich auf seine volle Höhe kommt. Nach Ablauf dieser Periode bleibt die Bildung für etwa 24 Stunden konstant. Für das spätere Absinken und den Stillstand des Prozesses ist es entscheidend, ob die Milchsäure in die Ringerlösung austreten kann oder sich in den Muskeln anhäuft. Im letzteren Fall erreicht man, schon ehe der Kohlehydratvorrat erschöpft ist, ein Milchsäuremaximum, d. h. einen vollständigen Stillstand der Milchsäurebildung auf einem gewissen Niveau.

2. Starremaximum der Milchsäure.
a. Höhe des Maximums.

Die Höhe des Milchsäuremaximums hängt ebenfalls von der Jahreszeit ab und ist bei frisch gefangenen Fröschen im Herbst weitaus am höchsten, zur selben Zeit, wo auch der Kohlehydratgehalt der Muskeln hoch ist; doch hat das Maximum nichts mit dem Kohlehydratgehalt unmittelbar zu tun, sondern ist veranlaßt durch die zunehmende Säuerung des Muskels. Während das spontan bei fortgesetzter Ruheanaerobiose auftretende Maximum der „Totenstarre" entspricht, erhält man ein ähnliches Maximum in viel kürzerer Zeit mit chemischen Substanzen, Coffein, Chloroform und anderen Narkotika, ferner Säuren und Alkalien, wobei ebenfalls Starren auftreten. Wir erörtern weiter unten die übrigens für die Theorie der Muskelkontraktion belanglose Frage, ob die Totenstarre und die sonstigen Starreformen erst durch die Anhäufung der Milchsäure auftreten oder ob die Starren unmittelbar die Folge anderer chemischer Vorgänge sind, wobei die Milchsäurebildung nur ein sekundärer Begleitvorgang oder bei den chemischen Starren ein Ergebnis der Strukturzerstörung wäre. Hier sei nur das Auftreten des Milchsäuremaximums selbst besprochen. FLETCHER und HOPKINS (B 104) glaubten, daß das Maximum einen konstanten Wert hätte, ebenso wie das niedrigere

20　Atmung und Anaerobiose des Muskels.

Ermüdungsmaximum der Milchsäure. Doch zeigt eine genauere Untersuchung, daß es vor allem mit dem Ernährungszustand der Frösche stark variiert.

Die chemische Starre und die spontan einsetzende Totenstarre führen bei Fröschen gleicher Herkunft zu einem ähnlich hohen Milchsäuremaximum; bei der Wärmestarre ist dies nur dann der Fall, wenn die Temperatur nicht so hoch ist, um das milchsäurebildende Ferment abzutöten. Ferner ist von Wichtigkeit, daß die Milchsäure, solange das Enzymsystem noch intakt ist, nicht in die umgebende Lösung übertreten kann, weil sonst weiter Milchsäure nachgebildet wird. In Abb. 1 sind mehrere Werte für das

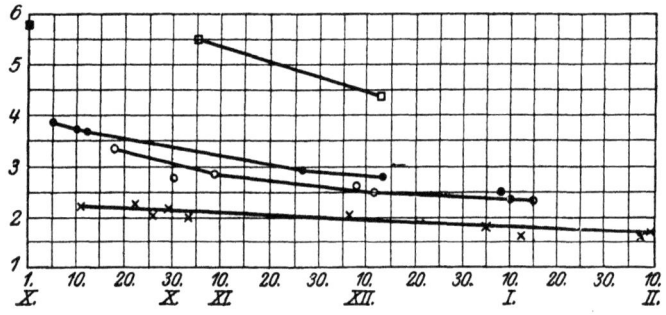

Abb. 1. Milchsäuremaximum bei Starre und Ermüdung an Esculenten vom 1. X.—10. II. ▫ Chloroformstarre von Würzburger Esculenten. (Hungernd vom Oktober.) ○ Einzelreize von Würzburger Esculenten. × Tetanische Ermüdung von Würzburger Esculenten. ● Einzelreizermüdung von Holsteiner Esculenten. (Hungernd von Mitte September.) ▪ Chloroformstarre von Holsteiner Esculenten, zweite Hälfte September. Die Abszisse gibt das Datum an, die Ordinate den Gehalt an Milchsäure in Promille (von $^1/_{00}$ an). (Aus Pflügers Arch. 182, MEYERHOF.)

Starremaximum gleichzeitig mit dem Ermüdungsmaximum für Frösche während der Hungerperiode im Winter angegeben, während welcher, wie man sieht, die Maxima stark sinken. Im Gasraum befindliche Muskeln frisch gefangener Frösche im Herbst können ein Maximum von 0,7% Milchsäure und mehr ergeben. Der höchst beobachtete Wert betrug 0,85% [MEYERHOF-LOHMANN (A 49)].

b. Säuerung.

Daß bei der Anhäufung der Milchsäure die Säuerung im Muskel zunimmt, ist qualitativ schon von DUBOIS-REYMOND festgestellt, aber es ist schwierig, die Wasserstoffzahl des ruhenden, starren und ermüdeten Muskels vergleichsweise genau zu messen, ohne durch die Messung selbst Milchsäurebildung anzuregen. Am besten bewährt sich die Zerreibung des Muskels bei 0° in destilliertem Wasser, Abzentrifugieren des kalten Muskelextraktes und Messung der Flüssigkeit mit der Chinhydronelektrode, wobei der Zusatz von Chinhydron den Milchsäurebildungsprozeß unterbricht [MEYERHOF-LOHMANN (A 49)]. Von KERRIDGE ist eine Methode ausgearbeitet, die sich der HABERschen Glaselektrode bedient (B 178). Hierbei findet zweifellos die geringste Einwirkung auf das zu untersuchende System während der p_H-Messung statt; doch ist es schwieriger, den Milchsäurebildungsprozeß sofort zum Stillstand zu bringen, ohne durch Zusätze eine Änderung des Elektrodenpotentials herbeizuführen. Soweit festgestellt, führen die Versuche von KERRIDGE und FURUSAWA zu den gleichen p_H-Werten wie die unsrigen (B 114).

Bei den Messungen mit der Chinhydronelektrode ergab sich für Esculentamuskeln (Mitte Oktober) in der Ruhe ein p_H von 7,27—7,38 (unter dem normalen CO_2-druck von 40 mm Hg dürfte es 7,1 betragen), während der Chloroformstarre mit einem Milchsäuregehalt von 0,40—0,57% ein p_H von 5,87—6,06, während das p_H maximal ermüdeter Muskeln mit 0,36—0,45% Milchsäure 6,34 bis 6,62 unter gleichen Umständen betrug. Daß bei Nichtberücksichtigung bzw. totaler Aufspaltung der Kreatinphosphorsäure die Änderung des p_H bei der Starre fast allein durch die Milchsäurebildung bedingt ist, ergibt sich, wenn man zu einem gekühlten Brei aus ruhenden Muskeln ebensoviel Milchsäure hinzugibt, wie in den symmetrischen Muskeln durch Starre gebildet wurde. Als Beispiel seien zwei Versuche angeführt (A 49):

In Versuch 1 wurde der eine Schenkel eines Paares in Chloroformstarre versetzt, wobei er mit 0,5% Milchsäure ein p_H von 5,87 zeigte; die Muskulatur des anderen Schenkels wurde mit 0,57% Milchsäure versetzt und ergab nach eingetretenem Verteilungsgleichgewicht ein p_H von 5,82. Im zweiten Versuch ergibt sich bei 0,64% Milchsäure in der Chloroformstarre ein p_H von 5,89, bei Zusatz von 0,57% Milchsäure ein p_H von 5,86.

Die Erhöhung des Starremaximums bei Herbstfröschen beruht an erster Stelle auf der Erhöhung der Pufferkapazität der Muskeln, wie sich daraus ergibt, daß Zusatz gleicher Mengen Milchsäure zur Muskulatur hungernder Winterfrösche eine viel stärkere Verschiebung nach der sauren Seite hervorruft als bei Herbstfröschen.

So ergab z. B. der Zusatz von 0,4% Milchsäure zu Muskulatur von Hungerfröschen ein p_H von 5,60, der von 0,45% Milchsäure bereits ein p_H von 4,94, während bei gleicher Verarbeitung chloroformstarre Muskeln von Herbstfröschen mit 0,61—0,64% Milchsäure ein p_H von 5,73 zeigten. Neben der Verringerung der Pufferkapazität scheint auch der milchsäurebildende Prozeß bei Hungerfröschen eine größere Empfindlichkeit gegen die zunehmende Säuerung zu besitzen, indem in diesen Fällen bei der Chloroformstarre mit 0,3% Milchsäure nur ein p_H von etwa 6,3 erreicht wird.

FURUSAWA und KERRIDGE haben in ihren systematischen Versuchen über die Pufferkapazität verschiedener Muskelarten die gleiche Beziehung gefunden (B 113, 114).

Sie maßen gleichzeitig das Starremaximum, das p_H und die Pufferkapazität, insbesondere in Herz- und Skelettmuskulatur von Warmblütern sowie Wirbellosen. Das Milchsäuremaximum liegt höher, wenn die Pufferkapazität der Muskeln größer ist, und zwar ergab bei der Katze die Skelettmuskulatur das doppelte Starremaximum wie der Herzmuskel. Andererseits aber wird dabei auch die Skelettmuskulatur um etwa p_H 0,4 saurer, so daß neben der erhöhten Pufferkapazität auch eine geringere Empfindlichkeit des milchsäurebildenden Prozesses für die Höhe des Starremaximums verantwortlich ist. Auch in ihren Versuchen stimmte die bei der Starre erreichte H-Ionenkonzentration mit der überein, die durch Zusatz der gleichen Menge Milchsäure zum Gewebsbrei des ruhenden Muskels hervorgerufen wird. Eine Übersicht ihrer Befunde gibt die folgende Zusammenstellung:

p_H der Muskeln.

	Ruhe	In der Starre	% Milchsäure im höchsten Starremaximum (20 Stunden nach dem Tode)
1. Verschiedene wirbellose Seetiere	7,06	6,33 ± 0,1	
2. Katze, Skelettmuskeln	7,04	6,02 ± 0,07	0,575 ± 0,05
3. Katze, Herzmuskeln	7,07	6,39 ± 0,11	0,22 + 0,03

Die Pufferkurve ergibt eine maximale Pufferkapazität dB/dp_H (wo B Millimol Base oder Säure bedeuten, die zu der Gewichtseinheit des Gewebes zugesetzt werden) in der Skelettmuskulatur bei p_H 6,5, was etwa dem Ermüdungsmaximum der Muskeln entspricht, während das Maximum der Herzmuskulatur bei p_H 6,4 liegt, etwa entsprechend dem Starremaximum. Nach noch genaueren neuen Versuchen von RITCHIE (B 251 a) wird bei der Ermüdung das Säuren-Basengleichgewicht des Muskels genau um den Betrag der gebildeten Milchsäure verschoben, während bei der Starre eine geringfügige Zunahme der gesamten Äquivalente infolge Eiweißhydrolyse stattfindet. (Allerdings wird die Kreatinphosphorsäure bei dem Verfahren des Autors nicht mitberücksichtigt).

c. Verschiedene Milchsäuremaxima.

Ein ähnlich bequemes Mittel wie das Chloroform, um in kurzer Zeit das Starremaximum zu erhalten, ist Coffein in 0,15proz. Lösung. Doch wirkt es viel stärker auf Temporaria- als auf Esculentamuskeln. Das erzielte Maximum liegt scheinbar noch höher, was sich jedoch bei Benutzung von coffeinhaltiger Ringerlösung durch den Austritt von Milchsäure in die Lösung erklärt. Ähnlich hohe Starrewerte findet man auch für die Natronlaugestarre, während die durch Säuren hervorgerufenen Starren mit geringerer Milchsäurebildung einhergehen, offenbar weil die Säure selbst den Milchsäurebildungsprozeß hemmt. E. C. SMITH (B 264) erhielt durch längeres Aufbewahren gefrorener Muskeln bei -2 bis $-3°$ ein Gefriermaximum von 0,71—0,75% Milchsäure, das das gleichzeitig gemessene Maximum der Chloroformstarre (0,54% Milchsäure) noch übertrifft. Dabei scheint entweder die durch das Gefrieren hervorgerufene Erhöhung der Salzkonzentration oder der konservierende Einfluß der tiefen Temperatur auf das milchsäurebildende Enzym die stärkere Säureanhäufung zu ermöglichen.

Nach dem Vorhergehenden ist es verständlich, daß bei der Ruheanaerobiose höhere Milchsäureausbeuten erzielt werden, wenn die Säure in die umgebende Lösung hinausdiffundieren kann.

So wurden z. B. in einer Versuchsserie (A 29) Froschschenkel zunächst für 18 Stunden bei 22° in Stickstoffatmosphäre gehalten, wodurch der Milchsäuregehalt bis 0,4% stieg, was in den im Januar und Februar angestellten Versuchen dem Milchsäuremaximum entsprochen hätte. Darauf wurden die Schenkel für etwa 8 Stunden in Ringerlösung mit $2{,}5 \cdot 10^{-2}$ Bicarbonat gelegt, wodurch ein Teil der Milchsäure in die Lösung übertrat, während noch weiter 0,2—0,3% nachgebildet wurde. Am Schluß der Versuche betrug der Milchsäuregehalt 0,7%, bezogen auf das Muskelgewicht, ohne daß die Milchsäurebildung zum Stillstand gekommen war.

Schließlich noch ein Wort zu dem Ruheminimum der Milchsäure, das sich in den Muskeln frisch getöteter Tiere findet (vgl. auch unten „Methoden", S. 308). Auch dies zeigt die jahreszeitlichen Schwankungen, indem es in den Sommermonaten hoch liegt, bei etwa 0,03%, in den Wintermonaten auf 0,01% und darunter sinkt. Einen noch höheren Anfangsgehalt findet man bei Fröschen, die im Freien gehalten werden, wo es in den Sommermonaten 0,05—0,06 beträgt; erst durch mehrtägigen Aufenthalt der Tiere im Eisschrank kann es auf 0,03 heruntergedrückt werden. Diese Werte gelten alle für dieselbe Verarbeitungsart, woraus hervorgeht, daß es sich um bereits präformierte Milchsäure handelt, die einem in den lebenden Muskeln vorhandenen Niveau entspricht.

3. Restitution nach Ruheanaerobiose.

Die Restitution des Muskels im Anschluß an die Ruheanaerobiose stimmt mit der später zu schildernden Erholung nach der Tätigkeit weitgehend überein. FLETCHER und HOPKINS (B 104) beobachteten zuerst, daß in einem anaerob *ermüdeten* Muskel die Milchsäure durch mehrstündige Exposition in Sauerstoff zum größten Teil verschwand, während sie in Wasserstoff weiter zunahm. Dasselbe läßt sich ebensogut zeigen, wenn man die Milchsäure durch bloße Ruheanaerobiose anhäuft. Auf den ersten Blick liegt es nahe, das Verschwinden der Milchsäure in Sauerstoff durch ihre vollständige Oxydation zu erklären. Doch ergibt die genauere Untersuchung ein anderes Bild für den hier bestehenden Zusammenhang. Vergleicht man nämlich den Extraverbrauch an Sauerstoff mit der Menge der gleichzeitig verschwundenen Milchsäure, so reicht der veratmete Sauerstoff nur aus, um etwa ein Viertel der verschwindenden Milchsäure zu oxydieren. Der Rest ist anoxydativ verschwunden, und zwar in Kohlehydrat zurückverwandelt.

Der Beziehung, daß die Atmung nur ausreicht, um etwa ein Viertel (allgemein $1/3-1/6$) der in Sauerstoff verschwindenden Milchsäure — allgemeiner der Kohlehydratspaltprodukte — zu oxydieren, werden wir immer wieder begegnen. Dieser Beobachtung kommt sowohl für die Thermodynamik des Muskels als auch für den Zusammenhang von Spaltungs- und Atmungsstoffwechsel der Zellen eine ganz allgemeine Bedeutung zu. Die

Größe: $\frac{\text{insgesamt verschwindende Milchsäure in Mol}}{\text{oxydierte Milchsäureäquivalente}}$ oder allgemeiner: $\frac{\text{verschwindender Spaltungsumsatz in Mol Zucker}}{\text{Oxydation in Mol Zucker}}$ habe ich als „Oxydationsquotienten der Milchsäure" bzw. als „Oxydationsquotienten der Spaltung" bezeichnet. Dieser Quotient tritt unter den allerverschiedensten Umständen stets mit etwa derselben Größe auf.

Für die Erholung nach der Ruheanaerobiose ergibt sich die folgende Tabelle 5 [vgl. (A 14, S. 298) und MEYERHOF und MEIER (A 30, S. 459)].

Tabelle 5. Sauerstoffverbrauch und Milchsäureschwund nach Ruheanaerobiose.

Nr.	Zeit und Temperatur der Anaerobiose	Zeit des Sauerstoffversuchs	mg Erholungssauerstoff pro 1 g Muskel	mg Milchsäureschwund pro 1 g Muskel	Oxydationsquotient
1	14° 17 Std.	10 Std. 45 Min.	0,160	0,60	4,0
2	14 19	8 45	0,185	0,56	3,2
3	15 21	24	0,450	1,7	4,0
4	15. 21	24	0,350	1,25	3,8
5	15 18	10	0,140	0,6	4,5

Der Oxydationsquotient wird aus dem Verhältnis der verschwundenen Milchsäure zu dem verbrauchten Sauerstoff berechnet, indem 1 mg Sauerstoff 0,94 mg Milchsäure total oxydieren würde. Dabei wird die Ruheatmung während derselben Zeit aus einer Kontrollmessung in Abzug gebracht.

Man erhält nun etwa denselben Oxydationsquotienten, wenn man die Größe der Ruheatmung mit der Ruheanaerobiose in gleicher Zeit bei derselben Temperatur vergleicht, d. h. es wird während der Anaerobiose viel mehr — drei- bis viermal so viel — Milchsäure gebildet, als dem in gleicher Zeit aerob aufgenommenen Sauerstoff entsprechen würde, falls die Milchsäure ein einfaches Intermediärprodukt der Atmung wäre. Mithin verhindert der Verbrauch einer bestimmten Menge Sauerstoff in der Ruhe das Drei- bis Vierfache der äquivalenten Menge Milchsäure am Entstehen. Dies zeigen z. B. die folgenden Versuche bei 15° [MEYERHOF und MEIER (A 30)], die mit denselben Muskeln wie die Versuche 3—5 der vorigen Tabelle 5 ausgeführt wurden.

Tabelle 6. **Atmung und anaerobe Milchsäurebildung ausgeschnittener Muskeln.**

Nr.	Dauer der Anaerobiose in Std.	Milchsäure pro g	mg Milchsäure pro g u. Std.	mg Sauerstoff pro g u. Std.	Oxydations-quotient
1	21	2,9	0,14	0,036	4,15
2	21	2,15	0,10	0,0315	3,35
3	18	1,3	0,06	0,034	1,85

Die Zusammenfassung dieser beiden Vorgänge besagt aber nichts anderes, als daß der in der Anaerobiose in Wegfall gekommene Sauerstoff bei der anschließenden Restitution nachgeatmet wird. Wir kommen daher zu dem Schluß, daß während der Ruheatmung pro 3 Mol aufgewandten Sauerstoffs, die zur Verbrennung von 1 Mol Milchsäure hinreichen, 3—4 Mol Milchsäure intermediär auftreten, aber in einem Kreislauf wieder in das Ausgangsprodukt zurückverwandelt werden. Auf diesen Kreislauf der Milchsäure in der Ruheatmung, der dem Oxydationsquotienten zugrunde liegt, werden wir in Kap. V zurückkommen, wo sich derselbe Zusammenhang als ein ganz allgemeines Stoffwechselphänomen ergeben wird.

Die spontan auftretende Milchsäure, die zweifellos in Zusammenhang mit der Arbeitsbereitschaft des Muskels steht, wird danach in der Atmung dauernd wieder zurückverwandelt. Ja, wir können hierin den eigentlichen Sinn der Ruheatmung sehen, daß sie auf diese Weise die Arbeitsbereitschaft des Muskels aufrechterhält. Es ist nun eine Besonderheit des Muskels, die wir noch bei dem Nerven und einigen anderen Organen wiederfinden, die aber nicht allgemein ist, daß das Verhältnis von Ruhemilchsäurebildung zu Ruheatmung so groß ist, wie es dem Oxydationsquotienten der Milchsäure gerade oder angenähert entspricht. Unter diesen Umständen wird also in der Atmung die auftretende Milchsäure nur gerade eben zurückverwandelt, und dies können wir als die Ursache des noch vorhandenen niedrigen Milchsäureniveaus ansehen. In anderen Fällen ist die anaerobe Milchsäurebildung der Gewebe so klein, daß die Ruheatmung mehr als ausreicht zur Rückverwandlung der intermediär auftretenden Säure. Dann kommt der Oxydationsquotient in der Ruheatmung nicht in seiner vollen Höhe zur Geltung.

4. Kohlehydratbilanz bei dem Ruhestoffwechsel.

Das Bild des Ruheumsatzes wird vervollständigt durch die Aufnahme der Kohlehydratbilanz. Daß die Milchsäure sich aus der Spaltung des Kohlehydrats herleitet, lag von vornherein nahe. CLAUDE BERNARD, der die Spaltung des Zuckers in den verschiedenen Organen zuerst beschrieben hat, nahm ohne weiteres an, daß Kohlehydrat in Milchsäure übergeht: „J'ai constaté que le muscle et divers tissus ne deviennent acides après la mort qu'autant qu'ils renferment du sucre ou de la matière glykogène qui subit très rapidement une fermentation lactique..." [(B 14) S. 328]. Zusammenhänge zwischen dem Zuckerschwund und der Milchsäurebildung in verschiedenen Organen fanden außer früheren Autoren weiterhin SLOSSE (B 263), EMBDEN (B 66), LEVENE und MEYER (B 199). Im Muskel hatten PARNAS und WAGNER (B 241) nach der Äquivalenz zwischen Kohlehydratschwund und Milchsäurebildung gesucht und sie in bestimmten Fällen gefunden, in anderen jedoch vermißt. Eine Äquivalenz ergab sich in ihren Versuchen bei der Starre, angenähert auch in etwas späteren Versuchen von F. LAQUER (B 187). Dagegen vermißten sie den Kohlehydratschwund bei der Ruheanaerobiose; auch bei der Muskeltätigkeit war der Zusammenhang nicht eindeutig. Eine systematische Untersuchung mit gleichzeitiger Bestimmung der Kohlehydrat- und Milchsäurebilanz an zusammengehörigen Muskeln hatte jedoch ein völlig zweifelsfreies Ergebnis (A 15).

1. Wenn im Muskel Milchsäure auftritt, so nehmen die Kohlehydrate genau in demselben Maße ab; die Änderung betrifft vorwiegend, aber nicht ausschließlich den Glykogengehalt. Dabei gehen Milchsäurebildung und Kohlehydratschwund zeitlich parallel; es kommt also nicht zur Anhäufung einer unbekannten Zwischenstufe. 2. Wenn die Milchsäure während der Restitution verschwindet, so nehmen die Kohlehydrate in dem Maße zu, als sich aus der Differenz des Milchsäureschwundes und des Sauerstoffverbrauchs (Erholung + Ruheverbrauch) berechnet, wobei die Änderung wieder hauptsächlich das Glykogen betrifft. Es wird also Glykogen aus Milchsäure synthetisiert.

Da die quantitativen Verhältnisse für den Tätigkeitsstoffwechsel wichtiger sind als für den Ruhestoffwechsel, werden Beispiele solcher Bilanzen weiter unten gegeben. Die Umwandlung von Milchsäure in Kohlehydrat im Muskel im Zusammenhang mit der Atmung war durch diese Versuche zum ersten Male nachgewiesen. Doch war schon vorher nach weniger einwandfreien Versuchen über die Zuckerausscheidung pankreasloser und phlorrhizindiabetischer Tiere von EMBDEN und SALOMON (B 65) sowie MANDEL und LUSK (B 209), in der künstlich durchströmten Leber (Schildkröte) eine Synthese von Glykogen aus Milchsäure, wenn auch nur in einem Versuche, von PARNAS und BAER (B 240) gefunden, und von BARRENSCHEEN (B 9) sowie BALDES und SILBERSTEIN (B 5) an der Säugetierleber bestätigt worden. Andererseits hatte sich E. J. LESSER, der der biochemischen Wissenschaft zu früh entrissen ist, in einer Reihe von Arbeiten mit dem Schicksal des Glykogens bei der Anaerobiose und Restitution ganzer Frösche beschäftigt. Er fand Glykogenschwund während der Anaerobiose, Synthese während der Restitution. Da er die Umwandlungsprodukte des Glykogens nicht verfolgte, blieb es ungewiß, wieviel zu Zucker, wieviel zu Milchsäure geworden war, und eine von der Jahreszeit stark abhängige Mobilisierung des Glykogens in der Leber überlagerte die Vorgänge in den anderen Organen, sodaß der Anteil des Muskels nicht deutlich zu übersehen war. Es steht aber jetzt fest, daß ein nicht unerheblicher Teil der von ihm beobachteten Veränderung des Glykogengehalts auf Bildung und Resynthese der Milchsäure im Muskel bezogen werden muß (B 193—196 und 198).

D. Tätigkeitsstoffwechsel im Kaltblütermuskel.

1. Historische Übersicht.

Daß sich die Atmungssteigerung des Gesamtorganismus, die im Gefolge der Muskeltätigkeit auftritt, auch bei richtiger Methodik am isolierten Organ nachweisen lassen mußte, ist naheliegend. Eine solche Atmungssteigerung ist zuerst, wenn auch nur qualitativ, von THUNBERG (B 271) mittels seines Mikrorespirometers bei der Reizung von Froschmuskeln beobachtet worden. Die Atmungssteigerung hielt längere Zeit an. Dasselbe war bei den späteren Versuchen VERZÀRS (B 276, 277) und denen von BARCROFT und KATO (B 7) an Katzenmuskeln der Fall. Einen Schluß auf die wirkliche Größe und den Verlauf des Tätigkeitsstoffwechsels gestatten jedoch auch diese Versuche nicht. Die lang anhaltende Steigerung der Atmung, die die letztgenannten Autoren fanden, hängt offenbar mit dem schlechten Zustand der Muskeln bei ihren Versuchen zusammen und entspricht nicht dem physiologischen Verhalten in vivo. Quantitativ bestimmte zuerst PARNAS (B 236) die Sauerstoffatmung isolierter Froschmuskeln nach der Methode von WARBURG-SIEBECK und stellte fest, daß im Anschluß an ermüdende Reizung eine für viele Stunden anhaltende Steigerung der Atmung einsetzt, die allmählich wieder auf den Ruhewert absinkt. Allerdings ergaben auch seine Versuche einen erheblich zu hohen Extrasauerstoff, was zu dem irrtümlichen Schlusse Veranlassung gab, daß die in der Restitution verschwindende Milchsäure vollständig oxydiert würde. Um das hier vorliegende Problem zu verstehen, ist es gut, die Kenntnisse, die über den Tätigkeitsstoffwechsel des Muskels zur Zeit der Arbeiten von PARNAS (1914) vorlagen, kurz zu skizzieren.

Daß der Muskel bei der Tätigkeit Säure bildet, wurde schon von DUBOIS-REYMOND im Jahre 1859 festgestellt (B 55); daß die im Muskel auftretende Säure Milchsäure ist, war bereits von BERZELIUS (1807) angenommen, später von LIEBIG (1847) bewiesen worden. Trotzdem die Resultate DUBOIS-REYMONDS auch durch den chemischen Nachweis der gebildeten Milchsäure mehrfach bestätigt wurden, insbesondere durch MARCUSE (B 211), erschien doch der Zusammenhang von Milchsäurebildung und Tätigkeit nicht völlig reproduzierbar und gesichert, bis FLETCHER und HOPKINS (B 104) mit ihrer berühmt gewordenen Arbeit über die Milchsäurebildung im Amphibienmuskel hervortraten. FLETCHER und HOPKINS zeigten zunächst, daß bei der üblichen Verarbeitungsart der Muskeln soviel Milchsäure entsteht, daß der Befund über die noch während des Lebens gebildete Milchsäure nichts Quantitatives auszusagen gestattet; sie lehrten gleichzeitig, daß man durch Zerdrücken eisgekühlter Muskeln in eiskaltem Alkohol die traumatische Milchsäurebildung unterdrücken und damit zu einer Messung der im Leben gebildeten Milchsäure gelangen kann. Mit dieser Methodik fanden sie, daß ein fester Zusammenhang von Milchsäurebildung und Tätigkeit besteht und daß durch ermüdende tetanische Reizung der Milchsäuregehalt bis zu etwa 0,2% steigt und dann konstant bleibt, während gleichzeitig die Kontraktionsfähigkeit des Muskels aufhört. Diese Milchsäuremenge bezeichneten sie als das Ermüdungsmaximum. Wenn man den Muskel nach der Erreichung des

Maximums in Sauerstoff brachte, so verschwand die Milchsäure allmählich. Wiederholte man Ermüdung und Erholung mehrmals, so erzielte man jedesmal bei der Reizung eine erneute Bildung von Milchsäure; trotzdem aber ergab schließlich die Wärmestarre den gleichen Endgehalt (Starremaximum) wie die Wärmestarre entsprechender unermüdeter Muskeln. Dies veranlaßte die englischen Forscher zu der Annahme, daß die Milchsäure bei der Erholung in Sauerstoff nicht verbrenne, sondern dabei in eine in beschränktem Maße vorhandene Milchsäurevorstufe zurückverwandelt würde. Doch gaben sie diese Vorstellung auf Grund der Befunde von PARNAS wieder auf (B 105). In der Tat gestatteten Versuche wie der letztbeschriebene keine Entscheidung, denn, wie zuerst von LAQUER (B 187) gezeigt ist — und nach den Angaben von HOPKINS auch von WINFIELD —, ist das Starremaximum durch die Selbsthemmung des Prozesses infolge gesteigerter Acidität bedingt und nicht durch eine in beschränktem Maße vorhandene Vorstufe.

Die später zu besprechenden kalorimetrischen Messungen von HILL und PETERS (B 153, 154, 243), wonach etwa 500 cal pro 1 g Milchsäure im Muskel auftraten, widersprachen aber in Verbindung mit den myothermischen Messungen HILLS über das Verhältnis der anaeroben Kontraktionswärme zur oxydativen Restitutionswärme einer vollständigen Verbrennung der Milchsäure in der Erholungsperiode. Doch hatten außer den oben zitierten Versuchen von PARNAS auch die von PARNAS und WAGNER (B 241) über den Kohlehydratumsatz des tätigen Froschmuskels zu der letzteren Konsequenz geführt. Das dadurch hervorgerufene Dilemma war der Anlaß für meine eigene Beschäftigung mit der Chemie der Muskeltätigkeit. Es mag daher auf ausführliche Wiedergabe der weniger vollständigen und zum Teil auch unrichtigen älteren Befunde verzichtet werden.

2. Ermüdungsmaximum der Milchsäure.
a. Bei Übertritt der Milchsäure in die Außenlösung.

Daß die Milchsäure auch in Gegenwart von Sauerstoff *intermediär* bei der Tätigkeit auftritt, ergibt sich mit hoher Wahrscheinlichkeit aus dem später zu erörternden Wärmeverlauf und ist für die Theorie der Muskelkontraktion von fundamentaler Bedeutung. Zu einer Anhäufung von Milchsäure kann es aber nur dann kommen, wenn ihre oxydative Entfernung gehemmt wird, was entweder durch Vergiftung des Muskels mit KCN (etwa $^n/_{2000}$) geschehen kann oder durch Entziehung des Sauerstoffs. Nahezu anaerob sind allerdings bereits dicke Muskeln, insbesondere ganze Schenkel, wenn sie sich in Luft befinden, indem dann der Sauerstoff nur in eine verhältnismäßig dünne Oberflächenschicht eindringt. Will man den Tätigkeitsumsatz in seinen einzelnen Phasen quantitativ bestimmen, so hält man die Muskeln während der Reizung in Stickstoff oder in sauerstofffreier Ringerlösung und bringt sie unmittelbar nach Abschluß der Tätigkeit in Sauerstoff. Während die Bedeutung dieser beiden Phasen, der anaeroben Tätigkeitsphase und der oxydativen Restitutionsphase, vom energetischen Standpunkt erst später besprochen werden soll, erörtern wir jetzt die Stoffwechselvorgänge hierbei.

Werden die Muskeln anaerob ermüdet, so häuft sich die Milchsäure bis zu einem Grenzwert an. Dieser Grenzwert, das „Ermüdungsmaximum", ist keineswegs konstant, sondern zeigt gewisse systematische Veränderungen. Zunächst wird auch hier, ähnlich wie bei der Starre, ein einigermaßen bestimmtes Maximum nur erzielt, wenn die Ermüdung des Muskels in einem Gasraum geschieht. Befindet sich der Muskel in Lösung, so hängt es von der Länge der Reizintervalle, der Dicke des Muskels, dem Gehalt der Ringerlösung an Phosphat oder Bicarbonat ab, wieviel Milchsäure in der Versuchszeit nach außen in die Lösung übertritt, und dementsprechend erhöht sich das Milchsäuremaximum. So steigt z. B. (A 17) das Ermüdungsmaximum bei der Reizung von Muskeln in Ringerlösung mit Natriumbicarbonat und Carbonat mit einem p_H von 9,5 gegenüber Muskeln in bicarbonatfreier Ringerlösung um etwa 30%.

Es ergab sich dabei in Versuchen mit reiner Ringerlösung ein Maximum zwischen 0,31—0,37%, in Bicarbonat-Carbonat-Ringerlösung ein Maximum von 0,43—0,49%, wobei in jedem Versuch die symmetrischen Muskeln für den Vergleich benutzt wurden. Weitere systematische Versuche an Sartorien im Oktober und November [MATSUOKA (A 25)] führten bei Ermüdung durch isometrische Einzelzuckungen zu folgenden Durchschnittswerten: in Stickstoffatmosphäre 0,284% Milchsäure, in KCN- ($^n/_{5000}$-) Ringerlösung 0,40%, Ringerlösung mit Phosphat oder Borat 0,42%, Ringerlösung mit Bicarbonat ($2,5 \cdot 10^{-2}$) 0,47%. Dabei ist der Milchsäuregehalt im Innern derjenigen Muskeln, die in der alkalischen Lösung suspendiert sind, nicht höher, sondern eher geringer als in den in Stickstoffatmosphäre befindlichen. Der in die Ringerlösung übergetretene Anteil beträgt in reiner Ringerlösung 37%, in Ringer-Phosphat oder -Borat 40—45%, in Ringer-Bicarbonat 51% (Versuchsdauer stets $1^1/_2$ Stunde).

Besonders wichtig ist aber, daß entsprechend der Mehrbildung an Milchsäure auch die anaerobe Arbeitsleistung der in Lösung befindlichen Muskeln erhöht ist. Die isometrische Spannungsleistung in Gramm steigt im Durchschnitt gegenüber den Muskeln in Stickstoff bei den in reiner Ringerlösung befindlichen Muskeln um 38%, in Ringer-Bicarbonat um 44%. Die anaerobe Arbeitsfähigkeit des Muskels ist also nicht konstant, sondern variierbar und geht mit der gleichzeitig gebildeten Milchsäure fast genau parallel. Die Konzentration, bis zu der sich die Milchsäure anhäuft, ist aber jedenfalls an erster Stelle ähnlich wie beim Starremaximum bedingt durch die Hemmung, die die Anhäufung der Säure im Muskelinnern hervorruft.

Noch bedeutend größere Unterschiede in der Arbeitsfähigkeit anaerober Muskeln beim Aufenthalt in Stickstoff oder phosphathaltiger Ringerlösung fanden HILL und KUPALOV (B 164) in einer neueren Arbeit. Sie benutzten äußerst kleine Sartorien von 40—90 mg und reizten in Intervallen von 10—20 Sekunden, statt wie MATSUOKA alle 3 Sekunden. In diesem Falle wird die Gesamtleistung nicht nur um etwa 50%, sondern um mehr als 100% erhöht. Berechnet man aus der Spannungsentwicklung auf Grund des später besprochenen isometrischen Koeffizienten der Milchsäure (Kap. VII, S. 231) die Milchsäurebildung, so ergibt sich statt eines Milchsäuregehaltes von 0,3% in gasförmigem Stickstoff ein solcher von 0,87%, eine Zahl, die durch acidimetrische Titration der Ringerlösung recht genau bestätigt wurde. Wurde dagegen in Intervallen von nur 0,6—1 Sekunde gereizt, so war das Maximum in Ringerlösung gegenüber dem in Stickstoff nicht erhöht, ein Beweis, daß in diesen kurzen Intervallen die Milchsäure noch nicht genügend aus dem Muskel entweichen konnte. Hierdurch erklären sich auch die günstigeren Ergebnisse der Autoren gegenüber den vorher geschilderten. Daß der schließliche Stillstand der Tätigkeit bei durchschnittlich 0,87% Milchsäure (zwischen 0,64 und 1,27%) wesentlich auf Erschöpfung des Kohlehydratvorrats zu beziehen ist, geht daraus hervor, daß Zugabe von 0,1% Glucose zur Ringerlösung die Gesamtspannungsleistung weiter um 60% erhöht. Es läßt sich dann aus der Spannungsentwicklung eine Bildung von 1,22% Milchsäure (maximal bis

1,65%) berechnen, so daß — bei Versuchen im Mai — offenbar im ganzen mehr Milchsäure unter Arbeitsleistung entstanden ist, als dem gesamten präformierten Kohlehydrat entspricht, und die Spaltung des aus der Lösung entnommenen Zuckers mit zur Arbeitsleistung gedient hat. Da von allen bei der anaeroben Tätigkeit entstehenden Spaltprodukten nur die Herausdiffusion der Milchsäure die Ermüdung verhindert, so kann man mit voller Sicherheit schließen, daß allein deren Anhäufung die anaerobe Ermüdung des isolierten Muskels veranlaßt.

b. Schwankungen des Ermüdungsmaximums.

Das nur auf den Milchsäuregehalt im Muskel selbst berechnete Ermüdungsmaximum ist aber auch unter verschiedenen Umständen variierbar. Zunächst hängt das Maximum von der Art und den Intervallen der Reizung ab. Relativ gering ist es bei tetanischer Reizung mit hohen Frequenzen. Bei indirekter Reizung wird es hier durch die „Wedensky-Hemmung", die Verlängerung der Refraktärperiode des Erregungsvorgangs beim Übergang vom Nerv zum Muskel, die bei zunehmender Ermüdung auftritt, begrenzt; eine ähnliche Verlängerung der Refraktärperiode findet sich aber auch bei weit fortgeschrittener Ermüdung und direkter Reizung. Am weitesten kann man die Ermüdung treiben, wenn man mit kurzen tetanischen Reizen — etwa 0,5 Sekunden — in Intervallen von 20—30 Sekunden reizt, zunächst durch die Nerven und am Schlusse durch den Muskel selbst. Aber auch jetzt ist der Punkt kompletter Ermüdung nicht scharf zu definieren. Läßt man äußerst starke Ströme, z. B. den alternierenden Stadtstrom von 220 Volt (60 Wechsel pro Sekunde), durch zwei oder drei hintereinandergeschaltete Schenkelpaare (in N_2) gehen, so zeigen die durch Induktionsschläge schon nicht mehr erregbaren Muskeln noch kräftige Kontraktionen, bis sie völlig starr geworden sind. Das Ermüdungsmaximum hat also überhaupt keine scharfe Grenze, sondern läßt sich durch überstarke Reize noch bis zum Starremaximum hochtreiben. Bei Ermüdung mit Induktionsschlägen (2—4 Volt im Primärkreis) bleibt es um etwa 0,1—0,2% Milchsäure darunter.

In Parallele mit dem Starremaximum ist ferner das in N_2 gemessene Ermüdungsmaximum vom Ernährungszustand der Frösche abhängig. Bei frisch eingefangenen Tieren liegt es erheblich höher, am höchsten im Frühherbst. Da natürlich die Frösche nicht sofort nach dem Fang zum Versand kommen, hat die genaue Ermittlung dieses Maximums keinen wissenschaftlichen Sinn. Unter Umständen erhält man bei frisch gefangenen Tieren ein Ermüdungsmaximum von über 0,6% Milchsäure, bei einem Starremaximum von 0,7—0,8%. Das Ermüdungsmaximum sinkt dann bei dem Aufenthalt der Frösche in dunklen Kellerräumen zunächst rasch, später langsamer, sodaß es etwa nach einem Monat noch 0,4—0,5%, im Winter nur noch 0,3% beträgt. Bei überwinterten Fröschen kann es nach einem halben Jahre auf 0,2 und tiefer heruntergegangen sein. Man ersieht dies aus den Kurven der Abb. 1, in denen allerdings Versuche mit ganz frisch gefangenen Fröschen nicht enthalten waren und auch die Reizart nicht für die Erzielung des höchsten Ermüdungsmaximums günstig war.

Weiterhin ist das Ermüdungsmaximum von der Temperatur abhängig. In der Nähe von 0° erhält man auch in den geeignetsten Jahreszeiten nur Werte bis zu 0,1% Milchsäure. Zwischen 10 und 25° nimmt das Maximum mit der Temperatur noch deutlich zu, ebenso wie die geleistete Spannung. Als Beispiel mögen die folgenden Versuche dienen [(A 13) S. 251].

Tabelle 7.
Vergleich des Ermüdungsmaximums bei zwei Temperaturen.

Datum	Tiefere Temperatur	Milchsäure %	Höhere Temperatur	Milchsäure %
6. X.	8°	0,33	22°	0,39
28. II.	9	0,28	24	0,34
6. III.	8	0,275	25	0,345

Die Zunahme bei der höheren Temperatur beträgt, wie man sieht, etwa 20% (bei Ermüdung mit Einzelinduktionsschlägen). Da die Milchsäurebildung bei der Tätigkeit und die isometrisch bestimmte Spannungsleistung einander parallel gehen, so gibt das anaerobe Ermüdungsmaximum den Punkt an, wo die durch die elektrische Reizung veranlaßte Kontraktilität des Muskels aufhört. Der Muskel bleibt dann aber, wenn er nicht durch extreme Reize starr geworden ist, noch für kontrakturerzeugende Substanzen ansprechbar, wie ja auch das Starremaximum höher liegt als das durch elektrische Induktionsreize bestimmte Ermüdungsmaximum. Daß die Anhäufung der Milchsäure auch hier wie beim Starremaximum durch Verschiebung der H·-Konzentration hemmt, liegt nahe, ist aber nicht streng bewiesen. Das p_H ermüdeter Muskeln ist deutlich herabgesetzt [MEYERHOF und LOHMANN (A 49)]. Bei Herbstfröschen mit 0,42—0,45% Milchsäure beträgt es 6,34—6,41, bei Sommerfröschen mit 0,24—0,28% Milchsäure 6,6—6,7. FURUSAWA und KERRIDGE (B 114) finden am Gastrocnemius der Katze bei etwa 0,3% Milchsäure p_H 6,26 $\pm$ 0,07. Bei der Tätigkeit spielen sich aber noch andere chemische Vorgänge ab, insbesondere der Zerfall der Kreatinphosphorsäure (vgl. unten). Es ist nicht unmöglich, daß dieser Zerfall durch die zunehmende Säuerung des Muskels begünstigt wird (vgl. auch S. 97). Die beliebige Steigerung der anaeroben Tätigkeit bei Herausdiffusion der Milchsäure in Ringerlösung zeigt jedenfalls, daß ihre Ansammlung im normalen Muskel die primäre Ursache der elektrischen Unerregbarkeit ist.

3. Zeitlicher Zusammenhang von Arbeit und Milchsäurebildung.

Daß die rasche Milchsäurebildung mit der Kontraktion zeitlich zusammenfällt, läßt sich ganz scharf nur in Verbindung mit den myothermischen Messungen HARTREES und HILLS beweisen (vgl. unten). Innerhalb der erreichbaren Genauigkeit der chemischen Messungen folgt dies aber auch schon durch diese allein. Die Frage ist deshalb besonders sorgfältig geprüft, weil von EMBDEN und seinen Mitarbeitern (B 64, 73) angegeben worden war, daß bei einer 5—10 Sekunden anhaltenden tetanischen Reizung die Milchsäure bis zur Hälfte erst *nach* erfolgter Erschlaffung gebildet werden sollte. Dies führte die Autoren dazu, die von ihnen so genannte ,,HILL-MEYERHOFsche Theorie" über den Zusammenhang von Wärmebildung und chemischen Vorgängen bei der Muskeltätigkeit abzulehnen. Vergleicht man jedoch bei tetanisch gereizten Muskeln, von denen die eine Hälfte im Moment der Erschlaffung, die andere 20—30 Sekunden später in flüssiger Luft gefroren wird, den Gehalt an Milchsäure, so findet man ihn bei indirekter Reizung mit nicht zu starken Strömen vollkommen übereinstimmend. Andererseits führt starke direkte Reizung leicht zu einer die Kontraktion überdauernden Milchsäurebildung im Zusammenhang mit der gleichzeitig auftretenden Nachkontraktur, und dies um so mehr, je höher die Reizfrequenz und je mehr die Reizung übermaximal ist [MEYERHOF und LOHMANN (A 48, 49), SURANYI (A 58), NACHMANSOHN (A 88)]. Ja, durch kräftige Überreizung gelingt es leicht, regelmäßig 50 und mehr % der Milchsäure erst nach dem Ende der Reizung im Muskel zu produzieren. Aus der Messung der Spannungsleistung in solchen Fällen folgt, daß die mehrgebildete Milchsäure für den Arbeitsprozeß verloren ist, also einem unphysiologischen Vorgang entspringt, der in keiner Weise in den normalen Ablauf der Kontraktion gehört. Nach der Theorie EMBDENS hätte die Energie der nachträglichen Milchsäurebildung jeweils den folgenden Kontraktionen zugute kommen sollen. Doch ist von ihm späterhin auch für seine eigenen Versuche zugegeben, daß die nachgebildete Milchsäure die Folge einer derartigen Überreizung ist (B 76), und es ist damit nunmehr ohne Widerspruch festgestellt, daß bei kurzen Tetani unter physiologischen Umständen Milchsäurebildung und Kontraktion zeitlich zusammenfallen.

4. Oxydative Restitution.
a. Erholung nach weitgehender Ermüdung.

Bringt man den Muskel nach anaerober Tätigkeit in Sauerstoff, so ist seine Atmung gegenüber der Ruhe stark gesteigert. Diese Steigerung hält eine längere Zeit an und sinkt dann mit einem

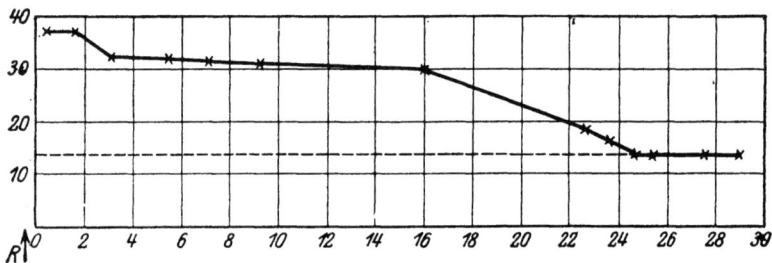

Abb. 2. Kurve der Atmungssteigerung nach totaler Ermüdung mit Einzelinduktionsschlägen. Abszisse: Zeit in Stunden, Ordinate: mm³ O_2 pro 1 Stunde (Oxydationsgeschwindigkeit). Die gestrichelte Gerade zeigt den Ruheumsatz an. ↑ Reizende.

deutlichen Knick auf den Wert der Ruheatmung ab. Einige Kurven für die Oxydationsgeschwindigkeit bei maximaler Ermüdung sind auf den Abb. 2 und 3 wiedergegeben. Die Atmung in Abb. 2 ist für 24 Stunden gesteigert, bis sie auf den am symmetrischen Muskel bestimmten Ruheumsatz abfällt. Mißt man in zwei

Oxydative Restitution. 37

symmetrischen Muskeln, die gleichzeitig im selben Stromkreis durch indirekte Reizung ermüdet sind, die Erholungsatmung bei zwei verschiedenen Temperaturen wie in Abb. 3, so ist zwar die Atmungsgeschwindigkeit bei der höheren Temperatur etwas größer, fällt dafür aber auch rascher ab und infolge des Temperaturkoeffizienten der Ruheatmung auf einen höheren stationären Wert. Die Flächenintegrale dieser Geschwindigkeiten der Erholungsatmung vom Reizende bis zum Absinken auf den Ruhewert, d. h. die Mengen des insgesamt aufgenommenen Extrasauerstoffs, sind in der Tat unter diesen Umständen nahezu gleich (genauer im Versuch bei 7,5° um 10—20% kleiner als bei 14—15°). Dasselbe gilt

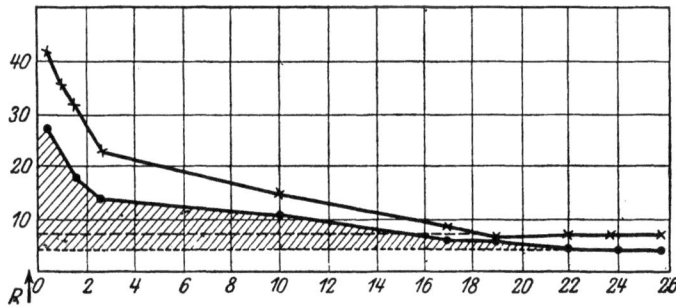

Abb. 3. Kurve der Atmungssteigerung nach tetanischer Ermüdung. Abszisse: Stunden, Ordinate: mm³ O₂ pro 1 Stunde. ×—× Erholung bei 14°, •—• bei 7,5°. Die entsprechenden Horizontalen geben den Ruheumsatz an. Das schraffierte Feld entspricht der Erhöhung der Oxydationsgeschwindigkeit über den Ruheumsatz bei 7,5°, seine Fläche ist etwa gleich derjenigen des Restitutionssauerstoffs bei 15°.

auch für den Vergleich von 14 und 20°, allerdings nur bei sehr kleinen Muskeln und nicht regelmäßig, da bei 20° infolge der erhöhten Ruheatmung und des stark erschwerten Nachkommens der Sauerstoffdiffusion eine Erholung oft nicht mehr möglich ist.

Die Menge Extrasauerstoff, die also von der Geschwindigkeit der chemischen Erholungsreaktion weitgehend unabhängig ist, steht in eindeutiger Beziehung zur gleichzeitig verschwindenden Milchsäure. Sie ist nicht ausreichend zur Oxydation der ganzen Menge, sondern nur eines bestimmten Bruchteils, und zwar unter normalen Verhältnissen von einem Drittel bis einem Sechstel, meist einem Viertel bis einem Fünftel. Der Oxydationsquotient der Milchsäure, der uns hier wieder begegnet, liegt also in denselben Grenzen: $\dfrac{\text{total verschwundene Milchsäure}}{\text{verbrannte Milchsäureäquivalente}} = 4$ bis 5. Die nicht oxydierte Milchsäure ist auch hier in Kohlehydrat zurückverwandelt, wie weiter unten belegt ist. Hier sei bereits darauf hingewiesen, daß außer der durch Resynthese zu Kohlehydrat verschwundenen Milchsäure auch ein entsprechendes Äquivalent für den veratmeten Sauerstoff fehlt. Ob man dies als oxydiertes Kohlehydrat oder oxydierte Milchsäure anspricht, ist gleichgültig, da in der Bilanz beides dasselbe ist und die Zwischenstufen der Umwandlung sowieso unbekannt sind. Die Betrachtung wird einheitlicher und allgemeiner, wenn man nicht von verbrannter Milchsäure, sondern verbrannten Milchsäureäquivalenten redet. Dies Äquivalent ist dann in unserem Falle Kohlehydrat. Schon das Schwanken des Oxydationsquotienten, wenn auch in engen Grenzen, beweist, daß Oxydation und Resynthese nicht einen chemisch gekoppelten Vorgang darstellen, für den eine stöchiometrische Gleichung anzugeben ist, sondern nur einen energetisch gekoppelten. Es ist daher prinzipiell möglich, daß die Energie der Oxydation von Nichtkohlehydrat zur Resynthese von Milchsäure dienen kann; für den Kreislauf der Ruheatmung trifft dies in gewissen Organen sicher zu, beispielsweise für den Nerven, wie sich aus dem respiratorischen Quotienten ergibt, unter gewissen Umständen auch für den Muskel. Für die Erholungsoxydation des ermüdeten Kaltblütermuskels kommt dagegen unter gewöhnlichen Bedingungen vorwiegend, wenn nicht ausschließlich, Kohlehydrat in Betracht, ein experimentelles, von jeder ,,Theorie" unabhängiges Faktum [vgl. dazu (A 40)].

Daß die Koppelung zwischen Extrasauerstoff und Milchsäureschwund relativ fest ist, wie es schon durch die Energetik des Prozesses vorgeschrieben wird, kann man dadurch feststellen, daß man gemeinsam ermüdete symmetrische Gastrocnemien zu verschiedenen Zeiten im Verlauf der Erholungsoxydation auf den Milchsäuregehalt verarbeitet, während der Anfangsgehalt in den Oberschenkelmuskeln gemessen wird. Drei Versuche, in denen das Verhältnis von Milchsäureschwund zu Extrasauerstoff für die erste und zweite Hälfte der Restitutionsperiode getrennt bestimmt worden ist, sind in Tabelle 8 wiedergegeben [(A 14) S. 294]. Zur Ermittlung der konstanten Ruheatmung ist die zweite Periode hier noch einige Zeit über das Abklingen des Erholungsvorgangs ausgedehnt worden. Die in *einer* Zeile stehenden Versuche sind mit symmetrischen Muskeln ausgeführt.

Tabelle 8.

Nr.	Erste Periode				Zweite Periode			
	Dauer Std. Min.	Milchsäureschwund in mg pro g	Erholungssauerstoff in mg pro g	Oxydationsquotient	Dauer Std. Min.	Milchsäureschwund in mg pro g	Erholungssauerstoff in mg pro g	Oxydationsquotient
1	7 45	0,9	0,27	3,5	22	1,7	0,375	4,8
2	15	2,2	0,67	3,5	26 45	0,34	0,11	3,3
3	15 50	2,3	0,585	4,2	8 45	0,12	0,054	2,4

Es sei wegen der prinzipiellen Wichtigkeit der Ergebnisse auf eine Reihe von Umständen hingewiesen, die bei Anstellung und Deutung dieser Versuche im Auge zu behalten sind. Daß der gekoppelte Erholungsvorgang nicht in ein und demselben Muskel, sondern nur durch Verarbeitung von zwei, eventuell drei Portionen Muskeln vom gleichen Tier festgestellt werden kann, ist unbedenklich, wenn man die Muskeln vor der Präparation anaerob durch die Beckennerven bis zu weitgehender Ermüdung reizt, ehe man sie für die Atmungsmessung entnimmt. Unter diesen Umständen ist der Milchsäuregehalt in allen Muskeln innerhalb der Fehlergrenzen gleich. Andererseits darf die Ermüdung nicht maximal sein, und die Reizung muß indirekt geschehen, weil sonst die Erholung unvollständig bleibt, was sich dadurch geltend macht, daß die Milchsäure nicht auf den Ruhewert absinkt und die Atmung hoch bleibt. In allen zu verwertenden Versuchen muß die Atmung am Schlusse auf die Höhe der Ruheatmung gesunken sein. Die geeignetste Erholungstemperatur ist hierbei 14—15°.

Mit der angegebenen Methode läßt sich lediglich die *Menge* des verbrauchten Extrasauerstoffs bestimmen; die *Geschwindigkeit* hängt von den Versuchsumständen ab und hat keinen physiologischen Sinn. Sie ist durch die Diffusionsverhältnisse bedingt und kann auf Grund der in Kap. I. A angegebenen Formeln analysiert werden. Aus myothermischen Versuchen folgt, daß bei Überschuß von gelöstem Sauerstoff die Geschwindigkeit der Erholungsoxydation etwa mit dem Quadrat der in der Arbeitsphase gebildeten Milchsäure steigt. Bis zu welcher Milchsäurekonzentration dieser Satz Geltung hat, ist unbekannt, weil selbst in den kleinsten für die Messungen geeigneten Muskeln rasch die

Grenze erreicht wird, wo die Oxydationsgeschwindigkeit durch die Diffusion des Sauerstoffs begrenzt wird. Aus Messungen von HILL und KUPALOV (B 164) an nur 0,6 mm dicken Sartorien, die 23mal pro Minute gereizt wurden, kann man mit Hilfe des isometrischen Koeffizienten des Sauerstoffs berechnen, daß sie etwa 1100 mm^3 O_2 pro g und Stunde bei 18° verbrauchen, während die Ruheatmung bei dieser Temperatur gegen 30 mm^3 beträgt. Demgegenüber ist die Oxydationsgeschwindigkeit in der Restitutionsperiode bei Gastrocnemien von 0,6—1 g nur etwa 60—90 mm^3 O_2 pro g und Stunde (bei 14—15°), was das Drei- bis Vierfache der Ruheatmung ist. Bei einer schätzungsweisen chemischen Oxydationsgeschwindigkeit von 1200 mm^3 O_2 pro g und Stunde dringt der Sauerstoff nur 0,35 mm tief in die Oberfläche eines zylindrischen Muskels ein, wie sich nach Formel (1) berechnen läßt; bei einem 0,8 g schweren Gastrocnemius von 6,7 mm Durchmesser ist dies ein Fünftel seines Volumens. Es muß also auf dem Muskelquerschnitt eine ringförmige Erholungszone existieren, die nach Maßgabe der Wegoxydation der hier befindlichen Milchsäure und Nachdiffusion derselben langsam gegen das Innere zu vorschreitet, bis schließlich das der Ruheatmung entsprechende Sauerstoffgefälle wieder hergestellt ist. Es ist nun für die Messung ein großer Vorteil, daß sich hierdurch die Erholungsoxydation so stark verzögert, da aus technischen Gründen die ersten 20—30 Minuten für die Sauerstoffmessung verloren gehen. Die Extrapolation erscheint bei Erholungszeiten von 20—30 Stunden unbedenklich, würde aber bei Erholungszeiten von 1—2 Stunden eine wesentliche Unsicherheit bedingen. Andererseits wird aber die Größe des Oxydationsquotienten etwas dadurch beeinflußt, daß *der* Teil des Muskelinnern, der noch keinen Sauerstoff enthält, anaerob neue Milchsäure bildet, die ihrerseits erst unter Sauerstoffaufwand verschwindet. Hierdurch wird der Oxydationsquotient etwas zu klein. Dies ist zweifellos die Ursache dafür, daß die gleiche durch Reizung gebildete Milchsäuremenge bei 7,5° mit 10—20% weniger Sauerstoff verschwindet als bei 15°. Rechnet man, daß im Durchschnitt der Erholung $1/2$—$1/3$ des Muskels sich in diesem anaeroben Zustand befindet, so würde bei einer 15stündigen Erholung bei 7,5° etwa 0,02%, bei 14° 0,04% Milchsäure nachträglich entstehen. Zur selben Zeit verschwinden 0,2—0,25% durch Reizung gebildete Milchsäure. Der Größenordnung nach wird der Quotient dadurch bei 7,5° um 10%, bei 14° um 20% zu klein. Das ist wohl der Hauptgrund, weshalb der Quotient bei der geschilderten Versuchsanordnung meist zwischen 3 und 4 liegt, während er bei anders angelegten Versuchen 4—5 beträgt, wie er sich auch aus den myothermischen Experimenten HILLs berechnet. Die geschilderten Diffusionsverhältnisse sind aber auch noch aus einem anderen Grunde für die Berechnung des Sauerstoffverbrauchs zu beachten. Die Sauerstoffverteilung im Muskel stimmt nämlich zu Beginn und am Schlusse der Atmungsmessung nicht überein. Zu Beginn, nach Abschluß der anaeroben Reizung, ist nur die Randzone des Muskels mit Sauerstoff versorgt, am Schlusse herrscht dagegen ganz oder nahezu das stationäre Gefälle, das der Ruheatmung entspricht und das auch noch im Zentrum einen endlichen Sauerstoffgehalt ergibt. Nach der Formel (2) ist für Gastrocnemien von 0,8 g Gewicht und 0,67 cm Durchmesser der Unterschied des Gehalts etwa 15 mm^3 Sauerstoff, die durch Diffusion in den Muskel verschwunden sind, ohne veratmet worden zu sein. Da unter gleichen Umständen der Extrasauerstoff nach weitgehender Ermüdung 300—500 mm^3 beträgt, kann der Fehler hier vernachlässigt werden; bei anderen Versuchsanordnungen dagegen, insbesondere bei kurzen Zeiten, können daraus erhebliche Irrtümer entstehen.

Schwankungen des Wertes des Quotienten zeigen sich nun hauptsächlich in der Richtung, daß bei sich schlecht erholenden Muskeln der Extrasauerstoff größer ist, wodurch der Quotient verkleinert wird. Da jede Schädigung des Muskels eine Steigerung der Milchsäurebildung hervorruft, die ihrerseits eine Atmungssteigerung veranlaßt, so müssen derart geschädigte Muskeln einen Mehrverbrauch an Sauerstoff zeigen. Es entspricht dies einer Vergeudung von Oxydationsenergie, während umgekehrt der Fall besonders theoretisches Interesse beansprucht, in dem die Milchsäure unter geringstem Aufwand von Energie verschwindet. Dieser beobachtete Höchstwert des Quotienten beim isolierten Muskel aber ist etwa 6.

b. Bestimmung des Oxydationsquotienten aus dem isometrischen Koeffizienten.

Es läßt sich noch auf einem indirekten Wege das Verhältnis $\frac{\text{Milchsäureschwund}}{\text{Sauerstoffverbrauch}}$ bei der Tätigkeit bestimmen, und zwar, was vorteilhaft ist, bei schwächer ermüdeten Muskeln. Das Verfahren beruht darauf, daß man bei Einzelzuckungen — am besten von symmetrischen Muskeln — einmal anaerob das Verhältnis von Spannungsleistung zu Milchsäurebildung, andererseits aerob das Verhältnis von Spannungsleistung zu Sauerstoffverbrauch bestimmt. Auf gleiche Spannungsleistung bezogen, ergibt dann das Verhältnis von Milchsäurebildung und Sauerstoffverbrauch den Oxydationsquotienten. Wegen der ungünstigen Diffusionsverhältnisse kann es auch in dem in Sauerstoff arbeitenden Muskel zu einer partiellen Anaerobiose kommen. Aus diesem Grunde muß der Milchsäureendgehalt hier ebenfalls bestimmt werden. Dann ergibt die Milchsäuredifferenz beider Muskeln, bezogen auf gleiche Spannungsleistung und dividiert durch den Sauerstoffverbrauch für dieselbe Spannungsleistung, den Oxydationsquotienten. Doch dürfen hierbei höchstens 180 maximale Zuckungen bis zu einer anaeroben Anhäufung von 0,15—0,2% Milchsäure ausgeführt werden, weil sonst das Verhältnis der Spannungsleistung zu Milchsäure, der „isometrische Koeffizient der Milchsäure", sinkt und damit die Berechnung zunehmend ungenau wird. Bereits PARNAS (B 238) hat in einer älteren Arbeit Sauerstoffverbrauch und isometrische Spannungsleistung isolierter Gastrocnemien in langdauernden Versuchen verglichen und die Ruheatmung derselben Muskeln ebenfalls bestimmt. Diese Versuche gestatteten, den isometrischen Koeffizienten (K_m) des Sauerstoffs nachträglich zu berechnen, d. h. $\frac{\text{g geleistete Spannung} \cdot \text{cm Muskellänge}}{\text{g Erholungssauerstoff}}$ *. Bei Vergleich mit dem ähnlich gewonnenen isometrischen Koeffizienten der Milchsäure (A 17) ließ sich ein durchschnittlicher Oxydationsquotient von 4,1 berechnen. Teils wegen technischer Mängel der älteren Versuchsanordnungen, teils um die Versuche an den Muskeln desselben Tieres durchführen zu können, wurde der Oxydationsquotient auf die angegebene Weise an symmetrischen Gastrocnemien neu bestimmt [MEYERHOF und SCHULZ (A 74)]. Die Spannungsleistung wurde dabei in dem in Kap. X, S. 315

---

* In den bisherigen Arbeiten ist der Koeffizient als
$$\frac{\text{kg Spannung} \cdot \text{cm Muskellänge}}{\text{mg Erholungssauerstoff}}$$
definiert. Es ist besser, den obigen Ausdruck zu benützen, der das 10^6fache des bisherigen Koeffizienten darstellt, weil in ihm Zähler und Nenner die gleichen Maßgrößen aufweisen.

Oxydative Restitution.

abgebildeten Atmungsgefäß photographisch registriert. Auch bei diesen Versuchen darf die Ruheatmung des Muskels nicht übernormal hoch sein, weil sonst ein im Vergleich zur anaeroben Milchsäure zu hoher Sauerstoffverbrauch gefunden wird; außerdem muß am Schlusse des Versuchs die Verteilung des Sauerstoffs im Muskelinnern mit der Anfangsverteilung übereinstimmen, damit der manometrisch gemessene Sauerstoff dem wirklich verbrauchten Sauerstoff gleichkommt. In der Tat zeigten die Versuche, daß ein 0,6 g schwerer Gastrocnemius bei 15° in Sauerstoff nur alle 60 Sekunden eine maximale isometrische Einzelzuckung ausführen darf, wenn es zu keiner Anhäufung von Milchsäure in

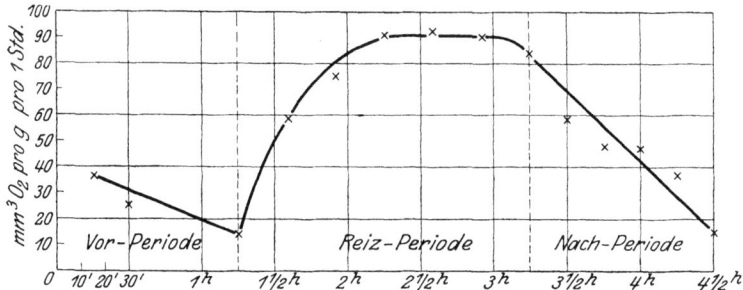

Abb. 4. Verlauf der Oxydationsgeschwindigkeit während und nach einer Serie isometrischer Einzelzuckungen. Ordinate: Kubikmillimeter Sauerstoff pro Gramm Muskelgewicht und Stunde, berechnet für Zeiträume von 20 Minuten. Die senkrechten gestrichelten Geraden bezeichnen Reizanfang und Reizende. In der Vorperiode fällt der Sauerstoff noch etwas ab. Die anfängliche Steigerung ist durch die Probezuckungen und Manipulationen beim Befestigen des Nerven verursacht. Dem verlangsamten Anstieg der Sauerstoffaufnahme während der Reizperiode entspricht der verlangsamte Abfall nachher. Beides ist durch die Diffusion des Sauerstoffs bedingt. (Aus Pflügers Arch. 217, MEYERHOF u. SCHULZ.)

ihm kommen soll. Darüber hinaus muß noch nach einer etwa 2 Stunden anhaltenden derartigen Reizperiode eine Nachperiode von 1 Stunde abgewartet werden, damit die ursprüngliche Größe des Ruhesauerstoffverbrauchs wieder erreicht ist, was als Anzeichen für die annähernd wieder erreichte stationäre Sauerstoffverteilung dienen kann. Eine Kurve für den Verlauf der Geschwindigkeit der Sauerstoffaufnahme gibt Abb. 4. Nach Ausschaltung von zwei Versuchen mit zu sehr gesteigerter Ruheatmung ergaben die übrigen sechs einen Oxydationsquotienten von 3,85; 4,6; 5,7; 5,0; 4,0; 5,1; Durchschnitt 4,7. In drei weiteren Versuchen wurde nur der isometrische Koeffizient des Sauerstoffs bestimmt und mit dem Mittelwert von zehn ebenso bestimmten isometrischen Koeffizienten der Milchsäure verglichen. Hiernach ergab sich ein mittlerer Oxydationsquotient von 4,2. Der aus der ersten Reihe erhaltene Durchschnittswert von 4,7 muß als der geeignetste zum Vergleich mit dem myothermisch berechneten Werte von HILL angesehen werden. Dies gilt insbesondere für den Vergleich mit der neueren genau entsprechenden Versuchsanordnung (B 158), die in Kap. VIII, S. 260 eingehend beschrieben ist. Aus ihr ergibt sich im Durchschnitt ein Quotient von 4,8, also dem chemisch bestimmten Wert genau gleich.

Abweichende und stark schwankende Zahlen erhielten EMBDEN und seine Mitarbeiter (B 74, 76) in ähnlich angelegten Versuchen, bei denen jedoch die Arbeit der Muskeln nicht gemessen, sondern für den anaeroben und aeroben Muskel als gleich angenommen wurde. Die von ihnen gefundenen Werte des Oxydationsquotienten liegen zwischen 0 und 12. Da sich ihre Ergebnisse aus Versuchsungenauigkeiten erklären lassen (A 74, 91), braucht hier nicht näher darauf eingegangen zu werden.

Beruht die Atmung der Restitutionsperiode auf der Oxydation von Kohlehydrat, so muß der respiratorische Quotient während derselben genau = 1 sein. In der Tat ergibt er sich zu diesem Werte sowohl in früheren Versuchen (A 10), wie auch mit der kürzlich beschriebenen Methode von O. MEYERHOF und F. O. SCHMITT (A 107).

5. Kohlehydratbilanz.

Ausgangs- und Endprodukt der Umwandlungen der Milchsäure bei der Tätigkeit des Muskels stimmen vollständig mit denen der Ruhe überein: Entsteht bei der anaeroben Reizung des Muskels Milchsäure, so verschwindet eine entsprechende Menge Kohlehydrat. Verschwindet bei der oxydativen Restitution Milchsäure, so entsteht eine entsprechende Menge Kohlehydrat neu. Unter Berücksichtigung der durch den Sauerstoff oxydierten Milchsäureäquivalente stimmen Milchsäureschwund und Kohlehydratbildung quantitativ überein. Auch hier betrifft die Änderung vorwiegend das Glykogen. Der unermüdete und der nach anaerober Tätigkeit oxydativ erholte Muskel sind also in ihrer Zusammensetzung gleich, bis auf das Kohlehydratäquivalent, das in der Atmung oxydiert worden ist. Das übrige zu Milchsäure gewordene Kohlehydrat ist in einem Kreislauf wieder in das

Ausgangsprodukt zurückverwandelt. Zum Beleg seien hier zwei derartige Bilanzversuche wiedergegeben, von denen der erste die anaerobe Bildung der Milchsäure bei der Ermüdung des Muskels betrifft, der zweite die oxydative Erholung und Resynthese. Das Verhältnis

$$\frac{\text{total verschwundene Milchsäure}}{\text{oxydierte Milchsäureäquivalente}}$$

drückt sich nicht unmittelbar in der Kohlehydratbilanz aus, weil daneben noch die Ruheatmung, die ja auch auf Kosten des Kohlehydrats geht, zu berücksichtigen ist. Erst nach Abzug dieses Betrages erhält man den wahren Wert des Quotienten. Die Versuche sind der Arbeit A 15 entnommen (Versuch 4, S. 18).

1. Anaerobe Umwandlung von Kohlehydrat in Milchsäure. Versuch 1. 4. V. 1920. 2 Schenkelpaare. Die Beine einer Seite (10,9 g Muskeln) sofort verarbeitet, darauf die anderen (10,2 g) $^1/_2$ Stunde indirekt mit Metronom gereizt (60 Reize pro Min.; 1 Akkumulator. RA. 18 bis 5 cm).

	mg Kohlehydrat pro 1 g Muskel		
	vorher	nachher	Differenz
Glykogen	10,3	7,2	−3,1
Übrige Kohlehydrate .	2,35	2,85	+0,50
Summa	12,65	10,05	−2,6
Korrigierter Wert . . .			−2,75
Milchsäure	[0,20]	3,35	+3,15

Versuch 2. Kohlehydratsynthese und Milchsäureschwund bei der Erholung. 3 Esculentaschenkelpaare, indirekt 15 Min. mit Metronom gereizt (60 Reize pro Min.), dann 23 Stunden bei 14° erholt. Von jedem Paar ein Gastrocnemius zur Sauerstoffmessung. Die übrige Muskulatur ergibt die folgende Bilanz in mg pro g Muskel:

	Vor Erholung	Nach Erholung	Differenz
Glykogen (als Glucose berechnet) .	3,37	4,75	+1,38
Übrige Kohlehydrate	2,01	1,66	−0,35
Zusammen	5,38	6,41	+1,03
Milchsäure	2,56	0,44	−2,12

Sauerstoffversuch: 3 Gastrocnemien von 0,65, 0,5 und 0,45 g verbrauchen entsprechend 372, 249, 238 mm³ Erholungssauerstoff bis zur völligen Reversibilität: zusammen 859 mm³ O_2 auf 1,6 g. Also pro 1 g: *0,766* mg O_2. Dazu ein stündlicher Ruheverbrauch von 10,2, 8,3, 7,2 mm³ O_2 oder in allen drei Muskeln auf 1 g 16,5 mm³ O_2; in 23 Stunden *0,54* mg O_2.

Im Sauerstoffversuch sind pro 1 g 2,45 mg Milchsäure mit 0,766 mg Erholungssauerstoff verschwunden; in der feuchten Kammer aber noch 0,44 mg statt 0,1 mg Milchsäure als Endwert zurückgeblieben. Für 2,12 mg Milchsäureschwund sind also nur *0,66* mg Erholungssauerstoff verbraucht, dazu *0,54* mg Ruhesauerstoff, insgesamt *1,20* mg Sauerstoff, welche *1,12* mg Milchsäure oder Glucose verbrennen können. Von den 2,12 mg Milchsäure sind mithin der Rest gleich *1,0* mg anaerob verschwunden. Dafür sind 1,03 + 0,06 (Korrektur) = *1,1* mg Kohlehydrat neu gebildet. Abzüglich des Ruhesauerstoffs sind 0,66 mg Erholungssauerstoff verbraucht, wobei 2,12 mg Milchsäure verschwunden sind, was einen Oxydationsquotienten von 3,4 ergibt.

Schematisch drücken wir den Kreislauf des Kohlehydrats in den folgenden Gleichungen aus, wobei wir einen Oxydationsquotienten von 4 zugrunde legen; danach werden, wenn 1 Hexosemolekül = 2 Milchsäureäquivalente verbrennen, 8 Milchsäuremoleküle durch Resynthese beseitigt.

a. 1. Anoxydative Phase.

$$5/n(C_6H_{10}O_5)_n + 5\,H_2O$$
$$\rightarrow 5\,C_6H_{12}O_6$$
$$\rightarrow 1\,C_6H_{12}O_6 + 8\,C_3H_6O_3.$$

2. Oxydative Phase.

$$1\,C_6H_{12}O_6 + 8\,C_3H_6O_3 + 6\,O_2$$
$$\rightarrow 6\,CO_2 + 6\,H_2O + 4\,C_6H_{12}O_6$$
$$\rightarrow 6\,CO_2 + 10\,H_2O + 4/n(C_6H_{10}O_5)_n.$$

Allgemeiner wird der Kreislauf durch die folgende Darstellung wiedergegeben:

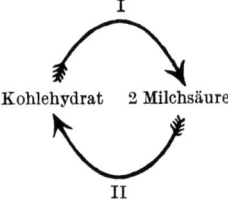

wo I die anaerobe Phase, II die oxydative Phase darstellen.

Fragen wir zum Schlusse dieses Abschnitts nach dem Zustandekommen der oxydativen Restitutionsperiode, so liefern darauf die schon oben wiedergegebenen Versuche mit Lactatzusatz zu ruhenden Muskeln die Erklärung: Die bei der Tätigkeit gebildete Milchsäure erhöht die Oxydationsgeschwindigkeit ebenso wie äußerer Zusatz von Lactat, und zwar ist es das Lactation, nicht das H-Ion, das entscheidend ist, denn der Zusatz von Säure setzt umgekehrt die Atmungsgeschwindigkeit herab. Aber wir finden bei Zusatz von Lactat nicht nur die Erholungsatmung, sondern auch die damit gekoppelte Kohlehydratsynthese in quantitativ demselben Umfange wieder. Zu diesem Zwecke wurde in den obigen Versuchen (Tab. 2, S. 14) die Kohlehydratbilanz neben dem Sauerstoffverbrauch bestimmt, sowohl in den in Lactat befindlichen Muskeln wie in den symmetrischen Muskeln in reiner Ringerlösung: Bei den ersteren zeigt sich neben dem Extrasauerstoffverbrauch eine Kohlehydratzunahme. Wollen wir hier wie im vorhergehenden den Oxydationsquotienten $\frac{\text{total verschwundene Milchsäure}}{\text{oxydierte Milchsäureäquivalente}}$ berechnen, so müssen wir im Zähler zu der gemessenen Kohlehydratsynthese noch die in der Atmung verbrauchte Milchsäure hinzurechnen. Er ergibt sich dann im Durchschnitt zu 4,3, genau übereinstimmend mit den auf andere Weise bestimmten Quotienten. (Für jeden Versuch der Tabelle wurden beiderseits 2—3 Gastrocnemien benutzt.) Vgl. Tabelle 9.

Übrigens gestatten bereits die oben (S. 14 und 15) wiedergegebenen Versuche über den Sauerstoff- und Milchsäureverbrauch von Sartorien in lactathaltiger Ringerlösung den Oxydationsquotienten ungefähr zu berechnen. Die Atmungsgröße in Gegenwart von l-Lactat ist dort im Durchschnitt 70,5 mm³ O_2 pro g und

Tabelle 9. **Kohlehydratsynthese aus zugesetzter Milchsäure.**

Nr.	Muskelgewicht jeder Seite	Atmungszeit Std. Min.	mm³ Sauerstoff in		mg Kohlehydrat in		Totaler Milchsäureschwund (berechnet)	Milchsäureäquivalent oxydiert	Oxydationsquotient
			Kontrollmuskeln	Muskeln in Lactat	Kontrollmuskeln	Muskeln in Lactat			
1	1,30	21	943	1385	15,1	17,2	2,7	0,59	4,7
2	1,30	18 30	783	1025	15,2	17,2	2,35	0,323	7,2
3	2,08	18 20	1212	1686	19,7	21,3	2,23	0,633	3,5
4	1,49	6 30	514	1200	16,4	17,5	2,02	0,92	2,2
5	1,28	16	515	977	20,3	22,0	2,32	0,62	3,75
6	1,05	15 30	479	628	7,4	8,35	1,15	0,20	5,7
7	1,50	15 30	786	1133	13,1	14,15	1,52	0,465	3,25

Stunde, gegenüber einer Ruheatmung von 32 mm³ O_2. Die Bicarbonatzunahme betrug 89 mm³ CO_2 pro g und Stunde. 1 Mol

Bicarbonatzunahme entspricht aber einem Schwund von 1 Mol Milchsäure, deren totale Oxydation 3 Mol Sauerstoff erfordern würde. Vergleichen wir den so berechneten Milchsäureschwund mit dem gesamten Sauerstoffverbrauch in gleichen Zeiträumen, so sind pro 1 Mol O_2 1,26 Mol Milchsäure verschwunden, der Oxydationsquotient ist danach 3,8.

Für die Erklärung des Restitutionsvorganges folgt, daß die bei der Reizung gebildete Milchsäure es selbst ist, die durch Oxydationssteigerung ihr eigenes Wiederverschwinden herbeiführt.

In gleicher Weise wie bei der Milchsäure läßt sich die Kohlehydratsynthese aus zugeführter Brenztraubensäure durch direkte chemische Bestimmungen belegen. Der Vergleich des synthetisierten Kohlehydrats mit dem gleichzeitig oxydierten führt auch hier zu einem Wert des Verhältnisses von 5,5 (unter Berücksichtigung der Ruheatmung). Wir haben also etwa dasselbe Verhältnis von Kohlehydratsynthese und Oxydation vor uns wie bei der Synthese aus Milchsäure. Die Bildung von Kohlehydrat aus Brenztraubensäure ist aber ein unter Abspaltung von Sauerstoff vor sich gehender Reduktionsvorgang.

E. Stoffwechsel des Kaltblütermuskels in situ.

1. Ruhestoffwechsel.

Im Anschluß an das Vorstehende betrachten wir die Verhältnisse des Muskels in situ. Allerdings können aus dem Ruhestoffwechsel des ganzen Tieres nur mit Vorsicht Rückschlüsse auf das Verhalten des Muskels gemacht werden, zumal da die Muskulatur des Frosches nur etwa 40% des Gesamtgewichts ausmacht. Nach O. MEYERHOF und R. MEIER (A 30) beträgt die Ruheatmung der Frösche bei 15° durchschnittlich 45—50 mm^3 Sauerstoff pro g Frischgewicht und Stunde (Schwankungen zwischen 35—70 mm^3 in 50 Versuchen an Temporarien und Esculenten, Juli bis November). Die Atmung großhirnloser Frösche ist mit kleineren Schwankungen etwa ebenso groß. Vergleicht man die Ruheatmung der einzelnen Körperorgane nach der Isolierung mit ihrem Gewichtsanteil, so kommt man ohne Muskeln im ganzen auf 30—35% der Atmung des lebenden Tieres. Auch wenn man eine Reihe kleiner nicht berücksichtigter Organe hinzurechnet, würde nur die Hälfte der Atmung auf diese Weise gedeckt, und die andere Hälfte müßte man auf die Muskeln beziehen, vorausgesetzt, daß die Atmung der isolierten Organe mit der in vivo übereinstimmt.

Nun ändert sich die Atmung der Tiere nicht, wenn sie narkotisiert werden (durch Novocain) oder curaresiert mit Dosen, die die spontanen Atembewegungen nicht hindern, und schließlich auch nicht, wenn man den Plexus sacralis und brachialis beiderseits durchschneidet. Danach spricht sich also der ,,Tonuszustand'' der Muskeln nicht in der Atmungsgröße des ganzen Tieres aus.

Anders verhält sich jedoch die anoxybiotische Milchsäure. Diese beträgt, wie oben im Abschnitt I. C., S. 18 angegeben, bei 15° für den ausgeschnittenen Muskel nur 0,010% pro g und Stunde und ist nur wenig höher bei curaresierten oder mit Novocain gelähmten Fröschen in Stickstoff. Anders jedoch bei normalen oder großhirnlosen Tieren, die anaerob gehalten werden. Hier findet man eine stündliche Milchsäurebildung von durchschnittlich 0,037% in den ersten drei Stunden, eine Anaerobiosezeit, die noch eine nachträgliche Restitution ermöglicht. Die Milchsäurebildung ist dann also ums Dreifache erhöht. Gelegentliche spontane Bewegungen in Stickstoff können für die gesteigerte Milchsäurebildung nicht verantwortlich gemacht werden, denn ähnlich geringfügige Bewegungen in Sauerstoff bleiben ohne Einfluß auf die Atmungsgröße, während starke Muskeltätigkeit die Atmung außerordentlich steigert. Man muß daher schließen, daß die Innervation des Muskels zwar keinen Einfluß auf die Atmung, wohl aber auf den anaeroben Stoffwechsel hat. Wenn man nicht annehmen will, daß die Anoxybiose den Tonus des Muskels direkt erhöht, so bleibt nur der Schluß übrig, daß der Umfang der intermediär entstehenden Milchsäure durch die Innervation des Muskels gesteigert wird. Im ausgeschnittenen Muskel spiegelt sich dieses nicht mehr wieder; die Milchsäurebildung ist hier gleich, ob die Muskeln von normalen oder curaresierten Fröschen stammen.

Auf der anderen Seite ist wahrscheinlich auch die *Atmung* des Muskels im lebenden Tiere erheblich höher als nach der Isolierung. Einmal spricht hierfür die schon oben angeführte Tatsache, daß der Muskel kurz nach seiner Isolierung eine stark gesteigerte Atmung zeigt, die erst im Verlauf einiger Stunden auf den Ruhewert absinkt, eine Steigerung, die nicht durch einen erhöhten Milchsäuregehalt erklärt werden kann. Zweitens aber wird eine solche erhöhte Atmung, die auf hormonale Einflüsse zurückzuführen sein würde, auch durch den Vergleich mit der anaeroben Milchsäurebildung nahegelegt. Wenn im Muskel in vivo die stündliche anaerobe Milchsäurebildung bei 15° 0,0375% beträgt, so entspricht dies bei 40% Anteil der Muskeln am Gesamtgewicht einer Bildung von 150 mg Milchsäure pro 1 kg Frosch. Würde die Ruheatmung des Muskels nur so viel betragen wie nach der Isolierung (etwa 22 mm³ O_2 pro g Muskel bei 15°), so ergäbe dies auf 1 kg Frosch 13 mg Sauerstoff, und der Oxydationsquotient der Milchsäure, aus diesen Zahlen berechnet, würde 12 sein, ein niemals direkt beobachteter Wert; auch würde die Atmung der Muskulatur dann nur 18% der Gesamtatmung des ganzen Tieres betragen. Rechnet man dagegen den Anteil der Muskeln an der Atmung des lebenden Tieres gleich ihrer Beteiligung am Körpergewicht, so ergibt sich eine Ruheatmung von 50 mm³ O_2 bei 15° pro g Muskelgewicht und Stunde, und im Vergleich zur anaeroben Milchsäurebildung ein Oxydationsquotient von 5.

2. Tätigkeitsstoffwechsel.

Während bei der Ruheatmung in vivo der Anteil der Muskeln also nicht genau zu berechnen ist, liegen die Verhältnisse bei der Tätigkeit übersichtlicher. Der Extrasauerstoff, der bei starken Muskelbewegungen aufgenommen wird, kann ganz wesentlich auf die Atmung der Muskeln bezogen werden. Man geht dabei so vor, daß man nach vorhergehender Messung der Ruheatmung das Tier durch mehrere Minuten anhaltende elektrische Reizung stark ermüdet, dann sofort einen Unterschenkel abbindet und den Sauerstoffverbrauch des Tieres so lange mißt, bis er nahezu auf den Ruhewert abgefallen ist. Tötet man jetzt den Frosch und vergleicht den Milchsäuregehalt im abgebundenen und nichtabgebundenen Bein, so hat man alle Daten, um das Verhältnis von Sauerstoffverbrauch zu Milchsäureschwund im Muskel zu bestimmen. In Abb. 5 ist die Kurve des Extrasauerstoffverbrauchs bei einem ungestörten Erholungsverlauf wiedergegeben (Temperatur 15°). Bei Spontanbewegungen während der Erholung wird die Kurve unregelmäßig. Wie man sieht, ist die Atmung des Tieres zunächst auf gut das Zehnfache gesteigert,

Tätigkeitsstoffwechsel. 51

sinkt aber in etwa 40 Minuten nahezu auf die Ruheatmung ab. Rechnet man die Extrasauerstoffaufnahme auf das Muskelgewicht um, so beträgt ihr Stundenwert pro g Muskeln in der ersten halben Stunde etwa 300—400 mm³ O_2; bei alleiniger Berücksichtigung der ersten 10 Minuten würde dieser Wert noch höher sein. Eine solche Atmungsgröße, die mindestens das Fünfzehnfache der Ruheatmung des ausgeschnittenen Muskels darstellt, ist aber noch kleiner, als sie am isolierten Muskel bei hinreichender Sauerstoffversorgung zu erhalten ist. Vergleicht man den Extrasauerstoff mit der Milchsäuredifferenz zwischen den in der Zirkulation befindlichen und den abgebundenen Muskeln, so ergibt dies unter Berücksichtigung des Gesamtgewichts der Muskulatur des Tieres den Wert des Oxydationsquotienten. In einer größeren Versuchsserie waren bei der Reizung 0,2 bis 0,48% Milchsäure in der Muskulatur angehäuft; hiervon waren in 30 bis 40 Minuten 0,12—0,20% verschwunden. Der Oxydationsquotient betrug in 11 Versuchen bei Schwankungen von 3,5 bis 5,8 im Durchschnitt 4,5 (Temperatur 15°).

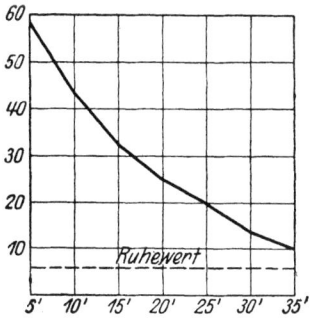

Abb. 5. Atmungsgeschwindigkeit in der Erholungsperiode beim großhirnlosen, lebenden Frosch nach elektrischer Reizung der gesamten Körpermuskulatur.

In einer kleineren Zahl von Versuchen war dagegen unter gleichen Umständen nur 0,05—0,1% Milchsäure verschwunden; in diesen Fällen war der Oxydationsquotient erheblich kleiner, zwischen 1,5 und 3,0. Dies entspricht offenbar einem gestörten Erholungsverlauf. Es ergibt sich also das wichtige Resultat, daß der Oxydationsquotient der Milchsäure im lebenden Tier ebenso groß ist wie im ausgeschnittenen Muskel; selbst wenn ein gewisser Teil der Milchsäure in den Blutstrom übergetreten ist und nunmehr in anderen Organen, vor allem in der Leber, zu Glykogen resynthetisiert sein sollte — ein Vorgang, der im Kaltblüter wahrscheinlich zurücktritt —, so ändert dies nichts an dem Verhältnis: totaler Milchsäureschwund zu Erholungssauerstoffverbrauch. Überdies läßt sich am lebenden Tier auch die physiologische Geschwindigkeit der Erholungsoxydation ermitteln, was am ausgeschnittenen Muskel schwierig

4*

ist. Um ungefähr den Temperaturkoeffizienten dieser Erholungsoxydation zu bestimmen, wurde berechnet, wieviel Prozent von der bei der Reizung angehäuften Milchsäure bei verschiedenen Temperaturen in 40 Minuten verschwunden waren. Allerdings war die Anhäufung der Milchsäure bei der Ermüdung der Tiere unter verschiedenen Temperaturen nicht gleich. Sie betrug bei 5° zwischen 0,1 und 0,24% Milchsäure, bei 10° zwischen 0,26 und 0,30%, bei 15° zwischen 0,31 und 0,48%, bei 20—25° zwischen 0,2 und 0,45% (Ermüdung durch Einzelinduktionsschläge). Für den prozentualen Schwund der Milchsäure ergab sich in 40 Minuten bei 5° durchschnittlich 11%, bei 10° 28%, bei 15° 54%, bei 20° 60%, bei 24° 66%. Danach wäre Q_{10} für 5—15° etwa 4, für 15—24° 1,2. Es scheint somit, daß das untere Temperaturintervall einen chemischen Temperaturkoeffizienten zeigt und hier die gemessene Geschwindigkeit der wirklichen Erholungsoxydation entspricht. Für das obere Intervall scheint aber die Diffusion aus den Kapillaren als verzögernder Faktor in Betracht zu kommen, sodaß dann die Geschwindigkeit der Sauerstoffaufnahme nicht mehr der chemischen Oxydationsgeschwindigkeit folgt.

F. Stoffwechsel des Säugetiermuskels.
1. Versuche an ausgeschnittenen Muskeln.

Völlig unversehrt zu gewinnende Warmblütermuskeln, die so dünn sind, um durch Diffusion von der Oberfläche bei 38° ausreichend mit Sauerstoff versorgt zu werden, haben sich bisher nicht finden lassen. Für Atmungsmessungen des isolierten Organs verhältnismäßig gut geeignet erweist sich das Zwerchfell von Ratte oder Maus, das jedoch stets eine Verletzung am Schnittrande besitzt. Die Atmung des Rattenzwerchfells ist zuerst von WARBURG, POSENER und NEGELEIN (B 288) im Zusammenhang mit der Atmungsgröße der verschiedenen Rattenorgane bestimmt worden. Die Autoren fanden ein Q_{O_2} (mm³ Sauerstoff pro mg Trockengewicht und Stunde bei 38°) von 6,2, was bei einem Wassergehalt des Muskels von 80% einer Atmungsgröße pro g Frischgewicht von 1200 mm³ O_2 entspricht. Unter verschiedenen Bedingungen wurde die Atmungsgröße des Zwerchfells in Arbeiten unseres Laboratoriums gemessen (A 32, 39), wobei für die Auswahl geeigneter Zwerchfellstücke die kritische Schnittdicke d' zu berücksichtigen ist. Als Suspensionslösung erwies sich Ringerlösung mit Phosphatzusatz als geeignet, in der die Atmung etwas höher ist und länger konstant bleibt als in Ringer-Bicarbonatlösung. Für das Zwerchfell macht es keinen Unterschied, ob die Atmung in Gegenwart von CO_2-freiem Sauerstoff oder bei dem normalen CO_2-Druck von 40 mm Hg gemessen wird. Die Atmungsgröße variiert mit der Größe und dem Alter der Tiere und ist bei der Maus höher als bei der Ratte. Vgl. Tab. 10.

Tabelle 10. mm^3 Sauerstoff pro g Feuchtgewicht und Stunde verbraucht vom Diaphragma (38°).

Von	In Ringer-Bicarbonat		In Ringer-Phosphat	
		Durchschnitt		Durchschnitt
großen Ratten (130 bis 280 g)	890—1100	*1000*	820—1200	*1100*
kleinen (jungen) Ratten (50—80 g)	1360—1760	*1450*	1320—2300	*1880*
Mäusen (20—25 g) . .	1830—2600	*2220*	2000—2630	*2300*

Die Abnahme der Größe der Gewebsatmung mit zunehmender Größe des Tiers liegt in der Richtung des Verhaltens des Gesamtstoffwechsels in vivo. Diese Beziehung ist später von WELS (B 293) noch weiter verfolgt worden und auch noch auf andere Organe ausgedehnt. Damit ist nicht ausgeschlossen, daß auch hormonale und nervöse Einflüsse die Atmung in vivo stark modifizieren können und die Unterschiede zwischen verschieden großen Tierarten erhöhen [vgl. dazu GRAFE (B 123) sowie BORNSTEIN (B 26)], ferner daß die aktive Tätigkeit der Kapillarwandungen an der Regulierung der vitalen Atmung beteiligt ist.

Von Beeinflussungen der Atmung des isolierten Muskels ist vor allem die Steigerung durch milchsaures und brenztraubensaures Natrium bemerkenswert, die weitgehend mit der Wirkung auf den Kaltblütermuskel übereinstimmt. Zusatz von Traubenzucker steigert die Atmung in der ersten Stunde nach Entnahme des Zwerchfells nicht, sondern hält die Atmungsgröße nur länger auf der ursprünglichen Höhe; dagegen steigert Lactat von vornherein um etwa 20% und im Verlauf mehrerer Stunden noch beträchtlicher, indem auch dies die Atmung für längere Zeit konstant erhält. Noch größer ist die Steigerung durch brenztraubensaures Natrium. Die durchschnittlichen Q_{O_2}-Werte betragen:

	Erste Stunde	Gesamtwert (4—6 Stunden)
Ohne Zusatz . . .	6,2	4,9
Traubenzucker. . .	6,2	6,2
Milchsäure	8,1	7,5
Brenztraubensäure .	9,8	9,7

Die Atmungssteigerung ist auch hier mit der Oxydation der zugesetzten Substanz verbunden. Für Brenztraubensäure ergibt sich dies aus der Bestimmung des respiratorischen Quotienten; er beträgt 1,2, was dem theoretischen respiratorischen Quotienten entsprechen würde. Allerdings ist etwa ein Drittel der Extrakohlensäure carboxylatisch abgespalten und tritt auch in Stickstoff auf. Der Rest ist auf die Oxydation der Brenztraubensäure zu beziehen. Da Milchsäure den respiratorischen Quotienten 1 hat, so ist der Lactatverbrauch auf diese Weise nicht zu bestimmen. Dagegen kann durch die gleiche Versuchsanordnung wie im Froschmuskel, nämlich durch Zunahme des Bicarbonats, der Lactatverbrauch der Lösung manometrisch gemessen werden. Bezeichnet man durch Q_M^B die Zunahme des Bicarbonats in mm^3 Kohlensäure pro mg Trockengewicht und Stunde, die durch den Milchsäureschwund veranlaßt ist, so kann man diesen Wert mit der Atmungsgröße Q_{O_2} vergleichen. Bei einem Q_{O_2} von 8 ergibt sich Q_M^B in Ringerlösung zu 0,6, in inaktiviertem Pferdeserum mit Zusatz von Lactat zu etwa 2. Ein solcher Lactatverbrauch entspricht, auf Oxydation bezogen, der dreifachen Menge aufgewandten Sauerstoffs, in letzterem Falle also einem Q_{O_2} von 6. In Ringerlösung wird danach nur ein kleiner Teil, in lactathaltigem Serum dagegen der größte Teil der Atmung durch Milchsäureoxydation gedeckt. Für viele Organe ist es, wie von O. WARBURG (B 280) gezeigt ist, günstiger, die Atmung nicht in Ringerlösung, sondern in Serum mit 5% CO_2 im Gasraum zu messen. Die Atmung ist dann besser konstant, öfters auch größer, die aerobe Glykolyse bei den meisten Geweben viel geringer oder Null. Für den Muskel besteht aber in dieser Beziehung kein Unterschied. Doch kann man an der Wirkung des Insulins feststellen, daß das Verhalten des Muskels in Serum normaler ist. Während nämlich das Insulin in traubenzuckerhaltiger Ringerlösung auf die Zwerchfellatmung hungernder Ratten ohne jeden Einfluß ist, eine Beobachtung, die kürzlich von PAASCH und REINWEIN

(B 234) bestätigt wurde, zeigt sich in Serum bei Insulinzusatz nicht nur eine gewisse Steigerung der Atmung um etwa 20% (im Durchschnitt von sieben Versuchen mit Stücken desselben Zwerchfells ein Q_{O_2} von 7,2 mit Insulin, 5,9 ohne Insulin), sondern auch eine Erhöhung des scheinbaren respiratorischen Quotienten von 0,73 auf 0,88. Dieser ,,scheinbare respiratorische Quotient" enthält auch die Veränderung des Kohlensäuregehalts der Lösung durch Bildung oder Verschwinden fixer Säuren, entspricht also nicht ohne weiteres dem respiratorischen Quotienten selbst.

Die gleichzeitige Bestimmung des Kohlehydrats im Rattenzwerchfell ergibt das folgende Bild: In sauerstoffgesättigter Ringerlösung ohne Zusätze zeigen der respiratorische Quotient von 0,8 und die Kohlehydratbilanz, daß nur etwa 20—50% der Atmung durch Kohlehydrat gedeckt werden. In Gegenwart von Lactat wird dieser Kohlehydratverlust weiter eingeschränkt, aber nicht aufgehoben oder gar in Synthese umgeändert. In normalem unverändertem Serum werden die Verhältnisse dadurch kompliziert, daß dieses sowohl Traubenzucker wie Milchsäure enthält, welche einen entgegengesetzt gerichteten Einfluß haben: ersterer erhöht, letzterer verringert den Verbrauch des Kohlehydrats. Dialysiert man Lactat und Zucker aus dem Serum heraus und gibt nun nachträglich eins von beiden zu, so lassen sich beide Einflüsse trennen [TAKANE (A 52)]. Zuckerzusatz in Abwesenheit von Lactat führt dazu, daß ein größerer Teil der Atmung durch den Kohlehydratschwund gedeckt wird; Lactatzusatz in Abwesenheit von Zucker aber, daß der Kohlehydratverbrauch des Zwerchfells aufhört und es nun auch in manchen Fällen zu einer meßbaren Kohlehydratsynthese kommt.

Es ist erklärlich, daß der viel größere Stoffwechsel und die Empfindlichkeit des Warmblütermuskels eine Kohlehydratsynthese experimentell schwerer nachweisen lassen als im Kaltblütermuskel. Während es nach O. MEYERHOF und R. MEIER (A 39) möglich ist, auch bei Durchströmung mit lactathaltiger Ringerlösung in Froschschenkeln eine Glykogensynthese festzustellen, ist dies den Autoren, die Ähnliches am Warmblüter versucht haben, nicht gelungen. Die Kohlehydratsynthese bedarf nicht nur der Aufrechterhaltung der sonstigen physiologischen Bedingungen, sondern vor allem einer ausreichenden Zufuhr von Sauerstoff, damit die Oxydationssteigerung davon bestritten werden kann, welche die Voraussetzung der Synthese ist. Während nun bei der Arbeitsleistung dies durch die Öffnung der sonst geschlossenen Kapillaren geschieht, fehlt offenbar dieser regulierende Einfluß bei Durchströmung unermüdeter Muskeln mit lactathaltigem Blut; infolgedessen dürfte die Sauerstoffzufuhr nicht hinreichend sein, um eine Kohlehydratsynthese zu ermöglichen.

Die anaeroben Vorgänge im Warmblütermuskel stimmen mit denen im Kaltblütermuskel überein, abgesehen von der größeren Geschwindigkeit. Nach neuen Versuchen von DAVENPORT und Mitarbeitern (B 50) kann man im Warmblüter ein außerordentlich niedriges Milchsäureminimum von 0,01% erhalten, wenn man den Muskel, ohne daß er vorher asphyktisch wird, in eiskalter Salzsäure zerdrückt. Andererseits stimmt auch das Milchsäuremaximum mit dem im Kaltblütermuskel erhaltenen überein. Das Starremaximum beträgt nach O. MEYERHOF und H. E. HIMWICH (A 32) in Rattenmuskeln bei Wärmestarre 0,5—0,65%, ähnlich bei der Coffein- und Chloroformstarre. Nicht anders ist auch der Starrewert bei anderen Säugetieren [s. z. B. HINES, KATZ und LONG (B 165)]. Bei einigen Arbeitsmessungen am isolierten Gastrocnemius des Meerschweinchens (A 17) ergibt sich annähernd derselbe Wert für das Verhältnis von Spannung zu Milchsäure (bei 37°) wie beim Froschmuskel (bei 15—20°). Das Ermüdungsmaximum bei 35° fand sich hier zu 0,4%. Der Zeitverlauf der anaeroben Milchsäurebildung in der Ruhe wurde in einigen Versuchen an Rattenmuskeln festgestellt. Bei 38° wurden pro Stunde 0,25—0,3% Milchsäure gebildet. Es ist dies gut 15mal soviel als in Froschmuskeln bei 20°. Infolgedessen wird das Starremaximum in Warmblütern bereits nach $1^1/_2$—2 Stunden erreicht.

2. Versuche an durchströmten Warmblütermuskeln.

Die Atmung unversehrter Warmblütermuskeln läßt sich nur mittels Durchströmung feststellen. Derartige Versuche sind in situ von verschiedenen Autoren [VERZÀR (B 276, 277), BARCROFT und KATO (B 7), FREUND und JANSSEN (B 107), BORNSTEIN und ROESE (B 28)] an Hinterschenkeln von Katze und Hund angestellt. Neuerdings sind vervollkommnete Messungen von DALE und seinen Mitarbeitern (B 34, 18, 17) an besonderen Präparaten, so an dem eviscerierten Spinaltier sowie an isolierten Hinterschenkeln ausgeführt worden. Hierbei wurde außer Sauerstoffverbrauch und Kohlensäurebildung auch der gesamte Kohlehydratumsatz verfolgt. Aus diesen letzteren Versuchen, die sich insbesondere mit der Wirkung des Insulins beschäftigen, seien die folgenden Zahlen wiedergegeben.

Das eviscerierte Spinaltier, das nach Abhäutung nur aus Muskeln, Herz und Lunge besteht, hat nach der Arbeit von BURN und DALE (B 34) bei einem Gesamtgewicht von 2 kg, was etwa 1 kg Muskulatur entspricht, vor dem Zusatz .von Insulin 315 cm^3 Sauerstoff- und 214 mg Glukoseverbrauch (aus dem mit Glukose angereicherten Blut); nach Zusatz von Insulin stieg der Sauerstoffverbrauch auf 386 cm^3, der Glukoseverbrauch auf 603 mg; der respiratorische Quotient war in beiden Perioden genau 1. In der Vorperiode entspricht der Sauerstoffverbrauch 420 mg oxydierter Glukose, in der Nachperiode 520 mg. Er ist also im ersten Fall größer, im letzten Fall kleiner, als sich aus dem Glukoseverbrauch ergeben würde. Die letztere Differenz ist in weiteren Arbeiten von DALE, BEST und Mitarbeitern (B 17, 18) vollständig dahin aufgeklärt, daß der überschüssig verbrauchte Zucker als Glykogen deponiert wird, wobei unter Umständen das Doppelte der oxydierten Glukose im Muskel als Glykogen gespeichert werden kann. Was die Differenz des Glukoseverbrauchs und Sauerstoffverbrauchs in der Vorperiode anlangt, so wäre die naheliegende Deutung die, daß ohne Insulin etwa zur Hälfte Nichtkohlehydrat verbrennt. Der gefundene respiratorische Quotient von 1,0, der in der Anordnung der Autoren nicht genau bestimmt werden kann, würde dem nicht unbedingt widersprechen, zumal er durch Kohlensäureverlust aus dem Blut verursacht zu sein scheint; auch könnte die Oxydation von Eiweiß, falls eine Umwandlung in Harnstoff ausbleibt, einen Quotienten von 0,95 ergeben. Doch kommt daneben auch die Möglichkeit in Betracht, daß in diesem Fall an Stelle des Zuckers teilweise präformiertes Glykogen aus dem Muskel oxydiert wird, das durch Glukose nicht wieder vollständig ersetzt werden kann.

In einer weiteren Arbeit von BEST, HOET und MARKS (B 17) wurde in der Insulinperiode außer dem Sauerstoffverbrauch und dem Glukoseschwund auch der Kohlehydratgehalt der Muskeln vor und nach dem Versuch im eviscerierten Tiere bestimmt. Berechnet man hieraus die Atmung pro Gewichtseinheit Muskeln, so ergibt sich in der Insulinperiode etwa 650 mm^3 Sauerstoff pro g Frischgewicht und Stunde, was einem Q_{O_2} von 3,25 entspräche. Für die normale Periode ohne Insulin ergäbe sich $Q_{O_2} = 2{,}75$. Einen ähnlichen Wert kann man auch auf indirektem Wege berechnen aus Versuchen von BEST (B 16) am durchströmten Hinterschenkel der Katze, wo pro g Muskeln und Stunde durchschnittlich 300—600 mm^3 O$_2$ verschwinden. Diese Werte stimmen mit den von FREUND und JANSSEN (B 107) am

Katzenmuskel gefundenen überein, bei denen der Sauerstoffverbrauch nach den Methoden BARCROFTS bestimmt wurde, während von BORNSTEIN und GREMELS (B 26) an der isolierten Hundeextremität kleinere Werte von 170—250 mm^3 O_2 pro g Muskel und Stunde gefunden wurden. Daß die Atmungsgröße erheblich niedriger liegt als am Rattenmuskel, steht mit dem oben erörterten Zusammenhang der Atmungsintensität und Tiergröße im Einklang.

Als Fazit der Versuche von DALE und seinen Mitarbeitern ergibt sich für die Wirkung des Insulins, daß dieses offenbar die unmittelbar mit der Muskeltätigkeit verknüpften Spaltungs- und Restitutionsvorgänge nicht beeinflußt. Es verschiebt jedoch den Gesamtstoffwechsel des Muskels, vor allem den Ruheumsatz in der Richtung eines erhöhten Zuckerverbrauchs, wobei nach den Versuchen von DALE und ebenso von LESSER und BISSINGER (B 23) gleichzeitig die Glykogensynthese und die Oxydation des Zuckers gesteigert werden. Mit dieser Deutung ist im Einklang, daß nach den Befunden von CORI, CORI und GOLTZ (B 43, 44) die Differenz im Zuckergehalt von arteriellem und venösem Blute der Muskulatur nach Insulininjektionen zunimmt, während umgekehrt im diabetischen Organismus die Differenz völlig verschwinden kann. Es ergibt sich so mit Sicherheit, daß in der Norm der ruhende Muskel neben Kohlehydrat auch andere Nährstoffe oxydieren kann und daß sich dies Verhältnis unter Insulinwirkung verschiebt.

LESSER nimmt dabei an, daß Glykogensynthese und Zuckeroxydation im Muskel in ähnlicher Weise gekoppelt sind wie die Synthese des Glykogens aus Milchsäure mit der Oxydation. Da die energetischen Verhältnisse sich stark unterscheiden, muß diese Hypothese fraglich erscheinen. Der Zusammenhang ist vielleicht auch der, daß der Muskel den Blutzucker direkt nicht oxydieren kann, sondern nur, nachdem er vorher zu Glykogen geworden ist. Daneben haben aber die Versuche LESSERs auf die wichtige Rolle hingewiesen, die die Regulierung der Umwandlungsgeschwindigkeit von Eiweiß und eventuell Fett in Kohlehydrat im Warmblüter spielt. Nach seinen Versuchen enthält die hungernde Maus nur eine Kohlehydratmenge in Blut und Organen, die ausreicht, um die gemessene Zuckeroxydation für eine Stunde aufrechtzuerhalten. Danach muß auch eine Steuerung an dieser Stelle für die Geschwindigkeit des Kohlehydratverbrauchs entscheidend sein. Während beim Warmblütermuskel die Koppelung zwischen Oxydation und Kohlehydratsynthese schwer nachzuweisen ist, ist das Verschwinden von Milchsäure aus der Zirkulation bei Durchströmung ruhender Muskeln mit lactathaltigem Blut einwandfrei festgestellt. Eine solche Beobachtung machten bereits BARR und HIMWICH (B 8) am Menschen, wo bei der Arbeitsleistung beschränkter Muskelgruppen die ruhenden Muskeln einen Teil der ins Blut übergegangenen Milchsäure fortschaffen: das Venenblut enthielt weniger Milchsäure als das arterielle. Einen konstanten, allerdings nicht beträchtlichen Milchsäureschwund aus dem Blut fanden auch BORNSTEIN und SCHMUTZLER (B 27) bei Durchströmung von Hundeextremitäten mit lactathaltigem Blut.

3. Versuche am Menschen.

HILL und seine Mitarbeiter haben in Selbstversuchen bei starker sportlicher Muskelarbeit gezeigt, daß man den im Froschmuskel gefundenen Chemismus von anoxydativer Spaltung und oxydativer Restitution auch am ganzen Menschen auf indirektem Wege nachweisen kann. Auch hier kann man, ebenso wie beim ganzen Kaltblüter, vom Ruhestoffwechsel nicht ohne weiteres wissen, ein wie großer Teil desselben auf den Muskel entfällt; die Steigerung des Stoffwechsels bei der Muskeltätigkeit darf man jedoch zum größten Teil auf die Muskulatur selbst beziehen. Man kann nun sowohl den Extrasauerstoffverbrauch feststellen, der mit der Muskelarbeit verbunden ist, wie den Umsatz der Milchsäure bestimmen; das letztere allerdings nur im Falle stärkerer Muskelanstrengungen, bei der die in der Muskulatur angehäufte Milchsäure, die nicht unmittelbar oxydiert werden kann, ins Blut übertritt. Hier ist sie nachweisbar entweder durch direkte Bestimmung oder durch die Änderung des Kohlensäuregehalts des Blutes. Bei Zunahme der Milchsäure in Blut und Gewebe steigt die Wasserstoffionenkonzentration; dadurch wird das Atemzentrum angeregt und Kohlensäure in erhöhtem Maße abgegeben — umgekehrt, wenn Milchsäure verschwindet und damit die H·-Ionenkonzentration sinkt. Diese Atmungsregulation wirkt also ebenso wie Austreiben von Kohlensäure aus dem Blut bei Zunahme, Retention bei Abnahme des Milchsäuregehaltes.

Im einzelnen ergibt sich folgendes (B 157, 162): In der Ruhe findet sich im Blut des Menschen zwischen 10 und 20 mg% Milchsäure. Der Ursprung dieser Milchsäure liegt jedenfalls nicht in der Muskulatur, sondern, wie man nach den Glykolysearbeiten WARBURGS und seiner Mitarbeiter annehmen kann, in der aeroben Glykolyse der Erythrocyten und Leukocyten. Bei mäßig starker Muskeltätigkeit nimmt diese Menge nicht regelmäßig zu: ein Beweis dafür, daß hier der Erholungsprozeß auf den tätigen Muskel beschränkt bleibt, so daß die gebildete Milchsäure in ihm selbst

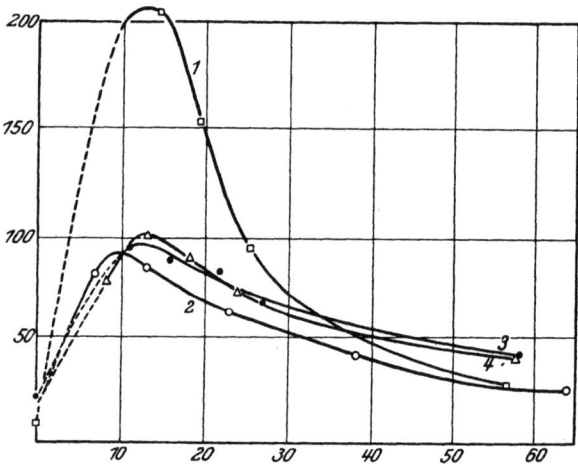

Abb. 6. Änderung des Milchsäuregehalts im menschlichen Blut im Anschluß an stärkste Muskeltätigkeit. Kurve 1: Atmung bei 49% Sauerstoff, die andern: Atmung in Luft und 100% Sauerstoff. Ordinate: mg Milchsäure in 100 cm³ venösem Blut. Abszisse: Zeit in Minuten vom Beginn der Muskeltätigkeit. (Nach HILL.)

völlig beseitigt wird. Bei starker Arbeitsleistung steigt der Milchsäuregehalt im Blut bedeutend an, im allgemeinen bis zu etwa 100 mg%. Unter extremer körperlicher Anstrengung kann sogar bis zu 200 mg% Milchsäure im Blut gefunden werden. Bei kurzer erschöpfender Muskelarbeit nimmt auch nach dem Ende der Tätigkeit der Milchsäuregehalt noch weiter zu infolge der langsamen Diffusion ins Blut und sinkt dann wieder in einer logarithmischen Kurve im Verlaufe von etwa $1^1/_2$ Stunden auf den Ruhewert ab. Dies ist auf der Abb. 6, die aus einer Arbeit von HILL stammt, dargestellt [(B 157) Abb. 3, S. 90]. In 49% Sauerstoff ist die bis zur Erschöpfung geleistete Arbeit und dementsprechend auch die Milchsäurekonzentration im Blut bedeutend größer als bei der Atmung in Luft oder reinem Sauerstoff. Der respiratorische Quotient spiegelt den Umsatz der Milchsäure wieder. Unmittelbar nach Abschluß solcher starken Muskelanstrengung steigt der respiratorische Quotient beträchtlich über 1, eventuell bis auf 2, und sinkt alsbald — etwa nach 20 Minuten — unter die Norm, um schließlich die Größe des Ruhewerts wieder zu erreichen. Das Steigen entspricht der zunehmenden, das Fallen der abnehmenden c_H und der entsprechenden Austreibung bzw. Retention von CO_2. Um den echten respiratorischen Quotienten des Arbeitsstoffwechsels zu finden, muß man den ganzen Arbeitscyclus zusammenrechnen. Dann ergibt sich bei kurzer starker Arbeit ein Quotient von genau 1, auch dann, wenn der Ruhequotient erheblich niedriger liegt, und gleichviel, ob die Versuchsperson unter Kohlehydrat-, Eiweiß- oder Fettkost steht. Erst bei länger dauernder Tätigkeit verschiebt sich der Quotient in der Richtung des Ruhestoffwechsels. Dies wird von HILL so gedeutet, daß die unmittelbar mit der Resynthese der Milchsäure verbundene Oxydation nur Kohlehydrat betrifft wie im isolierten Kaltblütermuskel, daß aber bei länger dauernder Tätigkeit dazu die allmähliche Umwandlung von Eiweiß und wahrscheinlich auch Fett in Kohlehydrat hinzutritt. Bei Diabetikern unter Insulin bleiben diese Verhältnisse ungeändert (B 152). Dagegen ist in Abwesenheit von Insulin bei gleicher Arbeitsleistung und Milchsäureabgabe ins Blut der respiratorische Quotient auch für den Extrasauerstoff sehr niedrig. Dies braucht aber der angegebenen Deutung nicht notwendig zu widersprechen, wenn man annimmt, daß hier der Kohlehydratvorrat im Muskel sehr klein ist und ebenso rasch aus anderen Nährstoffen ersetzt werden muß, wie er bei der Arbeit aufgebraucht wird.

Zu einer der HILLschen ähnlichen Deutung führten auch die Versuche von BOCK, VANCAULAERT, DILL und Mitarbeitern (B 25), während von verschiedenen Autoren die unmittelbare und direkte Oxydation auch anderer Nährstoffe als Kohlehydrat in der Restitutionsperiode des Warmblütermuskels angenommen wird. Bei der Unkenntnis der Intermediärprodukte des Stoffwechsels ist diese Streitfrage wesentlich eine solche der Formulierung und in geringerem Grade der experimentellen Entscheidung zugänglich. Jedenfalls erscheint die von HILL vorgeschlagene Deutung zwar nicht notwendig, aber doch plausibel und ist bisher durch keine direkten Experimente widerlegt. Auf der anderen Seite ist die energetische Verknüpfung der Atmung mit der Resynthese der Milchsäure nicht davon abhängig, welche Substanzen unmittelbar oxydiert werden [s. auch (A 40)].

Sehr lehrreich für die Aufklärung des Restitutionsvorgangs beim Menschen ist die quantitative Verfolgung der Sauerstoffaufnahme während und nach der Arbeit. Zunächst steigt mit der Intensität der Arbeit — quantitativ am besten abstufbar ist die Geschwindigkeit des Flachrennens — die Sauerstoffaufnahme, und gleichzeitig tritt eine gewisse Menge Milchsäure ins Blut über. Dieser Zustand läßt sich bei einer bestimmten Arbeitsintensität für längere Zeit, von allmählicher nervöser Ermüdung abgesehen, aufrechterhalten. Die Milchsäure im Blut bleibt stationär. Es entspricht dies dem Zustand während des „Dauerlaufes". Sauerstoffverbrauch und Milchsäureproduktion halten Schritt, indem die nicht maximal tätigen Muskeln und die Leber, wahrscheinlich auch noch die übrigen Organe, an der Wiederbeseitigung der Milchsäure mitwirken. Während es $2^1/_2$ Minuten dauert, bis die stationäre Atmungsgröße bei der Tätigkeit erreicht ist, vergehen nach Abschluß der Arbeit 5—10 Minuten, bis die Atmung auf den Ruhewert gesunken ist. Wird aber die Arbeitsintensität noch weiter gesteigert, so hält der Sauerstoffverbrauch nicht mehr mit dem Sauerstoffbedarf Schritt. Steigt nämlich die körperliche Anstrengung weiter an, so kommt die Atmungsgröße zu einem Grenzwert, der durch die Leistungsfähigkeit der Zirkulation gegeben ist. Bei athletischen Personen sind dies 4—5 l Sauerstoff — maximal bis zu 6 — pro Minute, etwa einer 15—20fachen Steigerung des Ruheverbrauchs entsprechend. Diese Sauerstoffkonsumtion bleibt während der Dauer der maximalen Anstrengung auf gleicher Höhe, was scheinbar einem stationären Zustand entspricht; in Wahrheit aber steigt die Milchsäure im Blut kontinuierlich an, und es kommt in kurzer Zeit zur Erschöpfung. Diese ist bedingt durch ein gewisses Sauerstoffdefizit („oxygen debt"), das erst nach Abschluß der Arbeit abgetragen wird. Im Anschluß an solche erschöpfende Anstrengung hält die Atmungssteigerung bis zu 80 Minuten an, bis die überschüssige Milchsäure aus dem Blut wieder verschwunden ist. Diese „oxygen debt", die dem Extrasauerstoff anaerob ermüdeter isolierter Froschmuskeln entspricht, kann bei sportlich geschulten Menschen bis 19 l betragen. Bei einem Oxydationsquotienten von 5 berechnet sich eine Milchsäureanhäufung von 140 g in einem 75 kg schweren Mann mit etwa 30 kg Muskeln. Der Milchsäuregehalt des Körpers, aufs Muskelgewicht bezogen, wäre dann 0,45%, wobei sich ein verhältnismäßig geringer Teil im Blut befindet. Das Ermüdungsmaximum der Milchsäure wäre also etwa dasselbe wie in isolierten Kaltblüter- und Warmblütermuskeln. Schließlich kann man bei gleichzeitiger Verfolgung des Milchsäureschwunds im Blute und der Größe des Extrasauerstoffverbrauchs den Oxydationsquotienten berechnen, wenn man annimmt, daß in den späteren Stadien der Erholung die Milchsäure gleichmäßig über die Körperflüssigkeit verteilt ist und danach die Konzentration im Blut auf ein Wasservolumen umrechnet, entsprechend etwa 50% des Körpergewichts. Der so allerdings nur annäherungsweise berechnete Oxydationsquotient ergibt sich im Mittel zu 5.

G. Über den Stoffwechsel der Kontraktur.

Anhangsweise sei der Stoffwechsel bei nicht normalen Formen der Kontraktion, nämlich der Kontraktur und dem Tonus kurz erörtert. Viele chemische Substanzen rufen bei direkter Einwirkung auf den Muskel Verkürzungen hervor, die sich von der tetanischen Kontraktion dadurch unterscheiden, daß bei ihnen ein anderes Verhältnis von Spannung und Verkürzung besteht. Meist ist die Spannung bei diesen Kontrakturen bei gleichem Verkürzungsgrad geringer als bei der tetanischen Kontraktion. *Irreversible* Kontrakturen, und zweckmäßigerweise nur diese, kann man auch als Starre (rigor) bezeichnen. Beim Einsetzen der Irreversibilität kommt es meist schon äußerlich zu sekundären Veränderungen der Muskelsubstanz, sodaß die in dem späteren Stadium gemessenen elastischen und Spannungswerte über die vitalen, zur Kontraktion führenden Vorgänge nichts mehr auszusagen gestatten. Auch im übrigen ist das Verhalten der Muskeln gegenüber verschiedenen Kontraktursubstanzen außerordentlich verschieden, wie man in dem Abschnitt von RIESSER in BETHES Handbuch (B 249) nachlesen mag, der versuchte, das unübersichtliche Tatsachenmaterial zu ordnen. Außer den verschiedenen chemischen Substanzen ruft Temperaturerhöhung und das Andauern der Anaerobiose Starre hervor, die sogenannte Wärmestarre und die Totenstarre. Auf diese sei zuerst eingegangen.

1. Totenstarre.

Ein eigentümliches Mißverständnis ist dadurch entstanden, daß man die bei fortgesetzter Ruheanaerobiose im Muskel sich anhäufende Milchsäure, die dem Anschein nach für die Totenstarre verantwortlich ist, als Analogon derjenigen angesehen hat, die in der Kontraktion entsteht. Sowohl Anhänger wie Gegner der „Milchsäuretheorie" der Kontraktion, bedienen sich dieses Arguments des Zusammenhangs oder der Unabhängigkeit von Totenstarre und Milchsäureanhäufung. In Wahrheit kann in keinem Falle daraus etwas über den Mechanismus der physiologischen Kontraktion gefolgert werden. Die sich bei fortgesetzter Ruheanaerobiose im Muskel gleichmäßig ansammelnde Milchsäure mag bei genügender Konzentration eine Starre auslösen, aber unmöglich kann sie in dieser Verteilung für die normale Kontraktion verantwortlich sein. Wir finden ja vielmehr, daß der anaerob gehaltene Muskel nach Aufhören des Reizes erschlafft, ohne daß die Milchsäure aus ihm entweicht — ja, daß sich in den ersten Stunden der Ruheanaerobiose viel mehr Milchsäure im Muskel bildet, als selbst für einen maximalen Tetanus erforderlich ist, und daß der Muskel trotzdem völlig schlaff bleibt; andererseits aber, daß bei einem maximalen Tetanus für eine höhere Spannungsentwicklung im Muskel nur ein Bruchteil derjenigen Milchsäure gebildet wird, die als starreauslösend anzusprechen ist. Ursache der Kontraktion kann also niemals die im Diffusionsgleichgewicht im Muskel verteilte Milchsäure sein, sondern höchstens ihr rasches Auftreten an bestimmten Strukturteilen — von mir als „Verkürzungsorte" bezeichnet —, wobei ein steiles Diffusionsgefälle gegen die Umgebung bestehen muß. Ohne diese Annahme kommt man zu den gröbsten Widersprüchen mit Erfahrungstatsachen. Der zwischen der anaeroben Anhäufung der Milchsäure und der Totenstarre bestehende Zusammenhang ist also, falls er vorliegt, ein gänzlich anderer als der zwischen Milchsäurebildung und Kontraktion. Daß im übrigen ein solcher Zusammenhang für die typische Totenstarre besteht, ist äußerst wahrscheinlich. Die Totenstarre des normalen Muskels bietet das Bild einer Säurekontraktur, wie sie bei Durchtränkung des Muskels durch von außen zugesetzte

Säuren hervorgerufen werden kann, insbesondere durch leicht permeierende wie die Milchsäure selbst [z. B. BURRIDGE (B 35) s. auch BETHE (B 19)]. Es ist bekannt, daß die Starre ausbleibt, wenn die anaerob angesammelte Milchsäure durch Oxydation oder Diffusion aus dem Muskel beseitigt wird, ehe irreversible Änderungen eingesetzt haben, und daß umgekehrt der Eintritt der Totenstarre beschleunigt wird, wenn durch ermüdende Muskeltätigkeit vor dem Tode schon Milchsäure im Muskel angehäuft war (gehetztes Wild), ja, daß man durch übermaximale Reizung stark ermüdeter Muskeln diese direkt starr machen kann (s. oben S. 33). Schließlich führt die Starre zu einem geringeren Grad von Verkürzung und Spannung, wenn die Muskeln glykogenarm waren und infolgedessen die Milchsäure nicht bis zum eigentlichen Starremaximum ansteigen kann. Trotzdem aber verfallen die Muskeln auch dann, ja nach einer Beobachtung von HOET und MARKS (B 167) sogar durch Insulinkrämpfe völlig glykogenfrei gemachte Säugermuskeln in Starre, wobei das Gewebe nicht saurer, sondern sogar etwas alkalischer reagiert als normale Muskeln. Allerdings ist die Starre atypisch, sie setzt früher ein und ist mit viel geringerer Spannung verknüpft als die gewöhnliche Totenstarre. [Derart schwache, aber früher einsetzende Starren bei kohlehydratarmen Muskeln sind auch schon früher in der Literatur beschrieben worden; vgl. RIESSER (B 249 S. 248).] Bei diesen Muskeln beobachteten HOET und MARKS eine Abspaltung von anorganischem Phosphat, das sie auf Zerfall von Lactacidogen beziehen, das aber wohl, wie man aus Analogiegründen annehmen muß, aus der Hydrolyse von Adenylpyrophosphat stammt. Danach könnte der Zerfall der Pyrophosphatfraktion, der auch andere Starren begleitet, eine allgemeinere Erscheinung sein als die Milchsäureanhäufung.

Im übrigen muß es dahingestellt bleiben, ob bei der typischen Totenstarre die Säurekonzentration als Reiz wirkt, um einen mit lokalisierter Milchsäurebildung verknüpften, dem normalen ähnlichen Verkürzungsvorgang zu entfesseln, der dann infolge der Strukturänderung irreversibel wird — oder ob die durch die Säureanhäufung veranlaßte Strukturveränderung ohne lokalisierte Neubildung von Milchsäure direkt die Starre hervrruft.

In diesem Zusammenhang ist die Beobachtung von E. C. SMITH (B 264) von Interesse, wonach der Verkürzungsgrad beim Auftauen von Muskeln, die bei verschiedenen Temperaturen eingefroren waren, genau parallel läuft der *nach* dem Auftauen neugebildeten Milchsäure, während die recht beträchtliche Milchsäurebildung in der Gefrierzeit dafür nicht in Betracht kommt.

2. Wärmestarre.

Die übrigen Starren sind im Gegensatz zur Totenstarre jedenfalls nicht durch vorhergehende Ansammlung von Milchsäure im Muskel bedingt, also keine Säurekontrakturen, soweit nicht zur Auslösung äußere Zufuhr von Säure gedient hat. Zwar tritt auch bei der Mehrzahl dieser Starren Milchsäure auf, jedoch gleichzeitig mit der Starreentwicklung, zum Teil auch nachträglich. An Stelle der angehäuften Milchsäure bei der Totenstarre tritt hier also als auslösende Ursache eine andere auf. Dies ist bereits bei der Wärmestarre deutlich. Im normalen Warmblütermuskel [vgl. MEYERHOF und HIMWICH (A 32)] ist bei Temperaturen unter 42° die sich entwickelnde Starre als Totenstarre aufzufassen, die entsprechend dem Temperaturkoeffizienten der anaeroben Milchsäurebildung von 3—4 pro 10° bei steigender Temperatur rascher eintritt; über 42° kommt es aber schon in sehr kurzer Zeit zu einer Starre, bevor die Milchsäure ihr „Starremaximum" erreicht hat. Auch hier zeigt sich aber der Parallelismus zwischen Spannung und Verkürzungsgrad einerseits und *gleichzeitiger* Milchsäurebildung andererseits, besonders beim Vergleich von kohlehydratreichen und kohlehydratarmen Muskeln (bei fetternährten Tieren). Es liegt daher nahe, anzunehmen, daß die Wärmezufuhr eine plötzliche Milchsäurebildung entfesselt, die ihrerseits eine atypische Kontraktion herbeiführt. Dem widerspricht es keineswegs, daß dies auch bei elektrisch nicht mehr erregbaren Muskeln stattfinden kann, da wir ja wissen, daß elektrisch unerregbare Muskeln noch auf andere Weise zu starker Milchsäurebildung veranlaßt werden können.

3. Chemische Starren.

Bei den durch chemische Substanzen („Kontraktursubstanzen") hervorgerufenen Starren sind diejenigen, die von vornherein mit starker Spannungsentwicklung einhergehen (nicht erst später, wenn der Muskel seine plastischen Eigenschaften verändert hat), meist mit gleichzeitiger starker Milchsäurebildung verknüpft, wobei sich dann zwischen beiden ein ausgesprochener zeitlicher Parallelismus ergibt. Andere Starreformen mögen dagegen einer unmittelbaren Einwirkung der Kontraktursubstanz auf die Proteine ihre Entstehung verdanken, und dann würde die Milchsäurebildung erst eine sekundäre Folge der Strukturschädigung sein; außerdem aber kommt jedenfalls beides häufig gemischt vor. Im Prinzip ist gegen den von BETHE gemachten Unterschied (B 20) der mittels eines Reizes wirkenden und der direkt wirkenden „echten" Kontraktursubstanzen nichts einzuwenden, wenngleich die Zuweisung der verschiedenen Kontrakturformen in die eine oder andere Kategorie ziemlich willkürlich erscheint. Eine Proportionalität und zeitliche Koinzidenz von Spannungsentwicklung und Milchsäurebildung zeigt sich vor allem bei der Coffeinstarre und annähernd auch bei der Chloroformstarre, wie die Versuche von MATSUOKA (A 25) ergeben haben. Diese Proportionalität gilt a. bei verschieden langer Einwirkung der Substanzen unter gleicher Temperatur; b. bei gleich langer Einwirkung unter verschiedenen Temperaturen; c. bei verschiedener Empfindlichkeit der Muskeln, z. B. der verschiedenen Coffeinempfindlichkeit von Esculenten- und Temporarienmuskeln; d. bei der antagonistischen Wirkung des Novocains auf die Entwicklung der Coffein- und Chloroformstarre. Natürlich kann diese Proportionalität nur während der Ausbildung der Kontraktur herrschen. Bis zu welcher Spannung die Starre fortschreitet, und ob bei Erreichung des Maximums schon das Milchsäuremaximum erreicht ist, wird durch sekundäre Veränderungen der Muskelsubstanz bedingt und infolgedessen bei den verschiedenen Kontraktursubstanzen verschieden sein. Als Beispiele des Parallelismus mögen die Versuche aus der Arbeit von MATSUOKA dienen (Tab. 11).

Für die Coffeinstarre zeigten gleichzeitig HARTREE und HILL (B 143), daß nach vorangehender 5 Minuten langer Suspension des Muskels in 0,05proz. Coffein eine starke anaerobe Wärmebildung einsetzt, die in etwa 30 Minuten nach Entfernung der coffeinhaltigen Lösung nahezu das Maximum erreicht und in etwa 3 Stunden abgeschlossen ist. Die anaerobe Wärme ist aber der Ausdruck der Milchsäurebildung, und die Gesamtwärme ihrer Versuche entspricht einer Anhäufung von 0,9% Milchsäure (Temperatur 15°). Mehrere Autoren haben sich später mit dem zeitlichen Parallelismus von Milchsäure und Spannung beschäftigt, aber meistens übersehen, daß nur im Stadium wachsender Span-

Tabelle 11. **Parallelismus von Spannungsentwicklung und Milchsäurebildung.**

Nr.	Bezeichnung	Temperatur °C	Versuchszeit Min.	Spannung g	Milchsäure %	Verhältnis der Spannung	Verhältnis der Milchsäure
1	0,15% Coffein, verschiedene Zeit	5	183	160	0,443	2,13	1,48
			55	75	0,298		
2		15	30	200	0,364	2,5	2,8
			14	80	0,130		
3		25	11	195	0,355	1,95	2,58
			4	100	0,137		
4	0,15% Coffein, gleiche Zeit, verschiedene Temperatur	20	60	120	0,417	1,85	1,92
		5		65	0,217		
5		20	30	175	0,478	1,75	2,17
		5		100	0,220		
6		25	24	150	0,430	3,0	2,6
		15		50	0,166		
7		15	34	155	0,410	2,21	1,95
		5		70	0,210		
8	Chloroform, verschiedene Temperatur, gleiche Zeit	15	37	100	0,235	1,42	2,98
		5		70	0,079		
9		25	12	270	0,456	6,0	4,35
		15		45	0,105		
10		15	22	180	0,368	2,25	3,1
		5		80	0,118		

nung, solange noch eine Anspruchsfähigkeit des kontraktilen Apparates besteht, eine Proportionalität erwartet werden kann. Eine Proportionalität zwischen Spannungsentwicklung und Milchsäurebildung fanden GASSER und DALE bei der reversiblen Kontraktur nervendegenerierter Säugetiermuskeln durch Acetylcholin (B 118). Hier ist die Acetylcholinkontraktur mit starker Spannungsentwicklung und Milchsäurebildung verknüpft, während am Kaltblütermuskel beides nahezu fehlt. Sie lehnen daher einen besonderen Mechanismus für diese Kontraktur ab. Von reversiblen Kontrakturen ist von HARTREE und HILL (B 141) genauer die Veratrinkontraktur untersucht, die im Anschluß an eine normale, durch elektrischen Reiz ausgelöste Zuckung eintritt. Aus den Wärmemessungen ergibt sich, daß sie nichts anderes als ein atypischer Tetanus ist, wobei das Verhältnis von Spannung und Wärmebildung genau dasselbe ist wie bei diesem. Dagegen wurde von

RIESSER und HEIANZAN [(B 249) S. 229] bei der Ammoniakstarre der Parallelismus von Spannungsentwicklung und Milchsäurebildung vermißt.

4. Tonus.

Zum Schluß sei auch der Tonus des Muskels erwähnt, über dessen Zustandekommen noch weniger bekannt ist und der sicherlich ganz verschiedenartige Zustände des Muskels umfaßt. Nach der Ansicht von HILL, der sich auch RITCHIE anschließt (B 251), läßt sich der Tonus als ein äußerst langsam verlaufender Tetanus auffassen, der durch Summation träger Zuckungen zustande kommt. Je protrahierter die einzelne Zuckung hierbei ist, um so geringfügiger ist der Stoffwechsel, der pro Zeiteinheit für die Aufrechterhaltung einer gewissen Spannung benötigt wird. Die Geringfügigkeit der Stoffwechselsteigerung bei starken Tonuszunahmen wie bei der katatonischen Starre, ferner auch bei glatten Muskeln, z. B. den Haltemuskeln der Muschelschalen, sollte sich auf solche Weise erklären lassen. Beispielsweise würde in den Adduktormuskeln der Muscheln, bei denen PARNAS (B 235) eine Stoffwechselsteigerung vermißte, der Tätigkeitsstoffwechsel nur $1/_{10\,000}$ desjenigen für gleiche Spannungsleistung des Froschgastrocnemius betragen müssen, weil die Erschlaffungszeit dieser Muskeln 9 Minuten, die des Froschgastrocnemius 0,05 Sekunden beträgt. Der Stoffwechselvorgang selbst würde dann derselbe sein wie bei der tetanischen Kontraktion. Jedenfalls ist ein den Tonus begleitender besonderer Stoffwechsel nicht bekannt. Vgl. hierzu die in Kap. VIII, S. 272 besprochenen myothermischen Messungen von BOZLER (B 31) am glatten Pharynxretraktor der Schnecke.

II. Die mit der Tätigkeit verbundenen chemischen Vorgänge.

Im vorhergehenden Kapitel haben wir uns mit den arbeitliefernden chemischen Vorgängen beschäftigt, die im ruhenden, tätigen und sich erholenden Muskel ablaufen. Während die sich daraus ergebende Energetik der Kontraktion erst später betrachtet wird, gehen wir hier auf die intermediären Vorgänge sowie die besonderen Stoffwechselprozesse ein, die die Tätigkeit begleiten.

A. Kohlehydrate.
1. Polysaccharide.

Das Ausgangsprodukt des Kohlehydratstoffwechsels ist das Glykogen $(C_6H_{10}O_5)_n$. Die geringen Unterschiede der Löslichkeit und Dispersität, die die verschiedenen ,,Glykogene" der Tiere und der Hefen aufweisen, machen jedenfalls für ihre Umwandelbarkeit in Milchsäure nichts aus. Vom Muskelgewebe und dem gelösten Muskelenzym wird das Glykogen verschiedener Herkunft und ebenso Stärke mit gleicher Leichtigkeit in Milchsäure gespalten, nicht dagegen der Traubenzucker. Es ist daher wahrscheinlich, daß auch im lebenden Muskel der Traubenzucker nicht direkt in Milchsäure übergeht, sondern zuvor in Glykogen oder eine angreifbare Form, die der aus dem Glykogenabbau entstehenden Hexose entspricht, verwandelt werden muß.

Außer dem Glykogen enthält der Muskel noch niedere, durch 60 proz. Alkohol nicht fällbare Kohlehydrate in einer Gesamtmenge von 0,15—0,3%, von denen nur etwa 0,05—0,1% direkt reduziert und wenigstens zum Teil Hexose ist. Im Kaninchenmuskel fanden z. B. POWER und CLAWSON (B 245) bei besonders schonender Verarbeitung 45—60 mg% reduzierende Substanz, von der die Hälfte unvergärbar ist, bei weniger schonender Verarbeitung 90—150 mg%, wovon 40—50 mg% unvergärbar sind. Allerdings steht die als vergärbare und reduzierende Hexose erwiesene Substanz nach den Versuchen von CORI und CORI (B 43) sowie von SIMPSON und MACLEOD (B 261) nicht im Diffusionsgleichgewicht mit dem Blutzucker und ändert daher ihre Menge nicht während der durch Insulin hervorgerufenen Hypoglykämie. Daß außer Hexose nicht-reduzierende Zwischenzucker im Muskel enthalten sind, zeigte zuerst PARNAS (B 237) dadurch, daß nach Beseitigung des Glykogens die Menge reduzierenden Zuckers im Muskelauszug durch Hydrolyse anwächst. Die Hexosemonophosphorsäure ist hieran nicht beteiligt, 1. weil ihre Menge wenigstens im Froschmuskel zu gering ist, 2. weil bei ihr durch Hydrolyse die Reduktion eher ab- als zunimmt wegen der eintretenden Zersetzung des Zuckers. Diese Zwischenkohlehydrate können unter Umständen beträchtlich vermehrt sein, wie zuerst von LAQUER (B 188) an warmgehaltenen Winterfröschen gezeigt ist, wo eine erhebliche Milchsäurebildung ohne gleichzeitige Abnahme des Glykogens erfolgt. Ferner finden SIMPSON und MACLEOD in der angeführten Arbeit, daß zerriebene Katzenmuskulatur bei anaerobem Stehen unter 25° stark an Glykogen verliert, ohne daß eine äquivalente Menge Milchsäure auftritt und ohne daß der reduzierende Zucker zunimmt. In der Tat spaltet das gelöste Enzym des Muskels (A 59, 63) die Dextrine ebensogut wie das Glykogen in Milchsäure, ferner auch die von PRINGSHEIM (B 246) aus dem Glykogen durch Abbau gewonnenen Di- und Trihexosane, die klarwasserlöslich sind und einem niedrigen Assoziationsgrad entsprechen. Auch im lebenden Muskel läßt sich die Mitbeteiligung der Zwischenkohlehydrate an der Milchsäurebildung feststellen; unter gewöhnlichen Umständen und bei genügendem Gehalt an Glykogen tritt dies nicht in Erscheinung, weil Glykogenhydrolyse und Milchsäurebildung hier parallel laufen. Dagegen nimmt bei Erschöpfung des Glykogengehalts, z. B. bei der Wärme- und chemischen Starre von kohlehydratarmen Muskeln, der Gehalt an Zwischenkohlehydraten regelmäßig ab, und zwar von etwa 0,20 auf etwa 0,10% [MEYERHOF und HIMWICH (A 32)]. Ein Rest von 0,05—0,1% wird allerdings unter keinen Umständen mehr in Milchsäure verwandelt. Entweder handelt es sich hier überhaupt nicht um Zucker oder jedenfalls nicht um angreifbaren. So zeigte LOHMANN (A 62), daß bei rascher Hydrolyse von zugesetztem Glykogen zu Muskelbrei oder Muskelextrakt ein Teil in reduzierendes Saccharid nach Art der PRINGSHEIMschen Triamylose verwandelt wird, welches nicht mehr in Milchsäure gespalten und nicht vergoren werden kann.

2. Hexosephosphorsäuren.

Eine ausführliche, insbesondere die chemische Seite mehr berücksichtigende Darstellung der Hexosephosphorsäuren in Muskel und Hefe erschien kürzlich aus unserem Laboratorium von K. LOHMANN (A 115) in OPPENHEIMERs Handbuch der Biochemie, Ergänzungsband.

Die Hexosephosphorsäuren als Umlagerungsprodukte des Zuckers bei seiner anaeroben Spaltung sind bekanntlich von HARDEN, YOUNG und ROBISON in gärendem Hefepreßsaft entdeckt worden (B 128, 130, 134, 252), und zwar zunächst die Hexosediphosphorsäure $C_6H_{10}O_4(PO_4H_2)_2$ im Jahre 1909 von HARDEN und YOUNG, nachdem bereits IWANOFF und LEBEDEFF die Esterbildung beobachtet hatten. Im Jahre 1914 isolierten HARDEN und ROBISON eine Hexosemonophosphorsäure $C_6H_{11}O_5(PO_4H_2)$ (ROBISON-Ester) aus dem Hefepreßsaft, 1918 gewann NEUBERG (B 226) durch partielle Säurehydrolyse der Hexosediphosphorsäure eine unter Umständen auch fermentativ im Hefeextrakt entstehende, sehr schwach rechts drehende Hexosemonophosphorsäure (NEUBERG-Ester). EMBDEN zeigte im Anschluß an die Entdeckung von HARDEN und YOUNG die Spaltbarkeit der Hexosediphosphorsäure durch Muskelpreßsaft, während Glykogen nicht angegriffen wurde (B 64, 69), und schloß daraus auf eine präformierte Hexosediphosphorsäure im Muskel als Vorstufe der Milchsäurebildung, „Lactacidogen". Es gelang ihm zusammen mit ZIMMERMANN (B 72), aus mit Fluorid versetztem Muskelpreßsaft die HARDEN-YOUNGsche Hexosediphosphorsäure zu isolieren. Später, 1926, gewann er zusammen mit ZIMMERMANN (B 74a) aus normaler Muskulatur Hexosemonophosphorsäure und übertrug die Bezeichnung „Lactacidogen" auf diese. Bereits nach den Befunden von EMBDEN und ZIMMERMANN ergibt sich eine enge Verwandtschaft derselben zum ROBISON-Ester; nach Versuchen von LOHMANN (A 84) ist die Übereinstimmung noch weitgehender, wenn auch vielleicht nicht vollständig, ein Umstand, der durch den chemisch uneinheitlichen Charakter der biologischen Hexosemonophosphorsäuren zu erklären ist. Wir nennen die Hexosemonophosphorsäure des Muskels den EMBDEN-Ester, da die Bezeichnung „Lactacidogen" zu Mißverständnissen führt, einmal, weil sie für ganz verschiedene Phosphorsäurefraktionen angewandt wurde, die zum Teil nichts mit der Milchsäurebildung zu tun haben, andererseits, weil ganz verschiedene Phosphorsäureester vom Muskel zu Milchsäure gespalten werden können, aber auch die isolierte Monophosphorsäure des Muskels nicht das wahre Intermediärprodukt der Glykogenspaltung sein dürfte.

Schließlich gelang K. LOHMANN (A 120, 120a), zum Teil zusammen mit F. LIPMANN, kürzlich die Isolierung zweier weiterer bisher unbekannter Hexosediphosphorsäuren. Die eine (LOHMANN-Ester I) bildet sich, wenn Fluorid auf Muskelbrei oder auf mit Glykogen und Phosphat versetzten Muskelextrakt einwirkt; ja auch die HARDEN-YOUNGsche Säure und ebenso Monoester werden unter diesen Umständen in einen mit dem LOHMANN-Ester I scheinbar identischen Ester verwandelt. Die zweite

Verbindung (LOHMANN-Ester II) entsteht, wenn stark verdünnter oder sonst wenig aktiver enzymhaltiger Muskelextrakt mit dem HARDEN-YOUNG-Ester stehengelassen wird; bei verringerter, eventuell auch ganz fehlender Milchsäurebildung wandelt sich dann die HARDEN-YOUNGsche Säure in eine andere Diphosphorsäure um. Beide Ester unterscheiden sich von dem HARDEN-YOUNG-Ester durch ihre viel größere Säurestabilität, ihre viel kleinere Reduktionskraft und die größere Löslichkeit ihrer Ba- und Pb-Salze. Im übrigen sind aber die Konstanten der beiden Ester I und II auch unter sich verschieden; zu frischem Muskelextrakt zugesetzt, werden beide in Phosphat und Milchsäure gespalten.

a. Chemische Eigenschaften.

Eine Reihe charakteristischer Konstanten für die auf gleiche Weise hergestellten biologischen Hexosephosphorsäuren sind nach MEYERHOF und LOHMANN (A 69) in der folgenden Tabelle zusammengestellt (wobei in eckigen Klammern auch die von den Entdeckern selbst angegebenen Werte beigefügt sind).

Zur Ergänzung und Erläuterung der Tabelle diene das Folgende:

α. Dissoziationskonstanten.

In den Spalten 1 und 2 sind die negativen Logarithmen der scheinbaren Dissoziationskonstanten der Phosphorsäureester im Vergleich zur Phosphorsäure aufgeführt [MEYERHOF und SURANYI (A 61), MEYERHOF und LOHMANN (A 65), LOHMANN (A 121)]. Dieselben gelten für wäßrige Lösungen von etwa $m/20$. Durch Veresterung steigt also sowohl die 1. wie die 2. Dissoziationskonstante der Phosphorsäure, und zwar bei Monoestern noch mehr als bei den Di-Estern, ein Verhalten, das sich ebenso auch bei den synthetisch dargestellten Hexosephosphorsäuren wiederfindet. Auch die Zuckerphosphorsäuren der Nucleinsäure haben nach SIMMS und LEVENE (B 260) eine ähnlich erhöhte Dissoziationskonstante. Hier ist pK_2' etwa 5,8. Bei der Hexosediphosphorsäure kann man rechnerisch die Dissoziationskonstanten der beiden Phosphorsäurereste a und b trennen. Die stärker dissoziierende Gruppe entspricht dann der Dissoziation der natürlichen Hexosemonophosphorsäuren. Die genau übereinstimmenden Werte für den NEUBERG- und ROBISON-Ester sind von IRVING und FISCHER (B 174) auch für den EMBDEN-Ester bestätigt worden. Ebenso

Tabelle 12.

Substanz		(Scheinbare) Dissoziationskonstanten		Hydrolysenzahl $k \cdot 10^{-3}$ in nHCl 100°	Reduktionskraft der Ester in % der Reduktionskraft v. Glukose		Spezifische Drehung $[\alpha]_D$ 20°	Spontanoxydation in Phosphat (Fruktose =100)
		pK_1'	pK_2'		Bertrand-Reduktion	Willstätter-Reduktion (Aldose)		
H_3PO_4		1,99	6,81					
Glukose					100	100	$+52,5$	5
Fruktose					100	2,5	-92	100
Monoester	ROBISON-Ester	0,94	6,11	0,2	80	70	$+28,5$	50
„	do. Restester			0,15		80[91]	$+35,7$	
„	EMBDEN-Ester		[6,12][1]	0,2	80	70	$+26,9$ bis 28,5	10
						[90]	[$+29,5$]	
„	do. Restester					80	$+31,5$	
„	NEUBERG-Ester	0,97	6,11	3,5	74	18	$+2,5$	220
„	do. Restester				(65)	(42)	($+23,1$)	
Di-Ester	HARDEN-YOUNG	1,48	6,29		42	4	[$+3,4$]	0
„	1. Gruppe		(6,1)	20				
„	2. „		(6,5)	4				
„	LOHMANN-Ester I		6,3	0,1	12	10	0 bis $+4$	
„	LOHMANN-Ester II			0,1	5,0	8	$-1,5$ bis $-2,5$	

[1] IRVING u. E. FISCHER: Proc. Soc. exper. Biol. a. Med. **24** (1927).

stimmt die 2. Dissoziationskonstante der LOHMANNschen Hexosediphosphorsäure I mit derjenigen der HARDEN-YOUNGschen genau überein. Bei einem bloß hydrolytischen Zerfall von Ester in Hexose und Phosphat in der Muskulatur muß also die Reaktion alkalischer werden, umgekehrt bei Veresterung auch ohne Milchsäurebildung saurer, wie man es im Muskel- und Hefeextrakt direkt feststellen kann.

β. Hydrolysezahlen.

Die nähere Untersuchung der Hexosemonophosphorsäuren führt in Bestätigung einer schon von ROBISON geäußerten Vermutung zu dem Ergebnis, daß die natürlichen Ester Gemenge sind, und zwar von mindestens zwei Komponenten, deren eine

eine Ketose, die andere Aldose enthält. Die beiden Komponenten unterscheiden sich, wie von LOHMANN (A 84) gezeigt wurde, in der Geschwindigkeit, mit der sie unter Abspaltung von Phosphorsäure hydrolysiert werden. Infolgedessen ist die Geschwindigkeitskonstante k der Formel

$$k = \frac{1}{t_2 - t_1} \ln \frac{a - x_1}{a - x_2},$$

wo x_1 und x_2 die zur Zeit t_1 und t_2 umgesetzten Substanzmengen, a die Ausgangsmenge bedeutet, nicht für die ganze Hydrolysenzeit konstant wie bei einem einheitlichen Ester, sondern zeigt während der Spaltung eine deutliche Verkleinerung, indem der Aldosenester schwerer hydrolysierbar ist als der Ketosenester. In der Tabelle sind jeweils nur die Konstanten für den Hauptteil der Hydrolysenkurve aufgeführt, wobei die k-Werte nicht mit den natürlichen, sondern mit dekadischen Logarithmen berechnet sind. Übereinstimmend aus der Hydrolysenkurve und dem sonstigen chemischen Verhalten ergibt sich der ROBISON- und ähnlich der EMBDEN-Ester zu gut $4/5$ aus Aldose und knapp $1/5$ aus Ketose bestehend, der NEUBERG-Ester umgekehrt aus $4/5$ Ketose und $1/5$ Aldose, wobei wahrscheinlich die Aldose und Ketose bei beiden Estertypen die gleichen sind. Die Richtigkeit dieser Vorstellung läßt sich beweisen durch partielle Hydrolyse der Monoester und Isolierung der „Restester". Diese Restester, die ebenfalls in die Tabelle aufgenommen sind, zeigen in ausgeprägter Weise das Verhalten der schwerer hydrolysierbaren Aldosenkomponente sowohl in ihrer Hydrolysenkonstante wie in ihrem hohen Aldosewert und in ihrer höheren optischen Rechtsdrehung. Ebenso gelang ROBISON und KING (B 254) später die Trennung beider Komponenten des ROBISON-Esters durch fraktionierte Krystallisation des Brucinsalzes des ursprünglichen Esters. Der schwerer lösliche Teil zeigte eine höhere optische Drehung und einen höheren Aldosegehalt nach WILLSTÄTTER (91% von Glukose), der leichter lösliche Teil niedrigere Drehung und geringeren Aldosegehalt. Jedenfalls haben wir in allen Fällen Gemische aus mindestens einer Aldose- und Ketosekomponente vor uns, wobei es noch dahingestellt bleiben muß, ob die betreffenden Komponenten bei den verschiedenen Estern chemisch identisch sind. Die gleiche Betrachtung gilt schließlich für die Hexosediphosphorsäure selbst. Während die 1. Phosphorsäuregruppe fünfmal so rasch abgespalten wird wie die Ketosekomponente des Monoesters, zeigt dann der Rest, der ja mit dem NEUBERG-Ester identisch ist, eine Zusammensetzung aus einer Hauptmenge leicht hydrolysierbarer Ketose und einem ganz geringen Teil schwerer hydrolysierbarer Aldose. Vgl. Abb. 7 und 8.

Dieser chemisch uneinheitliche Charakter der natürlichen Monoester erklärt es, daß die Konstanten der scheinbar reinen Präparate, die unter verschiedenen Umständen gewonnen sind, etwas voneinander abweichen. Z. B. finden EMBDEN und ZIMMERMANN (B 74a) für den EMBDEN-Ester eine spezifische Drehung $+29{,}5$ statt $+27{,}5$ bei LOHMANN; dagegen POHLE aus dem EMBDENschen Institut (B 244) für dieselbe aus dem Herzmuskel gewonnene Fraktion $[\alpha]_D = +19{,}8°$.

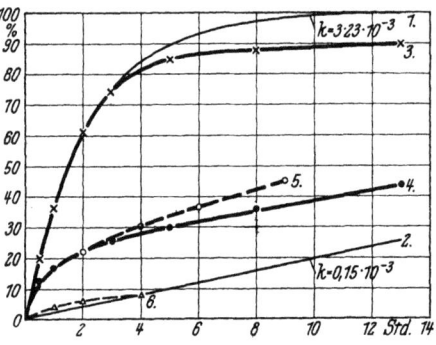

Abb. 7. Kurven der Aufspaltung verschiedener Monoester. Die äußeren, schwach ausgezogenen Kurven *1* und *2* entsprechen dem theoretischen Verlauf für $k = 3{,}23 \cdot 10^{-3}$ und $0{,}15 \cdot 10^{-3}$; die stark ausgezogene Kurve *3* ×----× entspricht der Aufspaltung des NEUBERG-Esters; Anfangsgeschwindigkeit $k = 3{,}23 \cdot 10^{-3}$, Endgeschwindigkeit $k = 0{,}15 \cdot 10^{-3}$. Kurve *4* •——• ebenso für den EMBDEN-Ester. Kurve *5* ○--○ für den ROBISON-Ester. Schließlich Kurve *6* △--△, der Restester des ROBISON-Esters, liegt auf der theoretischen Kurve $k = 0{,}15 \cdot 10^{-3}$. Abszisse: Zeit in Stunden. Ordinate: Prozent abgespaltene Phosphorsäure. (Aus Biochem. Z. 194, LOHMANN.)

Tatsächlich unterscheidet sich aber die Hexosemonophosphorsäure des Muskels kaum mehr von der der Hefe, als zwei unter verschiedenen Umständen gewonnene Präparate der letzteren.

γ. **Reduktionswerte.**

Die folgenden Spalten 5 und 6 der Tabelle geben die Reduktionswerte nach BERTRAND und WILLSTÄTTER-SCHUDEL (B 294) an. Der erstere ist bekanntlich für Glukose und Fruktose nahezu gleich, wird dagegen durch Substitutionen zumal in den der reduzierenden Carbonylgruppe benachbarten Alkoholgruppen modifiziert. Der Reduktionswert der Hexosediphosphorsäuren ist infolgedessen gering, ganz besonders niedrig bei den beiden LOHMANN-Estern, der der Monoester ziemlich gleich, etwa entsprechend zwei Drittel dem der reinen Zucker.

Neuerdings beschrieben EMBDEN und JOST (B 77) eine Methode zur quantitativen Bestimmung des EMBDEN-Esters in der Muskulatur, die auf seiner Abscheidung als Magnesiumsalz und anschließender Messung der Reduktion nach HAGEDORN-JENSEN beruht. Sie setzen die Reduktionskraft nach HAGEDORN-JENSEN zu $^2/_3$ des Gehalts an Hexose.

Die Hypojoditmethode von WILLSTÄTTER und SCHUDEL ist dagegen in unserer Ausführung nahezu spezifisch für Aldosen $\left(\frac{\text{Fruktose}}{\text{Hexose}} = 2,5\% \text{ von } \frac{\text{Glukose}}{\text{Hexose}}\right)$. Hier liegt der Wert für den ROBISON- und EMBDEN-Ester nahe bei 100, noch näher an 100 der Restester aus beiden, während der Wert für den NEUBERG-Ester etwa 20 ist. Die optische Drehung (Spalte 7) spiegelt dieses Verhalten wieder, da die Ketosenkomponente nur schwach, die Aldosenkomponente aber stark rechts dreht.

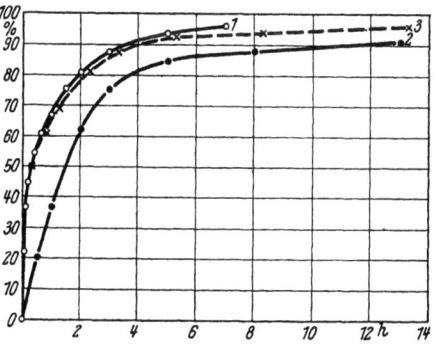

Abb. 8. Kurven der Aufspaltung: 1. der Hexosediphosphorsäure o——o; 2. des NEUBERG-Esters, •——•; 3. des NEUBERG-Esters im halben Maßstabe ×—-×. Der Nullpunkt für 3 liegt im Schnittpunkt der Hexosediphosphorsäurekurve mit der Abszisse für 50% Aufspaltung. Dieser Teil der Kurve (im halben Maßstab) entspricht der zweiten Hälfte der Aufspaltung der Hexosediphosphorsäure. (Aus Biochem. Z. 194, LOHMANN.)

Ein weiteres Argument für die zusammengesetzte Natur der Ester ist der Verlauf ihrer Spontanoxydation in konzentrierter Phosphatlösung. Diese Spontanoxydation ist für Fruktose zuerst von WARBURG und YABUSOE (B 287) beschrieben, für Glukose ist sie nahezu Null, ebenso niedrig aber für die schwer angreifbare Hexosediphosphorsäure. Für den NEUBERG-Ester ist die Oxydationsgeschwindigkeit dagegen doppelt so groß wie für Fruktose, ein Zeichen dafür, daß die Ketose durch Veresterung mit *einem* Phosphatmolekül chemisch angreifbarer wird, während die Substitution in der der Carbonylgruppe benachbarten Kohlenstoffgruppe die Oxydierbarkeit herabsetzt. Für den ROBISON- und EMBDEN-Ester aber ist die Geschwindigkeit nur ein Bruchteil von der des NEUBERG-Esters. Die hier angegebene Zusammensetzung des EMBDEN-Esters ist kürzlich von PRYDE und WATERS bestätigt worden (B 245a). Der Zuckerrest besteht nach ihnen zu 90 % aus d-Glukose, zu 10 % aus Ketose.

Die Konstitution der HARDEN-YOUNGschen Säure scheint durch neue Arbeiten von MORGAN und ROBISON (B 217) sowie LEVENE und RAYMOND (B 200) aufgeklärt. Ihr kommt die folgende Konstitution zu:

$$\begin{array}{l} CH_2OPO_3H_2 \quad (1) \\ | \\ HOC\text{------}\rceil \\ | \\ HOC-H \quad | \\ | \quad\quad\quad\quad O \\ HC-OH \quad | \\ | \\ HC\text{------}\rfloor \\ | \\ CH_2OPO_3H_2 \quad (6) \end{array}$$

Sie entspricht danach einer γ-Fruktose-1:6-Diphosphorsäure. Dabei wird die in Stellung (1) stehende Phosphorsäure leichter abgespalten, so daß dem NEUBERG-Ester die gleiche Konstitution unter Wegnahme dieser Phosphorsäure zukommen würde, wie dies auch von LEVENE und RAYMOND angenommen wird:

$$\begin{array}{l} \quad\quad CH_2OH \\ \quad\quad | \\ \lceil\text{------}COH \\ | \quad\quad | \\ | \quad\quad CHOH \\ O \quad\quad | \\ | \quad\quad CHOH \\ | \quad\quad | \\ \lfloor\text{------}CH \\ \quad\quad | \\ \quad\quad CH_2 \cdot PO_4H_2 \end{array}$$

Die Stellung der Phosphorsäuregruppe im ROBISON- und EMBDEN-Ester ist noch nicht geklärt. Daß die Veresterung hier wohl nicht wie beim NEUBERG-Ester am C-Atom (6) erfolgt, scheint daraus hervorzugehen, daß die Osazone des ROBISON-Esters (F. 139°) und des NEUBERG-Esters (F. 151°) verschieden sind.

b. Gehalt und Umsatz im Muskel.

Die Kenntnis der chemischen Eigenschaften der Hexosephosphorsäuren ist von Wichtigkeit wegen der Rolle, die sie bei der anaeroben Kohlehydratspaltung im Muskel spielen. Die HARDEN-YOUNGsche Säure kommt nach den Feststellungen von

K. LOHMANN (A 125) im lebenden Muskel nicht vor, ebensowenig wie in der lebenden Hefe, bildet sich aber entsprechend den Befunden von EMBDEN und ZIMMERMANN (B 72) bei Zusatz von Glykogen und Fluorid zum Muskelpreßsaft. Der EMBDENsche Monoester wird dagegen aus frischer, schonend verarbeiteter Muskulatur erhalten. Nun beweist natürlich sein Vorkommen im Muskel nicht, daß er ein Intermediärprodukt der Spaltung ist. Ein solcher Beweis ist auch im lebenden Muskel selbst nicht zu führen, weil die Konzentration eines Intermediärprodukts durch das Verhältnis der Bildungs- zur Zerfallsgeschwindigkeit bedingt ist und daher keine einfache Beziehung zwischen den jeweils vorhandenen Mengen von ihm und dem daraus entstehenden Endprodukt, Milchsäure, bestehen kann. Eine solche Entscheidung läßt sich nur an einfacheren Systemen treffen, die frei sind von präformiertem Kohlehydrat. Aus dem Studium des Esterumsatzes im kohlehydratfreien, enzymhaltigen Wasserextrakt des Muskels folgt, daß der präformierte Monoester des Muskels nicht selbst das Intermediärprodukt des Zerfalls ist, aber ihm nahe steht; er ist als die erste Stabilisierungsform anzusprechen, die dem direkten Zerfall entgangen ist. Das labile Zwischenprodukt der Spaltung, das in Status nascens sogleich wieder zerfällt, kann sich natürlich unter normalen Bedingungen nicht anreichern. Die Menge des im Muskel vorhandenen Esters ist daher weitgehenden Schwankungen ausgesetzt, ohne daß eine feste Beziehung zur Geschwindigkeit und dem Umfang der Milchsäurebildung erkennbar ist. Doch ergibt sich eine gewisse Tendenz in der Richtung, daß in unmittelbarem Anschluß an rasche Milchsäurebildung seine Menge vorübergehend steigt, auch bei in vivo stärker in Anspruch genommenen Muskeln höher ist, bei Fröschen z. B. im Sommer höher als im Winter; ferner höher in Säugetiermuskeln als in Kaltblütermuskeln. Aus den Vorgängen im kohlehydratfreien Enzymsystem kann man schließen, daß im allgemeinen die Veresterung rascher erfolgt als die Milchsäurebildung und daß hierbei überschüssiger Ester aus dem Zerfallsweg herausgedrängt und stabilisiert wird.

Die zuerst von EMBDEN im Anschluß an die HARDENsche Entdeckung entwickelte Vorstellung, wonach die Hexosephosphorsäure für die anaerobe Kohlehydratspaltung im Muskel eine ähnliche Rolle spielen dürfte wie bei der alkoholischen Gärung der Hefe, besteht also ohne Zweifel zu Recht. Leider sind aber im Gefolge dieses Gedankens viele irrtümliche Angaben über das Verhalten, den Umsatz, die vorhandene Menge usw. des Lactacidogens gemacht worden. Insbesondere hat die EMBDENsche Schule eine sehr große Mühe darauf verwandt, den ,,Lactacidogengehalt" der Muskulatur unter zahllosen verschiedenen Bedingungen und Zuständen in allen möglichen Muskelarten zu erforschen. Die von ihr zur Bestimmung des Lactacidogengehalts vorwiegend angewandte Methode, die Messung der Zunahme an anorganischem Phosphat bei der Bicarbonatautolyse des Muskels bei 42° ist jedoch zu diesem Zweck ungeeignet. Die weit überwiegende Menge des auf diesem Wege abgespaltenen Phosphats stammt aus dem von K. LOHMANN (A 83, 94, 95, 96, 108) im Muskel entdeckten Adenylpyrophosphat, das durch das Muskelenzym zu Orthophosphat und Adenylsäure bzw. Inosinsäure hydrolysiert wird. Ein kleiner wechselnder Teil stammt aus noch nicht identifizierten Verbindungen und schließlich nur ein letzter Rest aus vorhandener Hexosemonophosphorsäure. Nach der Hydrolysenmethode von K. LOHMANN bestimmt sich im Froschmuskel die gesamte durch Autolyse abgespaltene Phosphatmenge pro g zu etwa 0,95 mg P_2O_5 (= 1,3 mg H_3PO_4). Davon stammen etwa 0,70 mg P_2O_5 (= 1,0 mg H_3PO_4) aus der Pyrophosphatfraktion, 0,1—0,2 mg aus nicht identifizierten Verbindungen und schließlich 0,1—0,2 mg (= 0,14—0,28 mg H_3PO_4) aus dem EMBDEN-Ester. In der Muskulatur von Hungerfröschen liegt bei wenig verringertem Pyrophosphatgehalt die Menge der Hexosemonophosphorsäure sogar unter 0,1 mg P_2O_5 pro g. Sehr viel höher als im Froschmuskel ist dagegen die Menge des Esters im Kaninchenmuskel. Hier ergibt sich bei einer Gesamtmenge des autolytisch abspaltbaren Phosphats von 1,4 mg P_2O_5 = 2,0 mg H_3PO_4 ein Pyrophosphatgehalt von 0,9 mg P_2O_5, während der Rest, 0,5 mg P_2O_5, zum größten Teil auf den EMBDEN-Ester bezogen werden kann.

Die Menge des durch Bicarbonatautolyse in der Muskulatur abspaltbaren Phosphats sagt also nichts über den Gehalt des Muskels an Hexosephosphorsäuren aus, daher auch nicht die Änderung dieser Menge bei funktionellen Zustandsänderungen oder äußeren Beeinflussungen etwas über Aufspaltung oder Synthese der Hexosephosphorsäuren. Ändert sich vielmehr der Gehalt an autolysierbarem Phosphat bzw. nimmt im Muskel bei irgend-

Hexosephosphorsäure. 81

welchen Einwirkungen das freie Orthophosphat zu oder ab, so kann nur mittels der Aufnahme der Hydrolysenkurve (vorausgesetzt, daß es sich um bekannte Verbindungen handelt) ein Anhaltspunkt dafür gewonnen werden, aus welcher Quelle das Phosphat stammt. Bei Vorhandensein einer größeren Zahl verschiedener Hexosephosphorsäuren neben Pyrophosphat genügt auch die Hydrolysenmethode allein nicht mehr. Es muß dann vielmehr zunächst eine Fraktionierung der Bariumsalze vorgenommen werden und bei diesen die Hydrolysenmethode Anwendung finden.

Die systematische Anwendung dieser Methoden hat gelehrt, daß im lebenden Muskel nur der Monoester vorkommt, während im zellfreien Extrakt und schon im Gewebsbrei sich daneben auch Hexosediphosphorsäuren bilden.

Im Augenblick der Kontraktion, während gleichzeitig Milchsäure entsteht, ändert sich der Gehalt an Ester nicht. Es wird dann überhaupt kein aus säurestabiler Verbindung stammendes Phosphat abgespalten, sondern nur solches aus Kreatinphosphorsäure (s. unten S. 100). Im Anschluß an eine mehrere Sekunden anhaltende tetanische Reizung, eventuell auch schon während eines längeren Tetanus selbst, sowie nach einer raschen Folge von Einzelzuckungen besteht dagegen die Tendenz einer Zunahme des Esters, wodurch das „direkt bestimmbare Phosphat" des Muskels abnimmt. Dieser in einer sehr großen Zahl von Versuchen in unserem Laboratorium erhobene Befund [vgl. K. LOHMANN (A 115)] ist bereits vorher von EGGLETON (B 60, 61) sowie neuerdings von SACKS und DAVENPORT (B 256) beschrieben. Ja, auch aus einer unbefangenen Betrachtung der von EMBDEN und JOST (B 77) mit ihrer neuen Reduktionsmethode erhaltenen Versuchsdaten ergibt sich der gleiche Schluß, obwohl die Autoren den entgegengesetzten ziehen. Die früher von EMBDEN und LAWACZEK (B 71) gemachte Angabe der Phosphatabspaltung aus „Lactacidogen" während der Kontraktion erschien schon wegen des unspezifischen Phosphatnachweises anfechtbar. Infolgedessen wandten EMBDEN und JOST die direktere Bestimmungsmethode des Monoesters auf das vorliegende Problem an. Indem sie die am ermüdeten Muskel erhaltenen Werte des Estergehalts als Ruhewerte ansprechen, halten sie irrtümlich daran fest, daß bei der tetanischen Kontraktion Phosphat aus Zerfall von Hexosephosphat frei würde.

In Wahrheit aber ist, wie man auf die verschiedenste Weise zeigen kann, der Gehalt des Esters vor und im Beginn des Tetanus gleich und nimmt dann nachträglich in der Regel zu. Bei weiter fortgeschrittener Ermüdung geht diese Zunahme wieder zurück, ebenso auch bei der oxydativen Erholung. Obwohl diese Zunahme an Ester mit der Kontraktion nicht in direktem Zusammenhange stehen kann, wie sich schon aus der Inkonstanz ihres Auftretens ergibt, ist sie dadurch bemerkenswert, daß sie unabhängig von der im Muskel vorhandenen Konzentration des anorganischen Phosphats vor sich geht. Schon EGGLETON fiel auf, daß ein Teil der aufgespaltenen Kreatinphosphorsäure nicht als anorganisches Phosphat erscheint, sondern irgendwie verestert wurde. Hemmt man nun aber den Zerfall der Kreatinphosphorsäure weitgehend durch Ammoniumbasen, wie weiter unten dargestellt wird, so wird gleichwohl ebensoviel Phosphat zu Hexosephosphorsäure verestert als sonst und nur etwa soviel Kreatinphosphorsäure zerlegt, als Phosphat für die Esterbindung verbraucht wird, während der Gehalt an wahrem anorganischem Phosphat unverändert bleibt.

Während auf die Rolle, die die Veresterung des Zuckers mit Phosphat für die anaeroben Spaltungsvorgänge spielt, erst später eingegangen werden soll, mögen wir uns zum Schlusse dieses Abschnitts die Frage vorlegen, wie wir die verwirrende Zahl der verschiedenen Hexosephosphorsäuren deuten sollen, die fermentativ unter jeweils abgeänderten Versuchsbedingungen auftreten. Offenbar kommt im lebenden Muskel nur einer dieser vielen Ester vor, nämlich der EMBDENsche Monoester. Wir werden das Auftreten der übrigen auf die Störung der Koordination der Teilprozesse der Zuckerspaltung beziehen müssen, die durch Ablösung des Ferments von der Zellstruktur hervorgerufen wird. Das veresternde Ferment, die „Phosphatese", gewinnt danach die Spezifität zur Bildung ein und desselben Esters nur unter besonderen Strukturbedingungen im lebenden Muskel. Ohne diese kommen zahllose verschiedene Arten der Verknüpfung von Alkoholgruppen der Hexose mit Phosphorsäure zustande, und auch hier, in enzymatischer Lösung oder im Muskelbrei, sind wieder die besonderen Milieueinflüsse dafür entscheidend, welche der verschiedenen möglichen Verknüpfungen eintreten. Während im allgemeinen bei Ablösung des Ferments von der Zellstruktur der andere Fall eintritt, daß nämlich ein universell wirksames Ferment, wie z. B. das von WARBURG als Häminverbindung erkannte Atmungsferment, in Lösung so geschädigt ist, daß es nur noch gewisse Teilprozesse der Oxydation zustande bringt, und diese Zerfallsprodukte des Ferments dann unter dem Namen besonderer Oxydasen aufgezählt werden [vgl. O. WARBURG (B 285)], haben wir hier den Fall vor uns, daß das geschädigte Ferment zwar in bezug auf die angreifbaren Ausgangsstoffe unverändert bleibt, aber hinsichtlich der entstehenden Endprodukte seine Spezifität verliert. Daß aber im physiologischen Sinne die verschiedenen so entstandenen Ester ähnlich sein müssen, geht daraus hervor, daß sie ausnahmslos, wenn auch mit verschiedener Geschwindigkeit, enzymatisch weiter in Milchsäure gespalten werden.

B. Neutralisierung der Milchsäure.

Die einzige (neben der Phosphagenspaltung) bisher bekannte, zeitlich der Kontraktion korrespondierende chemische Veränderung, die durch ihren Umfang und ihre Arbeitsfähigkeit für eine ursächliche Beziehung zur Muskeltätigkeit in Betracht kommt, ist die Umwandlung des Kohlehydrats in Milchsäure. Die gegen diese Vorstellung erhobenen Einwände verdanken ihren Ursprung Versuchsfehlern oder Mißverständnissen. Zu diesen letzteren gehört es auch, wenn man den Zusammenhang so interpretieren will, als ob die chemische Energie der Spaltung sich *direkt* in die mechanische Form- und Spannungsänderung des Muskels transformieren sollte. Dies erscheint völlig unmöglich, jedoch ist die Kette der chemischen oder physikalischchemischen Zwischenglieder im einzelnen nicht bekannt. Nur ein Glied in dieser Kette ist einer näheren Analyse zugänglich gewesen: die Neutralisierungsreaktion der gebildeten Milchsäure, die für die Energetik der Muskelarbeit von besonderer Bedeutung ist. Obwohl der Muskel Bicarbonat und Phosphat enthält, ist die Menge dieser Anionen unzureichend, um die bei stärkerer anaerober Ermüdung gebildete Milchsäure zu neutralisieren; obendrein befindet sich der größte Teil des Phosphats, wie wir jetzt wissen, in solcher Bindung, daß er bei dem p_H des ruhenden oder schwach ermüdeten Muskels keinerlei Pufferfähigkeit besitzt und diese erst gewinnt, wenn er bei zunehmender Ermüdung zu o-Phosphat hydrolysiert wird. Der Rest der Milchsäure muß mit Protein reagieren nach der schematischen Gleichung:

bzw.
$$B^+P^- + H^+L^- = B^+L^- + (HP)$$
$$B^+POH^- + H^+L^- = B^+L^- + {}^+P^- + (HOH).$$

B: Basenbestandteil; P: Proteinanion; L: Milchsäureanion. Auf die Entionisierungsreaktion des Proteins werden wir bei der Thermodynamik der Muskeltätigkeit zurückkommen müssen. Der chemische Nachweis dieser Reaktion läßt sich dadurch führen, daß man die Verteilung der Asche zwischen dem alkoholunlöslichen Rückstand und Alkoholextrakt am unermüdeten und ermüdeten Muskel vergleicht [O. MEYERHOF und K. LOHMANN (A 49)]. Reagiert nämlich die Milchsäure mit Alkaliprotein, so wird die vorher alkoholunlösliche Base alkohollöslich, indem sich nunmehr Alkalilactat in dem alkoholischen Auszug befindet. Da das Alkali wesentlich Kalium ist, muß mit der gebildeten Milchsäure eine äquivalente Kaliummenge in den Alkoholextrakt übergehen. In der Tat ergeben die Versuche, daß die Asche des Alkoholrückstandes nach der Ermüdung um etwa ein Drittel bis die Hälfte abgenommen und die des Alkoholextrakts entsprechend zugenommen hat. In Prozenten des Muskeltrockengewichts beträgt die Zunahme an Sulfatasche im Extrakt bei der Ermüdung 2,8 bis 1,2%, die Abnahme im Rückstand 1,0 bis 1,9%, während die gleichzeitig gebildete Milchsäure, auf das Trockengewicht bezogen, etwa 2—3% ausmacht. Beide Größen sind tatsächlich ungefähr äquivalent, wenn man die Aschenverschiebung auf Kaliumsulfat berechnet. Nun stammt jedoch nicht die ganze bei der Ermüdung alkohollöslich gewordene Base aus Protein, vielmehr zum Teil auch aus Phosphat. Etwa die Hälfte des Gesamtphosphats erweist sich in der Muskulatur als in 96proz. Alkohol unlöslich, wobei zwischen ermüdeten und unermüdeten Muskeln nur ein geringer Unterschied besteht. Tatsächlich tragen der wasserlösliche und der wasserunlösliche Teil des alkoholischen Muskelrückstandes etwa in gleichem Umfange zu der Basenvermehrung des alkoholischen Extrakts bei. Der wasserlösliche Anteil enthält aber hauptsächlich Phosphat. Danach muß gut die Hälfte der die Milchsäure neutralisierenden Base aus Protein stammen, annähernd eine ebenso große aus Phosphat. In vivo dürfte jedoch der Anteil des Proteins größer sein, weil der gebundene Phosphatanteil in dem in Betracht kommenden p_H-Bereich schwächer puffert als o-Phosphat. Andererseits muß der Lösungszustand des Muskelproteins durch die Abgabe von Alkali geändert werden. Das ist leicht feststellbar. Suspendiert man z. B. gleiche Gewichtsteile Muskelbrei aus unermüdeten und ermüdeten Muskeln in konzentrierter NaCl-Lösung und nutscht dann die Flüssigkeit ab, so beträgt das Gewicht des Rückstandes aus der unermüdeten stark gequollenen Muskulatur das Mehrfache desjenigen aus der ermüdeten, welch letztere in der Nähe des isoelektrischen Punktes entquollen ist. Genauer ist von H. H. WEBER (B 292) das physikalisch-chemische Verhalten der Muskelproteine erforscht worden. Der isoelektrische Punkt derselben liegt nach ihm für das Myogen bei 6,0—6,3 und für das Myosin bei 5,0—5,2. Allerdings scheint die Einheitlichkeit dieser Eiweißkörper fraglich und der isoelektrische Punkt wohl auch von den Herstellungsbedingungen abhängig.

Bei dieser Gelegenheit sei einer Arbeit des 24jährigen HELMHOLTZ (B 148) aus dem Jahre 1845 gedacht, der, schon ehe er mit seiner neugeschaffenen thermoelektrischen Methode das Auftreten von Wärme bei der Muskelzuckung beobachtet hatte, sich in gleicher Gedankenrichtung zur Widerlegung der vitalistischen Lehre von einer aus nichts stammenden Lebenskraft mit dem chemischen Stoffverbrauch bei der Muskeltätigkeit befaßte. Er stellte fest, daß in einem durch andauernde elektrische Reizung ermüdeten Froschschenkel der Gehalt an alkoholunlöslicher, aber wasserlöslicher Substanz abnimmt, dagegen der Gehalt an alkohollöslicher Substanz in ähnlichem Umfange zunimmt. Die abnehmende alkoholunlösliche, aber wasserlösliche Substanz ist, wie wir jetzt sehen, teils Glykogen, teils dem Protein entzogene Base; die zunehmende alkohollösliche Substanz ist Alkalilactat. Unter den Bedingungen der HELMHOLTZschen Versuche waren die Muskeln praktisch in Anaerobiose. Die Arbeit von HELMHOLTZ, die noch DUBOIS-REYMOND „berühmt" nannte [(B 55) S. 288], ist später in Vergessenheit geraten, da eine chemische Charakterisierung dieser Substanzen seinerzeit nicht möglich war.

C. Adenylpyrophosphorsäure.

Wie bereits im vorigen Abschnitt erwähnt, besteht nach der Entdeckung von K. LOHMANN der ganz überwiegende Teil des enzymatisch hydrolysierbaren säurelöslichen Phosphats, von der

Kreatinphosphorsäure abgesehen, aus Pyrophosphat, das sich in einer chemisch recht unbeständigen Verbindung mit Adenylsäure befindet, und zwar als Adenin-nucleotid-pyrophosphorsäure, kurz Adenylpyrophosphorsäure genannt. Die Adenylsäure war von EMBDEN und ZIMMERMANN (B 75) in der Muskulatur aufgefunden worden, nachdem sie zuvor von HOFFMAN (B 169) aus dem Blute von Säugetieren isoliert worden war. Übrigens ist diese Adenylsäure nach den Versuchen von EMBDEN und SCHMIDT (B 258, 79) nicht identisch mit der aus der Hefenucleinsäure gewonnenen und weicht auch in ihrem physiologischen Verhalten ab. Weder bei der Isolierung der Adenylsäure aus der Muskulatur noch bei der ersten Darstellung der Pyrophosphatfraktion wurde erkannt, daß beide Verbindungen im Muskel nicht frei vorkommen; doch fiel es in dieser Beziehung K. LOHMANN bereits auf, daß die fermentative Spaltung des präformierten Pyrophosphats von der des anorganischen in verschiedenen Richtungen abwich. Auch stellten DAVENPORT und SACKS (B 51) im Anschluß an die erste Mitteilung von K. LOHMANN fest, daß die enteiweißten Extrakte aus frischer Muskulatur nicht die für anorganisches Pyrophosphat charakteristische Verfärbung des Molybdänblaus erkennen ließen. Bei Verfolgung dieser Beobachtungen gelang es K. LOHMANN (A 108), das Bariumsalz einer Verbindung aus Adenylsäure und Pyrophosphat abzuscheiden, das bereits in wäßriger Lösung in der Kälte langsam in seine beiden Komponenten Adenylsäure und Bariumpyrophosphat zerfällt. Der Zerfall wird in der Wärme und besonders in schwach alkalischer (ammoniakalischer) Suspension beschleunigt. Dagegen wird die Verbindung durch halbstündige Einwirkung von heißer n-HCl in 2 Mol o-Phosphorsäure und je 1 Mol Adenin und Ribosephosphorsäure gespalten. Nach den bisherigen Versuchen von K. LOHMANN ist ihre Konstitution noch nicht völlig bestimmt.

$$\underset{Adenin}{\underset{\substack{N=C\cdot NH_2\\ |\quad\ \ |\\ HC\quad C-N\\ \|\quad \|\quad \diagdown CH\\ N-C-N}}{}}\quad \underset{Ribose}{\underset{\substack{OH\ OH\\ |\quad |\\ -C-C-C-C-CH_2\cdot\\ |\ \ |\ \ |\ \ |\\ H\ H\ H\ H}}{\overbrace{}^{O}}}\ \underset{Phosphorsäure}{\substack{\\ OH\\ |\\ OP{=}O\\ |\\ OH}}\quad \underset{Pyrophosphorsäure}{\substack{OH\quad\ \ OH\\ \diagdown\quad\ \ \diagdown\\ O{=}P-O-P{=}O\\ \diagup\quad\ \ \diagup\\ OH\quad\ \ OH}}$$

wobei der Adenylsäure die von LEVENE und JACOBS (B 198a) der Inosinsäure zuerkannte Konstitution zugrunde gelegt ist. Die Stellung der Pyrophosphorsäure ergibt sich mit Wahrscheinlichkeit daraus, daß 1. die Aminogruppe des Adenins in der Pyrophosphatverbindung nach VAN SLYKE bestimmbar bleibt, 2. daß bei der Abspaltung des Pyrophosphats in Gestalt von 2 Mol o-Phosphat *zwei* Säurevalenzen von einem pK-Wert von etwa 6,8 frei werden. Da die Hydrolyse des anorganischen Pyrophosphats nur das Auftreten der schwachen dritten Dissoziation der Phosphorsäure bewirkt ($K = 2 \cdot 10^{-12}$) und in der Gegend des Neutralpunkts keine wesentliche Veränderung des p_H hervorruft, so kann nur die Abspaltung der Pyrophosphatgruppe von dem organischen Rest für das Auftreten der beiden Säurevalenzen verantwortlich sein. Dabei wird wohl in der Pyrophosphatgruppe selbst nur eine sekundäre Dissoziationskonstante der Phosphorsäure frei, die andere muß dann der Adenylsäure angehören. Da weitere Säuregruppen aber in ihr nicht vorkommen, so dürfte ihre Phosphorsäuregruppe mit einer sekundären Valenz an das Pyrophosphat gebunden sein.

Entsprechend der zusammengesetzten Natur der Verbindung und ihren verschiedenartigen fermentativen Spaltungen betrachten wir zunächst getrennt das Verhalten des Pyrophosphats und das der Adenylsäure und werden in dem späteren Kapitel IV die physiologische Rolle der Adenylpyrophosphorsäure im Zusammenhang behandeln.

1. Hydrolyse des Pyrophosphats.

Nicht nur die Verbindung von Nucleotid-Pyrophosphat, sondern überhaupt das Vorkommen von Pyrophosphat im Organismus war bisher nicht bekannt gewesen. Dagegen war die Fähigkeit komplexer Metallpyrophosphate, Zucker katalytisch zu oxydieren, und die Analogie dieser Metallkatalyse mit der vitalen Oxydation von SPOEHR (B 265) untersucht worden. Für das organisch gebundene Pyrophosphat kommt diese Fähigkeit, aktive Metallkomplexe zu bilden, kaum in Frage. Allerdings enthält das aus dem Muskel extrahierte Pyrophosphat etwas aus dem Gewebe stammendes Eisen [O. MEYERHOF u. K. LOHMANN (A 97)], jedoch kommt die Bindung des Eisenpyrophosphats wohl erst durch die Säureextraktion zustande.

Der Gehalt des Muskels an Nucleotid-Pyrophosphat ist viel konstanter als an Phosphorsäureester und erfährt bei reversibler Tätigkeit des Muskels (Serien isometrischer Einzelzuckungen) keine deutliche Abnahme. Erst bei weitgehender anaerober

Ermüdung zerfällt ein Teil desselben. Eine Synthese von einmal zerfallenem Pyrophosphat im lebenden Muskel bei isometrischer Reizung wurde von LOHMANN bisher nicht festgestellt, jedoch kann sie nach EMBDEN in isotonischen Zuckungsserien ermüdeter Muskeln vorkommen (B 64a). Auch sonst kommt ein enzymatischer Zerfall, der in Gewebsbrei und Muskelextrakt rasch erfolgt, im intakten Muskel scheinbar nur bei Schädigungen zur Beobachtung, insbesondere aber bei den verschiedenen Formen der Muskelstarre. Im Gegensatz zu der Annahme der EMBDENschen Schule zerfällt nämlich bei der chemischen Starre des Muskels — der Coffein- und Chloroformstarre — das präformierte Hexosephosphat in der Regel nicht, sondern nimmt sogar öfters zu, während die bei diesen Starren tatsächlich beobachtete Abspaltung von o-Phosphat allein auf Rechnung des Pyrophosphatzerfalls kommt. Ein Zerfallen sowohl von Pyrophosphat wie Hexosephosphat findet jedoch bei der Wärmestarre und der Autolyse des Muskelbreis in Bicarbonatlösung bei 45° statt. Diese darf übrigens nicht als Wärmestarre bezeichnet werden, wie es in der Literatur oft geschieht. Die Hydrolyse des Pyrophosphats und zum Teil auch des Hexosephosphats bei dieser Autolyse des Gewebes geschieht nicht nur bei starreerzeugenden Temperaturen, sondern auch schon bei niedrigeren.

Von K. LOHMANN ist die leicht hydrolysierbare P-Fraktion — vermutlich stets ähnlich organisch gebundenes Pyrophosphat — in allen Zellen nachgewiesen. In höchster Konzentration liegt es aber in quergestreiften Muskeln vor. In Prozenten des säurelöslichen Gesamtphosphats beträgt es etwa 20—25%. Ähnlich groß ist der prozentische Anteil noch in einzelnen anderen Geweben, so in Hoden und Milz des Frosches, ferner auch im Rattensarkom (Jensen-Sarkom) und Rattenfötus. In anderen Organen ist es in prozentisch geringerer Menge vorhanden, im Herzmuskel von Kaninchen zu 8% (bei Fröschen 12%), im Kaninchenuterus zu 12%. Die quergestreifte Muskulatur ist also gegenüber den anderen Muskelarten deutlich bevorzugt.

2. Ammoniakabspaltung aus Adenylsäure.

Ob die schon einige Zeit früher entdeckte Ammoniakabspaltung aus Adenylsäure in einem Zusammenhang mit dem Zerfall des Adenylpyrophosphats in Adenylsäure und Phosphat steht, ist bisher nicht völlig klargestellt. Wäßriger Muskelextrakt bewirkt die Abspaltung von 2 Mol o-Phosphorsäure und 1 Mol NH_3, wobei aber beide Spaltungen nicht synchron verlaufen. Ein solcher Synchronismus ist auch für den lebenden Muskel bisher nicht bewiesen: Die Ammoniakbildung beginnt nämlich schon bei geringer Muskeltätigkeit und nimmt etwa proportional zu ihr zu; für das Pyrophosphat ist es aber aus methodischen Gründen bisher nicht entscheidbar, ob die Abspaltung ebenfalls so früh einsetzt.

Daß bei der Tätigkeit des Muskels geringe Mengen Ammoniak abgegeben werden, ist schon in einer Arbeit von LEE und TASHIRO (B 190) am isolierten Froschmuskel auf Grund wenig beweiskräftiger Experimente behauptet worden. Entscheidende Versuche über die Ammoniakabspaltung im isolierten Muskel stammen erst von G. EMBDEN und J. K. PARNAS. Die Zunahme der Stickstoffausscheidung bei der Muskelarbeit des Menschen, die von K. THOMAS (B 270a) gefunden und von CATHCART und BURNETT sichergestellt ist (B 37), kann hierauf bezogen werden (vgl. J. K. PARNAS B 242a). Die Auffindung der Quelle dieser Ammoniakbildung in der Adenylsäure, die dabei zu Inosinsäure desaminiert wird, verdanken wir den Arbeiten von G. EMBDEN (B 75), während die genauere quantitative Untersuchung der unter verschiedenen Umständen im Muskel auftretenden Ammoniakmengen und des dabei vor sich gehenden chemischen Umsatzes zur Hauptsache von J. K. PARNAS und MOZOLOWSKI (B 239, 242) unternommen' wurde.

Daß der isolierte ruhende Muskel regelmäßig NH_3 abspaltet, wurde von O. MEYERHOF, K. LOHMANN und R. MEIER (A 39) am Rattenzwerchfell beobachtet im Anschluß an die Feststellung von O. WARBURG (B 289), daß verschiedene Rattenorgane bei 37°, stärker in Sauerstoff, schwächer in Stickstoff, Ammoniak ausscheiden, wenn die Nährlösung keinen Zucker enthält. Das Rattenzwerchfell bildet in reiner sauerstoffgesättigter Ringerlösung 0,8—2 mg% NH_3 pro Stunde; in Stickstoff und bei Hemmung der Atmung durch KCN sinkt der Wert auf ein Drittel herab, evtl. aber noch stärker in Sauerstoff durch Zusatz von Traubenzucker, Milchsäure und Brenztraubensäure. Aus diesen Versuchen wurde der Schluß gezogen, daß das Ammoniak aus dem Zerfall von Proteinsubstanzen stammt, daß dieser Zerfall zur Hauptsache oxydativ ist und daß Traubenzucker oder die

90 Die mit der Tätigkeit verbundenen chemischen Vorgänge.

zu Zucker zu synthetisierenden Säuren die Eiweißoxydation beschränken. In der Tat scheint auf Grund neuerer Arbeiten von PARNAS (B 239) dies insofern zutreffend, als die Mehrbildung des Ammoniaks in Sauerstoff gegenüber der Anaerobiose auf Zerfall von Aminosäuren zu beziehen ist und in letzter Linie einer anderen Quelle entstammt als das in Zusammenhang mit der Tätigkeit direkt frei werdende Ammoniak.

Bezüglich des letzteren hat EMBDEN zuerst die Vorstellung entwickelt, daß es aus Adenylsäure herrührt, die er in einer Menge von 2,5 mg (entsprechend 0,5 mg P_2O_5) pro g Frischgewicht in der Skelettmuskulatur auffand [EMBDEN u. ZIMMERMANN (B 75)]. Die Adenylsäure geht durch Ammoniakabspaltung in Inosinsäure über, eine schon von LIEBIG im Muskelfleisch aufgefundene Substanz. Hierbei wird das Adenin zu Hypoxanthin desaminiert.

$$\begin{array}{c} N=C \cdot NH_2 \\ | \quad | \\ HC \quad C-NH \\ || \quad || \quad \rangle CH \\ N-C-N \end{array} + H_2O \rightarrow \begin{array}{c} N=C \cdot OH \\ | \quad | \\ HC \quad C-NH \\ || \quad || \quad \rangle CH \\ C-C-N \end{array} + NH_3$$

EMBDEN (B 78) stützte diese Vorstellung durch die Ammoniakabspaltung aus zum Muskelbrei zugesetzter Adenylsäure, wobei bemerkenswerterweise nur die Muskeladenylsäure, aber nicht die aus Hefenucleinsäure gewonnene zur Ammoniakbildung befähigt ist. PARNAS konnte die Beweisführung in quantitativen Versuchen noch strenger gestalten, nach denen die im Muskel bei der Tätigkeit und Zerkleinerung abgespaltene Ammoniakmenge genau übereinstimmte mit dem Schwund des Adeninnucleotids und der Bildung des Hypoxanthinnucleotids; so fand er bei der traumatischen Ammoniakbildung eine durchschnittliche Bildung von 4,5 mg% N als Ammoniak, während die gleichzeitig gefundene Umwandlung von — durch Uranylacetat fällbarem — Adenin in Hypoxanthin einen Durchschnittswert von 4,2 mg% Ammoniak-N ergibt.

Der gleiche Zusammenhang fand sich auch bei der anaeroben Ermüdung des Muskels. Hierbei ist nach PARNAS die auftretende Ammoniakmenge mit der Arbeitsleistung verknüpft. Es ergibt sich ein mit der Jahreszeit wechselnder, aber im einzelnen Versuch in nicht zu langen Zuckungsserien ziemlich konstanter isometrischer Koeffizient des Ammoniaks $K_{m(N)} = \dfrac{\text{g Spannung} \cdot \text{cm Muskellänge}}{\text{g N}}$, der für Froschgastrocnemien im Sommer $10000 \cdot 10^6$ ist, während er im Winter etwa $50000 \cdot 10^6$ beträgt [PARNAS (B 239)], im ganzen also 70—400 mal so groß als der der Milchsäure ist. Unter Berücksichtigung der Äquivalentgewichte wird für 10—50 Mol Milchsäure 1 Mol NH_3 abgespalten. Dieser Vorgang ist sowohl in Sauerstoff wie in Stickstoff irreversibel, das gebildete NH_3 verschwindet nicht mehr. Nach EMBDEN sollte die Ammoniakbildung im Verhältnis zur Milchsäure noch viel schwankender sein, gelegentlich mehr Mol NH_3 als Milchsäure entstehen sowie auch öfters, aber nicht regelmäßig, das im Tetanus entstandene Ammoniak anaerob wieder verschwinden. Zur Aufklärung der Unstimmigkeiten wurden die quantitativen Verhältnisse der Ammoniakbildung von D. NACHMANSOHN (A 88) nachgeprüft und die Resultate von J. K. PARNAS bestätigt. NACHMANSOHN bestimmte den isometrischen Zeitkoeffizienten des NH_3, bezogen auf g N, und fand — in Versuchen im Herbst — für Tetani von 3—10 Sekunden einen durchschnittlichen $K_{z(N)}$-Wert von $4500 \cdot 10^6$ (Schwankungen zwischen 3000—5600), während der K_z-Wert der Milchsäure unter gleichen Umständen $65 \cdot 10^6$ ist. Hier ergibt sich, daß auf etwa 11 Mol Milchsäure 1 Mol Ammoniak frei wird. Das einmal entstandene Ammoniak verschwindet nicht mehr. Die Versuche wurden in anderer Jahreszeit nicht wiederholt; aber schon aus denen von PARNAS folgt, daß die NH_3-Bildung nicht so fest mit der Arbeitsleistung verknüpft sein kann wie die Milchsäurebildung.

Eine Schwierigkeit für die Vorstellung, daß das gesamte bei der Muskeltätigkeit abgespaltene Ammoniak aus Adenylsäure herrührt, ergibt sich in den Versuchen in Sauerstoff. Denn auch hier, wo die Arbeitsleistung bei genügendem Kohlehydratvorrat unbegrenzt weitergeht, besteht die Ammoniakbildung in Proportionalität zur Spannungsleistung fort. In der Tat bleibt nach neuen Befunden von PARNAS (B 239) unter diesen Umständen die Umwandlung der Adenylsäure um zwei Drittel und mehr hinter der Ammoniakbildung zurück, ja sie kann bei wenig frequenter aerober Reizung völlig ausbleiben, was so gedeutet wird, daß die Inosinsäure oxydativ zu Adenylsäure reaminiert wird. Die Adenylsäure würde danach in Zusammenhang mit der Muskeltätigkeit aerob und anaerob in gleicher Weise gespalten, aber in Sauerstoff unter oxydativer Desaminierung anderer Verbindungen, vermutlich Aminosäuren — also nicht unter Verwendung des vor-

92   Die mit der Tätigkeit verbundenen chemischen Vorgänge.

her abgespaltenen NH_3 — von neuem aminiert, eine Koppelung, die dem Kreislauf des Zuckers im Kohlehydratstoffwechsel verwandt wäre. Übrigens ist die Energieübertragung bei der Ammoniakbildung verschwindend klein. Nicht nur sind die molaren Umsetzungen um mehr als eine Zehnerpotenz geringer als bei der Kohlehydratspaltung, sondern auch die Wärmetönung hydrolytischer Desaminierungen in der Regel geringfügig.

D. Guanidinophosphorsäuren („Phosphagene").

Neben der Kohlehydratspaltung findet noch eine zweite chemische Reaktion bei der Muskeltätigkeit statt, die sich an Umfang mit jener messen kann. Es ist dies der Zerfall der von P. und G. P. EGGLETON (B 59) und kurz nachher von FISKE und SUBBAROW (B 101) beschriebenen säurelabilen Phosphatverbindung; einer Verbindung, von EGGLETON „Phosphagen" genannt, von der FISKE und SUBBAROW erkannten, daß sie äquimolekulare Mengen Phosphat und Kreatin enthält. Entsprechend der Beschränkung des Kreatins auf den Tierkreis der Vertebraten vermißten EGGLETON und EGGLETON das Phosphagen in der Muskulatur der Wirbellosen, fanden es dagegen in den quergestreiften Muskeln aller Klassen der Wirbeltiere auf. Im frischen Kaltblütermuskel findet sich etwa drei Viertel des scheinbaren anorganischen Phosphats, das mit den üblichen Methoden als o-Phosphat bestimmt wird, in dieser säureinstabilen Verbindung mit Kreatin. Bei der anaeroben Ermüdung zerfällt diese, wobei, wie schon EGGLETON zeigte, zunächst mehr Phosphatmoleküle als Milchsäuremoleküle frei werden, während bei fortgeschrittener Ermüdung, wo die Hauptmenge des Phosphagens zerfallen ist, die Milchsäurebildung die Phosphatabspaltung weit überholt. Schließlich wird bei der Restitution in Sauerstoff das Phosphagen wieder resynthetisiert, aber auch hier eilt die Synthese desselben dem oxydativen Schwund der Milchsäure voraus [EGGLETON (B 60), O. MEYERHOF und D. NACHMANSOHN (A 118)].

Mit dieser Entdeckung war auf die lang umstrittene Rolle des im Muskel in großer Menge (etwa 0,4%) vorhandenen Kreatins plötzlich ein beträchtliches Licht gefallen. Indessen bedurfte es noch ausgedehnter Arbeit, um das Verhältnis dieses Spaltungsvorgangs zur Tätigkeit weiter zu klären. Sollte der Zerfall des Wirbeltierphosphagens mit der Muskeltätigkeit in fester Beziehung stehen, so mußten die entsprechenden Muskeln der Wirbellosen einen Ersatz dafür enthalten. Als solcher fand sich, zunächst im quergestreiften Crustaceenmuskel, die Argininphosphorsäure [O. MEYERHOF und K. LOHMANN (A 86, 87)]. Eine Durchforschung der verschiedenen Tierkreise ergab (A 89), daß in allen wirbellosen Tierkreisen die quergestreiften und auch einige sich relativ rasch verkürzende glatte Muskelarten dieselbe Argininphosphorsäure enthalten, während der Acranier Amphioxus ebenso wie die Wirbeltiere nur Kreatinphosphorsäure besitzt. Die reinen Tonusmuskeln der Wirbellosen und ebenso die glatten Muskeln der höheren Tiere sind dagegen von jeder Guanidinophosphorsäure ganz oder nahezu frei. Diese Entwicklung der Kreatinphosphorsäure bei den Wirbeltieren aus der Argininphosphorsäure bei den Wirbellosen stellt eine eigenartige chemische Mutation dar. Das Kreatin kommt wahrscheinlich in vivo nur als leicht abspaltbarer Bestandteil der Kreatinphosphorsäure vor, denn auch das Gehirn und die peripheren Nerven, die neben dem Muskel nicht unbedeutende Mengen Kreatin enthalten, besitzen dieses offenbar als „Phosphagen".

1. Chemische und physikalisch-chemische Eigenschaften.

Wir haben also nunmehr zwei Phosphagene zu unterscheiden: das Wirbeltierphosphagen, das sich bei genauerer Untersuchung seines chemischen Verhaltens als einmolekulare Kreatinphosphorsäure erweist, und das Wirbellosenphosphagen, das genau entsprechend gebaut und Argininphosphorsäure ist.

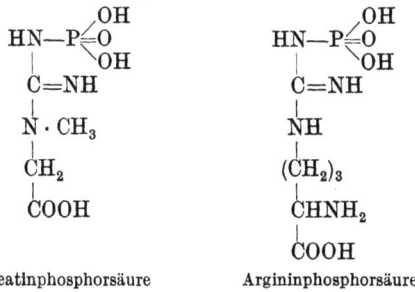

In beiden Fällen ist die Phosphorsäure mit der Guanidingruppe verknüpft. Bei der Kreatinphosphorsäure ergibt sich dies

94 Die mit der Tätigkeit verbundenen chemischen Vorgänge.

indirekt aus der Elektrotitrationskurve vor und nach der Aufspaltung und auch aus dem Charakter der Hydrolyse, die genau übereinstimmt mit der Aufspaltung der einfachsten Aminophosphorsäure:

$$H_2N \cdot P \underset{OH}{\overset{OH}{\leqq}} O$$

in Ammoniak und Phosphat. Für die Argininphosphorsäure folgt es weiter daraus, daß in der ungespaltenen Verbindung die α-Aminogruppe der Valeriansäure frei bleibt und nach VAN SLYKE bestimmt werden kann; ferner, daß erst nach der hydrolytischen Spaltung Harnstoff durch Arginase abgespalten werden kann.

Die folgende Tabelle 13 enthält die wichtigsten physikalischchemischen Daten der beiden Guanidinophosphorsäuren im Vergleich zum Arginin und Kreatin sowie die der Monoaminophosphorsäure, nämlich die Dissoziationskonstanten, die Hydrolysenzahlen in n-HCl bei 28° und die Spaltungswärmen pro Mol. Von letzteren wird erst in dem thermodynamischen Teil des Buches Gebrauch gemacht.

Tabelle 13. Physikalisch-chemische Daten der Guanidinophosphorsäuren.

Substanz	pK'_S	pK'_B	Hydrolysenzahl in n-HCl bei 28° $k \cdot 10^{-3}$	Spaltungswärme pro Mol in gcal	
				in saurer Lösung	in neutraler Lösung
Kreatin[1]	2,62	—0,4 [3]	—	—	—
Kreatinphosphorsäure	a 2,7 b 4,5	—	7,5	12500	11000
Arginin[2]	2,1	a 1,16 b 4,97	—	—	—
Argininphosphorsäure	a 4,5 b 9,6	2,8	2,2	11500	9000
Ammoniak	—	4,76	—	—	—
Monoaminophosphorsäure . . .	a 2,8 b 8,2	—	sehr groß	16000	15000

[1] Nach CANNAN u. SHORE: Biochemic. J. **22**, 920 (1928).
[2] Nach HUNTER u. BORSOOK: Biochemic. J. **18**, 883 (1924), aber nach BJERRUM (B 24) umgerechnet.
[3] Umgerechnet aus $pk_a = 14{,}28$ nach HAHN u. FASOLD: Z. Biol. **82**, 473 (1925).

Im einzelnen sei zu den Daten der Tabelle das Folgende bemerkt:

a. Dissoziationskonstanten.

Die (scheinbaren) Dissoziationskonstanten wurden auf Grund der Elektrotitrationskurve bestimmt. Dabei folgen wir für Arginin und Kreatin der Auffassung BJERRUMS (B 24), daß die aliphatischen Aminosäuren überwiegend als Zwitterion $^+NH_3 \cdot R \cdot COO^-$ existieren; die Pufferstellen auf der sauren Seite der Titrationskurve entsprechen so den Säuredissoziationskonstanten K_S (für pK-Werte < 7), die Pufferstellen auf der basischen Seite den Basendissoziationskonstanten K_B, wobei pK_B gleich 14 minus dem p_H für die steilste Stelle der Titrationskurve ist. Danach besitzt die Guanidingruppe ähnlich dem freien Guanidin eine so starke Basendissoziation, daß sie nicht mehr titrierbar ist, also pK_{B_1} 0 bis 1. Die Basendissoziation der α-Aminogruppe des Arginins, die sich durch Formolzusatz zum Verschwinden bringen läßt, hat dann ein pK_{B_2} von 4,9. Faßt man ebenso das Kreatin wie das Arginin als Ampholyt auf, so entspricht die restliche Pufferung auf der sauren Seite beidemal der Säuredissoziation der Carboxylgruppe, was bei beiden Verbindungen ein $pK_S \backsim 2,5$ ergibt.

Wegen der Rolle, die der c_H-Verschiebung bei der Aufspaltung der Phosphagene für die Muskelkontraktion zukommt, sind auf Abb. 9 und 10 die Titrationskurven für die beiden Guanidinphosphorsäuren vor und nach der Aufspaltung wiedergegeben; zur Beurteilung der Reinheit der Präparate sind auch die Kurven für gleichkonzentrierte Gemische der reinen Verbindungen eingezeichnet. Die Identifizierung der Konstanten mit denen der Spaltprodukte ist nicht ohne Willkür möglich; jedoch ist zu erkennen, daß die dritte Dissoziation der Phosphorsäure ($pK_{S_3} = 11{,}7$) verschwunden ist zusammen mit einer starken Base, also der Guanidindissoziation, und daß infolgedessen das ungespaltene Phosphagen im schwach sauren Gebiet um nahezu 1 Äquivalent saurer ist als nach der Spaltung. Ganz ähnlich verhält sich die Aminophosphorsäure, indem hier das Ammoniak gegenüber der dritten Säurekonstante der Phosphorsäure schon als starke Base wirkt. Bei der Reaktion des ruhenden und ermüdeten Muskels (p_H 6—7) ist die Kreatinphosphorsäure vollständig ungepuffert und kann ungespalten nicht zur Neutralisierung der Milchsäure dienen; dagegen entsteht bei ihrer Aufspaltung, wenn das p_H durch andere Puffersubstanzen festgehalten wird, überschüssige Base. Bei einer gleichmäßigen Verteilung der Kreatinphosphorsäure im Muskel sollte so im Beginn der Ermüdung momentan der größte Teil der jeweils entstehenden Milchsäure, unter Umständen die ganze, durch das freigesetzte Phosphat neutralisiert werden. Bei dem sich nach fortgeschrittener Ermüdung herstellenden Gleichgewichtszustand der Ionenverteilung muß aber dann das Phosphat den größten Teil der Base an das

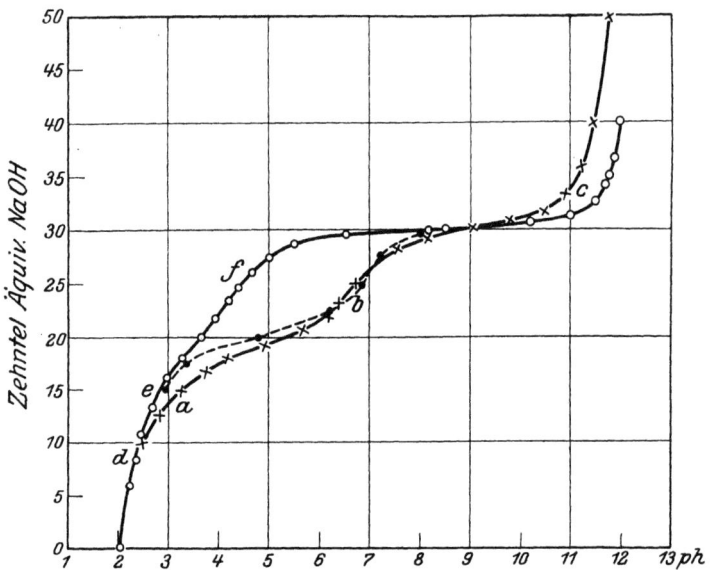

Abb. 9. Elektrotitrationskurven der Kreatinphosphorsäure mit äquivalenter NaOH. Ordinate: Zehntel NaOH-Äquivalente. 10 entspricht einem Äquivalent Krp. Abszisse: p_H. ο——ο ungespaltene Krp.; ×——× die gleiche Lösung aufgespalten; •——• gleich konzentriertes Gemisch von Kreatin und Phosphorsäure. (Aus Biochem. Z. **196**, MEYERHOF u. LOHMANN.)

Protein abtreten und kann im ganzen nur eine Nebenrolle bei der Neutralisierung spielen.

Je mehr die Reaktion des Muskels nach der sauren Seite verschoben ist, um so mehr muß sich das Entstehen basischer Äquivalente bei der Spaltung der Kreatinphosphorsäure geltend machen, wie man aus dem Verlauf der Titrationskurven für die gespaltene und ungespaltene Verbindung ersieht. Diese überschneiden sich zwischen p_H 8 und 9, sind aber bei p_H 6 um nahezu ein Äquivalent getrennt. Dies läßt sich in überraschender Weise am lebenden Muskel experimentell bestätigen, wie neue noch nicht abgeschlossene Versuche von O. MEYERHOF und F. LIPMANN (A 124) ergaben: In Stickstoff-Kohlensäuregemischen läßt sich nämlich die Reaktionsänderung des Muskels in Ruhe und Tätigkeit manometrisch verfolgen, indem der Muskel bei Entstehen von Basenäquivalenten CO_2 aufnimmt, bei Entstehen von Säureäquivalenten abgibt. Bestimmt man gleichzeitig auch das präformierte Bikarbonat, so hat man alle Daten, um nach der

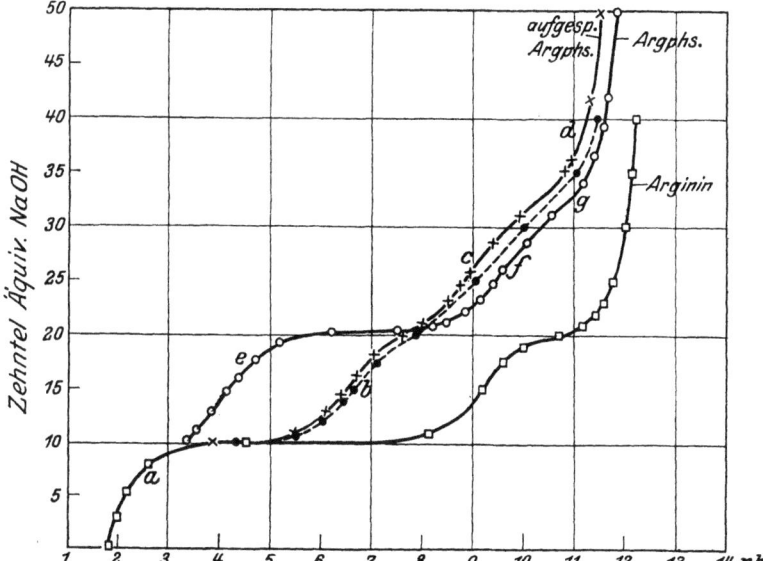

Abb. 10. Elektrotitrationskurven der Argininphosphorsäure. Ordinate und Abszisse wie Abb. 9. ○——○ ungespaltene Arp.; ×——× die gleiche Lösung gespalten; ●——● annähernd gleichkonzentriertes Gemisch von Arginin und Phosphorsäure; □——□ Arginin allein. Das p_H des freien Arginins (10,5) ist entsprechend den zwei basischen Valenzen auf der Ordinate 20 eingetragen. (Aus Biochem. Z. 196, MEYERHOF u. LOHMANN.)

Gleichung von HASSELBALCH-HENDERSON die Reaktionsänderung zu verfolgen. In reiner CO_2-Atmosphäre (p_H des Muskels etwa 6,1), wo obendrein die Spaltung der Kreatinphosphorsäure gegenüber reinem Stickstoff stark beschleunigt ist, wird bei 20° etwa 4 Stunden lang Kohlensäure vom Muskel aufgenommen, im ganzen etwa 250 mm³ pro g, was einer p_H-Änderung von 0,17 nach der alkalischen Seite entspricht. Dann beginnt eine Wiederaustreibung der Kohlensäure, nachdem der größte Teil des Phosphagens gespalten ist und die in den ersten 2 Stunden herabgesetzte anaerobe

Milchsäurebildung ihr stationäres Niveau erreicht hat. Je geringer die CO_2-Konzentration, um so kleiner der Alkalisierungseffekt, so daß er bei physiologischen CO_2-Drucken (5% = 40 mm Hg) in der Ruhe 0 ist. Hier bleibt anaerob die Reaktion des Muskels mehrere Stunden lang völlig konstant, um dann langsam saurer zu werden. Prinzipiell der gleiche Verlauf mit nur viel steileren Änderungen läßt sich bei der Tätigkeit nachweisen. Auch hier wird zwischen 15 und 100% CO_2 in Stickstoff vom Muskel während der ersten 100—150 Zuckungen CO_2 aufgenommen und bei den folgenden dann wieder abgegeben. Bei 5% CO_2 ist der Alkalisierungseffekt kaum nachweisbar und bei 1% CO_2 verschwunden. Hier beginnt die Austreibung der Kohlensäure schon bei Beginn der Tätigkeit. Dabei ist, soweit es sich bisher übersehen läßt, die Reaktionsverschiebung gerade so, wie man sie als Resultante der Phosphatabspaltung und Milchsäurebildung auf Grund der Umsatzgeschwindigkeiten und Dissoziationskonstanten und der Pufferung erwarten muß.

Es ist zweifellos sehr merkwürdig, daß die Reaktionsverschiebung im Gefolge der Kontraktion und somit auch der Umfang, in dem die Spaltung der Kreatinphosphorsäure zur Neutralisierung der Milchsäure beiträgt, ganz außerordentlich wechseln, nicht nur innerhalb ein und derselben Ermüdungsreihe, sondern auch zu Beginn derselben, je nachdem man die Ausgangsreaktion des Muskels durch Kohlensäure verändert. Für die totale Ermüdung tritt die Bedeutung dieser Pufferung zurück und die des Proteins hervor, wie schon oben erörtert worden ist.

b. Hydrolysezahlen.

In der Spalte 3 sind die Verseifungszahlen für die Aufspaltung in n HCl wiedergegeben, aber bei 28°, weil bei 100° die Spaltung so rasch erfolgt, daß sie nicht mehr gemessen werden kann. Die Abhängigkeit von der c_H zeigt überdies ein eigentümliches Verhalten: Bei der Kreatinphosphorsäure steigt die Konstante mit wachsender Acidität, aber nicht sehr beträchtlich, sodaß K bei zehnfacher Steigerung der Säurekonzentration nur etwa 50% größer wird. Bei der Argininphosphorsäure wird umgekehrt die Spaltungsgeschwindigkeit mit wachsender Säurekonzentration verkleinert und besitzt ein Maximum bei etwa 10^{-2} H˙. In 2 n-HCl ist die Konstante nur etwa ein Drittel so groß. Noch merkwürdiger ist, daß Molybdat in saurer Lösung die Aufspaltung der Kreatinphosphorsäure um das 15fache beschleunigt, die der Argininphosphorsäure um das 30fache verzögert. Dies ist sehr wichtig für den Nachweis der Verbindungen. Der Umstand, daß in schwefelsaurer Molybdatlösung die Argininphosphorsäure tausendmal so langsam gespalten wird wie die Kreatinphosphorsäure, hat auf der einen Seite den Entdeckern des Wirbeltierphosphagens das analoge Phosphagen der Wirbellosen verborgen, andererseits aber gestattet es, nunmehr beide Phosphagene in bequemer Weise zu unterscheiden.

2. Verhalten der Kreatinphosphorsäure im ruhenden Muskel.

Entsprechend der größeren Wichtigkeit der Kreatinphosphorsäure sind die hauptsächlichen quantitativen Versuche mit dieser angestellt.

Wir bestimmen den Gehalt an Phosphagen am besten in Prozenten des direkt bestimmbaren Phosphats oder absolut in mg P_2O_5 pro g Frischgewicht. Bei einem Gehalt des Froschmuskels an direkt bestimmbarem Phosphat von 2,0 mg P_2O_5 pro g (zwischen 1,5—2,4), entsprechend 0,9 mg P, beträgt der Phosphagengehalt 65—85% dieser Menge. Stärkere Herabsetzungen dürften entweder auf einen abnormen Zustand des Muskels zu beziehen sein oder auf unzweckmäßige Verarbeitung. Andererseits ist bei 0° in $n/_4$-Säure der Zerfall innerhalb weniger Minuten praktisch nicht meßbar, sodaß ein nachträglicher Zerfall während der Muskelverarbeitung bei Benutzung der im Anhang beschriebenen Methode nicht anzunehmen ist. Im übrigen ist die Empfindlichkeit des Phosphagens in verschiedenen Muskeln verschieden. Das Gefrieren schadet bei den Kaltblütermuskeln nichts; dagegen wird im Crustaceenmuskel durch Gefrieren in Kältemischung oder flüssiger Luft ein Teil der Argininphosphorsäure aufgespalten. Andererseits ist diese in den glatten Muskeln der Holothurien und des Sipunculus gegen Schädigungen der Muskulatur unempfindlicher als in den quergestreiften Muskeln und wird auch bei der Reizung nur sehr langsam gespalten.

Die Spaltung der Kreatinphosphorsäure bietet weitgehende Analogien zur Spaltung des Kohlehydrats. Die Verbindung bleibt im isolierten Muskel in Sauerstoff lange erhalten, zerfällt dagegen langsam und kontinuierlich in der Ruheanaerobiose, rascher bei

Einwirkung von CO_2, sowie von kontrakturerzeugenden Substanzen und am raschesten aerob wie anaerob bei der Kontraktion. Schließlich wird sie bei anschließender Restitution in Sauerstoff wieder synthetisiert. Doch ergeben sich gegenüber der Milchsäurebildung bestimmte quantitative Unterschiede, die die besondere Rolle der Phosphagene weiter aufzuhellen gestatten. Schon bei der Ruheanaerobiose sind Milchsäurebildung und Phosphagenzerfall nicht proportional, vielmehr nimmt die Geschwindigkeit des letzteren nach einem exponentiellen Gesetz ab, je weiter der Zerfall vorgeschritten ist. Besonders groß ist der Unterschied am Anfang, wo die Milchsäurebildung noch nicht den konstanten Stundenwert erreicht hat; bei gleichzeitiger Vergiftung des Muskels mit KCN und ebenso in reiner CO_2-Atmosphäre wird diese Differenz weiter gesteigert, sodaß jetzt gut viermal soviel Phosphagenmoleküle zerfallen, als Milchsäure entsteht.

Der Gehalt an Kreatinphosphorsäure in verschiedenen Muskeln geht nach G. und G. P. EGGLETON dem Gehalt derselben an Kreatin parallel. Er ist am größten in weißen Skelettmuskeln, geringer in den roten, noch kleiner im Herzmuskel und fast Null in den glatten Muskeln. Auch sonst ist er bei rasch reagierenden Muskeln meist größer als in langsamen.

Nach EGGLETON (B 61a) sowie nach DULIÈRE und HORTON (B 56) nimmt die Kreatinphosphorsäure in einem in Sauerstoff frei hängenden Sartorius noch allmählich zu, bis zu 85% des direkt bestimmbaren Phosphats. Noch etwas mehr und anhaltender läßt sich ihr Gehalt nach D. NACHMANSOHN (A 106, 118) erhöhen, wenn man die Muskeln in phosphathaltige Ringerlösung einlegt. Unter diesen Umständen nimmt der Gehalt des Muskels an anorganischem Phosphat zu; dies veranlaßt eine Synthese, wodurch der größte Teil des noch freien Kreatins gebunden wird. Auf diese Weise können bis zu 95% des Kreatins in Kreatinphosphorsäure überführt werden.

3. Verhalten der Kreatinphosphorsäure bei der Tätigkeit.
a. Normale Muskeln.

Wie schon EGGLETON und EGGLETON (B 60, 61) fanden, nimmt das Verhältnis Phosphagenzerfall zu Milchsäurebildung mit zunehmender Ermüdung stark ab; ebenso ist das Verhältnis Phosphagensynthese zu Milchsäureschwund bei der oxydativen Erholung zunächst sehr hoch, um dann stark zu sinken. Dabei ist hier unter „Zerfall" die Abnahme des Phosphagengehalts nach der Tätigkeit im Vergleich zum Ruhewert verstanden. Nun gibt es aber außer der von EGGLETON beschriebenen oxydativen Resynthese eine anaerobe Teilsynthese in unmittelbarem Anschluß an die Erschlaffung des Muskels [MEYERHOF und LOHMANN (A 73), D. NACHMANSOHN (A 88)]. Auf der Höhe des Tetanus ist danach viel mehr Kreatinphosphorsäure zerfallen, als unmittelbar nachher gemessen wird, und zwar beträgt bei einer 5 Sekunden langen Dauerkontraktion — ähnlich bei einer 2 und 10 Sekunden langen — dieser rasch reversible Zerfall etwa 30% des gesamten Zerfalls. Aus einer Arbeit von D. NACHMANSOHN (A 88) sei die Kurve des anaeroben Phosphagenumsatzes während und nach dem Tetanus auf Grund einer großen Zahl von Versuchen wiedergegeben (Abb. 11).

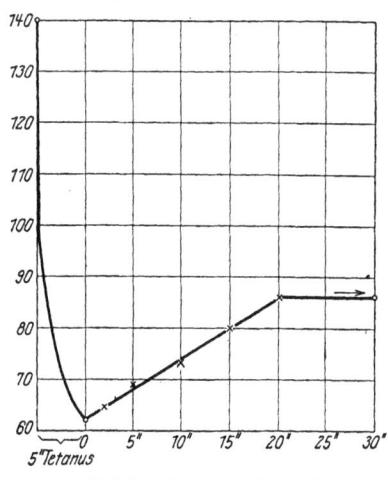

Abb. 11. Zerfall und anaerobe Resynthese des Phosphagens bei 5 Sekunden langem Tetanus. Die Kurve ist aus den Mittelwerten der Versuche konstruiert. Ordinate: Phosphagen in mg P_2O_5 pro 100 g Muskeln. Abszisse: Zeit in Sekunden.
(Aus Biochem. Z. **196**, NACHMANSOHN.)

Der während eines 5 Sekunden langen Tetanus auf über die Hälfte — von 1,40 mg P_2O_5 auf 0,60 mg pro g — herabgesetzte Phosphagengehalt wird danach in 20 Sekunden bei striktester Anaerobiose um etwa 0,25—0,30 mg restituiert. Diese Synthese ist auch noch nach einem zweiten 5 Sekunden langen anaeroben Tetanus genau so groß wie nach dem ersten, und selbst nach dem sechsten, wo der Gehalt des Phosphagens nur noch 0,11 mg beträgt, noch sehr bedeutend, so daß der Gehalt im Anschluß an die Erschlaffung von 0,11 auf 0,26 mg ansteigt. Relativ ist danach sogar die Synthese bei fortgeschrittener Ermüdung noch größer und muß weit über die Hälfte der in den späteren Tetani zerfallenden Menge ausmachen. Der Gesamtzerfall in einer Reihe von Kontraktionen ist danach viel umfangreicher, als in der Bilanz zum Ausdruck kommt.

102 Die mit der Tätigkeit verbundenen chemischen Vorgänge.

Nun besteht für diesen Zerfall keine Proportionalität zur geleisteten Spannungsarbeit. Das folgt ohne weiteres daraus, daß für die Milchsäure solche Proportionalität besteht, dagegen das Verhältnis des Phosphagenzerfalls zur Milchsäurebildung mit fortschreitender Ermüdung sinkt. Bildet man den isometrischen Koeffizienten des Phosphagenzerfalls entsprechend dem der Milchsäure, und zwar $K_{m(P)}$ für Einzelzuckungen

$$\frac{\text{g Spannungsleistung} \cdot \text{cm Muskellänge}}{\text{g H}_3\text{PO}_4 \text{ abgespalten}}$$

und für Tetani den isometrischen Zeitkoeffizienten $K_{z(P)}$

$$\frac{\text{g Spannungsleistung} \cdot \text{cm Muskellänge} \cdot \text{Sekunden Tetanus}}{\text{g H}_3\text{PO}_4 \text{ abgespalten}},$$

so ergibt sich aus diesem, wie sich der Phosphagenumsatz im Verhältnis zur Spannungsarbeit unter verschiedenen Umständen ändert. K_m für Milchsäure ist bei Froschgastrocnemien durchschnittlich $145 \cdot 10^6$ für die erste Hälfte einer anaeroben Ermüdung, für den Anfangsteil der Ermüdungsreihe etwa $160 \cdot 10^6$ (Näheres s. Kap. VII, S. 231), der K_z-Wert für einen etwa 5 Sekunden langen Tetanus 60 bis $70 \cdot 10^6$. Bei äquivalenten Verhältnissen sollte K_m für Kreatinphosphorsäure $140 \cdot 10^6$, K_z 55 bis $60 \cdot 10^6$ sein. Statt dessen ist K_m für den Anfang einer isometrischen Zuckungsserie (30 Kontraktionen) 80 bis $100 \cdot 10^6$ und steigt allmählich auf das Mehrfache an. Ferner ist der Wert bei tiefen Temperaturen (5°) nur etwa halb so groß wie bei 25°. Im ersteren Fall ergibt sich für den Anfangsteil der Ermüdung (30 Zuckungen) ein Durchschnitt des K_m von $105 \cdot 10^6$, für die höhere Temperatur $60 \cdot 10^6$. Dagegen ist der Koeffizient für Milchsäure bei beiden Temperaturen fast gleich. Eine noch größere Differenz findet man bei maximalen Tetani, wo K_z für einen 2-Sekunden-Tetanus etwa 15, für einen 5-Sekunden-Tetanus 30, für einen 10-Sekunden-Tetanus 50 beträgt; im ersteren Fall zerfällt also mindestens dreimal soviel Phosphagen als Milchsäure entsteht, im letzteren Fall sind beide Mengen etwa äquivalent (vgl. Abb. 12). Der Zerfall ist weiter bei mehreren kurzen Tetani größer als bei einem

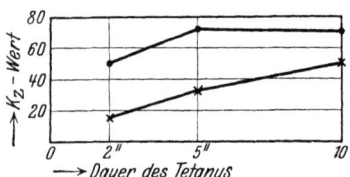

Abb. 12. Zeitkoeffizienten des Phosphagens ($K_{z(P)}$) ×———× ohne Curare, •———• mit Curare.

langen von gleicher Gesamtzeit. Dagegen nimmt — ebenso wie bei der Milchsäure — der Zerfall bei isotonischer Kontraktion mit wachsender Belastung zu.

Ganz ähnlich ist das Verhältnis der Resynthese des Phosphagens zur Resynthese des Kohlehydrats in der oxydativen Restitution des Muskels keineswegs konstant, sondern ebenfalls für die Anfangszeit der Erholung sehr groß, um dann kleiner zu werden. Bereits EGGLETON (B 60) machte die Beobachtung, daß schon innerhalb 1 Stunde bei 4° das Phosphagen weitgehend restituiert wurde, während nur eine ganz geringe Menge Milchsäure schwand. In Versuchen von O. MEYERHOF und D. NACHMANSOHN (A 118) wurde bei 0 bis $-1°$ die Resynthese des Phosphagens mit dem Sauerstoffverbrauch des Muskels in den ersten 45 Min. nach einer längeren Reizperiode (10 bis 20 Tetani à 4 sec.) verglichen. Pro 1 g Muskel wurde hier bei Veratmung von 30 bis 35 mm^3 Sauerstoff 0,4 bis 0,75 mg H_3PO_4 zu Kreatinphosphorsäure synthetisiert. Würde die Synthese ebensoviel Energie beanspruchen wie bei der Hydrolyse in wäßriger Lösung frei wird, so würde dies fast die Hälfte der Oxydationsenergie verbrauchen, während darüber hinaus noch der Milchsäureschwund ebenfalls einen Teil der Oxydationsenergie benötigte. Man möchte daraus schließen, daß hier die Resynthese des Phosphagens mit einem geringeren Energieaufwand vonstatten geht, möglicherweise führt die mit der Synthese verbundene Säuerung trotz Milchsäureschwundes zu einer Entionisierung von Protein.

Das Verhältnis
$$\frac{\text{Mol verschwindende Phosphorsäure}}{\text{Mol verschwindende Milchsäure}}$$
ist in diesem Zeitabschnitt etwa 4 bis 6.

b. Muskeln nach Aufhebung der indirekten Erregbarkeit.

Ein neues Licht fällt auf die Rolle des Phosphagenzerfalls durch die Änderung, die er bei Aufhebung der indirekten Erregbarkeit des Muskels erleidet. In unvergifteten Muskeln ist der Zerfall bei direkter und indirekter Reizung gleich und wird auch bei Überreizung, durch die erhebliche Extramilchsäure entsteht, nicht geändert. Nun ist aber die sogenannte direkte Reizung eines unvergifteten Muskels die seiner Nervenendigungen, und die erforderliche größere Stromstärke gegenüber der Reizung des

Nerven wird nur durch die geringere Stromdichte im Muskel veranlaßt. Der Einfluß des Nervensystems läßt sich jedoch ausschalten: 1. durch Durchschneidung und Degeneration, 2. durch Curare und curareartige Substanzen. Unter diesen Umständen wird nun der Phosphagenzerfall bei gleicher Arbeitsleistung und Milchsäurebildung aufs stärkste modifiziert. Der bilanzmäßige Zerfall bei einem 5 Sekunden langen Tetanus, der sonst fast die Hälfte des vorhandenen Phosphagens ausmacht, ist nunmehr so gering, daß er öfters in die Fehlergrenze der Bestimmung fällt, und wird um so mehr eingeschränkt, je länger man im curaresierten Tier das Gift wirken läßt oder je höhere Dosen man verwendet. Bei Einzelzuckungen ist die Einschränkung des Zerfalls zwar etwas geringer, aber immer noch bis auf knapp die Hälfte des Zerfalls im normalen Muskel. Die Einzelreize sind insofern noch beweisender, als im Tetanus auch der Umfang der Milchsäurebildung bei gleicher Spannungsleistung und Zeit variierbar ist und bei Verlangsamung des Zuckungsablaufs herabgeht. Übrigens ist bei den hier benutzten Degenerationszeiten und Curaredosen dieser Ablauf noch nicht meßbar verlangsamt, wie aus dem normalen K_z-Wert der Milchsäure erkennbar ist.

Besser noch als Curare eignen sich für diese Versuche verschiedene Ammoniumbasen, vor allem Trimethyloctylammoniumjodid, das im ruhenden Muskel keine Kontrakturen erzeugt, in der Ruhe den Phosphagengehalt unverändert läßt und die Arbeitsleistung bei intravitaler Einverleibung nicht beeinträchtigt. Nach längerer Einwirkung dieser Substanz wird in den ersten 2 Tetani von 5 Sekunden nur gerade soviel Kreatinphosphorsäure gespalten, als Hexosemonophosphorsäure durch Veresterung entsteht, sodaß der Gehalt an wahrem anorganischem Phosphat unverändert bleibt. Unter diesen Umständen bleibt nun auch bei zunehmender Zahl der Tetani oder Einzelzuckungen der isometrische Koeffizient nahezu konstant und ist während seines ganzen Verlaufs größer als der der Milchsäure, sodaß in keinem Stadium der Ermüdung mehr Phosphagenmoleküle zerfallen, als Milchsäuremoleküle entstehen.

Auch hier gilt das Gesagte für den bilanzmäßigen Zerfall während der Tätigkeit. Vergleicht man aber den Gehalt auf der Höhe des Tetanus und nach der Erschlaffung, so findet man denselben Unterschied wie im nicht curaresierten Muskel: d. h.

es zerfällt auf der Höhe des Tetanus ein nicht unerheblicher Bruchteil, der aber bei der Erschlaffung nun fast vollständig wieder resynthetisiert wird. Absolut ist die anaerobe Resynthese nahezu dieselbe wie im nicht vergifteten Muskel, etwa 0,28 mg P_2O_5 pro g bei 5 Sekunden langem Tetanus. Hinsichtlich desjenigen Anteils des Zerfalls, der schon anaerob reversibel ist, stimmt also der normale und entnervte Muskel überein. Der überschüssige anaerobe Zerfall ist dagegen im ersteren Fall bedeutend größer.

c. **Zusammenhang des Phosphagenzerfalls mit der Erregungsgeschwindigkeit bzw. „Chronaxie".**

Will man den genannten Zusammenhang deuten, so ist die Theorie der Curarewirkung zu berücksichtigen. Die Wirkung des Curare, die in der Regel als eine Blockierung der Nervenendplatte oder als eine Vergiftung der rezeptiven Substanz (LANGLEY) gedeutet wird, wird bekanntlich von LAPICQUE (B 186) auf die Störung des Isochronismus von Nerv und Muskel zurückgeführt. Die Chronaxie[1], der Zeitwert der Muskelerregung, verlängert sich unter Curare, während er im Nerven gleichbleibt. Genau dieselbe Veränderung tritt bei der Nervendegeneration ein, wie die „Entartungsreaktion" beweist. Die Ursache des Heterochronismus, der durch verschiedene Gifte erzeugt wird, ist aber nicht stets dieselbe. Nach LAPICQUE rührt die Curarewirkung des Curare und des Sparteins von der Verlängerung der Chronaxie im Muskel her, die Curarewirkung großer Strychnindosen von der Verkleinerung der Chronaxie des Nerven bei unverändertem Verhalten des Muskels, die des Veratrins von der Verkleinerung der Muskelchronaxie, eine Vorstellung, die sich durch den Antagonismus von Veratrin und Strychnin belegen ließ.

Unsere Versuche führen zu der Schlußfolgerung [(A 105; ferner D. NACHMANSOHN (A 111)], daß ein fester Zusammenhang zwischen Zerfallsgröße der Kreatinphosphorsäure und diesem Zeitwert der Erregung besteht. Bei Curaresierung des Muskels durch Spartein werden die isometrischen Koeffizienten vergrößert wie bei Curare,

---

[1] Als Chronaxie bezeichnet LAPIQUE bekanntlich die in σ gemessene geringste Dauer eines zur Erregung eben ausreichenden Gleichstroms, dessen Stromstärke doppelt so groß ist als die eines kontinuierlichen, gerade zur Schwellenreizung führenden Stroms, der sogenannten Rheobase. Organe, deren Chronaxie gleich lang sind, sind isochron, sonst heterochron.

also der Zerfall eingeschränkt; bei Strychnin bleibt der Koeffizient auch nach Aufhebung der indirekten Erregbarkeit unverändert; bei Veratrin nimmt der Koeffizient ab, wobei der Zerfall etwa verdoppelt ist. Dabei fassen wir die Chronaxie des Muskels als Ausdruck für die Geschwindigkeit auf, mit der der Muskel auf den Reiz reagiert, eine Geschwindigkeit, die keineswegs stets der Schnelligkeit seiner Verkürzung parallel geht. Tatsächlich hat die Verfolgung dieser Vorstellung einen überraschend genauen Parallelismus zwischen der Einschränkung des Phosphagenzerfalls und der Verlängerung der Chronaxie durch die curareartigen Substanzen ergeben. Nach den von D. NACHMANSOHN (A 109, 111) mit der LAPICQUEschen Kondensatormethode durchgeführten Messungen steigt die Chronaxie bei direkter Reizung von Froschgastrocnemien von normal 0,37 σ in den mit Trimethyloctylammoniumsalz vergifteten Muskeln bis auf 11,3 σ, also aufs 30fache, bei Curarevergiftung mit den für die Phosphagenmessungen benutzten Präparaten auf 1,6 σ, dagegen mit einem anderen hochwirksamen Curarepräparat aus den Beständen des LAPICQUEschen Instituts auf 5,1 σ. Vergleichende Versuche mit dem Zerfall der Kreatinphosphorsäure ergaben in genauer Übereinstimmung hiermit, daß die Einschränkung des Zerfalls mit dem Ammoniumsalz bis auf $1/20$ geht, mit Kalebassen-Curare auf $1/4$, während das aus Paris bezogene Curarepräparat in seiner Wirkung gerade zwischen dem Ammoniumsalz und dem früher benutzten Curare gelegen war.

Ebenso ergibt sich eine Übereinstimmung zwischen der Verlangsamung der Chronaxie um etwa das 5fache nach 4 Wochen langer Degeneration des Froschischiadicus und der Zerfallseinschränkung hierbei. Auch für die nervenhaltigen Muskeln gilt aber dieser Parallelismus zwischen beiden Größen. So wird die Chronaxie bei der Erniedrigung der Temperatur vergrößert, z. B. von 24 auf 10° auf etwa das 3fache, und, wie schon erwähnt, der $K_{m(P)}$-Wert verdoppelt, während der $K_{m(L)}$-Wert (Milchsäure) gleichbleibt. Ebenso wächst die Chronaxie mit der Ermüdung, wo ja der Zerfall, wie wir sahen, bedeutend eingeschränkt wird. Schließlich ergibt sich das gleiche aus der Wirkung höherer Konzentrationen von Curare oder Ammoniumbasen, die auch nach Aufhebung der indirekten Erregbarkeit den Zerfall zunehmend mehr und mehr einschränken, während die Chronaxie hierbei mehr und mehr zunimmt.

Verhalten der Kreatinphosphorsäure bei der Tätigkeit. 107

Ja, der Parallelismus gilt auch, wenn wir die Muskeln verschiedener Tiere unter sich vergleichen. So ist der $K_{m\,(\text{P})}$-Wert für den Gastrocnemius der Kröte (Bufo agua) bei 24° $116 \cdot 10^6$, beim Frosch $66 \cdot 10^6$ und die Chronaxie im ersten Fall 3mal so groß. Eine Übersicht über die Zerfallsgröße bei gleicher tetanischer Spannungsleistung unter verschiedenen Umständen gibt Abb. 13 und bei gleicher Spannungsentwickelung in Einzelzuckungen Abb. 14. Das Ver-

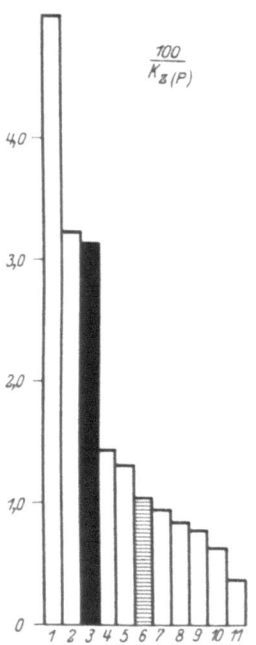

Abb. 13. Zerfallsgröße des Phosphagens bei isometrischen Tetani von 5 Sekunden bei Zimmertemperatur. Die Rechtecke stellen die reziproken Werte der Zeitkoeffizienten des Phosphagens $100/K_{z\,(\text{P})}$ dar. ■ Frosch, normal (3). ▨ Kröte, normal (6). ☐ Frosch, vorbehandelt. Veratrin (1), Strychnin (2), Curarin, schwache Dosis (4), Trimethyloctylammoniumjodid (5), Curarin, starke Dosis (7), Trimethyloctylammoniumjodid eingelegt (8), Spartein (9), Nervendegeneration 28 Tage (10), Trimethyloctylammoniumjodid eingespritzt (11). (Aus Biochem. Z. 213, NACHMANSOHN.)

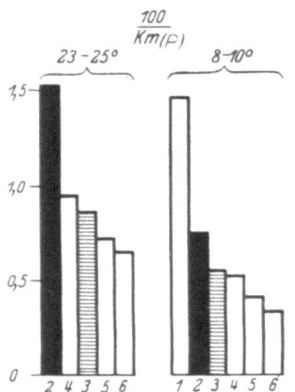

Abb. 14. Zerfallsgröße des Phosphagens nach isometrischer Reizung mit 30 bis 40 Einzelschlägen bei 23 bis 25° und 8 bis 10°. Die Rechtecke stellen die reziproken isometrischen Koeffizienten dar: $100/K_{m\,(\text{P})}$. ■ Frosch, normal (2). ▨ Kröte, normal (3). ☐ Frosch, vorbehandelt. Veratrin (1), Curare (4), Nervendegeneration (5), Trimethyloctylammoniumjodid (6). (Aus Biochem. Z. 213, NACHMANSOHN.)

hältnis $\dfrac{\text{Phosphatabspaltung aus Phosphagen}}{\text{Milchsäurebildung}} = \dfrac{\text{mg H}_3\text{PO}_4}{\text{mg Milchsäure}} = Q\dfrac{\text{P}}{\text{L}}$

ist auf Abb. 15 und 16 wiedergegeben.

Qualitativ ein gleiches Verhalten ergab sich bei den Wirbellosenmuskeln. Hier nimmt in der gleichen Folge in dem Adductor

108 Die mit der Tätigkeit verbundenen chemischen Vorgänge.

von Pecten, Krebsscheren, Längsmuskeln von Sipunculus, Längsbändern der Holothurien sowohl der Zerfall der Argininphosphorsäure wie die Kontraktionsgeschwindigkeit ab und damit wohl auch die Erregungsgeschwindigkeit. Wahrscheinlich gilt dieser Parallelismus auch für die verschiedenen Muskelarten im gleichen Tier, denn nach EGGLETON stuft sich, wie schon erwähnt, der Gehalt an Kreatinphosphorsäure bei den Säugetieren in der Richtung des zunehmend langsamer reagierenden Muskels ab: weiße Skelettmuskeln, rote Skelettmuskeln, Herzmuskeln, glatte Muskeln.

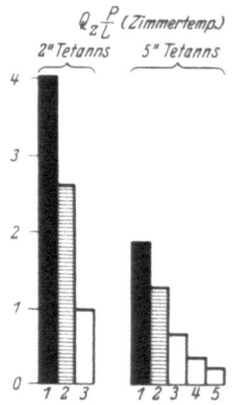

Abb. 15. Umsatzgröße des Phosphagens bei einem 2-Sekunden- und 5-Sekunden-Tetanus im Verhältnis zur Milchsäurebildung. Die $Q_{zP/L}$-Werte sind durch Division der isometrischen Zeitkoeffizienten des Phosphagens und der Milchsäure $K_{z(L)}/K_{z(P)}$ erhalten. ■ Frosch, normal (1). ☒ Kröte, normal (2). ☐ Frosch, vorbehandelt. Curare (3), Nervendegeneration (4), Trimethyloctylammoniumjodid (5). (Aus Biochem. Z. **213**, NACHMANSOHN.)

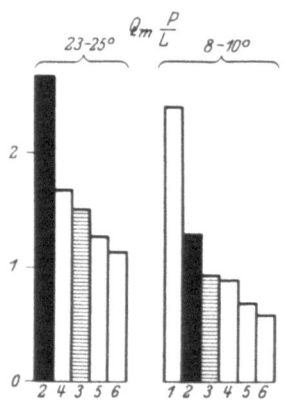

Abb. 16. Zerfallsgröße des Phosphagens im Verhältnis zur Milchsäurebildung nach 30 bis 40 Einzelreizen, bei 23 bis 25° und 8 bis 10°. Die $Q_{mP/L}$-Werte sind durch Division der isometrischen Koeffizienten des Phosphagens und der Milchsäure $K_{m(L)}/K_{m(P)}$ erhalten. ■ Frosch, normal (2). ☒ Kröte, normal (3). ☐ Frosch, vorbehandelt. Veratrin (1), Curare (4), Nervendegeneration (5), Trimethyloctylammoniumjodid (6). (Aus Biochem. Z. **213**, NACHMANSOHN.)

Es ist nicht möglich, ohne Hypothese eine kausale Beziehung zwischen der Menge des zerfallenden Phosphagens und der Geschwindigkeit des Erregungsvorganges herzustellen. Es ist denkbar, daß dieser Zerfall zwischen die nervöse oder elektrische Reizung und die Milchsäurebildung derart eingeschaltet ist, daß er die Geschwindigkeit bestimmt, mit der die letztere auf Grund der einzelnen Erregung sowohl bei der Zuckung wie bei der Summation im Tetanus entfesselt wird. Damit würde auch die Schwierigkeit verringert, daß zwei ganz verschiedene Stoffwechselvorgänge an der

Kontraktion beteiligt sind. Der Umfang der Milchsäurebildung bestimmte danach die freigesetzte Energie, der Umfang der Kreatinphosphorsäurespaltung aber die Geschwindigkeit, mit der die Energie in jedem Augenblick freigesetzt werden kann. Sieht man in dem Phosphagen also das eigentliche Substrat der „Chronaxie", so erklärt sich die Wirkung der curareartigen Substanzen durch die Hemmung des Zerfalls der Kreatinphosphorsäure.

Im übrigen tritt das abgespaltene Phosphat, wie man aus der Arbeit von STELLA (unter HILL) (B 266) entnehmen kann, im lebenden Muskel bei der Ermüdung nicht in frei diffusibler Form auf. Dies geschieht vielmehr erst bei der Totenstarre. Nach STELLA entspricht der Gehalt an diffusiblem Phosphat im unermüdeten Muskel pro g 0,2 mg P_2O_5, im ermüdeten 0,4 mg P_2O_5, während auf Grund der chemischen Daten im ersten Fall 0,4—0,5, im letzteren 1,8—2,0 mg P_2O_5 anzunehmen wären. Statt einer Zunahme von 1,5 mg beobachten man also nur eine solche von 0,2 mg bei Diffusionsversuchen. Es ist möglich, daß hier eine adsorptive Bindung des Phosphats an Eiweiß vorliegt; diese Bindung muß sehr locker sein, da sie 1. schon bei der Totenstarre zerfällt und 2., wie durch Diffusionsversuche von ROTHSCHILD (A 110) nachgewiesen ist, auch schon im schonend hergestellten Muskelextrakt zerfallen ist. Denn hier ist sowohl die präformierte Kreatinphosphorsäure wie das anorganische Phosphat so leicht dialysierbar wie zugesetztes o-Phosphat. Schließlich geht aus den oben erwähnten neuen Versuchen von O. MEYERHOF und F. LIPMANN bei verschiedenen CO_2-Drucken hervor, daß die Kreatinphosphorsäure bei der Tätigkeit wirklich in dem analytisch gemessenen Umfang zerfällt und daß das hierbei freiwerdende o-Phosphat bei gegebenem p_H dieselbe Pufferkapazität besitzt wie in wäßriger Lösung. Trotzdem ist es aber möglich, daß die lockere Bindung des Phosphats in Zusammenhang mit der später zu besprechenden Tatsache steht, daß die Wärmetönung der Spaltung des Phosphagens im lebenden Muskel nicht stets im vollen Betrage aufzutreten scheint.

Die Spaltung der Kreatinphosphorsäure ist ein so eigentümlicher Vorgang, daß sein genaues Studium unsere Vorstellungen über den feineren Chemismus der Kontraktion weitgehend umgestalten könnte. Daß zwei voneinander ganz unabhängige Prozesse zusammen die Energie für den so einheitlich und rasch ablaufenden Verkürzungsvorgang des Muskels liefern sollten, erscheint nicht sehr wahrscheinlich; aber ihre Abhängigkeit voneinander könnte auf verschiedene Weise möglich sein. So könnte zwar die Spaltung der Kreatinphosphorsäure zunächst die Milchsäurebildung auslösen, aber der primäre Phosphagenzerfall dabei viel größer sein, als selbst im Moment der tetanischen Kontraktion in Erscheinung tritt, indem in jedem Augenblick die Milchsäurebildung die Energie für die Resynthese liefert [vgl. auch E. LUNDSGAARD (B 208)]. Würde die Energie der Glykogenspaltung nur mittels der Resynthese des Phosphagens auf die mechanische Arbeitsleistung übertragen, so könnte die anaerobe Resynthese nach Ablauf der Kontraktion so gedeutet werden, daß die endotherme Kondensation von Phosphorsäure und Kreatin zwar schon im Moment der Erschlaffung vor sich geht, daß aber zunächst eine noch unbeständigere Form von Kreatinphosphorsäure entsteht, die sich erst innerhalb 20 Sekunden so stabilisiert, daß sie analytisch nachgewiesen werden kann. In diesem Fall wäre der Zusammenhang mit der Erregung wohl eher so zu deuten, daß die kontinuierliche anaerobe Resynthese während der Zuckung bzw. des Tetanus bei erhöhter Erregungsgeschwindigkeit unvollständiger wird. Indessen ist vorläufig die oben erörterte Verknüpfung beider Spaltungsvorgänge ebenso wahrscheinlich.

III. Stoffwechsel des Muskelgewebes.
A. Atmung der zerkleinerten Muskulatur.

In die Verknüpfung des chemischen Geschehens im Muskel dringt man noch einen Schritt tiefer ein durch das Studium der Vorgänge, die im Muskelgewebe vor sich gehen. Zwar ist der Stoffwechsel des zerkleinerten Gewebes, besonders in quantitativer Richtung, gegenüber dem lebenden Organ stark verändert; aber auf der anderen Seite sind nicht nur die wesentlichen Gesetzmäßigkeiten auch im Muskelgewebe noch nachweisbar, sondern die einzelnen chemischen Vorgänge sind hier, wo ein offener Diffusionsaustausch mit der Umgebung möglich ist, weitgehender zu beeinflussen und voneinander zu trennen als im intakten Organ.

1. Absolute Atmungsgröße.

Wird der Muskel mechanisch zerkleinert, so steigt sein Sauerstoffverbrauch. Diese Tatsache wurde zuerst von THUNBERG (B 271) beschrieben, doch fand dieser Forscher nur geringfügige Steigerungen von 20—30%, offenbar infolge unzureichender Sauerstoffversorgung. PARNAS (B 236) beobachtete, daß die Atmung durch Zerschneidung auf etwa das 5fache gesteigert wird, wobei sich das Muskelgewebe ohne Suspensionslösung frei in einer Atmosphäre von Sauerstoff befand. Noch erheblich größere Atmung erhält man dagegen, wenn die fein zerschnittene Muskulatur in dünner Verteilung sich in sauerstoffgesättigter Lösung befindet, wobei eine isotonische Phosphatlösung allen anderen anorganischen Salzlösungen überlegen ist. Die Atmung wird auf etwa das 8—10fache gegenüber dem intakten Muskel gesteigert. Ungünstiger ist NaCl-, besonders schädlich aber Ringerlösung wegen des $CaCl_2$-Gehalts, da das Ca-Ion, das gleichzeitig entquellend auf die Muskulatur wirkt, die Atmung und auch andere Stoffwechselvorgänge im Muskel hemmt. Die Muskulatur muß für Atmungsversuche verhältnismäßig fein zerschnitten und nicht in größerer Menge als 0,3 g in 2 cm^3 suspendiert werden, weil sonst die Sauerstoffversorgung unzureichend wird. Zu feine Zerschneidung führt andererseits zu einem Nachlassen der Atmung im Verlauf von 2—3 Stunden. In neutraler Phosphatlösung ist durchschnittlich die Atmungsgröße bei 15° etwa 200 mm^3 O_2 pro g Frischgewicht und Stunde, bei 22° 250—400 mm^3 O_2. Eine noch günstigere Suspensionslösung ist Muskelkochsaft, der durch Abkochen gleicher Teile zerschnittener Muskulatur und 1,5% K_2HPO_4-Lösung hergestellt ist. In diesem Milieu beträgt die Atmung 400—500 mm^3 Sauerstoff und bleibt für etwa 6 Stunden konstant. Diese Wirkung beruht nicht auf der Anwesenheit des „Koferments", sondern ist auch nach dessen Zerstörung vorhanden. Im übrigen zeigt die Atmungsgröße gewisse jahreszeitliche Schwankungen, ähnlich der Atmung des intakten Muskels. Bei zu grober Zerschneidung macht sich ferner die unzureichende Sauerstoffdiffusion geltend, indem die Grenzschnittdicke d' überschritten wird.

Die Atmung wird hier wieder an erster Stelle ebenso wie im intakten Muskel durch das milchsäurebildende System beeinflußt. Im allgemeinen hat weder Zucker- noch Lactatzusatz eine deutliche Wirkung, und zwar weil die Milchsäurebildung bei der Zerschneidung noch mehr gesteigert wird als die Atmung und infolgedessen die Muskulatur sich bereits in einer milchsäurehaltigen Lösung befindet. Glukose steigert die Atmung bei längere Zeit gefangen gehaltenen Fröschen in den meisten Jahreszeiten nicht. Dagegen werden in der Muskulatur frisch gefangener Herbstfrösche Steigerungen von 30—60% beobachtet. Ähnlich, vielleicht etwas schwächer, wirkt Fruktose, während andere Zucker ohne Einfluß sind [P. ROTHSCHILD (A 113)]. Die von AHLGREN (B 3) gemachte Angabe, daß gleichzeitiger Zusatz von Glukose und Insulinkonzentrationen von 10^{-8} bis 10^{-14} g pro cm^3 die Atmung der Froschmuskulatur um 50—100% erhöht, während weder Glukose noch Insulin allein wirksam sind, konnte nicht bestätigt werden [TAKANE (A 52); ROTHSCHILD (A 113)]. Vielmehr war bei keiner Insulinkonzentration die in Glukoselösung gemessene Atmung verändert.

2. Einfluß des Lactats.

Daß nun auch in zerschnittener Muskulatur die Atmungsgröße von der Anwesenheit des Lactats abhängt, läßt sich zeigen, wenn man die durch spontane Milchsäurebildung hervorgerufene Konzentration herabsetzt. Man kann z. B. die Muskulatur schwach mit Wasser extrahieren, sodaß die Milchsäure entfernt, das Koferment aber noch nicht völlig ausgewaschen wird. Man erhält dann bei Zusatz von Lactat Steigerungen der Atmung von 50 bis 100% (A 9). Noch unmittelbarer ergibt sich der gleiche Zusammenhang unter dem Einfluß von NaF. NaF hemmt bereits in $1 \cdot 10^{-2}$ n die Milchsäurebildung um 100%, die Atmung um etwa 50% [F. LIPMANN (A 85)]. Durch Zusatz von Lactat kann man diese Atmungshemmung nahezu beseitigen. Sie rührt also hauptsächlich von der Hemmung der Milchsäurebildung her und ist eine Folge des Mangels an Lactat. Nur der noch verbleibende Rest der Hemmung ist direkt als Atmungshemmung aufzufassen. Aus Abb. 17 ist zu ersehen, in welcher Weise die fluoridgehemmte Atmung durch Lactat gesteigert wird. Die Atmungsgröße pro g Frischgewicht und Stunde bei 20° beträgt hier ohne Fluorid 305 mm³ O₂, mit Fluorid 193, dabei war der durch die Zerschneidung hervorgerufene Milchsäuregehalt $0,75 \cdot 10^{-3}$ Mol. Bei Zugabe von Lactat bis zur Konzentration von $11 \cdot 10^{-3}$ Mol (bezogen auf l(+)-Milchsäure) steigt die Atmung nahezu auf den normalen Wert. Die höchste Atmung findet man bei einer Konzentration von 30 Millimol Gärungslactat entsprechend 15 Millimol Fleischmilchsäure. Dies entspricht einer Konzentration von 0,14% in der Muskulatur, dem mittleren Gehalt im ermüdeten Muskel. Auch bei hoher Fluoridkonzentration wird die Atmungshemmung durch Lactatzusatz zwar nicht beseitigt, aber abgeschwächt. Dies beweist, daß die in der zerschnittenen Muskulatur sich auch in Sauerstoffgegenwart anreichernde Milchsäure mindestens zu der außerordentlichen Atmungssteigerung beiträgt, die der Muskel durch die Zerschneidung erfährt. Könnte man die Milchsäurebildung bei der Zerschneidung ganz verhindern, was nicht gelingt,

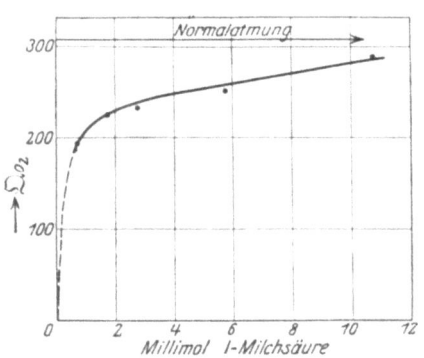

Abb. 17. Abhängigkeit der Atmungsgröße in Fluorid von steigendem Zusatz von Lactat. Fluoridkonzentration 0,025 n. Die Atmungsgröße nähert sich bei höherer Lactatkonzentration der normalen Atmung ohne Fluorid. Ordinate: Q_{O_2} (mm³ O₂ pro g Frischgewicht und Stunde). Abszisse: Millimol l-Milchsäure. (Aus Biochem. Z. 196, LIPMANN.)

auch wenn die Zerschneidung in Fluoridlösung selbst vorgenommen wird, so ließe sich feststellen, ob vielleicht die ganze Atmungssteigerung auf die Entfesselung der Milchsäurebildung zurückzuführen ist. Daneben liefern diese Versuche den Beweis, der in anderen Geweben nicht so durchschlagend geführt werden kann, daß Fluorid die Milchsäurebildung viel stärker hemmt als die Atmung. Ähnliches gilt von Oxalat, das in $5 \cdot 10^{-2}$ n die Milchsäurebildung um 90—95%, die Atmung um 50—60%. hemmt. Wahrscheinlich läßt sich auch hier durch Lactatzusatz die Hemmung abschwächen.

Andererseits genügt aber die *Anwesenheit* von Lactat nicht, um im Muskelgewebe das Maximum der Atmung zu erhalten, vielmehr kann man durch Stoffe, die den *Milchsäurebildungs-*

prozeß steigern, auch die schon ums 10fache erhöhte Atmung der Muskulatur noch vergrößern. Schon im intakten Muskel wurde festgestellt, daß die durch die Ermüdung gesteigerte Atmung sich mittels Coffein, welches zusätzliche Bildung von Milchsäure veranlaßt, weiter steigern läßt. Das gleiche gilt für die zerschnittene Muskulatur. Direkte Zugabe von Lactat hat, wie ausgeführt, hier keinen Einfluß, und dementsprechend ist die Atmung eines Muskelbreies nicht erhöht, der aus ermüdeten Muskeln mit über 0,3% Milchsäuregehalt hergestellt wird. Gibt man jedoch $n/100$-Coffein hinzu, wodurch die Milchsäurebildung etwa um 100% gesteigert wird, so steigt die Atmung um einen ähnlichen Betrag. Dasselbe gilt bei Zugabe von Natriumarseniat. $5 \cdot 10^{-3}$ m-Arseniat steigert Milchsäurebildung und Atmung ebenfalls um etwa 100%.

Der Parallelismus von Atmung und Milchsäurebildung kann nicht in Erscheinung treten bei Stoffen, die die Atmung spezifisch und stärker als die Milchsäurebildung hemmen. Es sind dies vor allem Blausäure und Schwefelwasserstoff. Diese beeinflussen die Milchsäurebildung nur in sehr hohen Konzentrationen (etwa $n/20$), die Atmung aber schon in etwa 10^{-4} n. Auch die Narkotika wirken ähnlich, wenn auch schwächer; entsprechend ihrer Fähigkeit, Starre auszulösen, steigern sie die Milchsäurebildung im Muskelgewebe, setzen dagegen die Atmung ebenso herab wie in anderen Zellen. (In anderen Geweben, z. B. im Froschrückenmark, hemmen die Narkotika Milchsäurebildung und Atmung, die letztere jedoch beträchtlich stärker. [LOEBEL (A 45).])

B. Milchsäurebildung in der zerschnittenen Muskulatur.

1. Anaerobiose.

Auch die anaerobe Milchsäurebildung im Muskel nimmt nach der Zerschneidung außerordentlich zu, und zwar um etwa das 20fache. FLETCHER und HOPKINS nahmen an, daß die Milchsäure bei der Zerschneidung nahezu momentan entstünde, doch beruhte dieser Schluß auf noch unvollkommenen Experimenten. Zerkleinert man die stark gekühlte Muskulatur, so entsteht dadurch nur etwa 0,02% über das Ruheminimum hinaus. Bringt man dann den Muskelbrei auf die Versuchstemperatur, so schreitet die Milchsäurebildung linear mit der Zeit fort, mit einer durch die Temperatur bedingten Geschwindigkeit. Wird die zerschnittene Muskulatur nicht in Flüssigkeit suspendiert, so kommt die Milchsäurebildung etwa beim Starremaximum zum Stillstand. LAQUER (B 187) zeigte zuerst, daß sich das Maximum erhöhen läßt, wenn man die Muskulatur in Bicarbonatlösung suspendiert. Er erhielt hier bis 0,90% Milchsäure statt 0,34 in NaCl-Lösung. Dabei wurde die Froschmuskulatur auf 45° erwärmt. Der Prozeß verläuft dann natürlich viel rascher als bei 20°, andererseits wird

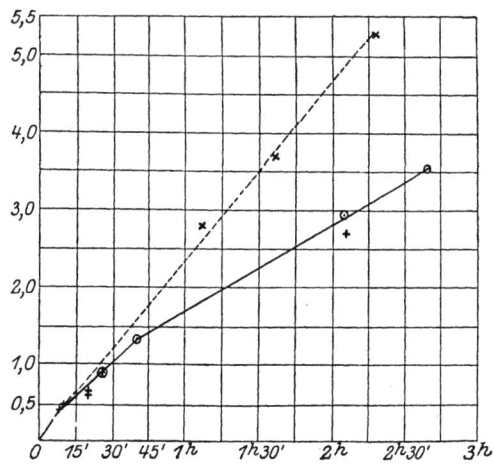

Abb. 18. Milchsäurebildung und Kohlehydratschwund in zerschnittener Muskulatur. ×----× Milchsäurebildung bei 20°. +—+ Milchsäurebildung bei 15°. ⊙—⊙ Kohlehydratschwund bei 15°. Abszisse: Zeit von Beginn der Zerschneidung. Ordinate: Milchsäuregehalt und Kohlehydratschwund im Promille des Muskelgewichtes. (Aus Pflügers Arch. 185, MEYERHOF.)

das Ferment selbst durch die hohe Temperatur alsbald inaktiviert. Die Selbsthemmung des Vorgangs durch die Säurebildung ist aber nicht der einzige Grund für den schließlichen Stillstand des Prozesses. Vielmehr ergeben vergleichende Versuche (A 16) bei 14° und 20°, wo das Ferment nicht abgetötet wird, daß es nur in einem einzigen Milieu gelingt, die Milchsäurebildung bis zur Erschöpfung des Kohlehydrats unverändert fortgehen zu lassen: nämlich in isotonischer Phosphatlösung (p_H 8). Hier tritt ein Milchsäuremaximum nicht mehr auf, vielmehr verschwindet das Glykogen vollständig, daneben auch ein Teil der niederen

Kohlehydrate. Auf Abb. 18 u. 19 ist der Verlauf dargestellt. Natürlich hängt die Geschwindigkeit auch hier von der Temperatur ab.

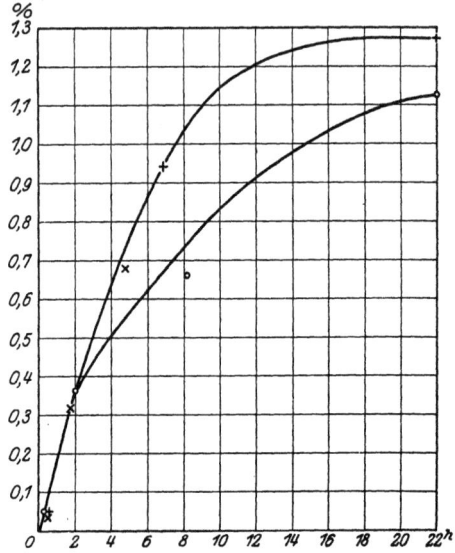

Abb. 19. Milchsäurebildung der in Phosphatlösung suspendierten Muskulatur. Ordinate: % Milchsäure, Abszisse: Zeit in Stunden, o—o, ×—×, +—+ drei verschiedene Versuche. (Aus Pflügers Arch. 188, MEYERHOF.)

Als Beispiel für den Totalumsatz des Kohlehydrats möge der folgende Versuch dienen:

Tabelle 14. **Kohlehydratbilanz zerschnittener Muskulatur. Temperatur 16°.**

Zeit ab Zerschneidung	Milchsäure %	Glykogen %	Niedere Kohlehydrate %	Summe Milchsäure Kohlehydrat %	Zunahme der Milchsäure %	Abnahme des Kohlehydrats %
15 Min.	0,077	0,868	0,285	1,230	—	—
2 Std.	0,460	0,524	0,260	1,244	0,383	0,395
23 „	0,988	0,023	0,190	1,201	0,911	0,940

Die Geschwindigkeit der Milchsäurebildung ist — worauf oben schon hingewiesen — weitgehend zu beeinflussen. Oxalat hemmt in etwa $1 \cdot 10^{-2}$ n 50% (A 16), Fluorid in $1 \cdot 10^{-3}$ n ebenfalls [EMBDEN (B 64); LIPMANN (A 85)]. Steigernd wirken $1 \cdot 10^{-2}$ n-Coffein und $5 \cdot 10^{-3}$ m-Arseniat, beide etwa 100%. Dabei steigert

Arseniat die Milchsäurebildung und Atmung des intakten Muskels nicht, offenbar weil es nicht eindringt. Doch werden wir seiner Wirkung im Muskelextrakt wieder begegnen und dort die Theorie derselben erörtern.

Abnahme des p_H der isotonischen Phosphatlösung ruft deutliche Verlangsamung der Spaltung hervor. Bei p_H 4,5 beträgt sie nur noch ein Zehntel, bei p_H 6,5 ein Drittel soviel wie bei p_H 8. Dagegen hat der osmotische Druck keinen bedeutenden Einfluß, während ein bestimmtes Minimum der Phosphatkonzentration für den Totalumsatz des Kohlehydrats notwendig ist. Gibt man z. B. zu einem Glykokoll-NaOH-Gemisch von p_H 8,7 steigende Mengen von Phosphat, so erhält man ohne Phosphat ein Milchsäuremaximum von 0,35%, Zusatz von $2,3 \cdot 10^{-2}$ m-Phosphat ergibt 45% Umsatz (0,58% Milchsäure), $4,6 \cdot 10^{-2}$ m ergibt 70% Umsatz (0,97% Milchsäure), dagegen $8 \cdot 10^{-2}$ m ergibt Totalumsatz (1,28% Milchsäure).

2. Zusammenhang von Atmung und Milchsäurebildung.

Die bisher geschilderten Versuche sind in Wasserstoff oder Stickstoff vorgenommen. Untersucht man nun die Geschwindigkeit der Milchsäurebildung des in Phosphat suspendierten Muskelgewebes in aliquoten Teilen in An- und Abwesenheit von Sauerstoff und mißt gleichzeitig die Atmung, so findet man, daß auch in Sauerstoff Milchsäure gebildet wird, aber viel langsamer als anaerob. Die Differenz entspricht nicht dem veratmeten Sauerstoff, sondern während der ersten Stunden dem 4—5fachen Betrage. Auf Abb. 20 ist ein derartiger Versuch wiedergegeben. Auch hier „verschwinden" also in Sauerstoff 4—5mal soviel Moleküle Milchsäure, als der gleichzeitig veratmete Sauerstoff verbrennen könnte. Der Oxydationsquotient ist 4—5, wie im intakten Muskel (Schwankungen in 9 Versuchen von 3,8—5,6; Durchschnitt 4,8). Dies Verhalten der zerschnittenen Muskulatur ist von besonderer Wichtigkeit, weil es zeigt: 1. daß die Wirkung der Atmung auf die Spaltung des Kohlehydrats von der Intaktheit des Organs unabhängig ist; 2. daß der Umfang, in dem die Atmung auf die Milchsäurebildung wirkt, nicht von dem Verhältnis der Atmung und Milchsäurebildung abhängt, sondern allein durch die Größe der Atmung selbst bestimmt ist und ein festes Vielfaches hiervon beträgt. Da aber die anaerobe Milchsäurebildung auf das 20fache, die Atmung nur auf das 10fache erhöht wird, so kann jetzt die Atmung nicht mehr, wie es in der Ruheatmung des intakten Muskels geschieht, das Auftreten aerober Milchsäure ganz verhindern, sondern nur stark beschränken. ,,Es gelingt der Atmung nun nicht mehr, der Milchsäureflut vollständig Herr zu werden" (A 16). 3. aber ist der Vorgang in zerschnittenen Muskeln von Bedeutung, weil er einen Übergang bildet zwischen der echten Resynthese der Milchsäure, die mit einem bilanzmäßigen Schwund derselben und Auftreten von Kohlehydrat verknüpft ist, und dem ,,Verschwinden des Spaltungsumsatzes" durch die Atmung, wie es im stationären Zustand bei der Ruheatmung des Muskels und, wie später erörtert wird, bei allen in Zuckerlösung suspendierten tierischen Geweben und anderen Zellen beobachtet wird.

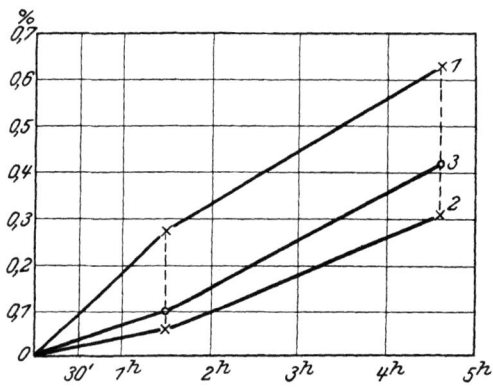

Abb. 20. Atmung und Milchsäurebildung in der zerschnittenen Muskulatur. Kurve 1: Milchsäurebildung in Wasserstoff; Kurve 2: Milchsäurebildung in Sauerstoff. Auf Kurve 2 ist senkrecht nach oben bei 1 Std. 30 Min. und 4 Std. 40 Min. die oxydierte Milchsäure aufgetragen. So entsteht Kurve 3: insgesamt in Sauerstoff gebildete (angesammelte und oxydierte) Milchsäure. Die Differenz von Kurve 1 und 3 gibt den in Sauerstoff verschwundenen Spaltungsumsatz an.

Man wird die Vorgänge in der zerschnittenen Muskulatur nicht anders deuten können als die im intakten Muskel bei Überschuß von Milchsäure: daß nämlich die Atmung auch hier eine Resynthese von Milchsäure in Kohlehydrat besorgt und auf diesem Wege die Anhäufung der Milchsäure gegenüber dem anaeroben Zustand verzögert. Die Hemmungswirkung der Atmung auf die Spaltung beruht dann also auf einem Kreislauf, in dem intermediär ebensoviel Milchsäure in Anwesenheit wie in Abwesenheit von Sauerstoff auftritt, die Oxydation jedoch dauernd eine Rückverwandlung der Milchsäure bewirkt und damit in der Bilanz die Milchsäurebildung herabsetzt. Wird die Atmung der zerschnittenen Muskulatur z. B. durch Arseniat verdoppelt,

Zusammenhang von Atmung und Milchsäurebildung. 119

so verdoppelt sich auch die Menge der durch die Atmung zum Verschwinden gebrachten Milchsäure, der Oxydationsquotient bleibt derselbe. Dies soll durch die beiden folgenden Versuche belegt werden (Tab. 15).

Tabelle 15. Zusammenhang von Atmung und Milchsäurebildung in An- und Abwesenheit von Arseniat. Versuchszeit 1 Std. 40 Min., Temperatur 14—16°. mg Substanz pro 1 g Muskel.

Nr.	Arseniat-zusatz	mg O_2 verbraucht	Milchsäure			Oxydations-quotient
			anaerob gebildet	aerob gebildet	danach aerob verschwunden	
1	0	0,455	3,0	1,15	1,85	4,25
	$1 \cdot 10^{-2}$	1,0	4,9	1,34	3,55	3,8
2	0	0,43	3,83	2,10	1,73	4,3
	$1 \cdot 10^{-2}$	0,57	6,9	4,36	2,55	4,8

Andererseits bleibt die Wirkung der Atmung auf die Spaltung nicht dauernd erhalten, sondern läßt alsbald nach, wie schon die Abb. 20 zeigt. Die Wirksamkeit der Koppelung wird also infolge der allmählichen Schädigung im zerkleinerten Gewebe geringer. Würde es sich bei der Wirkung der Atmung um eine echte Hemmung der Milchsäurebildung durch Sauerstoff handeln, so wäre eher eine Verstärkung der Hemmung mit der Zeit zu erwarten. Dasselbe Nachlassen der Wirkung, also Zunahme der aeroben Spaltung bei gleichbleibender anaerober Milchsäurebildung, findet sich bei andersartigen Schädigungen der Muskulatur, z. B. durch kleine Fluoridkonzentrationen. Da $^n/_{100}$-Fluorid die Milchsäurebildung fast vollständig hemmt, die Atmung aber nur wenig, könnte man hier einen wirklichen Schwund der Milchsäure und wirkliche Synthese von Kohlehydrat erwarten. Der Versuch ergibt nun [F. LIPMANN (A 85)] unter Umständen zwar eine bilanzmäßige Abnahme der Milchsäure, jedoch nur im Betrage der oxydierten; und auch Zusatz von Lactat ändert hieran nichts. Der Oxydationsquotient ist dann nahe 1. Geht man mit der Fluoridkonzentration herunter (z. B. auf $1,2 \cdot 10^{-2} n$), so bringt nun die völlig ungehemmte Atmung zwar mehr Milchsäure zum Verschwinden als bei höherer Fluoridkonzentration, doch ist der Quotient immer noch klein, etwa 2, so daß es nunmehr wieder bei nur schwach gehemmter anaerober Milchsäurebildung zur Anhäufung aerober

Milchsäure kommt. Erst bei noch kleinerer Fluoridkonzentration wird auch der Oxydationsquotient normal. Fluorid setzt also den Oxydationsquotienten herab, ohne die Atmung dabei selbst zu hemmen. Daß diese gekoppelte Reaktion empfindlicher ist als die Atmung selbst, ist zu verstehen, wenn die Wirkung auf einer besonderen Energieleistung der Atmung beruht, nämlich der dauernden Rückverwandlung der Spaltprodukte in die Ausgangsstoffe. Ganz allgemein beziehen wir daher das Vorhandensein des Oxydationsquotienten auch im stationären Zustand, wo kein bilanzmäßiges Verschwinden der Milchsäure, sondern nur ein Verschwinden von *Spaltungsumsatz* vorkommt, auf einen *Kreislauf* des Kohlehydrats, dessen synthetische Phase mit der Oxydation verkoppelt ist. An diese Vorstellung werden wir im übernächsten Kapitel anknüpfen.

3. Kohlehydratumsatz.
a. Bilanz des präformierten Kohlehydrats.

Für die Anaerobiose besteht eine genaue Übereinstimmung zwischen *Kohlehydratschwund* und *Milchsäurebildung*, sowohl wenn man nur einen gewissen Abschnitt der Spaltung wie den Totalumsatz in Phosphatlösung daraufhin untersucht. Dagegen ist in Sauerstoff die Übereinstimmung weniger gut, auch unter Berücksichtigung des Atmungsverbrauchs, und zwar sind hier pro g Muskel 1 bis 3 mg Kohlehydrat mehr verschwunden, als durch Atmung und Milchsäurebildung gedeckt werden, d. h. die Einschränkung der Kohlehydratspaltung durch die Sauerstoffatmung ist viel kleiner, wenn man sie an der Kohlehydratbilanz statt an der Atmung und Milchsäurebildung mißt. Es könnte daher sein, daß bei der Resynthese die Milchsäure nicht mehr vollständig in Kohlehydrat zurückverwandelt würde. Andererseits ist die Methode zur Bestimmung der Zwischenkohlehydrate nicht so spezifisch, um hierfür eine Sicherheit zu geben; und nur eine genauere chemische Untersuchung als die bisherige könnte die Frage entscheiden, ob es hier wirklich zur Ansammlung einer Zwischenstufe kommt. Jedenfalls ist der respiratorische Quotient nahezu 1, die Atmung selbst muß also auf die vollständige Oxydation von Milchsäureäquivalenten bezogen werden.

b. Milchsäurebildung aus zugesetzten Kohlehydraten.

Die älteren Versuche der Autoren zur Spaltung von zur Muskulatur zugesetztem Kohlehydrat in Milchsäure waren durch Bakterieninfektion und andere Fehlerquellen beeinträchtigt, und so kam FLETCHER in einer kritischen Nachprüfung dieser Angaben zu einem negativen Resultat (B 102). Tatsächlich kann auch eine Umwandlung von *zugesetztem* Kohlehydrat so lange nicht stattfinden, als die Geschwindigkeit und der Umfang der Spaltung nicht durch den Mangel an präformiertem Kohlehydrat, sondern durch andere Faktoren limitiert sind. Erst nachdem sich gezeigt hatte, daß bei Suspension der Muskulatur in isotonischer Phosphatlösung das präformierte Kohlehydrat vollständig aufgespalten wird, war der Weg gegeben, zugesetzte Zucker durch Muskelgewebe in Milchsäure zu spalten. Unter diesen Umständen wird durch Zugabe von Glykogen oder Glukose, besonders zu einem Zeitpunkt, wo das präformierte Kohlehydrat schon nahezu gespalten ist, eine beträchtliche Mehrausbeute an Milchsäure erzielt, eine Ausbeute, die die Menge des gesamten präformierten Kohlehydrats bedeutend übertreffen kann. In Versuchen an Muskeln von Winterfröschen wurde so durch Glykogenzusatz bis zu 0,60% Extramilchsäure gebildet: z. B. präformiertes Glykogen 0,92%; Milchsäurebildung ohne Glykogenzusatz 1,05%; Milchsäurebildung mit Glykogenzusatz 1,64%. Unter gleichen Umständen ergab Zusatz von Hexosediphosphorsäure 0,2%, vergärbare Hexosen 0,1 bis 0,15% Extramilchsäure (A 16). F. LAQUER (B 188), der sich gleichzeitig mit demselben Gegenstand beschäftigte, machte dabei noch die wichtige Feststellung, daß nicht nur die Milchsäureausbeute aus Glykogen stets größer als aus Traubenzucker ist, sondern daß es gelingt, durch strukturschädigende Einwirkungen die Milchsäurebildung aus den gärfähigen Hexosen vollständig aufzuheben, dagegen diejenige aus Glykogen zu erhalten. Als solche Einwirkungen kommen in Betracht: Erwärmung des Muskelbreies auf 45°, sowie mehrmaliges Gefrieren des Muskels in flüssiger Luft. Aus diesen Versuchen konnte die bedeutsame Schlußfolgerung gezogen werden, daß der gewöhnliche Traubenzucker nicht auf dem direkten Abbauwege des Glykogens im Muskel gelegen ist. Weiterhin fand LAQUER beträchtliche biologische Unterschiede im Verhalten der Muskulatur von Sommer- und Winterfröschen. Muskulatur aus Sommerfröschen und solchen im Frühjahr, die längere Zeit bei 25° gehalten werden, bildet aus zugesetztem Kohlehydrat mehr Milchsäure als die Muskulatur von Winterfröschen. In späteren Arbeiten wurde von LAQUER noch eine größere Zahl anderer Zucker auf ihre Fähigkeit zur Milchsäurebildung in zerschnittener Froschmuskulatur geprüft (B 189). Im Durchschnitt ergab Glykogen die höchste Ausbeute (0,707%), kleinere Werte Stärke (0,466%) und die gärfähigen Hexosen, Glukose, Fruktose, Mannose (0,3 bis 0,5%). Jedoch hängen die absoluten Ausbeuten zweifellos stark von den Versuchsbedingungen ab. Galaktose, Maltose, Saccharose und Tetraamylose waren fast unwirksam.

Bei dem Kohlehydratumsatz im Muskelextrakt wird uns das Verhalten der verschiedenen Kohlehydrate und Phosphorsäureester noch ausführlicher beschäftigen. Doch sei schon hier erwähnt, daß der dort beschriebene Aktivator aus Hefe die Spaltung der Glukose ebenso im Muskelgewebe wie im Extrakt aktiviert. Als Beispiel diene der folgende Versuch mit Kaninchenmuskelbrei, dem analoge mit Froschmuskelbrei zur Seite zu stellen sind (F. LIPMANN, unveröffentlicht).

Tabelle 16.

Zeit	% Milchsäure		
	ohne Zusatz	mit 0,2% Glukose	mit 0,2% Glukose + Aktivator
0 (nach Zerschneiden)	0,55	—	—
Zubildung nach 20 Min.	0,233	0,248	0,61
Zubildung nach 5 Std.	0,341	0,392	1,25

c. Intermediärvorgänge.

Während bei der Spaltung des *präformierten* Glykogens die Hydrolyse im allgemeinen mit der Milchsäurebildung Schritt hält, so daß es zu keiner Anreicherung von Hydrolysenprodukten kommt, ist dies bei der Spaltung von *zugesetztem* Glykogen anders. Schon von EULER und MYRBÄCK (B 85) wurde beobachtet, daß Kaninchenmuskelbrei zugesetztes Glykogen in 20 Stunden weitgehend hydrolysiert. Dies wurde von K. LOHMANN (A 62) an Froschmuskelbrei, der in Phosphatlösung suspendiert war, bestätigt, wobei die Ausbeute an reduzierendem Zucker mit steigender Acidität bis p_H 5,9 zunahm. Diese Zunahme beruht aber auf nichts anderem als auf der nach der sauren Seite hin zunehmenden

Hemmung der Milchsäurebildung. So wurden durch 2 g Muskulatur in 11 Stunden aus 30 mg Glykogen bei p_H 8,3 nur 4,9 mg, bei p_H 5,9 aber 20,6 mg reduzierender Zucker gebildet. Die Koordination von Hydrolyse und Spaltung hört also auf, wenn die Milchsäurebildung durch die saure Reaktion herabgesetzt wird.

Hemmt man die Milchsäurebildung zerschnittener Muskulatur durch Fluorid, so reichert sich, wie von EMBDEN (B 64) zuerst gefunden wurde, Hexosediphosphorsäure an. Die Ausbeute hieran läßt sich steigern, wenn man Glykogen und Phosphat zum Extrakt hinzugibt, während Glukose ohne Wirkung ist. Es wird in Gegenwart von Fluorid also Hexosediphosphat gebildet. Der hier entstehende Ester sollte nach EMBDEN und ZIMMERMANN (B 72) identisch mit der HARDEN-YOUNGschen Säure sein. K. LOHMANN (A 115a, 120) fand seither, daß neben der HARDENYOUNGschen Säure zur Hauptsache eine andere, viel schwerer in kochender Salzsäure hydrolysierbare Verbindung entsteht, welche bei alleinigem Umsatz von präformiertem Glykogen weit überwiegt. Die schon von HARDEN geäußerte Vermutung, daß bei der Gärung in Hefesaft verschiedene isomere Hexosephosphorsäuren entstünden, die ineinander umwandelbar sind, findet also auch hier in der Muskulatur ihre Bestätigung.

Außer der Umwandlung von Glykogen und Phosphat in Hexosediphosphorsäure wollten EMBDEN und Mitarbeiter (B 64 u. a.) bei zahlreichen Gelegenheiten auch ein anaerobes Verschwinden von Milchsäure in Gegenwart von Fluorid beobachtet haben, wobei ein Übergang der Milchsäure in Kohlehydrat vermutet wurde. Nach F. LIPMANN (A 80) ist diese Beobachtung auf methodische Fehler zurückzuführen und wird durch Milchsäureverluste, die durch die Gegenwart des Fluorid veranlaßt werden, vorgetäuscht. Die Milchsäure verschwindet vielmehr in der zerkleinerten Muskulatur auch in Gegenwart von Fluorid niemals anaerob, sondern ausschließlich oxydativ.

Auch wenn sich die Angaben von A. HAHN, FISCHBACH und HAARMANN (B 126) bestätigen sollten, wonach im Vakuum durch Säugetiermuskulatur eine beschränkte Menge von Milchsäure in Brenztraubensäure überführt werden könnte, schätzungsweise gegen 5% der unter gleichen Umständen anaerob entstehenden Menge, so würde dies natürlich auch ein oxydatives Verschwinden von Milchsäure darstellen, wobei das im Säugetiermuskel in reichlicher Menge enthaltene Cytochrom, vielleicht auch das Glutathion-Disulfid, als Oxydantia in Frage kämen. Dieser Vorgang hätte selbstverständlich nichts mit einer anaeroben Resynthese von Kohlehydrat zu tun, zumal er nicht wie diese eine besondere Energiezufuhr benötigte.

Schließlich sei erwähnt, daß Methylglyoxal, das man als eine Zwischenstufe im Übergang des Zuckers in Milchsäure ansehen darf, bei dem Umsatz von Hexosediphosphat durch Muskel- und Leberbrei, sowie in wäßrigen Organextrakten von verschiedenen Forschern aufgefunden und mit zunehmender Genauigkeit identifiziert werden konnte [TOENNIESSEN u. FISCHER (B 274), ARIYAMA (B 4), C. NEUBERG u. KOBEL (B 231)]. Nach ARIYAMA kann bis 10% des zugesetzten Hexosephosphats als Methylglyoxal wiedergefunden werden. Auf diesen Punkt wird unten (S. 167) zurückgekommen.

C. Aufspaltung von Adenylpyrophosphat in zerkleinerter Muskulatur.

Das im Froschmuskelbrei spontan auftretende Phosphat stammt zum allergrößten Teil aus präformiertem Nucleotid-

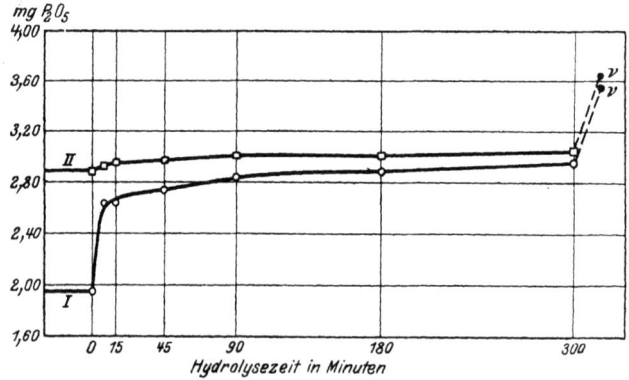

Abb. 21. Phosphat-Abspaltung bei der Autolyse von frischem Muskelbrei. Kurve I: o——o Phosphat-Abspaltung bei der Hydrolyse der säurelöslichen P-Verbindungen aus frischem Muskelbrei in n-Salzsäure bei 100°. Kurve II: □——□ wie Kurve I nach 2stündiger Autolyse des Breies bei 38°. Abszisse: mg P_2O_5 pro g Muskel. Ordinate: Hydrolysezeit in Minuten. Die wagerechten Geraden für die Hydrolysezeit 0 geben den Gehalt an direkt bestimmbarem Phosphat an. V ist der Wert für das gesamte säurelösliche Phosphat (nach Veraschung). Der senkrechte Abstand zwischen den horizontalen Anfangsstücken der Kurven I und II gibt die Menge des bei der Autolyse abgespaltenen Phosphats an. Bei der Autolyse ist also überwiegend das in den ersten 7 Minuten der Säurehydrolyse aufspaltbare Pyrophosphat gespalten. (Aus Biochem. Z. 203, LOHMANN.)

Pyrophosphat. Sowohl das präformierte organische wie zugesetztes anorganisches Pyrophosphat wird von der Muskulatur zu o-Phosphat hydrolysiert. Die Festellung der Spaltung geschieht nach der Hydrolysenmethode (s. Kap. X, S. 312). In Abb. 21 und 22 sind derartige Hydrolysenkurven nach K. LOHMANN wiedergegeben. Aus ihnen ergibt sich, daß bei zweistündiger Inkubation des Muskelbreies bei 38° in KCl-Bicarbonatlösung das Pyrophosphat

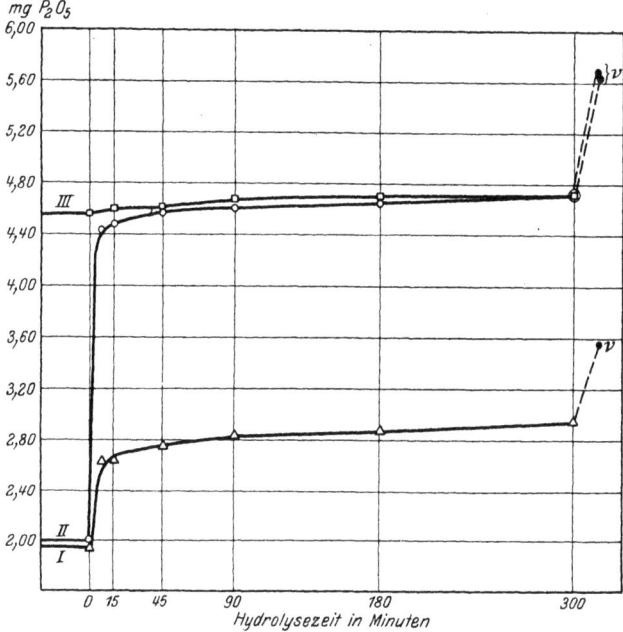

Abb. 22. Aufspaltung von zugesetztem Na-Pyrophosphat bei der Autolyse von Muskelbrei. Kurve I: △——△ Phosphat-Abspaltung bei der Hydrolyse der säurelöslichen P-Verbindungen aus frischem Muskelbrei; Kurve II: ○——○ dasselbe nach Zusatz von Na-Pyrophosphat; Kurve III: □——□ wie Kurve II nach 2stündiger Autolyse des Breies von 38°. Beschriftung wie Abb. 21. Das vorgebildete und zugesetzte Pyrophosphat sind bei der Autolyse vollständig zu Orthophosphat aufgespalten.

zum allergrößten Teil aufgespalten wird und daß andererseits der überwiegende Teil des zugebildeten o-Phosphats aus dieser Spaltung des Pyrophosphats stammt. Der zeitliche Verlauf der Aufspaltung ist aus Abb. 23 zu entnehmen. Kurve I stellt die Zunahme an direkt bestimmbarem Phosphat bei 40° dar. Diese Zunahme erfolgt kontinuierlich und ist selbst nach 105 Minuten noch nicht abgeschlossen. Kurve II stellt den jeweiligen Gehalt an direkt bestimmbarem Phosphat + Pyrophosphat dar, d. h. den Verlauf des Phosphatumsatzes, nachdem das Pyrophosphat durch 7 Minuten lange Hydrolyse in n-HCl aufgespalten ist. Man sieht, daß in den ersten 30 Minuten der Inkubation des Muskelbreis sich das nach Pyrophosphatspaltung restierende Phosphat sogar verringert, und zwar durch Veresterung, auf die anschließend wieder eine Aufspaltung folgt. Diese Wiederaufspaltung ist aber nur so groß, daß am Schlusse der Anfangswert noch nicht bedeutend übertroffen wird. Allein dieser Anteil — in der Abbildung sind es 0,16 mg P_2O_5 pro g Muskel — ist auf die Auf-

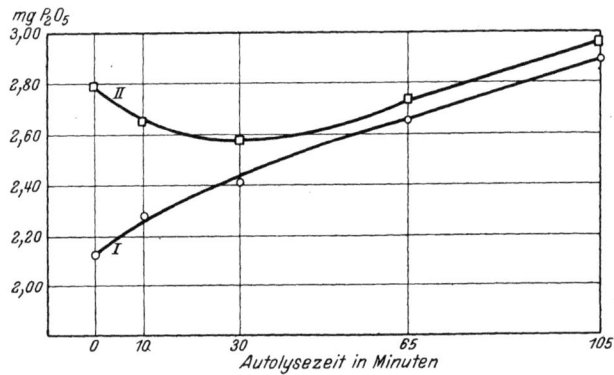

Abb. 23. Bestimmung des zeitlichen Verlaufs des P-Umsatzes bei der Autolyse von Froschmuskelbrei bei 40° in Kaliumchloridbicarbonatlösung. Kurve I: o———o P_2O_5-Werte für direkt bestimmbares Phosphat; Kurve II: □———□ P_2O_5-Werte nach 7 Minuten langer Hydrolyse in n-Salzsäure bei 100°. Die senkrechten Verbindungslinien zwischen den beiden Kurven geben den Gehalt an Pyrophosphat — P_2O_5 an. Abszisse: mg P_2O_5 pro g Muskelbrei. Ordinate: Autolysezeit in Minuten. Beschreibung im Text. (Aus Biochem. Z. 203, LOHMANN.)

spaltung von präformiertem Ester zu beziehen, der ganze Rest — auf der Kurve 0,66 mg P_2O_5 — dagegen auf den Zerfall von Pyrophosphat. Dieses ist übrigens schon in 30 Minuten nahezu ganz zerfallen. Daß späterhin Kurve I und II nicht aufeinanderfallen, muß auf teilweise Aufspaltung anderer Verbindungen bezogen werden, die ebenfalls durch nHCl hydrolysiert, aber fermentativ nicht aufgespalten wird.

Diese Deutung der Autolysenkurve muß also an die Stelle der älteren Auffassung gesetzt werden, als ob das hier frei werdende Phosphat aus „Lactacidogen" stammte und in irgendeinem bestimmten Zusammenhange mit der gleichzeitig auftretenden

Milchsäure stünde. Ein solcher Zusammenhang besteht nicht, vielmehr kann das Adenylpyrophosphat ohne Milchsäurebildung zerfallen sowie Milchsäure ohne analytisch feststellbaren Pyrophosphatzerfall entstehen. Die Gleichzeitigkeit beider Vorgänge im Muskelbrei ist ganz zufällig.

Bei 20° geht die Spaltung der Pyrophosphatfraktion langsamer; aber auch hier zerfällt sie in 3 Stunden in KCl-Bicarbonatlösung nahezu vollständig. In Gegenwart von Phosphat (1 g zerschnittene Muskulatur + 0,5 cm^3 $^m/_{15}$-Na$_2$HPO$_4$) wird der Zerfall des Pyrophosphats bedeutend gehemmt. Es ist dann erst in 3 Stunden etwa zur Hälfte zerfallen, statt sonst in etwa 1 Stunde. Die Hemmung der Spaltung durch Phosphatlösung ließ in Verbindung mit der Feststellung, daß das Pyrophosphat scheinbar nur bei irreversiblen Schädigungen des Muskels zerfällt, von vornherein daran denken, daß seine Anwesenheit für den normalen Ablauf des Kohlehydratstoffwechsels erforderlich ist. Denn die Milchsäurebildung und Atmung der zerschnittenen Muskulatur wird in anorganischer Phosphatlösung in spezifischer Weise gesteigert. Dieser Zusammenhang ließ sich so lange nicht beweisen, als die organische Bindung des Pyrophosphats unbekannt war. Denn Zusatz von anorganischem Pyrophosphat erwies sich nach dem Abfall der Milchsäurebildung als unwirksam. Nachdem jedoch die Verbindung mit Adenylsäure erkannt war, trat diese vermutete Rolle des organischen Pyrophosphats klar zutage. Da diese Versuche zur Hauptsache mit dem wässrigen Muskelextrakt angestellt sind, werden sie erst im nächsten Kapitel beschrieben (IV. F, S. 172).

Dagegen scheint kein Einfluß der Adenylpyrophosphorsäure auf die Atmung zu bestehen. Denn das Pyrophosphat zerfällt im Muskelbrei, der in Phosphatlösung suspendiert ist, rascher als der Abfall der Atmung geschieht. In einem Versuch war beispielsweise der Zerfall total nach 8 Stunden, während die Atmung erst auf die Hälfte gesunken war. Ferner ist auch Zusatz von Adenylpyrophosphorsäure zu ausgewaschener Muskulatur sowohl mit wie ohne Zusatz von Muskelkochsaft ohne Einfluß auf die Größe der Oxydationsgeschwindigkeit, und Muskelkochsaft, der frei ist von Adenylpyrophosphorsäure, erregt die Atmung ebenso wie frischer Kochsaft, der die Pyrophosphatfraktion enthält.

D. Stoffwechsel des wasserextrahierten Muskelgewebes.

1. Rolle des Koferments in der anaeroben Kohlehydratspaltung.

a. Vorkommen des Gärungskoferments im Muskel.

Das Studium des Stoffwechsels des Muskelgewebes hat noch zu einer weiteren prinzipiell wichtigen Feststellung geführt, daß nämlich das Fermentsystem des Gewebes sich in zwei Komponenten zerlegen läßt, von denen die eine den Charakter des Enzyms hat, nicht dialysabel ist, durch Wärme abgetötet wird, die andere dagegen wasserlöslich, kochbeständig und dialysabel ist, eine Trennung, ähnlich der von HARDEN und YOUNG (B 128, 129) im Hefepreßsaft entdeckten.

Die dialysable und kochbeständige Substanz im Hefepreßsaft wurde von den englischen Forschern als Koenzym der alkoholischen Gärung bezeichnet (Kozymase nach EULER); sie ließ sich durch Fällung mit Bleiacetat bei neutraler Reaktion von Phosphat und Hexosephosphat befreien bei erhaltener, wenn auch abgeschwächter Wirksamkeit; doch enthält sie auch dann noch gebundene Phosphorsäure. Ausgedehnte Reinigungsversuche wurden von EULER und seinen Schülern, insbesondere MYRBÄCK, unternommen (B 82, 87). Die Aktivität, die im Hefekochsaft in willkürlichen Einheiten 200 pro Gewichtseinheit Trockensubstanz betrug, konnte von ihnen durch Fällung mit Bleisalz bis 6000, durch Fällung mit Kieselwolframsäure bis 70000 gesteigert werden. Jedoch sind die auf elektiver Fällung beruhenden Reinigungsmethoden schwer genau reproduzierbar, und die Annahme EULERS, daß die Kozymase eine einheitliche Substanz ist, die die Hauptmenge des gereinigten Materials ausmacht, erscheint durch die unten mitgeteilten Versuche über die Komplettierung der Kozymase durch Adenylsäure bzw. Adenylpyrophosphorsäure in Frage gestellt. Das Molekulargewicht wurde von EULER (B 87) durch Diffusionsversuche zu 486 ± 6 bestimmt.

Die Zerlegung des Enzymkomplexes der alkoholischen Gärung und des Kohlehydratumsatzes im Muskel in zwei analoge Komponenten, von denen die eine das thermolabile Enzym darstellt, die andere dialysabel und kochbeständig ist, zeigt nun nicht nur eine formale Übereinstimmung, sondern auch eine materielle. Denn die aus dem Muskel gewonnene kochbeständige und dialysable Substanzfraktion kann das Koferment der Hefe vollständig ersetzen. Der Muskel enthält also Kozymase, die imstande ist, ausgewaschenen, gärunwirksamen Rückstand von Hefeextrakt zur Gärung zu aktivieren; umgekehrt kann Hefekochsaft die Atmung und anaerobe Milchsäurebildung ausgewaschener Muskulatur wieder in Gang bringen [(A 6, 7, 16; K. MEYER (A 67)].

Eine chemische Identität der Kozymase des Muskels und der Hefe ist natürlich nicht sicher zu behaupten, da beide nicht rein dargestellt und von unbekannter Konstitution sind. Doch werden beide Kozymasen unter denselben Umständen adsorbiert, ausgefällt, konzentriert, inaktiviert und durch Adenylsäurezusatz komplettiert, und ihre Identität ist daher mindestens wahrscheinlich. Hierzu gehört auch, daß beide Kofermente durch bloßes Aufkochen nicht geschwächt, aber durch mehrstündiges Kochen am Rückflußkühler in neutraler, noch rascher in alkalischer Lösung zerstört werden.

Das Vorhandensein von Kozymase im Muskel wird durch die Wirksamkeit von Muskel*kochsaft* gegenüber dem von Koenzym befreiten Rückstand von Hefemacerationssaft erkannt. Kalter wäßriger Extrakt aus Muskulatur ist jedoch unwirksam. Es liegt dies nicht an zu geringer Konzentration des Koenzyms, wie sich durch die Wirksamkeit eines solchen Extrakts nach dem Aufkochen ergibt, sondern an einem thermolabilen Hemmungskörper der Gärung, der unmittelbar auf die Zymase wirkt. Dieser ist im Muskelgewebe enthalten und wird durch Kochen zerstört. Das gleiche Koferment ist übrigens, wenn auch in kleineren Mengen, in anderen Organen enthalten; nachweisen läßt es sich in absteigender Konzentration in Niere, Lunge, Leber, Ovarien von Kaninchen und Frosch, in sehr kleiner Menge in der Kuhmilch; es fehlt im Blutserum. Übrigens ist es nach EULER in den bösartigen Tumoren in etwa derselben Konzentration wie in den normalen Organen enthalten. Der Gehalt an Hemmungskörper geht etwa dem an Koferment parallel.

Die gleiche Kozymase wurde auch in Pflanzenorganen gefunden, zuerst in keimenden Erbsen (A 7), später von EULER (B 90) in höheren Pilzen und in Blättern grüner Pflanzen. Die Annahme von KLUYVER und STRUYK (B 179), wonach die in Hefe und Muskulatur nachgewiesene Kozymase eine Antiprotease sei, die die Zymase vor der tryptischen Spaltung schützt, ist irrtümlich, wie sich durch genügende Reinigung des Enzymsystems beweisen läßt [vgl. auch MYRBÄCK (B 219)].

Ebenso sind die älteren Angaben zweifelhaft, wonach sich die Wirkung der Kozymase durch Acetaldehyd in Verbindung mit K-Ion [HARDEN (B 128)] oder durch ein Gemisch von α-Ketosäuren (NEUBERG) ersetzen ließe. Wahrscheinlich handelt es sich hier nur um Stimulierung in kofermentarmen, aber nicht kofermentfreien Systemen.

b. Rolle der Kozymase für die Milchsäurebildung.

Die in unserem Zusammenhang wichtigste Frage ist, welche Rolle die Kozymase im Stoffwechsel des Muskels selbst spielt. Hierfür ist von Bedeutung, daß der kofermenthaltige Muskelkochsaft und ebenso das Dialysat desselben den durch Auswaschen unwirksam gewordenen Muskelrückstand sowohl zur Atmung wie zur Milchsäurebildung zu reaktivieren vermag (A 16). Noch beweisender als das Verhalten des ausgewaschenen Muskel*gewebes* ist in diesem Zusammenhang dasjenige des enzymatischen Muskelextrakts. Da dieser von vornherein kohlehydratfrei ist, so genügt zur Reaktivierung des dialysierten Extrakts nicht die Zugabe des Dialysats oder gereinigten Muskelkoferments allein, sondern nur in Verbindung mit Glykogen oder Stärke. Hieraus geht hervor, daß die Wirkung des Muskelkochsaftes nicht etwa durch spaltbares Substrat hervorgerufen wird, das in gereinigter Kofermentlösung ja völlig fehlt, während umgekehrt ausgewaschener Rückstand von Muskelgewebe noch genügende Mengen Substrat (Glykogen) enthält. Vielmehr ist eine nicht in der Bilanz des Kohlehydratumsatzes vorkommende thermostabile Substanzfraktion, eben ein echtes Koferment, für die Komplettierung des Systems erforderlich. Daß diese Fähigkeit auf die Anwesenheit derselben Fraktion zu beziehen ist, die auch die alkoholische Gärung aktiviert, ist wieder aus dem Parallelismus bei allen Beeinflussungen zu entnehmen. Zu dem gleichen Ergebnis kommt auch H. v. EULER (B 84), der insbesondere die Thermostabilität der Verbindungen untersuchte. Daraus darf aber nicht geschlossen werden, daß die Kozymasewirkung durch eine *einheitliche* Substanz hervorgerufen wird. Aus den Arbeiten von K. MEYER (A 67, 82) ging bereits hervor, daß ungereinigte wie teilweise gereinigte Kofermentlösungen die Milchsäurebildung in der Muskulatur in ähnlichem Maße aktivieren wie die alkoholische Gärung im Heferückstand, daß aber bei weiterer Reinigung die Fähigkeit zur Aktivierung der Milchsäurebildung erlischt, falls auch gleichzeitig das milchsäurebildende Ferment weitgehend gereinigt wird. Die Aktivierung der alkoholischen Gärung bleibt zunächst erhalten. Der hier fehlende Aktivator der Milchsäurebildung wurde schon damals als ein leicht spaltbarer Phosphorsäureester, der mit den bisher isolierten nicht identisch war, aufgefaßt [MEYER (A 82), insbesondere S. 140]. Im Anschluß an die Mitteilung von K. MEYER wurde auch von EULER und Mitarbeitern der gleiche Befund erhoben [(B 89) S. 99]. Als dieses fehlende Glied in dem Reaktionssystem wurde inzwischen die Adenylpyrophosphorsäure erkannt [O. MEYERHOF und K. LOHMANN (A 108)]. Auch sie wirkt im Prinzip ebenso auf die alkoholische Gärung der Hefepräparate, nur benötigt diese augenscheinlich eine geringere Konzentration.

Die Übereinstimmung der anaeroben Kohlehydratspaltung von Muskel und Hefe legt die Deutung nahe, daß die Kofermentfraktion in beiden Fällen die gleiche Funktion hat, also übereinstimmende Phasen des Kohlehydratabbaues aktiviert. Auf Grund der später zu besprechenden Versuche ist ihre Mitwirkung bei der Veresterung des Phosphats unter gleichzeitiger Aufspaltung des Zuckers anzunehmen, während die späteren Stadien des Abbaus derselben nicht bedürfen. In der Tat kann sowohl die Umwandlung des Methylglyoxals in Milchsäure in tierischen Geweben wie die carboxylatische Spaltung der Brenztraubensäure in Kohlensäure und Acetaldehyd ohne Mitwirkung von Koferment vor sich gehen.

2. Rolle des Koferments bei der Atmung, „Atmungskörper".

In mancher Beziehung noch weniger klar ist die Rolle, die das Koferment bei der Atmung des Muskels spielt. Daß die Atmung von Muskelgewebe durch Ausziehen mit Wasser inaktiviert wird und durch Zugabe des wässrigen Auszugs teilweise wieder herstellbar ist, ist zuerst von BATELLI und STERN (B 10) ohne Zusammenhang mit dem Gärungskoenzym beobachtet worden. Die in den Wasserextrakt übergehende wirksame Substanz wurde von ihnen Pnein genannt. Das Pnein soll nach ihrer Annahme imstande sein, die sog. „Hauptatmung" der Gewebe zu aktivieren, nicht dagegen die „akzessorische" Atmung, die von der Struktur und dem Leben leichter abtrennbar sei und längere Zeit nach Entnahme der Organe fortbestehen könne. Diese Unterscheidungen haben sich jedoch nicht bewährt und sind auf Unvollkommenheiten der Versuchsanordnung, zu starkes Schütteln des Gewebebreies, Ausziehen der Muskulatur mit Leitungswasser und ähnliches zu beziehen. Vielmehr läßt sich durch Muskelkochsaft und ebenso durch Hefekochsaft in gleicher Weise die gewaschene Acetontrockenhefe, der Ultrafiltrationsrückstand des Hefeextrakts sowie ausgewaschenes Muskelgewebe aktivieren (A 5a u. b, 6, 7, 9). Aus diesem Grunde wurde für die wirksame Substanz der nichts präjudizierende Name ,,Atmungskörper" gewählt. Zweifellos ist das atmungsaktivierende System des Muskelkochsafts komplexer Natur und enthält, wie schon in den früheren Mitteilungen vermutet wurde, auch oxydable Nährstoffe, aber auf der anderen Seite kann angenommen werden, daß an dieser Aktivierung ein Koferment beteiligt ist wie an der Aktivierung der Milchsäurebildung. K. MEYER (A 67) entfernte aus ausgewaschenem Muskelrückstand weitgehend Glykogen, Zucker, Phosphorsäureester und Milchsäure und fügte gereinigte Kofermentlösung hinzu, die keinen der genannten Stoffe enthielt. Diese war imstande, die Atmung zu aktivieren; die reaktivierte Atmung wurde durch Glykogen und Natriumlactat gesteigert. Allerdings war die Atmung der Muskulatur durch die Vorbehandlung zur Entfernung des Kohlehydrats gegen die Norm stark verringert und die Reaktivierung durch das gereinigte Koferment nicht vollständig. Das Koferment ist also offenbar an der Reaktivierung der Atmung beteiligt, wenn auch die Art dieser Beteiligung unbekannt ist. Daß auf der anderen Seite der Muskelkochsaft auch Nährsubstanzen, insbesondere organische Säuren enthält, ist ohne Zweifel. Nur muß man die Deutung ablehnen, die z. B. HOLDEN den genannten Beobachtungen gegeben hat (B 170), daß die Wirkung der Kochsäfte auf die Atmung ausschließlich auf die Anwesenheit von Nährstoffen zu beziehen ist. Anders als für den Muskelkochsaft liegt dies für den Hefekochsaft. Dieser reaktiviert allerdings (A 9) die Atmung ausgewaschener Muskulatur zum großen Teil durch seinen Gehalt an Bernsteinsäure, die zu Fumarsäure oxydiert wird.

Während für die Milchsäurebildung des Muskels ebenso wie für die alkoholische Gärung die Beteiligung eines Koferments völlig sichergestellt werden kann, insbesondere durch Dialyseversuche an kohlehydratfreiem Extrakt, ist also die unmittelbare Beteiligung eines Koenzyms an der Atmung nicht so streng beweisbar. Doch ist die Zerstörung, Konzentrierung, Abschwächung usw. des Atmungskörpers durch dieselben Mittel erreichbar wie bei der Kozymase, und nach Untersuchungen von EULER gilt dasselbe auch für das Koferment der Reduktase in der Muskulatur (B 82). (Dagegen scheint, wie schon erwähnt, die Adenylpyrophosphorsäure ohne Einfluß auf die Atmung zu sein.) Im übrigen ist der Atmungsvorgang des ausgewaschenen Muskelgewebes zwar in seiner Beeinflußbarkeit durch zugesetzte Stoffe und Milieubedingungen ähnlich dem der unausgewaschenen Muskulatur, jedoch sein Chemismus nicht gleich; insbesondere ist der respiratorische Quotient nur 0,7—0,8. Da die Kohlensäurebildung bei der Sauerstoffatmung mechanisch zerstörter Zellen und Zellextrakte allmählich zurückgeht, so wurde die Verkleinerung des respiratorischen Quotienten früher im Sinne einer unvollständigen Oxydation derselben Substanzen gedeutet, die in frischem Muskelgewebe vollständig oxydiert werden. Daß aber hier neben Kohlehydrat bzw. Milchsäure auch noch andere Stoffe oxydiert werden, läßt sich auf chemischem Wege zeigen. Unter anaeroben Bedingungen wird in dem System ausgewaschene Muskulatur + Muskelkochsaft Milchsäure mit nicht unerheblicher Geschwindigkeit gebildet, im allgemeinen etwa ein Drittel so rasch wie in nicht ausgewaschener Muskulatur. Vergleicht man hiermit die Milchsäurebildung in Sauerstoff, so ist die Geschwindigkeit deutlich geringer, doch ist die Differenz bei weitem nicht so groß wie in der unausgewaschenen Muskulatur. Ja, sie entspricht nicht einmal dem Äquivalent des veratmeten Sauerstoffs, sondern beträgt nur etwa die Hälfte dieses Betrages (A 122). Welche Stoffe hier neben Milchsäure oder Kohlehydrat oxydiert werden, ist unbekannt.

In einer neuen Arbeit von A. HAHN und FISCHBACH (B 127) finden die Autoren sogar nach Zusatz von Muskelkochsaft zu ausgewaschener Muskulatur gar keinen oxydativen Schwund von Milchsäure, vielleicht wegen noch stärkeren Auswaschens der Muskeln. Daraus schließen sie, indem sie das Koferment der Atmung als Koferment der Milchsäureoxydation bezeichnen, daß das letztere nicht existiert. Die Frage der Existenz eines Koferments der Atmung ist jedoch nicht davon abhängig, welche

Stoffe jeweils oxydiert werden, und die ältere, nicht mehr haltbare Annahme, wonach die reaktivierte Atmung hauptsächlich auf einer Oxydation von Kohlehydrat beruhte, hat für die Argumentation zugunsten eines Koferments der Atmung keine wesentliche Rolle gespielt. Das Vorhandensein eines solchen ist nach wie vor wahrscheinlich, wenn auch bisher nicht so streng bewiesen wie bei der Gärung und Milchsäurebildung.

Nach neuen Versuchen von O. WARBURG und KUBOWITZ (B 291) erklären sich auch die im Serum erstickter Tiere beobachteten Erscheinungen durch die räumliche Trennung von Ferment und Koferment der Atmung. Das ohne Schädigung des Gewebes entnommene Erstickungsserum verbraucht keinen Sauerstoff, wohl aber, wenn es längere Zeit mit Gewebe in Berührung war oder Gewebskochsaft hinzugegeben wird. In das Erstickungsserum geht danach Atmungsferment über, das aber erst nach Zugabe von kofermenthaltigen Extrakten einen Sauerstoffverbrauch im Serum hervorruft.

3. Bedeutung der Sulfhydrilgruppe.

Bei den verschiedenartigen Beeinflussungen des Atmungskörpers durch Änderung der Milieubedingungen, Fällung mit Alkohol, Vorbehandlung von Hefe- und Muskelkochsaft, fiel es auf, daß die restierende Wirksamkeit der Kochsäfte einen auffälligen Parallelismus zu dem Gehalt an Sulfhydrilgruppen zeigte. Dieser Parallelismus war zwar nicht vollständig, aber doch immerhin so weitgehend, daß daraus der Schluß gezogen wurde, ,,daß bei dem als Atmungskörper bezeichneten Komplex eine SH-Gruppe als Sauerstoffüberträger mitwirken könnte ..., während einige Tatsachen dagegen sprechen, daß dies die ganze Rolle des Atmungskörpers erklärt''. Die positiven Tatsachen bestanden außer in dem Zusammenhang von SH-Gehalt und Aktivierungsgröße auch in der Beobachtung, daß die SH-Gruppe in Thioglykolsäure und Thiomilchsäure auf ausgewaschene atmungsunwirksame Acetonhefe gut das Fünffache an Sauerstoff überträgt, wie zum Übergang der SH-Gruppe in das Disulfid nach der Formel

$$2 \text{ RSH} + \text{O} = \text{RS} - \text{SR} + \text{H}_2\text{O}$$

erforderlich wäre. Doch sprach gegen die reine Kofermentnatur der SH-Gruppe, daß diese Übertragung auch bei gekochter

Acetonhefe gelingt, die spontan keinen Sauerstoff mehr aufnimmt und auch durch Kochsaft nicht mehr aktivierbar ist. Ebensowenig war diese durch SH aktivierte Oxydation narkotisierbar, wie es die durch Kochsaft reaktivierte Atmung ist. Die Versuche wurden später auch auf gewaschene Muskulatur ausgedehnt, die sich genau so wie gewaschene Acetonhefe verhält, und ferner neben den genannten SH-Verbindungen auch noch Cystein als Sauerstoffüberträger benützt (A 20, 21): Auf gewaschenen, in destilliertem Wasser suspendierten Muskelbrei vom Frosch wird durch Cystein oder Thioglykolsäure bei 20° in 3 Stunden etwa das Zehnfache an Sauerstoff übertragen, als zum Übergang zum Disulfid erforderlich ist. Diese Oxydationserregung gelingt übrigens auch mit den Disulfiden Dithiodiglykolsäure und Cystin.

Inzwischen war HOPKINS (B 171, 173) die Isolierung des wasserlöslichen, in Hefe und Muskulatur vorhandenen Körpers gelungen, der die SH-Reaktion erzeugt. Er wurde zunächst als Dipeptid aufgefaßt, ist jetzt aber als Tripeptid: Cystein-Glutaminsäure-Glykokoll erkannt worden (B 172a) — von HOPKINS Glutathion genannt. In der Tat gelingt es, wie von HOPKINS und seinen Schülern gezeigt wurde, durch Zusatz von Glutathion zu gewaschener Hefe und Muskulatur die gleiche Sauerstoffübertragung herbeizuführen wie mit den einfachen SH-Verbindungen. Auch hier ist das sauerstoffaufnehmende Material hitzebeständig.

Weiter aber spricht gegen die allgemeine Rolle dieses Systems als Kofermentes der Atmung im lebenden Gewebe, daß die Sauerstoffübertragung durch SH bei schwach saurer oder eventuell knapp neutraler Reaktion groß ist, z. B. wenn die Muskulatur in KH_2PO_4 oder destilliertem Wasser suspendiert ist, klein dagegen bei schwach alkalischer Reaktion, z. B. bei Muskulatur, die in K_2HPO_4-Lösung suspendiert ist. Letzteres Milieu ist aber gerade für die Atmung optimal. Auch ist nicht jedes mit Wasser extrahierte Muskelgewebe zur Sauerstoffaufnahme mittels SH-Verbindungen befähigt, wird aber durch Behandlung mit Alkohol und ähnlichen Denaturierungsmitteln dazu instand gesetzt.

Es zeigte sich nun (A 21), daß letzten Endes das sauerstoffaufnehmende System aus Lipoiden besteht. Einmal besitzen Lecithin und die darin enthaltene Linolensäure die gleiche Fähigkeit wie das extrahierte Muskelgewebe, in Gegenwart von SH-Gruppen etwa die zehnfache Sauerstoffmenge aufzunehmen, als der Übergang zum Disulfid erfordert. Das Optimum liegt hier noch etwas weiter nach der sauren Seite, bei p_H 3. Weiterhin verschwinden bei der Aufnahme des Sauerstoffs durch Muskulatur Fettsäuredoppelbindungen derselben in ungefähr dem halben Betrage, als sich für die Oxydation

$$(1) \quad \begin{array}{l} | \\ \mathrm{CH} + \mathrm{O} \\ \| \\ \mathrm{CH} + \mathrm{H_2O} \\ | \end{array} = \begin{array}{l} | \\ \mathrm{CHOH} \\ | \\ \mathrm{CHOH} \\ | \end{array}$$

berechnet. Vermutlich schreitet also die Reaktion nach Gleichung (2) weiter fort:

$$(2) \quad \begin{array}{l} | \\ \mathrm{CHOH} \\ | \\ \mathrm{CHOH} \\ | \end{array} + \mathrm{O} = \begin{array}{l} | \\ \mathrm{CHO} \\ | \\ \mathrm{CHO} \\ | \end{array} + \mathrm{H_2O}$$

In etwas geringerem Umfange war dies Verschwinden von Fettsäuredoppelbindungen — gemessen an der Verringerung der Jodzahl — auch beim Lecithin und der Linolensäure der Fall. Hier werden pro Mol annähernd 2 Mol Sauerstoff aufgenommen, wobei von den drei vorhandenen Doppelbindungen der Linolensäure annähernd zwei verschwinden. Letzteres konnte SZENT-GYÖRGYI (B 270) nicht bestätigen. Er fand keine deutliche Änderung der Jodzahl bei der Oxydation und schloß aus diesem wie aus anderen Befunden, daß kein Peroxyd-, sondern ein Äthylenoxydring entstünde,

$$(3) \quad \begin{array}{l} | \\ \mathrm{CHOH} \\ | \\ \mathrm{CHOH} \\ | \end{array} \rightarrow \begin{array}{l} \mathrm{H \cdot C} \\ \phantom{\mathrm{H \cdot C}} \diagdown \\ \phantom{\mathrm{H \cdot C}} \diagup \mathrm{O} \\ \mathrm{H \cdot C} \end{array} + \mathrm{H_2O}$$

welcher ebenso Jod addiert wie eine Doppelbindung, sodaß keine Abnahme der Jodzahl erfolgen würde. Es ist nicht unmöglich, daß unter verschiedenen Bedingungen die Oxydation verschieden weit fortschreitet. So zeigte S. COFFEY (B 40), daß bei der spontanen Autoxydation der Linolensäure bei 100° pro Mol 9 Atome O aufgenommen werden, wobei Kohlensäure, Essigsäure und ein Capronsäureperoxyd

$$\begin{array}{c} \mathrm{C_2H_5 \cdot CH—CH—CH_2 \cdot COOH} \\ | | \\ \mathrm{O—O} \end{array}$$

entsteht.

Jedenfalls weist in der Muskulatur die Änderung der Jodzahl darauf hin, daß hier auch die Reaktion (1) oder (2) stattfinden muß.

Schließlich spricht für die Rolle der ungesättigten Fettsäuren bei der Sauerstoffübertragung auf Muskulatur, daß nach sehr gründlicher Entfettung des Muskelgewebes seine Fähigkeit zur Sauerstoffaufnahme in schwach saurer Lösung unter der Wirkung von SH-Gruppen erlischt: Es wird dann nur so viel Sauerstoff aufgenommen, als der Übergang zum Disulfid erfordert. Das thermostabile System, auf das der Sauerstoff übertragen wird, sind also, wenigstens vorwiegend, die ungesättigten Fettsäuregruppen des Lecithins. Als eigentlicher Katalysator figuriert hier zweifellos ein komplexes organisches Schwermetallsulfid. Denn wie von O. WARBURG und SAKUMA (B 286, 257) gezeigt wurde, ist Cystein selbst nicht autoxydabel, gewinnt aber die Fähigkeit zur Sauerstoffaufnahme durch Spuren von Fe. 1 mg Fe überträgt bei 38° in einer Stunde 200000 mm³ Sauerstoff auf Cystein. Das System Lecithin-Cystein-Fe ist, wie andere durch Metalle katalysierte Oxydationssysteme, blausäureempfindlich: $5 \cdot 10^{-4}$n-KCN hemmt etwa 50%. Durch Schwermetalle wird die Oxydationsgeschwindigkeit gesteigert, z. B. durch $1 \cdot 10^{-5}$n-Cu um etwa 100%.

Mit der Oxydation des Lecithins ist der Mechanismus der Sauerstoffübertragung auf Muskelgewebe noch nicht voll erklärt. Gewaschenes oder mit Alkohol getrocknetes Muskelgewebe nimmt nämlich auch in Gegenwart von *Disulfiden* Sauerstoff auf und vermag dieselben zu reduzieren. Dabei wird nahezu ebensoviel Sauerstoff übertragen wie durch *reduzierte* SH-Verbindungen. Lecithin vermag diese Reduktion nicht auszuführen. Bei Kombination von Lecithin und Muskelgewebe unter Zugabe von Disulfid wird daher die Sauerstoffübertragung außerordentlich gesteigert, indem das Muskelgewebe das Disulfid reduziert und die reduzierte SH-Verbindung nun den Sauerstoff auf das Lecithin überträgt. Der Faktor, der dabei in der Muskulatur wirksam ist, ist in einer Arbeit von HOPKINS (B 172) untersucht worden und als Protein festgestellt, das eine fixe SH-Gruppe besitzt. Dieses SH-haltige Protein ist imstande, das Disulfid zu reduzieren, ferner Sauerstoff bei neutraler oder sogar schwach alkalischer Reaktion aufzunehmen, und zwar wiederum im vielfachen Betrage seiner eigenen SH-Gruppen, die jedoch allmählich dabei verschwinden.

Das Protein bedarf hierzu der Denaturierung oder sonstiger Vorbehandlung, wie sie ja für die Sauerstoffübertragung durch Muskulatur tatsächlich erforderlich ist. Mindestens muß das Muskelgewebe mit destilliertem Wasser gewaschen sein. Wenn auch das Zusammenwirken dieser beiden Systeme der ungesättigten Fettsäuren und des schwefelhaltigen Proteins im einzelnen noch nicht klar ist, so ist es doch zweifellos, daß durch diese beiden Komponenten die Sauerstoffübertragung auf Muskelgewebe durch Sulfhydrilgruppen quantitativ bestimmt wird.

Unsicher ist allerdings, wieweit das präformierte Glutathion des Muskelgewebes, das nach TUNNICLIFFE (B 275) zu 0,04% in frischer Säugetiermuskulatur vorkommt, am Atmungsmechanismus beteiligt ist. Keinesfalls kommt es selbst als Koferment der normalen Atmung in Betracht, und die Sauerstoffaufnahme bei der Atmung dient ja nicht der Oxydation von Fettsäuredoppelbindungen, die dabei im Gegensatz zur Sauerstoffübertragung durch SH-Gruppen nicht verschwinden. Nach dem Gehalt an Glutathion berechnet sich der aus dem Disulfid durch Hydrierung abspaltbare Sauerstoff pro g Frischgewicht Muskeln zu 8 mm^3. Es ist dies immerhin ein Drittel des bei 20° im Muskel gelösten Sauerstoffs und könnte daher als Reservoir gebundenen Sauerstoffs ähnlich wie das Cytochrom KEILINS eine Rolle spielen.

4. Oxydation von organischen Säuren in wasserextrahierter Muskulatur.

Daß wasserextrahiertes Muskelgewebe zu partieller Oxydation verschiedener organischer Säuren imstande ist, ist schon vor längerer Zeit von THUNBERG (B 272) sowie BATELLI und STERN (B 11) gezeigt worden. Seit jener Zeit ist das ausgewaschene Muskelgewebe als Testobjekt für derartige Oxydationsvorgänge beliebt. Insbesondere THUNBERG selbst und seine Schüler haben auf diese Weise zahlreiche Stoffe sowohl auf ihre Oxydierbarkeit durch atmosphärischen Sauerstoff wie ihre Fähigkeit zur Reduktion von Methylenblau unter anaeroben Bedingungen geprüft. Auf dieses Gebiet, das den speziellen Problemen des Muskelstoffwechsels fern liegt, soll hier nicht näher eingegangen werden.

Daß die Fähigkeit zur Reduktion von Methylenblau in Gegenwart von Muskelgewebe keine Schlüsse auf die Oxydierbarkeit der betreffenden Verbindungen durch molekularen Sauerstoff

Oxydation von organischen Säuren in wasserextrahierter Muskulatur. 139

gestattet, ergibt sich schon aus der Steigerung der Atmung, die verschiedene Zellen und Zellpräparate in wechselnder Weise in Gegenwart von Methylenblau aufweisen (A 1, 4). Bei aeroben Zellen ist diese Steigerung um so größer, je weiter der normale Atmungsmechanismus geschädigt ist. So wird z. B. die Atmung lebender Staphylokokken durch 0,005% Methylenblau gehemmt, dagegen die von Acetonkokken gesteigert, und zwar um so mehr, je stärker die ursprüngliche Atmung durch Erhitzen abgeschwächt ist, wobei in Summa nie mehr als die Ausgangsatmung erreicht wird. Die „Methylenblauatmung" ist gegen Narkotika ebenso empfindlich wie die normale Atmung, aber gegen Blausäure viel weniger. Meist wird dabei Kohlensäure mit normalem respiratorischen Quotienten gebildet. Dies führt zu dem Schlusse, daß das Methylenblau vikariierend für den geschädigten Teil des Atmungsferments, vermutlich seine eisenhaltige Komponente, eintreten kann (A 4). In allen Fällen steigert Methylenblau die Atmung nur dann, wenn es in Abwesenheit von Luft unter gleichen Umständen reduziert wird. Die Reduktion bedarf der Anwesenheit von Ferment, während die Reoxydation der Leukobase spontan verläuft. Der Mechanismus ist also ein ganz anderer als bei der spontanen Atmung und wurde daher als „scheinbare Atmung" bezeichnet (A 1). In Acetonhefe kann die Steigerung der Atmung durch Methylenblau mehr als das Dreifache betragen, noch höher ist die Steigerung bei der Oxydation des Macerationssaftes, während die Atmung des Muskelbreies nur um wenige Prozent erhöht wird.

Mit ausgewaschener Muskulatur durch molekularen Sauerstoff oxydabel sind vor allem Bernsteinsäure, Fumarsäure, Äpfelsäure und Citronensäure. Die Bernsteinsäure geht bei der Oxydation in Fumarsäure über, und letztere wird langsam bis zu Kohlensäure oxydiert. In welchem Zusammenhang diese Oxydationen mit der spontanen Atmung des Muskels stehen, ist unbekannt.

Als eine weitere oxydable Säure, die den Kohlehydraten nähersteht, fand sich die Glycerinphosphorsäure (A 9). Hierbei wird gleichzeitig Kohlensäure zu einem Drittel des Sauerstoffverbrauchs gebildet und durchschnittlich 1 Mol anorganisches Phosphat für 1 Mol aufgenommenen Sauerstoff abgespalten. Durch Narkotika wird die Spaltung und die Oxydation in gleicher Weise gehemmt. Dagegen läßt sich, wie F. LIPMANN (A 85) zeigte, einerseits durch Fluorid, andererseits durch KCN Oxydation und Phosphatabspaltung trennen. 0,1 n-NaF hemmt die Phosphatabspaltung um 80%, die Oxydation dagegen nur geringfügig. Anderseits wird durch $4 \cdot 10^{-3}$ n-KCN in neutraler Lösung die Oxydation aufgehoben, während die Abspaltung des Phosphats fast unverändert weitergeht. Bei stärker alkalischer Reaktion wird auch die Phosphatabspaltung durch Blausäure gehemmt. Interessant ist, daß hier die spezifischen Hemmungswirkungen von Fluorid und KCN, von denen das letztere vorwiegend die Oxydation, das erstere aber Spaltungsvorgänge vergiftet, an ein und demselben Substrat zutage treten.

IV. Die chemischen Vorgänge im zellfreien Muskelextrakt.

A. Kohlehydratumsatz.

Einen tieferen Einblick in die Verknüpfung der Stoffwechselvorgänge gewinnen wir durch die Abtrennung der Fermente von der Struktur und dem präformierten Kohlehydrat. Dies gelingt nicht für das Atmungsferment, das im Muskelgewebe wie in den meisten anderen Zellen bei der Zerstörung strukturgebunden bleibt, wohl aber für die Fermente des Spaltungsumsatzes, vor allem für die Milchsäurebildung und die mit der Milchsäurebildung verknüpfte Estersynthese sowie auch für die Hydrolysen der verschiedenen Phosphorsäureverbindungen. Die Struktur des Muskels ist selbstverständlich notwendig, damit die Stoffwechselreaktionen die chemische Energie in mechanische transformieren können, was nur an Phasengrenzen geschehen kann. Das Studium dieser chemischen Vorgänge in Lösung kann für eine solche Transformierung nichts aussagen, die Verknüpfung der chemischen Vorgänge selbst wird aber am besten unter diesen einfachen Bedingungen studiert. Bei der Tätigkeit des Muskels dürfte die anoxydative Milchsäurebildung an Oberflächen vonstatten gehen, bei der kontinuierlichen Ruhemilchsäurebildung ist dies wahrscheinlich nicht der Fall, da diese nicht narkotisierbar ist. Jedenfalls läßt sich das milchsäurebildende Ferment in höherer Konzentration aus dem Muskel in Lösung überführen, als es von Fermenten irgendeiner anderen energieliefernden Stoffwechselreaktion tierischer oder pflanzlicher Zellen bisher bekannt ist. Ohne Schwierigkeit gewinnt man aus einem gegebenen Gewicht Muskulatur eine Fermentmenge, die in Lösung ebenso rasch Milchsäure aus zugefügtem Glykogen bildet, wie es das gleiche Muskelgewebe nach Zerschneidung tut, d. h. mit einer zwanzigfach höheren Geschwindigkeit als der intakte Muskel bei der Ruheanaerobiose. Mit der Atmung ist aber natürlich auch der Einfluß der Atmung auf die Milchsäurebildung verschwunden und im Extrakt die Geschwindigkeit in Sauerstoff und Stickstoff gleich.

Als Vorläufer für die Isolierung des milchsäurebildenden Ferments kann man Versuche von EMBDEN (B 67 und 68) ansehen, der nach der BUCHNERschen Methode Preßsäfte aus Säugetiermuskeln gewann. Diese zeigten spontane Milchsäurebildung, die während 2 Stunden bei 40° 0,1—0,2%, bezogen auf das Preßsaftvolumen, betrug. Durch Zugabe von HARDEN-YOUNGscher Hexosediphosphorsäure ließ sich die Ausbeute um 20—40% steigern, während Glykogen, Traubenzucker und alle anderen Kohlehydrate ohne Wirkung waren. Dies war der Ausgangspunkt für die EMBDENsche Vorstellung, daß Hexosediphosphorsäure das „Lactacidogen" des Muskels wäre.

1. Herstellung und Reinigung der Fermentlösung.

Zur Gewinnung einer strukturlosen, nahezu kohlehydratfreien Fermentlösung genügt es, die stark gekühlte Muskulatur von Fröschen oder Kaninchen mit etwa demselben Volumen isotonischer KCl-Lösung bei -1 bis $-2°$ stark zu zerdrücken, kurze Zeit stehenzulassen und den Extrakt scharf zu zentrifugieren. Das in der überstehenden Lösung enthaltene Enzym bleibt, bei etwa $-1°$ aufbewahrt, einen halben Tag wirksam. Bei Extraktion des Muskels mit destilliertem Wasser und auch, wenn die Muskeln in Kohlensäureschnee durchfroren sind, erhält man ebenso wirksame Extrakte, die aber größere Mengen präformierten Kohlehydrats aufweisen. Ebenso wie bei anderen Fermenten beobachtet man, daß Zusatz von spaltbarem Substrat schützend wirkt und die Aktivität bei Zimmertemperatur für längere Zeit, etwa 6—8 Stunden, erhält, während sie ohne Substrat schon in 1—2 Stunden verschwindet.

Bei wiederholter Extraktion der Muskulatur erhält man mehrmals, mindestens drei- bis viermal, eine enzymhaltige Lösung, die nach Zusatz von Muskelkochsaft eine fast unverminderte Wirksamkeit aufweist. Ohne Kochsaftzusatz ist dagegen schon der dritte Extrakt unwirksam. Daraus geht hervor, daß das Koferment viel leichter extrahierbar ist als das Ferment; man kann auf diese Weise durch mehrfache Extraktion der Muskulatur eine nahezu kofermentfreie Fermentlösung gewinnen.

Die von BUCHNER für die Zymasegewinnung angewandten Methoden, wie Fällung mit Aceton oder Filtrieren durch Berkefeldkerzen usw. [BUCHNER und HAHN (B 32)], sind zwar für das milchsäurebildende Ferment brauchbar und gestatten hier wie dort die enzymatische Natur des Umsatzes zu erweisen; andererseits aber führen sie in beiden Fällen zu keiner eigentlichen Konzentrierung und Reinigung. Dagegen lassen sich die WILLSTÄTTERschen Adsorptionsmethoden mit Vorteil für die weitere Reinigung des milchsäurebildenden Ferments verwenden [K. MEYER (A 82)]. Nach einer Reihe von Vorfällungen zur Entfernung der Hauptmenge des Eiweißes am isoelektrischen Punkt durch Acetatpuffer von p_H 5—6 und Ausfällung des Phosphats mittels Magnesiumacetats in schwach ammoniakalischer Lösung wird das Ferment an Tonerde adsorbiert und anschließend mit neutralem Phosphat eluiert. Es gelingt so, bezogen auf gleiche Wirksamkeit, durchschnittlich 95% des ursprünglichen Eiweißgehalts des Extrakts zu entfernen. Dabei wird aber nur der thermolabile Fermentanteil gewonnen, das Koferment muß in Gestalt von Muskelkochsaft oder als eine mehr oder weniger gereinigte Fraktion desselben hinzugefügt werden. Durch die Entfernung des Eiweißes gewinnt das Ferment an Beständigkeit und bleibt 24—48 Stunden wirksam. Außer von Koferment wird die Fermentlösung durch die Reinigung vollständig von Phosphorsäureestern, Kreatinphosphorsäure und Adenylpyrophosphorsäure befreit und, wenn das Aluminiumadsorbat direkt ohne Eluierung benützt wird, auch von anorganischem Phosphat. Das gereinigte Ferment kann dann für das Studium der an der Milchsäurebildung beteiligten Faktoren dienen. Wir finden so, daß Kreatinphosphorsäure für die Milchsäurebildung ohne Bedeutung ist, dagegen ist das anorganische Phosphat unentbehrlich; ebenso brauchen der präformierte EMBDEN-Ester oder andere Hexosephosphorsäuren dafür nicht anwesend zu sein; jedoch wird das anorganische Phosphat während der Milchsäurebildung in beträchtlichem Maße, meist noch stärker als in ungereinigtem Extrakt verestert. Der Mechanismus bleibt in allen wesentlichen Punkten derselbe. Schließlich ergab sich so, daß gereinigte Kozymase nicht zur Komplettierung des Systems ausreicht, daß noch ein Körper, der bei 37° leicht autolytisch zerfällt, unentbehrlich ist. Als dieser wurde, wie schon erwähnt, die Adenylpyrophosphorsäure erkannt. Da es bequemer ist, die Abtrennung derselben von dem Ferment durch zweistündige Dialyse des Extrakts bei 0° vorzunehmen, wurde dieser Weg vor der Reinigung des Ferments mittels Aluminiumhydroxyd bevorzugt. Diese Versuche sind unter IV. C, S. 172 beschrieben.

2. Umsatz der Polysaccharide.
a. Hydrolyse des Glykogens und der Phosphorsäureester.

Der aus Froschmuskulatur gewonnene Fermentextrakt ist sehr temperaturempfindlich und wird durch $^1/_2$stündiges Erwärmen auf 37° inaktiviert. Die diastatische Wirksamkeit bleibt erhalten, sodaß derartige Extrakte zum isolierten Studium der Hydrolyse des Glykogens dienen können [LOHMANN (A 62)]. Aber auch sonst überwiegt bei neutraler Reaktion die Hydrolyse des Glykogens die Milchsäurebildung, sodaß auch im aktiven Extrakt eine nicht unbeträchtliche Menge reduzierenden Zuckers entsteht, der spontan nur unvollkommen weiter gespalten wird. Daher wird das zugesetzte Glykogen nie vollständig in Milchsäure überführt, auch wenn es im Versuch verbraucht ist und keine Phosphorsäureester angereichert sind. Neben der Glukose entsteht, worauf schon oben hingewiesen wurde, ein höheres reduzierendes Saccharid, das durch Dialyse aus dem Extrakt abgetrennt werden kann. Dieses ist nicht vergärbar und wird auch nicht in Gegenwart des Hexoseaktivators, unter Bedingungen, unter denen Glukose gespalten wird, angegriffen.

Die Hydrolyse des Glykogens ist gegen Natriumfluorid ganz unempfindlich, jedoch wird die hydrolytische Spaltung der Phosphorsäureester — auch nach Aufhebung ihres glykolytischen Zerfalls durch längeres Erwärmen des Extrakts — noch spezifisch durch Fluorid gehemmt, wenn auch schwächer als die Milchsäurebildung selbst [LIPMANN (A 85)]. Ähnliches fand KAY (B 176) für die echten Phosphatasen anderer Gewebe. Diese Hemmung durch Fluorid war in seinen Versuchen genau ebenso groß für die enzymatische Synthese der Ester wie für die Spaltung, das Gleichgewicht wurde also durch Gegenwart des Fluorions nicht verschoben. Im übrigen hat die rein hydrolytische Spaltung der Phosphorsäureester, die offenbar nur nach starker Schädigung des Fermentsystems vorkommt, für die Muskelchemie weniger Interesse.

b. Milchsäurebildung und Veresterung der Polysaccharide.

Die Kohlehydratspaltung im Muskelextrakt — bei 20° gemessen — zeigt schon auf den ersten Blick eine große Ähnlichkeit mit der Gärung im Hefesaft. Gibt man Glykogen zum Extrakt hinzu, so entsteht Milchsäure, und gleichzeitig wird Phosphat verestert. Dabei steigt die Ausbeute an Milchsäure mit zunehmendem Phosphatgehalt der Lösung. Abb. 24 mag als Beispiel dafür dienen. Milchsäurebildung und Phosphatveresterung sind zwar nicht äquivalent, aber nach etwa 5 bis 10 Minuten vom Zusatz des Glykogens an ist im allgemeinen etwa ebensoviel Phosphat verestert wie Milchsäure gebildet. Ganz zum Beginn überwiegt die Veresterung, während in längerer Zeit diese langsamer fortschreitet und später sogar zurückgeht, eventuell bis zur völligen Wiederaufspaltung des gebildeten Esters.

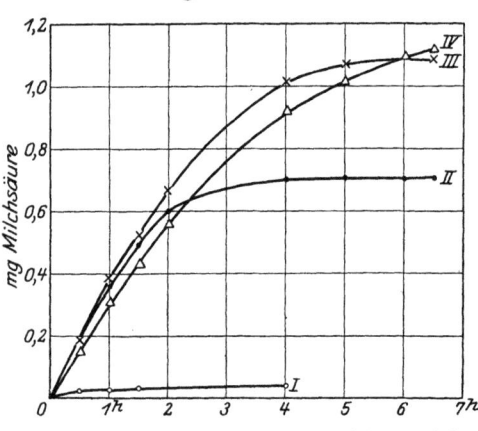

Abb. 24. Milchsäurebildung im enzymatischen Muskelextrakt mit verschiedenem Phosphatgehalt. *I* ohne Zusatz. Die anderen Kurven mit Zusatz von 0,2% Glykogen und wechselnden Phosphatmengen.
II enthält 0,24 mg P_2O_5
III ,, 0,4 ,, ,,
IV ,, 0,69 ,, ,,

Wird der Extrakt vor Anstellung der Versuche 10—15 Minuten auf 38° erwärmt, so vermag er nicht mehr Glykogen zu Milchsäure zu spalten, wohl aber noch Hexosediphosphorsäure mit einer kaum verringerten Geschwindigkeit. Die größere Thermostabilität dieser Spaltung gestattet festzustellen, ob bei der Glykogenspaltung Hexosediphosphorsäure entsteht. Bringt man 1—2 Stunden nach Zusatz des Glykogens, wo sich das Maximum an Ester angereichert hat, den Extrakt auf 37°, so zerfällt der

Ester, wobei eine ungefähr äquivalente Menge von Phosphat und Milchsäure entsteht. Nach der Hydrolysenmethode von K. LOHMANN läßt sich der gebildete Ester noch genauer identifizieren. Er besteht zur Hauptsache aus HARDEN-YOUNGscher Säure, zu einem kleineren Teil aus EMBDENschem Monoester.

Die Spaltung der HARDEN-YOUNGschen Hexosediphosphorsäure ist nicht nur thermostabiler als die des Glykogens, sondern auch gegen Mangel an Koferment weniger empfindlich. Zwar geht sie bei völligem Fehlen desselben nicht mehr vonstatten, bedarf aber nur einer sehr geringen Menge. Benutzt man z. B. statt des ersten den dritten oder vierten Muskelextrakt, der nur noch ganz wenig Koferment enthält, so wird durch ihn nicht mehr Glykogen, wohl aber Hexosediphosphor-

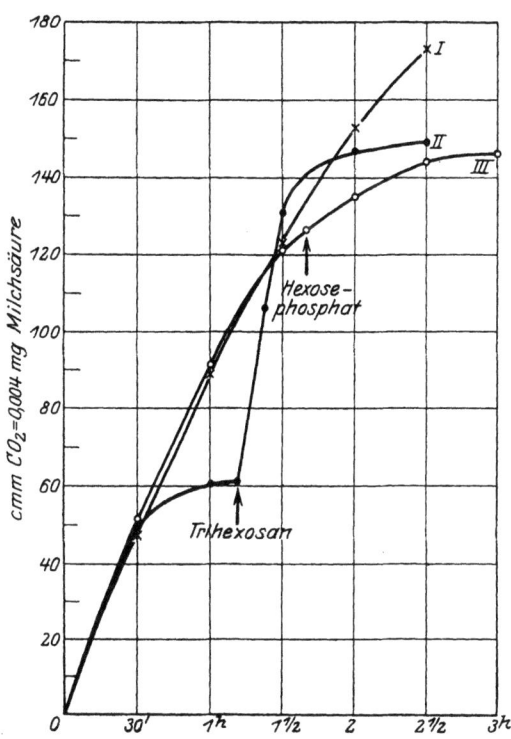

Abb. 25. Kombination von Hexosephosphat- und Polysaccharidspaltung. Kurve I: Verlauf der Milchsäurebildung aus Trihexosan. Kurve II: Verlauf der Milchsäurebildung aus Hexosephosphat, nach 1 Std. 10 Minuten Trihexosan zugegeben. Kurve III: Verlauf der Milchsäurebildung mit Trihexosan, nach 1 Std. 40 Minuten Hexosephosphat zugegeben. (Aus Biochem. Z. 178, MEYERHOF.)

säure mit fast unverminderter Geschwindigkeit umgesetzt.

Auf den ersten Blick könnte es scheinen, daß die Spaltung der Hexosediphosphorsäure ein Teilvorgang der Milchsäurebildung aus Glykogen wäre, der durch den resistenteren Bestandteil des Enzymkomplexes bedingt wäre, während die Bildung des Esters den labileren ersten Abschnitt darstellte. Daß diese Deutung

146 Die chemischen Vorgänge im zellfreien Muskelextrakt.

nicht zutrifft, ergibt sich aus der Geschwindigkeit des Umsatzes. In gut wirksamen Extrakten ist diese für Glykogen und für andere Polysaccharide mit gleichem Grundkörper, wie Stärke, Amylose, Amylopektin, Trihexosan und Dihexosan (PICTET, PRINGSHEIM), größer und fällt langsamer ab als für Hexosediphosphorsäure. Das geht sehr klar aus der Kombination von Hexosediphosphat-

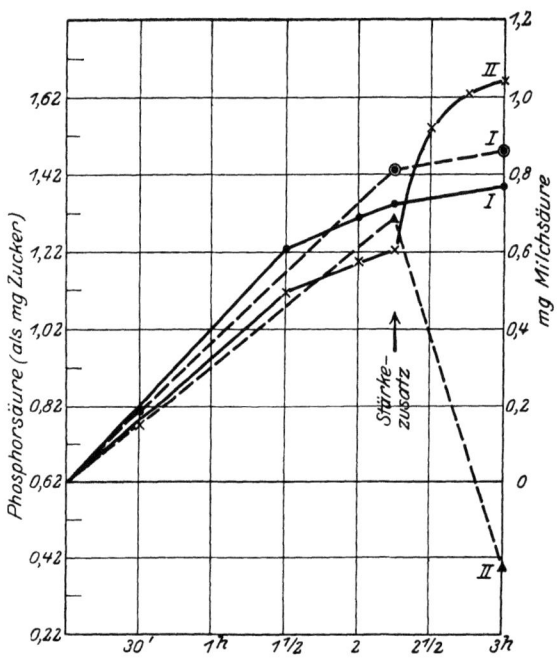

Abb. 26. Milchsäurebildung und Phosphatumsatz bei Spaltung von Hexosediphosphat und nachträglichem Stärkezusatz. Kurve I: ●—● = Milchsäurebildung aus Hexosediphosphat. ⊚ – – ⊚ = Phosphorsäurebildung aus Hexosediphosphat. Kurve II: ×——× und ▲– –▲ = Milchsäure- und Phosphatabspaltung von Hexosediphosphat während 2 Stunden 15 Minuten, dann Stärkezusatz. (Aus Biochem. Z. 178, MEYERHOF.)

und Polysaccharidspaltung hervor. In Abb. 25 sind drei Kurven wiedergegeben. Kurve I stellt die Milchsäurebildung aus 2 mg Trihexosan durch 0,8 cm³ verdünnten Extrakt dar, die nach 2½ Stunden nur wenig nachgelassen hat, Kurve III desgleichen, doch wird nach 1½ Stunden Hexosediphosphat hinzugegeben, wodurch die Milchsäurebildung nicht gesteigert, sondern sogar herabgedrückt wird. Dagegen wird in Kurve II zunächst 2 mg Mg-Hexosediphosphat hinzugegeben: die Geschwindigkeit fällt schon nach 1 Stunde, lange vor dem Totalumsatz, ab. Durch Zusatz von 2 mg Trihexosan in diesem Moment setzt eine äußerst rasche Milchsäurebildung ein, die nach einer halben Stunde wieder absinkt. In Abb. 26 ist dasselbe für Hexosephosphat und Stärke unter gleichzeitiger Verfolgung des Phosphatumsatzes veranschaulicht. Bei der Spaltung der Hexosediphosphorsäure (Kurve I) sind Milchsäurebildung und Phosphorsäurebildung fast genau äquimolekular. In Kurve II ist nach $2^1/_2$ Stunden Stärke zugesetzt, was zu einem plötzlichen Anstieg der Milchsäurebildung und gleichzeitiger noch stärkerer Veresterung führt. Hieraus geht hervor, daß bei der Veresterung der Polysaccharide sich ein aktiver Ester bildet, aus dem rascher Milchsäure entsteht als aus der HARDEN-YOUNGschen Säure.

Ebenso wie im Muskelbrei wird hier die Milchsäurebildung aus Polysacchariden durch Natriumfluorid und Natriumoxalat gehemmt, und zwar durch $1 \cdot 10^{-3}$ n-NaF und $5 \cdot 10^{-3}$ n-Na-Oxalat etwa 50%. Zehnmal unempfindlicher ist die Spaltung des Hexosediphosphats. Während ohne Glykogenzusatz durch Fluorid nur eine geringe Veresterung veranlaßt wird, da ja der Akzeptor für das Phosphat fehlt, kann in Gegenwart von Glykogen das ganze vorhandene o-Phosphat verschwinden. Dabei ist aber die Geschwindigkeit der Phosphatveresterung zuzüglich der noch restierenden Milchsäurebildung nur gerade so groß, öfters auch noch kleiner als die Summe von Milchsäurebildung und Veresterung in der fluoridfreien Kontrolle. Es reichert sich also dadurch Hexosediphosphorsäure an, daß der Zerfall des intermediär gebildeten aktiven Esters gehemmt wird, während die Veresterung selbst ungeschwächt weitergeht. Allerdings ist der Reaktionsmechanismus insofern abgeändert, als bei Gegenwart von Fluorid neben der HARDEN-YOUNGschen Säure zur Hauptsache der von K. LOHMANN beschriebene Ester I entsteht; ja sogar zugesetzter HARDEN-YOUNG-Ester wird mit Fluorid bei gehemmter Milchsäurebildung in den schwer hydrolysierbaren Ester I umgewandelt.

Die kausale Erklärung der Fluoridwirkung dürfte nach Versuchen von F. LIPMANN (A 103) darin zu suchen sein, daß sich das Fluorid mit dem eisenhaltigen Bestandteil des milchsäurebildenden Ferments zu einem inaktiven Komplexsalz verbindet.

Nach O. WARBURG (B 283) wird das glykolytische Ferment der tierischen Gewebe durch NO, schwächer durch HCN und H_2S, aber nicht durch CO gehemmt. Nun verbindet sich zweiwertiges Eisen mit CO, besonders in reduzierten Häminverbindungen, zu denen nach WARBURG das Atmungsferment gehört. Dreiwertiges Eisen reagiert dagegen mit NO und ebenso mit F, und zwar auch das Häminelsen im Methämoglobin. Die von LIPMANN bestimmte Dissoziation des Fluormethämoglobins, die nach der monomolekularen Reaktionsgleichung verläuft, $FM \rightleftarrows F + M$ (M : Methämoglobin), stimmt in ihrem allgemeinen Verhalten, insbesondere ihrer Verringerung nach der sauren Seite, mit der Dissoziation der Fluorfermentverbindung überein, wenngleich in diesem letzteren Falle die Dissoziation geringer ist und auch nicht genau der monomolekularen Gleichung folgt. Die Fluoridhemmung ist vollständig reversibel wie die anderen genannten Hemmungen der Stoffwechselfermente. Es lassen sich ferner eine Reihe von Katalysen durch dreiwertige Metalle, besonders Mn^{III} und Fe^{III} finden, die von Fluorid spezifisch gehemmt werden.

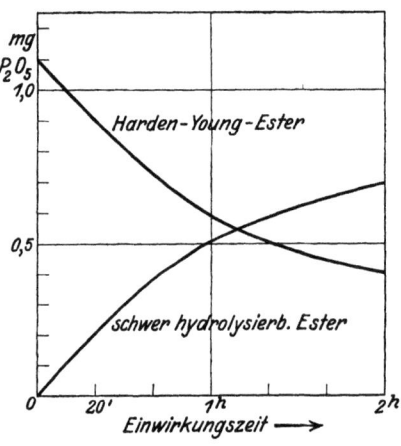

Abb. 26a. Umwandlung von HARDEN-YOUNG-Ester in schwer hydrolysierbaren Ester (LOHMANN-Ester II) in stark verdünntem Muskelextrakt. Ordinate: Mengen der beiden Ester in mg P_2O_5 pro cm³.

Daß im Muskelextrakt bei Beeinträchtigung der Milchsäurebildung Umlagerungen von Hexosephosphorsäuren leicht zustande kommen, wird durch die Umwandlung des HARDEN-YOUNG-Esters in den LOHMANN-Ester II demonstriert. Diese Umwandlung geschieht im Muskelextrakt, der durch starke Verdünnung zur Milchsäurebildung unfähig geworden ist, und verläuft scheinbar ohne weitere Begleitvorgänge. Der LOHMANN-Ester II besitzt eine geringere Reduktionskraft und größere Löslichkeit des Ba-Salzes als der Ester I. Auf Abb. 26a ist nach einem Versuch von LOHMANN und LIPMANN (A 120a) diese Umwandlung wiedergegeben.

3. Umsatz der gärfähigen Hexosen mit Hefeaktivator („Hexokinase").

Während die anhydrischen Polysaccharide, die aus demselben Grundkörper wie das Glykogen bestehen (Hexosane, PRINGSHEIM), alle in gleicher Weise zur Milchsäurebildung durch das Muskelenzym befähigt sind, verhalten sich die reduzierenden Zucker völlig anders. Diese werden im allgemeinen nur schwach gespalten; das gelöste milchsäurebildende Ferment stimmt also hierin mit Muskelbrei, der in flüssiger Luft gefroren war (s. oben S. 121), überein. Mit isotonischer KCl-Lösung hergestellter Extrakt aus Froschmuskeln ist gegenüber Hexosen ganz oder nahezu unwirksam, etwas aktiver ist der mit destilliertem Wasser hergestellte Extrakt, der aber nicht so frei von präformiertem Kohlehydrat ist. Ein Versuch mit diesem ist auf Abb. 27 wiedergegeben. Wirksamer erweist sich Extrakt aus Kaninchenmuskeln, der in frischem Zustande Glukose oft nicht viel langsamer spaltet als Glykogen; bei der Aufbewahrung nimmt jedoch die Fähigkeit zur Zuckerspaltung stärker ab als zur Glykogenspaltung. Die Wirksamkeit von Fruktose, Glukose, Mannose ist dabei der Größenordnung nach gleich, die von Maltose und Amylobiose etwa 20% hiervon, die von Saccharose und Galaktose 0.

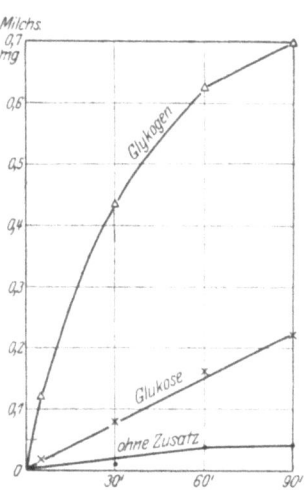

Abb. 27. Spaltung von Glykogen und Glukose durch Wasserextrakt aus Froschmuskeln ohne Aktivator.
●——● ohne Zusatz; ×——× mit Glukose; △——△ mit Glykogen.
(Aus Biochem. Z. 183, MEYERHOF.)

Stellt man aus frischem Kaninchenmuskelextrakt ein Acetonpulver des Ferments dar, so bleibt die Fähigkeit zur Glukosespaltung ebenso erhalten wie zur Glykogenspaltung, auch nach wochenlangem Aufbewahren des Pulvers im Vakuumexsiccator (vgl. Abb. 28). Die Fähigkeit zur Glykolyse der Hexosen geht also dem gelösten Fermentsystem nicht ab, ist aber labiler und daher meist viel schwächer vorhanden als zur Spaltung der Polysaccharide; die Phosphatveresterung in Gegenwart der Zucker ist fast Null.

Dies wird völlig geändert, wenn man einen aus Hefe darstellbaren Aktivator hinzusetzt (A 64, 66). Die außerordentlich rasche Milchsäurebildung unter diesen Umständen, die auch diejenige aus Glykogen weit übertrifft, ersieht man aus der Abb. 28. Hier wird durch ein schon mehrere Wochen altes Acetonpulver, dessen Menge (27 mg) 1 cm³ frischen Extrakts entspricht, in 30 Minuten 1,4 mg Milchsäure aus Zucker gebildet, und der dann einsetzende Abfall der Geschwindigkeit entspricht etwa dem Verbrauch der zugesetzten Glukose. Der Aktivator wird gewonnen, indem man Hefe mit Toluolwasser autolysiert, den klar zentrifugierten Auszug unter starker Kühlung mit dem gleichen Volumen Alkohol fällt, die Alkoholfällung mit Wasser verreibt, zentrifugiert und den wässrigen Auszug entweder direkt benutzt oder erneut mit Alkohol fällt. Der Aktivator ist wasserlöslich, wird durch 50proz. Alkohol gefällt; er ist thermolabil, wird schon durch 1 Minute langes Erwärmen auf 50° stark geschwächt, ist empfindlich gegen Alkali und Säure, bleibt aber auf Eis aufbewahrt in wässriger Lösung wochenlang haltbar. Der Aktivator hat die Eigenschaften eines Ferments. Ich schlage daher vor, ihn als „Hexokinase" zu bezeichnen, da er spezifisch auf die gärfähigen Hexosen wirkt. Er ist neben dem Koenzym für den geschilderten Hexoseumsatz vonnöten. Mit Insulin oder Glukokinin (COLLIP) hat er keine Verwandtschaft. Das Insulin wirkt auf keine Phase des Glukoseumsatzes in Lösung ein. Eine zweimal gefällte Hexokinase ist frei von anorganischem Phosphat und ist in Mengen von 0,4—1 mg auf 1 cm³ Lösung wirksam. Zweifellos besteht die eiweißhaltige Fällung, die den Aktivator enthält, noch zum allergrößten Teile aus Ballaststoffen, doch ist eine besondere Reini-

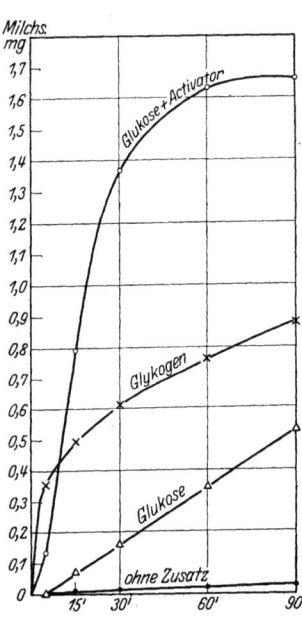

Abb. 28. Spaltung von Glukose und Glykogen durch 3 Wochen altes Acetonpulver. ●——● ohne Zusatz, △——△ mit Glukose, ○——○ mit Glukose und Aktivator (Hexokinase), ×——× mit Glykogen. (Aus Biochem. Z. 183, MEYERHOF.)

Umsatz der gärfähigen Hexosen mit Hefeaktivator ("Hexokinase"). 151

gung bisher nicht durchgeführt worden. Verdünnt man den Aktivator weiter, so bewirkt er auch dann noch den Umsatz der Glukose, jedoch langsamer; in einem gewissen Bereich ist die Anfangsgeschwindigkeit der Milchsäurebildung der Hexokinasemenge proportional. Aus anderem Material als Hefe ist es bisher nicht gelungen, den Aktivator zu isolieren.

Die prinzipiell wichtige Frage, ob die Hexokinase nur gleichzeitig mit dem Ferment wirkt oder ob sie die Glukose in eine chemisch reaktionsfähigere Form von einer gewissen Lebensdauer umwandelt, wurde in neuen Versuchen zu entscheiden versucht, in denen Ferment und Aktivator durch eine Kollodiummembran getrennt wurden und dann Zucker zugegeben wird. Da weder Ferment noch Aktivator die Kollodiummembran passieren können, so muß stärkere Milchsäurebildung unter diesen Umständen auf die Diffusion aktivierter Glukose aus der Hexokinaselösung in die Fermentlösung bezogen werden. In der Tat wird so eine gewisse, aber gegenüber direktem Aktivatorzusatz erheblich verringerte Milchsäurebildung ausgelöst; weniger regelmäßig geschieht dies auch, wenn mittels Ultrafiltration die Glukose aus der Aktivatorlösung abgesogen wird und in die Fermentlösung hineintropft. Die Deutung der Versuche wird durch den Umstand erschwert, daß gut durchlässige Kollodiumhäute auf die Dauer nicht immer völlig dicht gegenüber Hexokinase sind; aber doch ist es danach wahrscheinlich, daß eine reaktionsfähige Glukose von sehr kurzer Lebensdauer entsteht.

Da die Hexokinaselösung eine strukturlose Flüssigkeit ist, so ist die Annahme abzulehnen, daß die Aktivierung der Glukose zur Spaltung nur an Strukturelementen der Zelle vor sich gehen könne. Daß dies auch für die tierische Hexokinase nicht zutrifft, ergibt sich aus der meist nicht unbeträchtlichen glykolytischen Wirksamkeit völlig zellfreier Extrakte aus Kaninchenmuskulatur. Diese Annahme darf auch nicht aus einer Arbeit von CASE (B 36) gefolgert werden, der in Extrakten aus Kaninchenmuskulatur, die ähnlich der hier beschriebenen Methode, aber stärker verdünnt hergestellt wurden, Milchsäurebildung aus Glukose nicht allein durch Zugabe des Hefeaktivators, sondern in geringerem Grade auch durch Gewebsaufschwemmungen von Gehirn, Niere, Muskel, Blut, Leber und Lunge (abnehmend in der angeführten Reihenfolge) herbeiführen konnte, während sich zellfreie Extrakte der

152　Die chemischen Vorgänge im zellfreien Muskelextrakt.

Gewebe unwirksam erwiesen. Die Versuche sprechen zwar dafür, daß an dieser Wirkung ebenfalls die Hexokinase der Gewebe beteiligt ist. Doch hängt die Abtrennung derselben von festen Gewebsbestandteilen zweifellos nur von geeigneten technischen Bedingungen ab, die im Säugetiergewebe schwerer zu erfüllen sind als in der Hefe.

Dem Aufsuchen der „Hexokinase" im Hefeautolysat lag der Gedanke zugrunde, daß der Hefeextrakt die gärfähigen Hexosen

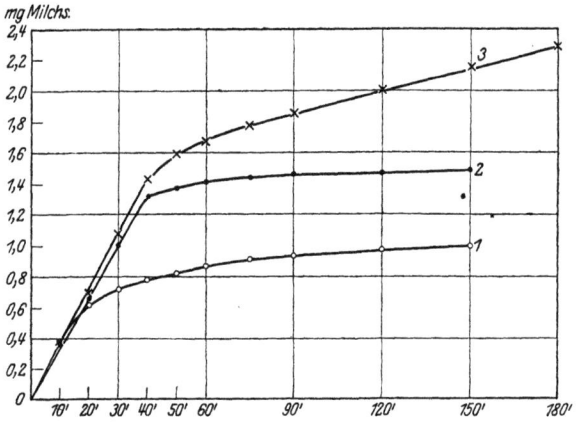

Abb. 29. Milchsäurebildung aus 3 mg Glukose in 1 cm³ Lösung bei wechselnden Mengen Phosphat.
Kurve 1: 0,43 mg P_2O_5, entsprechend 0,55 mg Milchsäure
,, 2: 0,80　,,　　,,　　　,,　　1,03　,,　　　,,
,, 3: 1,18　,,　　,,　　　,,　　1,51　,,　　　,,
Die in allen drei Fällen gleich hohe Anfangsgeschwindigkeit sinkt auf ein konstantes Niveau ab, sobald etwa die dem vorhandenen Phosphat äquimolekulare Milchsäuremenge gebildet ist. Die Endgeschwindigkeit in Versuch 3 ist aber höher als in Versuch 1 und 2, weil dort der Zucker durch Spaltung und Veresterung verbraucht ist und infolgedessen der Phosphatgehalt wieder ansteigt. (Aus Biochem. Z. 183, MEYERHOF.)

rasch verestert und dabei gleichzeitig vergärt, während der Muskelextrakt auch bei einer meßbaren Spaltung von Glukose keine Anhäufung von Ester erkennen läßt. Dieser Unterschied konnte an einer Substanz liegen, die die Hefe in größerer Konzentration enthält und die für die Veresterung der Glukose unentbehrlich ist. Daß sich diese Annahme bewährt, erkennt man, wenn man in dem aktivierten Muskelextrakt nach Zuckerzusatz gleichzeitig Milchsäurebildung und Veresterung verfolgt. Der Umsatz ist auf den Abb. 29 bis 32 dargestellt. Die Anfangsgeschwindigkeit der Glykolyse ist größer als mit Glykogen, fällt aber je

Umsatz der gärfähigen Hexosen mit Hefeaktivator (,,Hexokinase"). 153

nach der vorhandenen Phosphatmenge rasch ab. Der Moment des Abfalls fällt mit dem Totalverbrauch des Phosphats zusammen, und nunmehr bleibt, solange noch Überschuß von Zucker da ist, der Gehalt an anorganischem Phosphat nahezu Null, steigt aber langsam wieder an, wenn aller Zucker verbraucht ist, da jetzt die Spaltung der stabilen Hexosediphosphorsäure in Erscheinung tritt. Dabei bildet sich während der raschen Zerfallsperiode für 1 Mol Zucker, das in Milchsäure zerfällt, etwa 1 Mol Hexosephosphorsäure, zur Hauptsache Di-Ester, daneben noch wechselnde Mengen Hexosemonophosphorsäure. Dies ist auf Abb. 30 deutlich zu sehen. In 30 Minuten ist hier alles vorhandene anorganische Phosphat verestert und gerade auch der ganze zugegebene Zucker verbraucht, teils durch Milchsäurebildung, teils durch Veresterung. Von diesem Moment an nimmt der Gehalt an anorganischem Phosphat wieder langsam zu, proportional mit der fortschreitenden Milchsäurebildung in dieser zweiten Periode.

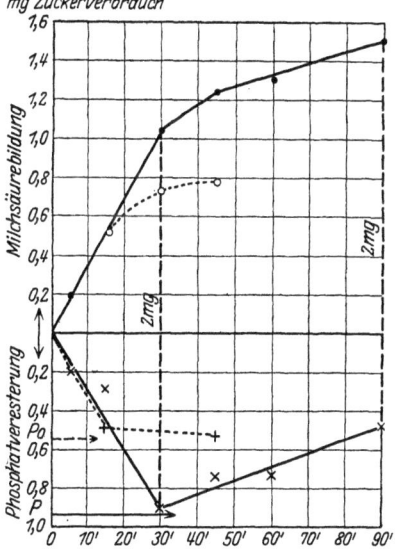

Abb. 30. Umsatz von 2 mg Glukose durch Muskelextrakt mit Hexokinase.

●—● Milchsäurebildung
×—× Phosphatveresterung } mit vermehrter
im Extrakt } Phosphatmenge.

(Gehalt: 0,736 mg P_2O_5 äquivalent 0,942 mg Zucker. Die vertikalen gestrichelten Linien entsprechen dem Umsatz der im ganzen vorhandenen 2 mg Glukose.)

o····o Milchsäurebildung } ohne Phosphat-
+---+ Phosphatveresterung } zusatz.

(Präformierter Gehalt: P_2O_5 0,356 mg, entsprechend 0,546 mg Zucker.)

P mit ausgezogenem Strich → Phosphatgehalt des 1. Versuchs, Po ····→ gestrichelt Phosphatgehalt des 2. Versuchs. (Aus Biochem. Z. 183, MEYERHOF.)

Dies geschieht hier also nur noch durch Aufspaltung des Hexosediphosphats in äquimolekulare Mengen Phosphat und Milchsäure. Gleichzeitig ist gestrichelt noch ein zweiter Versuch mit dem gleichen Extrakt dargestellt, der mit kleinerer Phosphatmenge ausgeführt wurde: Die Geschwindigkeit, die anfangs gleich der anderen ist, sinkt hier früher, nämlich ebenfalls in dem Moment,

154 Die chemischen Vorgänge im zellfreien Muskelextrakt.

wo das anorganische Phosphat verbraucht ist, dessen Menge, solange ein Überschuß von Zucker vorhanden ist, wegen sofortiger Wiederveresterung des beim Esterzerfall in Freiheit gesetzten Phosphats nahezu Null bleibt. Da in der raschen Zerfallsperiode

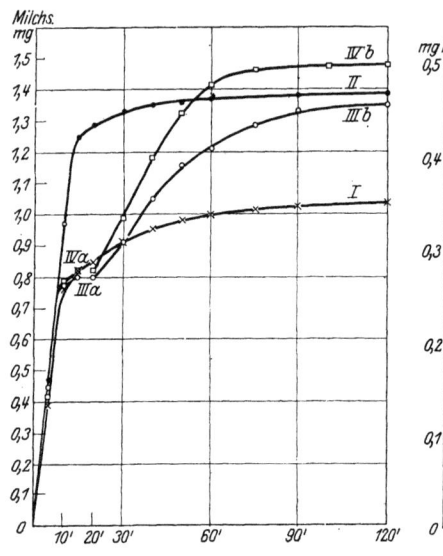

Abb. 31. Verlauf der Milchsäurebildung aus Glukose bei zweimaligem Zusatz von Phosphat (Versuch 9. VII. 1926). Zuckergehalt 2,8 mg in 0,85 cm³. *I*: Glykolyseverlauf bei 0,688 mg P_2O_5, entsprechend 0,88 mg Milchsäure. *II*: Verlauf bei 0,99 mg P_2O_5, entsprechend 1,27 mg Milchsäure. *IIIa* und *IVa*: Verlauf während 15 Minuten bei 0,688 mg P_2O_5 wie in *I*. Dann in *IIIa*: Phosphat (0,35 mg P_2O_5) entsprechend 0,45 mg Milchsäure zugegeben: Kurve *IIIb*. In *IVa* 0,43 mg P_2O_5 entsprechend 0,55 mg Milchsäure und neuer Aktivator zugesetzt: Kurve *IVb*. In *IIIb* und *IVb* steigt die Geschwindigkeit von neuem, bis eine Milchsäuremenge produziert ist, die etwa äquimolekular dem neu zugesetzten Phosphat ist. In *III* und *IV* Umsatz im Zeitraum 15 bis 20 Minuten nicht bestimmt. (Aus Biochem. Z. 183, MEYERHOF.)

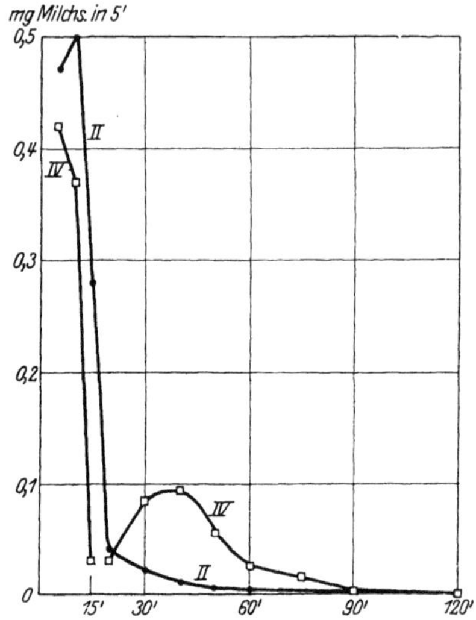

Abb. 32. Geschwindigkeit der Milchsäurebildung (mg pro 5 Minuten) in den Kurven *II* und *IV* der Abb. 31. ●——● Geschwindigkeit bei Gegenwart von 0,99 mg P_2O_5, entsprechend 1,27 mg Milchsäure. □——□ 1. Kurvenstück: Geschwindigkeit bei Gegenwart von 0,688 mg P_2O_5, entsprechend 0,88 mg Milchsäure. 2. Stück: nach neuem Zusatz von Aktivator und Phosphat, entsprechend 0,55 mg Milchsäure. Die geringere Steigerung beim zweiten Phosphatzusatz rührt, abgesehen von der stärkeren Verdünnung des Extrakts, von seiner rasch nachlassenden enzymatischen Wirksamkeit her. (Aus Biochem. Z. 183. MEYERHOF.)

pro 1 Mol glykolysierenden Zuckers etwa 1 Mol Hexosediphosphorsäure entsteht, ist bei Zuckerüberschuß die Milchsäurebildung in diesem Abschnitt äquivalent dem Phosphorsäuregehalt. Man kann daher, wenn die Geschwindigkeit abgesunken ist, durch neue Zugabe von Phosphat einen Wiederanstieg hervorrufen, wobei wiederum die Milchsäuremenge dem zugegebenen Phosphat äquivalent ist. Dies ist auf Abb. 31 dargestellt. Der zweite Anstieg, Kurve *IIIb*, ist weniger steil, offenbar wegen rascher Schädigung des Extrakts. Abb. 32 stellt den gleichen Versuch, umgezeichnet in Geschwindigkeiten (Milchsäurebildung pro 5 Minuten) dar. Ebenso wie Glukose verhalten sich die anderen gärfähigen Hexosen, wobei der Umsatz der Fruktose während der Phosphatperiode nahezu doppelt so rasch ist wie der der Glukose. Doch werden die nicht vergärbaren Hexosen, wie Galaktose, auch mit der Hexokinase nicht umgesetzt. Der Glukoseumsatz läßt sich mit Fluorid nicht in derselben Weise zerlegen wie die Spaltung des Glykogens. Vielmehr hemmt Fluorid die Veresterung der Glukose bereits ebenso stark wie die Spaltung, sodaß sich nicht mehr, sondern sogar weniger Hexosephosphorsäure ansammelt als in den Kontrollen.

4. Umsatz der Hexosemonophosphorsäuren.

Auf den Mechanismus der Zuckerspaltung im Muskelextrakt fällt neues Licht aus dem Verhalten der biologischen Hexosemonophosphorsäuren. Diese, d. h. der NEUBERG-, ROBISON- und EMBDEN-Ester, stimmen dabei vollständig überein, was bei ihrer nahen Verwandtschaft nicht wundernimmt. Die Monoester werden, wenn sie in nicht höherer Konzentration verwandt werden als etwa 0,25% Hexose, zunächst sehr rasch zu Milchsäure gespalten, ungefähr mit derselben Geschwindigkeit wie die freien Zucker, bedürfen dazu aber keines Hefeaktivators. Gleichzeitig wird nun nicht, wie man erwarten könnte, Phosphat frei, sondern umgekehrt Phosphat zur Bildung von Hexosediphosphorsäure gebunden. In dem Augenblick, wo der Monoester, teils durch Milchsäurebildung, teils durch Übergang in Di-Ester, verbraucht ist, fällt die Geschwindigkeit ab, die nunmehr der Spaltungsgeschwindigkeit der HARDEN-YOUNGschen Säure entspricht, wobei in dieser zweiten Periode Phosphat etwa äquimolekular mit der Milchsäure frei wird. Öfters fällt die Geschwindigkeit auch schon vor der totalen Umlagerung des Monoesters ab, aber stets ist dieser Abfall verbunden mit dem Aufhören der Veresterung und dem Beginn der Aufspaltung von Diphosphorsäure.

156 Die chemischen Vorgänge im zellfreien Muskelextrakt.

Diese Erklärung der Kinetik folgt aus den gegensinnigen Einflüssen von Arseniat und Fluorid auf die Monoesterspaltung. Arseniat beschleunigt die Milchsäurebildung wie die alkoholische Gärung, soweit die Erfahrung reicht, stets aus ein und demselben Grunde, nämlich infolge einer beschleunigten Aufspaltung von Hexosediphosphorsäure. Nur in dem Maße, wie sich sonst der Di-Ester anreichern würde, wird die Spaltung gesteigert, indem an Stelle dieser Anhäufung eine äquivalente Menge Phosphat und Milchsäure (bzw. CO_2 + Alkohol) entstehen. Während daher die Milchsäurebildung aus zugesetztem Hexosediphosphat durch $1 \cdot 10^{-3}$ m-Arseniat von vornherein gegen 100% erhöht wird, macht sich die Steigerung der Spaltungsgeschwindigkeit bei den Zuckern und Monoestern erst in der zweiten Periode stärker geltend, der Periode, die der Aufspaltung des Di-Esters entspricht. Als Beispiel diene Abb. 33.

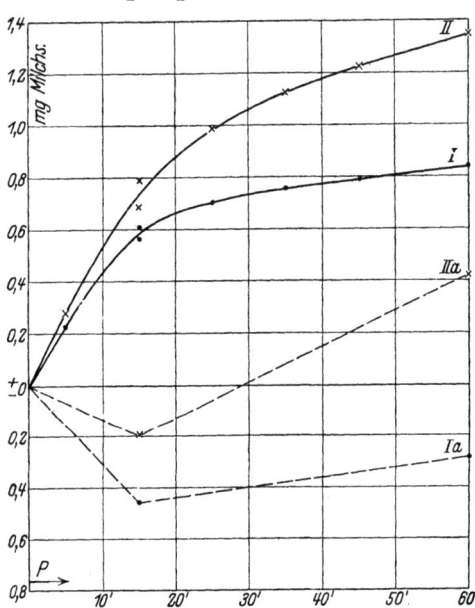

Abb. 33. Umsatz der ROBISONschen Hexosemonophosphorsäure mit und ohne Arseniat. Versuch: 16.XI.1926.
●—●—● *I* und *Ia*: Umsatz ohne Arseniat,
×—×—× *II* und *IIa*: Umsatz mit Arseniat,
ausgezogen: Milchsäurebildung,
gestrichelt: Umsatz des anorgan. Phosphats.
Auch mit Arseniat findet am Anfang eine geringe Veresterung des Phosphats statt, aber in der zweiten Periode wird gegenüber dem Vergleichsversuch soviel Phosphat mehr abgespalten, als Milchsäure mehr gebildet wird. (Aus Biochem. Z. 185, MEYERHOF u. LOHMANN.)

Umgekehrt ist der Einfluß des Fluorids. Bei geeigneter Konzentration, etwa $5 \cdot 10^{-2}$ n, wird die Milchsäurebildung total gehemmt, während die Umlagerung des Monoesters in säurestabilen Di-Ester ohne die Triebkraft irgendeiner anderen Reaktion weitergeht. Da die Lösung hierbei durch den Übergang von anorganischem Phosphat in Esterbindung saurer wird, z. B. bei der

Veresterung von 0,55 mg Phosphat und 1 mg Zucker pro cm^3 um etwa 0,3—0,4 p_H, so ist diese Veresterung mit einer Entionisierungswärme von Eiweiß verbunden; etwa 0,3 gcal für den angegebenen Umsatz, eine Wärmemenge, die möglicherweise für den freiwilligen Ablauf der Reaktion in Betracht kommt [O. MEYERHOF und J. SURANYI (A 77)]. Solange in Abwesenheit von Fluorid die Veresterung fortschreitet, geschieht dies daher auch ohne Milchsäurebildung in Gegenwart von Fluorid, geht aber im letzteren Falle, da ja die Spaltung wegfällt, weiter, sodaß in der späteren Zeit die Veresterung in Fluorid im Vergleich zur ungehemmten Kontrollösung weit überwiegt, während der Gesamtverbrauch an Monoester beide Male nahezu gleich ist. Man darf also daraus schließen, daß ein Teil des Monoesters rasch zerfällt, während ein anderer Teil gleichzeitig das anorganische Phosphat aufnimmt und sich als Di-Ester stabilisiert. Dieser letztere, offenbar übergeordnete Vorgang kann nun auch ohne den ersten vonstatten gehen. Übrigens zeigt die nähere chemische Untersuchung, daß auch hier bei Fluoridgegenwart ein schwer hydrolysierbarer Ester entsteht, der wohl dem LOHMANN-Ester I entspricht, während ohne Fluorid hauptsächlich HARDEN-YOUNG-Ester gebildet wird. Bei der Umwandelbarkeit dieser Ester ineinander bildet dies keinen Widerspruch zu der Annahme, daß primär mit und ohne Fluorid die Umlagerung des Monophosphats in das Diphosphat gleichartig verläuft.

Hinsichtlich der Stabilität steht die rasche Spaltung des Hexosemonophosphats der Glykogenspaltung nahe. Sie bedarf im Unterschied zum Zerfall des Di-Esters einer höheren Konzentration des Koferments, wird ferner durch kurzes Erwärmen des Extrakts auf 37° aufgehoben, ist auf der anderen Seite nicht so empfindlich wie die Hexosenspaltung und bedarf keines Aktivators.

5. Theorie des Zuckerumsatzes.

Dieser Umsatz des Hexosemonophosphats liefert uns eine, wenn auch zunächst hypothetische Erklärung für die Kinetik der Zuckerspaltung im Muskelextrakt, die, wie weiter erörtert werden soll, auch für die alkoholische Gärung gültig ist. Offenbar entsteht zunächst durch Veresterung des Zuckers eine Hexosemonophosphorsäure. Diese ist zu rascher Milchsäurebildung befähigt, wobei ihre Phosphorsäure sich mit einem zweiten Molekül

Hexosemonophosphorsäure zu Hexosediphosphorsäure verestert. Wenn keine Nebenreaktionen vorkommen, haben wir den Idealfall der HARDEN-YOUNGschen Gärungsgleichung I, die man für die Milchsäurebildung im Muskel so formulieren kann:

$$2\ C_6H_{12}O_6 + 2\ HR_2PO_4 =$$
a. $2\ C_6H_{11}O_5(R_2PO_4)^* $ (* aktiv) $ + 2\ H_2O =$
b. $2\ C_3H_6O_3 + C_6H_{10}O_4(R_2PO_4)_2 + 2\ H_2O$.

Dies entspricht der hälftigen Teilung des Zuckers in Zerfall und Veresterung, die mit einer auffälligen Näherung für die 1. Phase des Zuckerumsatzes im Extrakt gültig ist. Nimmt das intermediäre Hexosemonophosphat noch zuschüssiges Phosphat aus der Lösung auf, so überwiegt die Veresterung den Zerfall; wird andererseits zusätzlich noch Monophosphat oder neugebildetes Diphosphat gespalten, so trifft das Umgekehrte zu. Dies letztere ist regelmäßig im weiteren Verlauf der Spaltung der Fall. Schließlich aber bleibt auch ein mehr oder weniger großer Teil des Monophosphats zurück, der nicht umgelagert wird. Die genauere von F. LIPMANN und K. LOHMANN (A 120a) mit der Hydrolysenmethode vorgenommene Analyse ergibt, daß scheinbar die ideale Reaktionsgleichung um so besser stimmt, je weniger Hexosemonophosphat aus der Umlagerung übrig bleibt.

Der rasche Zerfall des Monoesters in Verbindung mit teilweiser Umlagerung liefert einen sehr nachdrücklichen experimentellen Hinweis darauf, daß dieser Vorgang den Intermediärprozeß bei der raschen Spaltung und Veresterung der Zucker bildet. Trotzdem spricht vieles dafür, daß nicht die isolierbaren Monoester, die sich in ihrem physiologischen Verhalten untereinander nicht unterscheiden, sondern ein aktiver, der im Status nascens gleich wieder zerfällt, das eigentliche Intermediärprodukt ist. Man findet nicht selten eine Anreicherung von EMBDEN-Ester, der dem Zerfall entgangen ist, wenn die Polysaccharid- oder Hexosespaltung noch kräftig im Gange ist. Dieser Monoester muß also schon eine erste Stabilisierungsform sein, die immer dann entsteht, wenn überschüssiges Veresterungsprodukt aus dem raschen Zerfallsvorgang herausgedrängt wird. Der Monoester kann dann in die noch stabilere HARDEN-YOUNGsche Hexosediphosphorsäure übergehen und diese, die zwar langsamer, aber dafür auch noch in geschädigtem Fermentsystem gespalten wird, ist bei weiter-

Analogien der Kohlehydratspaltung im Muskelextrakt und Hefesaft. 159

gehender Schädigung desselben oder in Gegenwart von Fluorid zum Übergang in eine dritte Form, die noch langsamer gespalten wird, befähigt. Diese Stabilitätsstufen sind rein physiologisch zu verstehen; gegen chemische Spaltung ist zwar der LOHMANN-Ester I und II stabiler als die übrigen, der HARDEN-YOUNG-Ester aber viel unbeständiger als die Monoester. Bei den Polysacchariden ist das Verhältnis von Zerfall und Veresterung weniger bestimmt und verschiebt sich im Verlauf des Versuchs in unregelmäßiger Weise. Doch ist auch hier zu Beginn eine gewisse Neigung, daß Zerfall und Veresterung sich etwa entsprechen. Setzt man bei der Glykogenspaltung Hefeaktivator hinzu, so steigt die Milchsäureausbeute nur wenig und offenbar nur so weit, wie durch die diastatische Wirkung des Extrakts überschüssige Glukose entsteht. Das Glykogen bedarf der Hexokinase nicht, und diese verändert auch nicht das Veresterungsverhältnis.

Wenden wir diese Einsichten auf das Muskelgewebe und den intakten Muskel an, so gilt zunächst für das erstere, daß hier alle Vorgänge ebenso verlaufen wie im Muskelextrakt. Es entsteht hier ebenfalls Mono- und Di-Ester beim Umsatz des präformierten Glykogens. Die Wirkung von Oxalat und Fluorid einerseits, von Arseniat andererseits entspricht dem Verhalten im Extrakt; besonders beweist die starke Steigerung der Milchsäurebildung durch Arseniat, daß hier die Hexosediphosphorsäure in beträchtlichem Umfange auftreten muß.

Im lebenden Muskel ist dagegen kein Di-Ester nachzuweisen. Ob er intermediär entsteht und so rasch wieder zerfällt, wie er sich bildet, oder ob er gar nicht entsteht, ist daher experimentell nicht zu entscheiden. Auch hier wird beim raschen Umsatz überschüssiges Veresterungsprodukt stabilisiert, aber nur in Gestalt des EMBDENschen Monoesters, dessen Menge im Anschluß an rasche Milchsäurebildung bei der Tätigkeit ansteigt, um alsbald wieder abzusinken.

6. Analogien der Kohlehydratspaltung im Muskelextrakt und Hefesaft.
a. Rolle der Phosphorsäureester.

Mit diesen am Muskelextrakt gewonnenen Erfahrungen betrachten wir jetzt die Kinetik der alkoholischen Gärung im Hefesaft, um die bestehenden Übereinstimmungen zwischen den beiden Arten der Kohlehydratspaltung deutlich zu machen.

Bereits im vorhergehenden wurden die folgenden Punkte hervorgehoben: 1. die Mitwirkung des gleichen Koferments bei der Milchsäurebildung im Muskel wie bei der alkoholischen Gärung der Hefe; 2. die Notwendigkeit des anorganischen Phosphats in beiden Fällen und seine Veresterung im Laufe der Spaltung; 3. das Auftreten derselben Hexosephosphorsäuren, der nahezu gleichen ROBISON- und EMBDENschen Monoester und des HARDEN-YOUNGschen Di-Esters in den Extrakten unter identischen Umständen; 4. die Beschleunigung von Milchsäurebildung und Vergärung durch Arseniat und die Hemmung durch Fluorid. Die Kinetik der alkoholischen Gärung zeigt nun noch im einzelnen die Übereinstimmung beider Vorgänge und gleichzeitig auch gewisse Abweichungen, die wir auf die nicht mehr korrespondierenden Phasen beider Umsätze beziehen können.

Die Erforschung der Kinetik der zellfreien Gärung muß ihren Ausgang nehmen von den klassischen HARDEN-YOUNGschen Gärungsgleichungen:.

$$\left.\begin{array}{l} 2\,C_6H_{12}O_6 + 2\,PO_4HR_2 = \\ 2\,CO_2 + 2\,C_2H_5OH + 2\,H_2O + C_6H_{10}O_4(PO_4R_2)_2 \, , \end{array}\right\} \quad (1)$$

$$C_6H_{10}O_4(PO_4R_2)_2 + 2\,H_2O = C_6H_{12}O_6 + 2\,PO_4HR_2 \, . \quad (2)$$

Der Aufstellung dieser Gleichungen liegt die Beobachtung zugrunde, daß die Gärung im Hefepreßsaft und Macerationssaft, nicht so ausgesprochen auch die Gärung der Trockenhefe und Acetonhefe, in zwei scharf getrennte Phasen zerfällt, eine rasche Gärungsphase, in der anorganisches Phosphat in etwa äquimolekularer Menge zu der in jedem Zeitpunkt frei werdenden Gärungskohlensäure verestert wird bis nahezu zum völligen Schwund, und in eine langsamere zweite Periode, in der bei Zuckerüberschuß das anorganische Phosphat niedrig bleibt, während nach Verbrauch des Zuckers der angehäufte Ester zerfällt. Dieser angehäufte Ester ist aber zur Hauptsache Hexosediphosphorsäure, daneben ROBIsonsche Hexosemonophosphorsäure. Der Abfall der Gärgeschwindigkeit geschieht also beim Maximum der Anhäufung des Esters und beim Minimum der Phosphatkonzentration. Während die erste Gleichung den in der Phosphatperiode stattfindenden Um-

Analogien der Kohlehydratspaltung im Muskelextrakt und Hefesaft. 161

satz wiedergibt, bezeichnet die zweite Gleichung nur die geschwindigkeitskontrollierende Reaktion in der zweiten, der sog. Esterperiode der Gärung, nämlich die Hydrolysengeschwindigkeit durch die Hexosephosphatase, während sich an diese Esteraufspaltung dann der erneute Umsatz des hydrolysierten Ketosezuckers nach Gleichung (1) anschließen soll.

Man kann nun zeigen, daß in der Tat der Phosphatumsatz im Hefeextrakt ganz genau demjenigen im Muskelextrakt entspricht. Die HARDENsche Gleichung (1) stellt nur eine Bilanz dar; die gleichzeitige Bildung von Hexosediphosphorsäure mit der Vergärung sagt nichts über das intermediäre Veresterungsprodukt aus. Zweifellos ist dieses derselbe aktive Monoester wie im Falle der Milchsäurebildung. Bei der Gärung bildet sich ja der ROBISONsche Monoester neben der HARDEN-YOUNGschen Säure in wechselnden Mengen [HARDEN (B 134, 136)]. Es ist nicht möglich gewesen, seine Ausbeute stöchiometrisch mit dem übrigen Umsatz zu verknüpfen. Man darf ihn daher, ebenso wie den fast identischen EMBDEN-Ester, als das erste Stabilisierungsprodukt eines aktiven Monoesters auffassen. Die natürlichen Monoester werden nun im Hefeextrakt unter gleichzeitiger rascher Vergärung genau ebenso umgelagert wie im Muskelextrakt: ein Teil vergärt, während ein anderer Teil zu Hexosediphosphat wird. Dieser von O. MEYERHOF und K. LOHMANN erhobene Befund wurde von NEUBERG und LEIBOWITZ (B 230) bestätigt und dahin ergänzt, daß das entstehende Diphosphat HARDEN-YOUNG-Ester ist. Auch hier läßt die Geschwindigkeit nach, sobald die Umlagerung zum Di-Ester vollzogen ist, bei höherer Monoesterkonzentration allerdings schon früher. Offenbar stehen diese Monoester dem Intermediärprodukt nahe, sind jedoch nicht mehr ganz so aktiv. Damit steht auch das NEUBERGsche Argument im Einklang, wonach die Glukosegärung im allgemeinen rascher verläuft als die Gärung der Monoester (B 229). Abb. 34 zeigt nun den identischen Verlauf der Gärung des ROBISON- und NEUBERG-Esters. Für den aus Muskeln dargestellten EMBDEN-Ester gilt dasselbe. Auch hier läßt sich wieder die Bildung der HARDEN-YOUNGschen Säure durch die Wirkung des Arseniats belegen. Dieses steigert nicht von vornherein die Gärgeschwindigkeit der Monoester, sondern erst, sobald Di-Ester in der Kontrolle angereichert ist. Dabei kommt es anstatt des Phosphatschwundes zu einer Zunahme des Phosphats, die der aus der CO_2-Bildung berechneten Aufspaltung des Monoesters gerade entspricht (Abb. 34).

Bei der Milchsäurebildung fand sich die hälftige Teilung des Zuckers zwischen Spaltung und Veresterung nur bei den Hexosen, war dagegen beim Glykogen verwischt. Dasselbe finden wir bei der Gärung des Hefemacerationssaftes: während der langsamen Gärung des Glykogens häuft sich nämlich Hexosediphosphorsäure im zwei- bis vierfachen Betrage der vergorenen Hexoseäquivalente an, die HARDEN-YOUNGsche Gleichung gilt hier nicht. Ebenso finden wir hier die gegensinnigen Einflüsse von Arseniat und Fluorid. Arseniat steigert die Gärgeschwindigkeit des Glykogens beträchtlich, und zwar allmählich zunehmend während der ersten halben Stunde, später bleibt sie konstant und beträgt mit Arseniat etwa das Dreifache. Dies war schon von HARDEN (B 128) beobachtet, aber fälschlich auf eine Aktivierung der Diastase bezogen. In Wahrheit wird hier wiederum der sich sonst anhäufende Di-Ester aufgespalten, und die zusätzliche Gärung entspricht

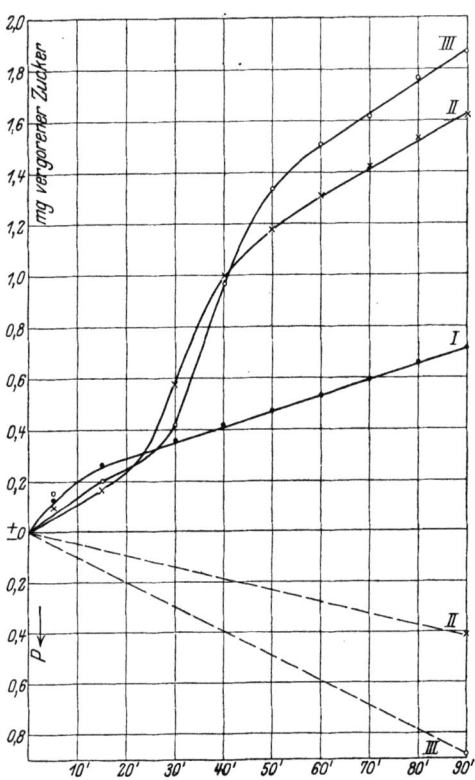

Abb. 34. Vergleich der Vergärung von HARDEN-YOUNGscher Säure, NEUBERGscher und ROBISONscher Säure. Versuch: 29. XI. 1926. •—•—• *I*: HARDEN-YOUNGsche Säure. ×——× *II*: NEUBERGsche Säure. ○——○ *III*: ROBISONsche Säure. Gestrichelt: Phosphatveresterung. Die Monoester sind in 90 Minuten annähernd total umgesetzt. Der Gäranstieg der ROBISONschen Säure erfolgt etwas später als der der NEUBERGschen. Der Gesamtumsatz ist aber etwas höher. Der Anfangsanstieg bis 10 Minuten ist zum Teil auf die Druckänderung beim Einkippen des Esters zurückzuführen. (Aus Biochem. Z. **185**, MEYERHOF u. LOHMANN.)

genau diesem Betrage. Umgekehrt wirkt Fluorid: auch hier kommt es nicht bei Glukose, wohl aber bei Glykogen zur Anhäufung von Di-Ester, während die Gärung mehr und mehr gehemmt wird. Das Fluorid bewirkt zwar nicht wie im Muskelextrakt eine Anreicherung von Di-Ester gegenüber der Kontrolle, wohl aber vergrößert sich auch hier das Verhältnis von Veresterung zu Vergärung beliebig. In Konzentrationen von $2 \cdot 10^{-3}$ bis $8 \cdot 10^{-3}$ n-NaF ist die Gärung etwa 95% gehemmt, die Veresterung aber nahezu dieselbe geblieben, so daß das Verhältnis $\frac{\text{Zuckerveresterung}}{\text{Zuckergärung}}$ bis auf 70 steigen kann. Übrigens gibt es nach EULER (B 83) bestimmte Trockenhefen, die auch Traubenzucker ohne Gärung verestern, und zwar ohne jeden weiteren Zusatz.

Die Übereinstimmung dehnt sich nun weiter auf die Vergärung der Hexosediphosphorsäure aus. Von Hefepräparaten, Acetonhefe oder Macerationssaft, wird nämlich die HARDEN-YOUNGsche Säure einerseits im allgemeinen langsamer als Zucker oder Monoester gespalten, andererseits aber auch unter solchen Umständen, wo die letzteren nicht mehr angegriffen werden, z. B. in alter, gärungsschwach gewordener Acetonhefe, sowie nach Auswaschen der überwiegenden Menge des Koferments. Auch hier gilt, daß eine gänzliche Abwesenheit des Koferments die Spaltung der Di-Ester ebenfalls verhindert; jedoch bedarf es einer viel geringeren Konzentration als für die Vergärung des Zuckers. Dies ist u. a. von GOTTSCHALK (B 122) auf die Weise bestätigt worden, daß er die Gärung der Hexosediphosphorsäure durch ausgewaschene Trockenhefe in Gegenwart von Milch vornahm, die nur einen ganz geringen Gehalt von Koferment besitzt. Hexosemonophosphorsäure und Glukose werden unter gleichen Umständen nicht vergoren.

Daraus folgt nun weiter, daß auch die zweite Gärungsphase (Esterperiode) zum Teil anders erklärt werden muß als von HARDEN geschehen war. Wird Hexosediphosphorsäure noch in kofermentarmer Lösung vergoren, so kann dies nicht auf dem Wege vorheriger Hydrolyse und Neuveresterung geschehen, denn zu dieser Veresterung würde eine höhere Konzentration Koferment benötigt; dasselbe gilt auch für die Gärung der Di-Ester durch gealterte Hefepräparate. Wir müssen daher ebenso wie bei der Milchsäurebildung annehmen, daß hier die Hexosediphosphorsäure *direkt*, ohne vorhergehende Hydrolyse vergoren werden kann. Daneben aber kommt es in gut wirksamem Saft noch zu dem von HARDEN allein berücksichtigten Mechanismus: nämlich einer überschüssigen Hydrolyse des Esters, nach der der frei werdende Zucker nun nach Gleichung (1) in Reaktion tritt. Man kann beide Mechanismen dadurch unterscheiden, daß im letzteren Falle bei Zuckerüberschuß, solange Gärung stattfindet, der Phosphatgehalt niedrig bleiben muß. Dies ist aber im allgemeinen nur eine gewisse Zeit lang der Fall, späterhin steigt trotz Zuckerüberschusses der Phosphatgehalt wieder an. Das entspricht offenbar der direkten Vergärung der Hexosediphosphorsäure, während der Saft zur Wiederveresterung des Phosphats und Vergärung des Zuckers nicht mehr imstande ist.

Wir kommen infolgedessen zu einer Neuformulierung der HARDENschen Gleichungen, entsprechend den Gleichungen für die Milchsäurebildung im Muskelextrakt:

I. Phosphatperiode, rasch, hohe Kofermentkonzentration nötig:

$2 C_6H_{12}O_6 + 2 R_2HPO_4 =$

a. $2 C_6H_{11}O_5(R_2PO_4)^*$ (*aktiv) $+ 2 H_2O =$

b. $2 CO_2 + 2 C_2H_5OH + C_6H_{10}O_4(R_2PO_4)_2 + 2 H_2O$.

II. Esterperiode, langsam, geringer Kofermentbedarf:

α. $C_6H_{10}O_4(PO_4R_2)_2 + 2 H_2O = 2 CO_2 + 2 C_2H_5OH + 2 H_3PO_4$;

daneben

β. $C_6H_{10}O_4(PO_4R_2)_2 + 2 H_2O = C_6H_{12}O_6 + 2 H_3PO_4$;

anschließend Ia und b usw.

Auch hier muß die hälftige Teilung des Zuckers darauf bezogen werden, daß in der Phase Ib das abgespaltene Phosphat im Status nascens allein zur Bildung des Di-Esters reagiert. Wenn dagegen auch anorganisches Phosphat der Lösung verestert wird, so bildet sich entsprechend mehr Di-Ester, wie z. B. bei der Vergärung des Glykogens. Andere Autoren haben, um die hälftige Teilung des Zuckers zu erklären, eine Bildung von Triosemonophosphorsäure angenommen, wobei z. B. nach EULER (B 82) zwei Zuckermoleküle je zur Hälfte in einen Dreikohlenstoffzucker als Gärungszwischenprodukt und eine Triosemonophosphorsäure zerfallen sollten, worauf dann die beiden Triosemonophosphorsäuren

Analogien der Kohlehydratspaltung im Muskelextrakt und Hefesaft. 165

zu einer Hexosediphosphorsäure zusammenträten. In dieser Erklärung ist für die intermediäre Bildung von Hexosemonophosphorsäure kein Platz. Überdies ist das Auftreten von Triosemonophosphorsäure bisher nicht festgestellt. Ein solches wäre am ehesten bei der Vergärung der Triosen zu erwarten. Jedoch ergibt sich auch bei der von HAEHN und GLAUBITZ (B 124) entdeckten raschen Vergärung des Dioxyacetons durch Saccharomyces Ludwigii, daß die Kinetik dieser Gärung genau mit der Vergärung der Hexosen übereinstimmt, wenn man die Geschwindigkeitsunterschiede in Rechnung stellt, und daß sich im Macerationssaft dabei Hexosemonophosphorsäure und Hexosediphosphorsäure anreichern [(A 92), IWASAKI (A 98), NEUBERG und KOBEL (B 230a)]. In der Tat hat sich EULER inzwischen dem obigen neuformulierten Gärungsschema angeschlossen (B 88, 91). Auch andere Forscher haben es ernstlich in Betracht gezogen, aber aus der unvollständigen Erfüllung des stöchiometrischen Verhältnisses von Kohlensäurebildung, Mono- und Di-Ester und der Verschiebung dieses Verhältnisses in verschiedenen Hefepräparaten Bedenken hergeleitet. Es ist kein Zweifel, daß auch diese neuen Gleichungen nur eine Idealisierung darstellen und daß beim ungeregelten Ablauf des Esterumsatzes eine rein kinetische Betrachtung keine volle Aufklärung schaffen kann [vgl. HARDEN und HENLEY (B 136), BOYLAND (B 29)]. Zu den vielen Komplikationen durch den teilweisen Zerfall und die Umlagerung der entstandenen Hexoseester kommt noch bei der Gärung von Trockenhefe die Bildung von Trehalosemonophosphorsäure hinzu [ROBISON und MORGAN (B 253)], die aber bei der Milchsäurebildung im Muskel bisher nicht nachgewiesen ist. Merkwürdigerweise hat sich infolge dieser Unregelmäßigkeiten bei manchen Autoren die Fragestellung völlig verschoben, indem sie Formulierungen vorschlagen, nach denen jedes beliebige Verhältnis von Esterbildung und Gärung möglich ist. Jedoch bedürfen an erster Stelle nicht die Abweichungen von den HARDENschen Gleichungen einer Erklärung als vielmehr die immer noch weitgehende Annäherung, mit der sie im Hefeextrakt erfüllt sind.

Eine weitere Frage knüpft sich an den Angriffspunkt des Koferments. Aus den verschiedenen Mengen desselben, die für den Umsatz der einzelnen Phosphorsäureester erforderlich sind, geht mit Wahrscheinlichkeit hervor, daß es bei der Phosphorylierung des Zuckers angreift, die in gleicher Weise bei der alkoholischen Gärung und der Milchsäurebildung vor sich geht. In jedem Falle muß der Angriffspunkt in einer den beiden Formen der Zuckerspaltung gemeinsamen Phase gelegen sein. Daneben wird von HARDEN und ähnlich von EULER angenommen [HARDEN (B 128), EULER (B 86)], daß das Koenzym auch bei der Dismutierung des Aldehyds, die nach dem NEUBERGschen Gärungsschema im Schlußakt der Gärung vorkommt, beteiligt sei. Wenn dies der Fall sein sollte, so hat jedenfalls dieser Vorgang bei der Milchsäurebildung keine Analogie, da hier ja kein Aldehyd auftritt, wohl aber vielleicht bei der Atmung; dies könnte das ähnliche Verhalten des Gärungs- und Atmungskoferments erklären.

b. Intermediärprodukte.

Die letzte Erörterung hat uns bereits dem Problem nähergebracht, welches die gemeinsamen Intermediärprodukte des anaeroben Kohlehydratzerfalls in Muskel und Hefe sind. Die Kinetik ergibt insofern einen Hinweis auf die Stelle, wo die Gabelung dieser beiden Spaltungen stattfindet, als gewisse Stoffwechselprodukte der alkoholischen Gärung nur auf die Gärgeschwindigkeit des Hefesafts, jedoch nicht auf die Kohlehydratspaltung im Muskelextrakt wirken.

Die Gärung im Hefeextrakt setzt nicht mit konstanter Geschwindigkeit ein, sondern — vor allem im Macerationssaft — nach einer mehr oder minder langen Induktionsperiode mit einer exponentiell zunehmenden Geschwindigkeit nach Art einer Autokatalyse („Gäranstieg"). Die Induktionsperiode läßt sich durch eine Spur Hexosediphosphat aufheben (A 8) und mit zunehmender Menge desselben auch eine Verkürzung des Gäranstiegs bewirken, der aber deshalb doch niemals zu bestehen aufhört. Andererseits wird er durch Acetaldehyd fast ganz beseitigt. Dieser letztere, von HARDEN und HENLEY (B 135) erhobene Befund knüpft an die Beobachtung von NEUBERG an, daß allgemein Aldehyde eine äußerst starke Beschleunigung der alkoholischen Gärung bewirken (B 225), was darauf beruhen dürfte, daß sie als Wasserstoffakzeptoren dienen können. Dieser Effekt der Aldehyde fehlt aber bei der Milchsäurebildung; auch gibt es, wenigstens bei der Zuckerspaltung, keinen „Gäranstieg". Diese Tatsachen stimmen gut zu dem NEUBERGschen Schema der alkoholischen

Gärung, das gegenwärtig als das experimentell am besten gestützte gelten darf. Danach wird die Hexose zunächst in 2 Moleküle Methylglyoxal (1) gespalten, das Methylglyoxal in einer Cannizaro-Umlagerung in Glycerin und Brenztraubensäure dismutiert (2) und die Brenztraubensäure carboxylatisch in Acetaldehyd und CO_2 gespalten (3). Der Acetaldehyd reagiert nach CANNIZARO mit einem weiteren Molekül Methylglyoxal und bildet Alkohol und Brenztraubensäure (4), die auf dieselbe Weise zerfällt, usw.

$$C_6H_{12}O_6 = 2\,CH_3 \cdot CO \cdot CHO + 2\,H_2O \quad (1)$$
$$\text{(Methylglyoxal)}$$

$$\begin{array}{l} CH_3 \cdot CO \cdot CHO + H_2O \\ CH_3 \cdot CO \cdot CHO \end{array} \bigg|\,{+}\, \overset{H_2}{\underset{+}{O}} = \begin{array}{l} CH_2OH \cdot CHOH \cdot CH_2OH \\ \text{(Glycerin)} \\ CH_3 \cdot CO \cdot COOH \\ \text{(Brenztraubensäure)} \end{array} \quad (2)$$

$$CH_3 \cdot CO \cdot COOH = CH_3 \cdot CHO + CO_2 \quad (3)$$
$$\text{(Acetaldehyd)}$$

$$\begin{array}{l} CH_3 \cdot CO \cdot CHO \\ CH_3 \cdot CHO \end{array} {+} \overset{O}{\underset{H_2}{\big|}} = \begin{array}{l} CH_3 \cdot CO \cdot COOH \\ + \\ CH_3 \cdot CH_2OH \\ \text{(Alkohol)} \end{array} \quad (4)$$

Es muß also zunächst Bildung von Glycerin stattfinden, das auch als Nebenprodukt der Gärung zur Beobachtung kommt; später aber dient Acetaldehyd als Wasserstoffakzeptor, mit dessen Hilfe weiteres Methylglyoxal über die Stufe der Brenztraubensäure zerfallen kann. Auf die experimentellen Stützen dieser Theorie kann hier nicht näher eingegangen werden. Sie basieren auf dem Auffinden der Carboxylase in der Hefe, die Brenztraubensäure mit großer Geschwindigkeit in Aldehyd und CO_2 spaltet [NEUBAUER (B 223), NEUBERG und KARCZAG (B 227)], auf der geschilderten Wirkung der Aldehyde und auf der Möglichkeit, den Zucker fast quantitativ in Acetaldehyd und Glycerin umzusetzen, wenn der Aldehyd durch Sulfit abgefangen wird [CONNSTEIN und LÜDECKE (B 42), NEUBERG und REINFURTH (B 228)].

Das Korrelat dieser Theorie für die glykolytische Spaltung des Zuckers zu Milchsäure ist die Annahme, daß dabei ebenfalls Methylglyoxal auftritt, sodaß beide Zuckerspaltungen bis zu

168　Die chemischen Vorgänge im zellfreien Muskelextrakt.

dieser Stufe übereinstimmen, worauf dann durch bloßen Wassereintritt das Methylglyoxal sich in Milchsäure umlagert.

$$\begin{matrix}CH_3 \cdot CO \cdot CHO + H_2O \\ CH_3 \cdot CO \cdot CHO + H_2O\end{matrix} = 2\,CH_3CHOH \cdot COOH. \quad (2a)$$

Dieser Verlauf wird weiter gestützt durch die gleichzeitig von NEUBERG und DAKIN [NEUBERG (B 224), DAKIN (B 49)] in den verschiedensten Organen des Tierkörpers aufgefundene Methylglyoxalase, die die letztgenannte Umwandlung bewirkt sowie neuerdings durch die Feststellung, daß Methylglyoxal bei der Spaltung des Hexosediphosphats durch Muskel- und Leberextrakt auftritt, wenn man die Glyoxalase durch Inkubation mit Toluol schwächt [ARIYAMA (B 4), NEUBERG (B 231)].

Die Spaltung des Methylglyoxals in den verschiedenen tierischen Geweben ist in der Tat mit der Annahme im Einklang, daß sie ein Teilvorgang der Zuckerspaltung sein könnte (A 42), denn die Geschwindigkeit der Milchsäurebildung aus Methylglyoxal ist überall höher als aus Zucker. In Gewebsschnitten ergibt sich nach der manometrischen Methode O. WARBURGS $Q_M^{N_2}$ (mm^3 CO$_2$, durch Milchsäure ausgetrieben, pro mg Trockengewicht und Stunde in N$_2$-Atmosphäre mit 5% CO$_2$) in Gehirnschnitten: aus Traubenzucker 19, aus Methylglyoxal 50; in Leberschnitten: aus Traubenzucker 3,3, aus Methylglyoxal 30; im Zwerchfell: aus Traubenzucker 3—4, aus Methylglyoxal 15. Die Glyoxalase geht in den Muskelextrakt über, ist durch Berkefeldkerzen zu filtrieren, wobei die ersten eiweißfreien Anteile unwirksam sind, und ist in Gewebsschnitten durch dieselben Narkotikakonzentrationen wie die Glykolyse zu hemmen. Fluorid hemmt dagegen die Glyoxalase nicht. Auch geht die Spaltung ohne Mitwirkung eines dialysablen Koferments vonstatten, wird aber durch Gewebskochsaft stark gesteigert[1]. Diese Tatsachen beweisen natürlich nicht die intermediäre Bildung von Methylglyoxal, aber sie sind insofern mit ihr im Einklang, als die Umlagerung in Milchsäure rascher verläuft und gegenüber verschiedenen Einwirkungen teils ebenso, teils weniger

---

[1] Der durch Ultrafiltration eingeengte Rückstand läßt sich nämlich, wenn seine Wirksamkeit durch Waschen geschwächt ist, durch das Ultrafiltrat nicht reaktivieren (A 42). Es scheint daher nicht zutreffend, wenn die aktivierende Wirkung des Kochsafts von andern Autoren auf ein Koferment bezogen wird.

Analogien der Kohlehydratspaltung im Muskelextrakt und Hefesaft. 169

empfindlich ist als die Kohlehydratspaltung. Eine Schwierigkeit für die Vorstellung, daß das Methylglyoxal auch bei der alkoholischen Gärung intermediär auftritt, bildet das Vorkommen der Glyoxalase in der Hefe. Methylglyoxal wird also auch hier im allgemeinen zu Milchsäure und nicht zu Alkohol und CO_2. Zur Umgehung dieser Schwierigkeit muß man mit NEUBERG annehmen, daß intermediär eine andere Form des Methylglyoxals auftritt, als es die isolierte Verbindung ist. In der Tat gelang es ihm kürzlich zu zeigen, daß bei geeigneten Mengenverhältnissen ein Teil von zu Trockenhefe zugesetztem Hexosediphosphat zu Methylglyoxal, unter anderen Bedingungen zu Brenztraubensäure gespalten wird (B 231a). Auch ist mit der Theorie im Einklang, daß die Carboxylase in der Hefe in höherer Konzentration, in tierischen Geweben aber nur in sehr geringer Menge vorkommt.

Negativ läßt sich ferner zugunsten des Methylglyoxals als Intermediärprodukt anführen, daß die beiden mit der Milchsäure isomeren Triosen, Glycerinaldehyd und Dioxyaceton, aus verschiedenen Gründen als Zwischenkörper kaum in Betracht kommen. Zunächst werden dieselben entgegen anderslautenden Angaben von tierischen Geweben meist langsamer in Milchsäure umgewandelt als Zucker [O. MEYERHOF und K. LOHMANN (A 51)]. Das entsprechende gilt auch für die alkoholische Gärung, wo an dem günstigsten Objekt, dem Saccharomyces Ludwigii, sich der Beweis erbringen läßt, daß die Gärung des Dioxyacetons auf eine Kondensation zu Hexose zurückzuführen ist; wahrscheinlich muß das gleiche auch für die langsamere Gärung des Glycerinaldehyds angenommen werden. Das Dioxyaceton kann man auch deshalb als Zwischenprodukt ausschließen, weil seine Gärungswärme beim Übergang in äquimolekulare Mengen Alkohol und Kohlensäure pro g Umsatz etwa 70—80 gcal größer ist als beim Traubenzucker, nämlich etwa 250 statt 170 cal pro g, wie IWASAKI (A 98) in sehr guter Übereinstimmung mit der gleichzeitig von KOBEL und ROTH (B 255) bestimmten Verbrennungswärme des Dioxyacetons fand. Diese ergab sich zu 343,1 kcal pro Mol, also 686,2 für $C_6H_{12}O_6$, während die des Traubenzuckers 673,7 kcal ist. Daß im Verlauf der anaeroben Spaltung ein Zwischenprodukt gebildet werden sollte, das eine $1^1/_2$mal so große Spaltungswärme wie das Ausgangsprodukt besitzt, muß als ganz unwahrscheinlich angesehen werden. Genau die gleiche Betrachtung gilt natürlich auch für die Spaltung in Milchsäure. Die Verbrennungswärme des Glycerinaldehyds ist bisher nicht bekannt.

B. Umsatz der Guanidinophosphorsäuren.
1. Kreatinphosphorsäure.

Auch die Fermente des Phosphagenumsatzes sind im wässrigen Muskelextrakt enthalten. Kreatinphosphorsäure selbst kommt darin je nach Kühlung und Herstellung des Extrakts in wechselnder Menge vor, im allgemeinen unter 50% des direkt bestimmbaren Phosphats, statt 75—80% im frischen Muskel. Sie zerfällt in Abwesenheit von Kohlehydrat aber fermentativ außerordentlich rasch, so daß sie innerhalb 20 bis 30 Minuten bei Zimmertemperatur nahezu verschwunden ist. Durch Kohlehydratzusatz wird die Aufspaltung bedeutend verlangsamt. Im übrigen verhält sich die rein dargestellte Kreatinphosphorsäure nicht nur bei der Säurehydrolyse, sondern auch gegenüber dem Muskelferment ebenso wie die präformierte. Durch Natriumfluorid in $^n/_{10}$- bis $^n/_{100}$-Konzentration wird die fermentative Spaltung stark gehemmt. Fluorid wirkt also auf alle enzymatischen Phosphathydrolysen ähnlich.

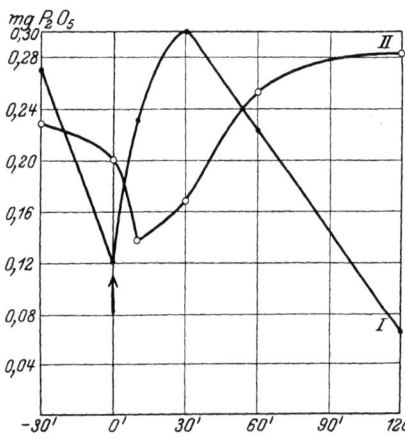

Abb. 35. Phosphagenumsatz und Verhalten des säurestabilen Phosphats bei 20°. ●——● I: Phosphagen, ○——○ II: säurestabiles Phosphat. Nach 30 Minuten langem Stehen des Muskelextrakts wird bei 0 (senkrechter Pfeil) Stärke und Soda bis p_H 8,4 zugegeben. Der Phosphagengehalt steigt sofort an, während das säurestabile Phosphat absinkt. Bald darauf steigt dies wieder an, offenbar durch Veresterung von Kohlehydrat, und der Phosphagengehalt sinkt wieder ab. (Aus Biochem. Z. 196, MEYERHOF u. LOHMANN.)

Die auffallendste Erscheinung ist aber die spontane Synthese der Kreatinphosphorsäure aus den Spaltprodukten bei schwach alkalischer Reaktion. Macht man den Extrakt durch Sodazusatz bis etwa p_H 8—9 alkalisch, so nimmt die Kreatinphosphorsäure beträchtlich zu, erkennbar sowohl an der Zunahme des Phosphagenphosphats wie an dem Schwund des freien Kreatins, das sich nach der Methode von WALPOLE (Diacetylreaktion) von dem gebundenen Kreatin des Phosphagens unterscheiden läßt (A 86, 87). Diese Synthese ist größer, wenn gleichzeitig Kohlehydrat zugesetzt wird, und besonders dann ausgesprochen, wenn man zunächst durch ein halbstündiges Stehenlassen des kohlehydratfreien Extrakts das präformierte Phosphagen aufspaltet. Gibt man jetzt Stärke und gleichzeitig Alkali hinzu, so wird in wenigen Minuten eine der aufgespaltenen ungefähr entsprechende Menge Kreatinphosphorsäure neu gebildet, die dann späterhin allmählich wieder zerfällt (s. Abb. 35). Eine ähnliche Synthese der Kreatinphosphorsäure beobachtete LEHNARTZ im Muskelpreßsaft auf Zusatz von Adenylsäure (B 191), die aber ebenfalls offenbar auf der Alkalisierung beruht.

Daß die Milchsäurebildung chemisch von dem Phosphagenumsatz unabhängig ist, kann man durch die Reinigung des milchsäurebildenden Ferments mittels Adsorption an $Al(OH)_3$ zeigen, wobei das Phosphagen entfernt wird, während Milchsäurebildung und Veresterung ungeschwächt weitergehen.

2. Argininphosphorsäure.

Argininphosphorsäure verhält sich im Extrakt aus Krebsmuskulatur ganz entsprechend; im genuinen Muskelextrakt wird sie aufgespalten, wenn auch langsamer als das Wirbeltierphosphagen im Froschmuskelextrakt; bei schwacher Alkalisierung des Extrakts wird sie synthetisiert, und zwar in größerem Umfang als die Kreatinphosphorsäure unter gleichen Umständen, indem schon bei p_H 7,2 die Synthese deutlich wird. Bei der Argininphosphorsäure überwiegt also die Tendenz zur Synthese, wobei nahezu das ganze vorhandene anorganische Phosphat verschwinden kann; ja, wenn gleichzeitig noch in Gegenwart von Kohlehydrat Phosphat verestert wird, steigert weiterer Zusatz von Phosphat die Synthese der Argininphosphorsäure. Auch läßt sich durch die Arginasereaktion zeigen, daß mit dem anorganischen Phosphat eine entsprechende Menge Arginin bei der Synthese verschwindet. Ein derartiger Versuch ist im folgenden angeführt. A gibt den Anfangsgehalt an, B nach schwacher Ansäuerung und 45 Minuten Stehen, C nach Zusatz von Na_2CO_3 und Stärke nach weiteren 30 Minuten. Wenn auch die aus dem NH_3 und die aus dem Phosphat berechnete Änderung des freien Arginins nicht genau übereinstimmt, so erfolgt sie doch gleichsinnig.

Versuchslösung	pro 1 cm³ Extrakt		
	mg freies Arginin	Änderung des freien Arginins	
		(aus NH₃ berechnet)	(aus P₂O₅ berechnet)
A	1,80		
B	1,94	*+0,14*	*+0,31*
C	1,44	*−0,50*	*−0,70*

Die Wärmemessungen lehren aber, daß diese enzymatische Synthese der Phosphagene ein komplizierterer Vorgang sein muß und nicht die bloße Umkehrung der Säurehydrolyse darstellen kann. Denn diese Hydrolyse hat eine erhebliche positive Wärmetönung (s. oben S. 94), ihre Umkehrung müßte endotherm sein. Scheinbar verläuft aber die enzymatische Synthese ohne Wärmetönung. Unter anderem ist es möglich, daß die Phosphagene im Muskel und Muskelextrakt Bestandteile größerer Moleküle sind, und daß in diesen die Abspaltung und Veresterung des Phosphats mit geringerer Energieänderung verläuft, als wenn nach Einwirkung enteiweißender Reagenzien die Guanidinophosphorsäuren in Freiheit gesetzt werden. Eine volle Aufklärung der Spaltung und Synthese der Phosphagene im lebenden Muskel und Muskelextrakt ist jedoch bisher noch nicht erreicht worden.

C. Rolle des Adenylpyrophosphats.

Der Umsatz des Adenylpyrophosphats hat nicht nur um seiner selbst willen Interesse, sondern auch wegen der Rolle, die es für die anaerobe Kohlehydratspaltung spielt. Das bisherige Ergebnis der Untersuchungen hierüber sei an dieser Stelle mitgeteilt. Zunächst macht die Verbindung in fermenthaltigem Muskelextrakt selbst rasche Veränderungen durch. Im Laufe von 2—3 Stunden werden aus 1 Mol 2 Mol o-Phosphat und 1 Mol NH₃ abgespalten. Dies letztere entspricht dem von EMBDEN (B 78) beschriebenen Übergang der Adenylsäure in Inosinsäure, während das Entstehen des o-Phosphats mit dem Verschwinden der Pyrophosphatgruppe zusammenfällt. Doch kann die Abspaltung des Ammoniaks dem Zerfall des Pyrophosphats folgen wie ihm vorhergehen; es kann danach sowohl freie Adenylsäure wie Inosinpyrophosphorsäure auftreten. In der Tat wird Inosinpyrophosphorsäure, die von K. LOHMANN durch chemische wie fermentative Desaminierung dargestellt ist, ebenfalls fermentativ unter Bildung von o-Phosphat gespalten.

Wird andererseits freies adenylsaures Alkalisalz zu frischem Muskelextrakt gegeben, so wird innerhalb 1—2 Minuten ein großer Teil desselben mit o-Phosphat zu Adenylpyrophosphat synthetisiert. Ein Verschwinden von anorganischem Phosphat bei Zusatz von Adenylsäure beobachtete schon E. LEHNARTZ (B 192), bezog dies aber auf Synthese von Lactacidogen und später nach der Entdeckung des Pyrophosphats durch K. LOHMANN auf die Bildung von freiem Pyrophosphat. Daß hier aber eine Synthese zu Adenylpyrophosphorsäure stattfindet, ergibt sich neben dem Auftreten der Pyrophosphorsäuregruppe aus dem Verschwinden von Säurevalenzen, das manometrisch gemessen werden kann, indem in Gegenwart von Bicarbonat Kohlensäure in entsprechendem Umfang retiniert wird. Dagegen wird bei Spaltung von anorganischem Pyrophosphat in o-Phosphat bzw. durch Synthese aus demselben das p_H in der Nähe von 6,85 nicht geändert, weil sich hier die Titrationskurven der Pyrophosphorsäure und o-Phosphorsäure überlagern [vgl. K. LOHMANN (A 94)].

Da in frischen Fermentextrakten Adenylsäure stets mindestens zum Teil zu Adenylpyrophosphorsäure synthetisiert wird, übt die erstere bereits eine ähnliche, wenn auch schwächere Wirkung aus, während die durch NH_3-Abspaltung daraus entstehende Inosinsäure unwirksam ist. Diese Wirkung besteht aber, wie schon im vorigen Kapitel erwähnt, in der Komplettierung des Koferments. Nicht nur Muskel- und Hefekochsaft, sondern auch gereinigte Kofermentpräparate enthalten Adenylsäure. Diese fand EULER (B 84, 87) selbst in seinen reinsten Präparaten aus Hefe, nahm jedoch an, daß das Koferment eine einheitliche Substanz sei, die aus einer adenylsäureähnlichen Verbindung besteht. Bereits früher (K. MEYER, A 82) hatte sich aber ergeben, daß die Milchsäurebildung durch weitgehend gereinigtes Ferment neben dem Zusatz von Glykogen, Phosphat und Koferment noch eines Komplements bedarf, das in autolysiertem Muskelextrakt nicht mehr vorhanden ist, aus frischer Muskulatur jedoch in der Form eines schwer löslichen Bariumsalzes isoliert werden konnte. Die hier wirksame Substanz ist nun die Adenylpyrophosphorsäure. Diese ruft in Verbindung mit einer autolysierten Kofermentlösung, d. h. einem Koferment, das aus bei 37° autolysiertem Muskelbrei oder Muskelextrakt hergestellt ist, die Milchsäurebildung in einem Fermentextrakt hervor, der durch Adsorption gereinigt oder 2 Stunden in dünnwandigen Kollodiumhülsen dialysiert ist. Ebenso wirkt Adenylsäure, die dabei Adenylpyrophosphorsäure bildet. Auch können diese beiden oder ihnen sehr ähnliche Verbindungen aus der säurelöslichen Fraktion von Hefe isoliert werden, jedoch ist die aus der Spaltung der Hefenucleinsäure gewonnene Adenylsäure als Komplement unwirksam.

Ein von Adenylsäure befreites Kofermentpräparat läßt sich gewinnen, wenn man aus mehrere Stunden bei 38° autolysierter Muskulatur das Koferment mit Bleiacetat fällt (A 6 und 7) und auf die Fällung die EULERschen Reinigungsmethoden anwendet. Dies Präparat ist für sich selbst auch in höherer Konzentration als Kozymase unwirksam, kann aber noch bei 10facher Verdünnung durch Zusatz der Nucleotidverbindung aktiviert werden; ebenso kann ein aus frischer Muskulatur gewonnenes Kofermentpräparat durch weitgehende Verdünnung unwirksam gemacht werden, aber noch nach einer von der Wirksamkeitsgrenze gerechneten 10fachen Verdünnung auf dieselbe Weise reaktiviert werden. Die maximal wirksame Konzentration der Adenylpyrophosphorsäure entspricht der im Muskel vorhandenen; höhere Konzentrationen hemmen. Ob eine schon eingeleitete Milchsäurebildung im Extrakt auch nach totalem Zerfall der Adenylpyrophosphorsäure weitergehen kann oder zum Stillstand kommt, konnte bisher nicht sicher entschieden werden; doch ist dieser Zerfall jedenfalls nicht die einzige Ursache für das Unwirksamwerden der Fermentlösung, indem nachträglicher Zusatz von Adenylpyrophosphorsäure die verschwundene Wirksamkeit nicht oder nur in geringem Maße wieder hervorruft.

Auch hier bestätigt sich der durchgängige Parallelismus der alkoholischen Gärung und Milchsäurebildung, indem sich genau dieselben Erscheinungen in von Koferment befreitem Macerationssaft oder mit Trockenhefe nachweisen lassen. Dabei ergeben sich zwei Unterschiede: 1. In Hefepräparaten findet keine Ammoniakabspaltung statt, die Adenylsäure wird also nicht zur unwirksamen Inosinsäure desaminiert. 2. Das Verhältnis der wirksamen

Menge der Restkozymase zur Adenylpyrophosphorsäure scheint etwas anders zu sein als im Muskel, sodaß bei gewissen Verdünnungen adenylsäurearme Kofermentpräparate noch die Gärung, aber nicht mehr die Milchsäurebildung auslösen können. Doch wird auch hier bei geeigneten Verdünnungen ein sonst unwirksames Koferment durch Zugabe von Adenylsäure aktiviert und besonders durch die Pyrophosphatverbindung die Angärungszeit stark abgekürzt.

Wahrscheinlich wird also die Adenylpyrophosphorsäure nicht selbst bei der Kohlehydratspaltung umgesetzt, aber ihre Anwesenheit ist für den normalen Ablauf derselben notwendig. Sie ist daher als Bestandteil des Kofermentsystems, als Komplement, anzusehen.

V. Der Spaltungs- und Oxydationsstoffwechsel der Zellen.

A. Pasteurs Theorie.

Bereits im vorigen Kapitel hat uns die weitgehende Übereinstimmung zwischen der enzymatischen ·Spaltung des Kohlehydrats im Muskelextrakt und der alkoholischen Gärung der Zucker im Hefesaft gezeigt, daß dieser Spaltungsmechanismus von der Besonderheit des Organs, ja des Organismus, unabhängig ist und allgemeinen biochemischen Gesetzen unterliegt. Wir stoßen aber auf eine noch umfassendere Gesetzmäßigkeit, wenn wir den ganzen Stoffwechseltypus des Muskels mit dem Stoffwechseltypus anderer Zellen hinsichtlich der Verknüpfung der anaeroben und aeroben Vorgänge vergleichen.

Die Entdeckung von Lavoisier und Laplace, wonach der tierische Stoffwechsel eine Verbrennung ist, ,,die zwar langsam verläuft, aber im übrigen der Verbrennung der Kohle vollständig gleicht", ist bekanntlich um die Mitte des 19. Jahrhunderts ergänzt worden durch die Auffindung von anaeroben Lebewesen durch Pasteur, der gleichzeitig erkannte, daß hier ein Spaltungsvorgang als energetischer Ersatz der Sauerstoffatmung dient. Die Gärung ist der anaerobe Atmungsvorgang dieser Organismen: ,,La fermentation est la vie sans air." Entsprechend der geringen Reaktionswärme dieser Spaltungen gegenüber den Oxydationen ist der materielle Umsatz pro Gewichtseinheit lebender Substanz entsprechend höher. Die Hefe spaltet z. B. in Abwesenheit von Sauerstoff in 24 Stunden (bei 30°) etwa das 50fache ihres Gewichts an Traubenzucker in Alkohol und Kohlensäure.

PASTEUR hat nicht nur das Vorhandensein dieser beiden verschiedenen Stoffwechseltypen, des anaeroben Gärungsstoffwechsels neben dem aeroben Atmungsstoffwechsel erkannt, sondern auch die Verknüpfung dieser beiden, die speziell bei den fakultativ anaeroben Zellen wie der Hefe deutlich wird. Nach PASTEUR sollte eine Zelle im allgemeinen imstande sein, sowohl zu gären wie zu atmen, jedoch sollte nur einer der beiden Stoffwechselprozesse jeweils in Erscheinung treten. In Abwesenheit von Sauerstoff sollte die Zelle gären, dagegen würde in Anwesenheit von Sauerstoff die Gärung unterdrückt und die Zelle atmen. Diesen Zusammenhang dachte sich PASTEUR des näheren so, daß die Spaltungsvorgänge ihren Ursprung der gleichen Sauerstoffaffinität der Zelle verdanken wie die aerobe Atmung. In Luft geht die Oxydation mit dem atmosphärischen Sauerstoff vor sich; in Abwesenheit von Luft entreißt die Zelle den Sauerstoff, dessen sie bedarf, den gelösten chemischen Verbindungen: sie oxydiert unter gleichzeitiger Reduktion der einen Hälfte des Nährstoffmoleküls die andere Hälfte. Dies ist der Typus der „Oxydoreduktion", der für die alkoholische Gärung genau zutrifft: denn ein Teil des Zuckermoleküls wird zu CO_2 oxydiert, während der andere Teil zu Alkohol reduziert wird. Auch für andere Vergärungsformen des Zuckers, wie die durch Sulfit bewirkte Umwandlung in Glycerin und Acetaldehyd, gilt das gleiche. Bei genauerer Betrachtung tritt eine solche Oxydoreduktion auch bei der Spaltung des Zuckers in Milchsäure in Erscheinung; auch hier hat der PASTEURsche Gedanke einen guten Sinn; denn die Spaltungsenergie stammt auch in diesem wie in den sonstigen Fällen zur Hauptsache aus der intramolekularen Sauerstoffverschiebung. Die Gärung wurde danach als „intramolekulare Atmung" aufgefaßt.

So richtig dieser Gedanke im Kern auch ist, so hat er doch bei den Nachfolgern PASTEURs zu einer falschen Umdeutung geführt. PFEFFER und PFLÜGER stellten sich den Zusammenhang der anaeroben Atmung — die inzwischen auch bei den höheren Pflanzen, insbesondere den Früchten und Samen, aufgefunden war — mit der Sauerstoffatmung so vor, daß die Spaltung der erste Schritt des Zerfalls wäre. Dieser Schritt sollte auch in Luft vor sich gehen, aber dadurch verdeckt werden, daß die Spaltprodukte oxydiert würden. Die intramolekulare Atmung wäre demnach die erste Atmungsphase, durch die die Nährstoffmoleküle in leicht oxydierbare Spaltstücke zerfielen. In Abwesenheit von Sauerstoff blieben sie bestehen; wir hätten dann die anaerobe Gärung vor uns. In Gegenwart von Sauerstoff würden sie oxydiert, dies wäre die Sauerstoffatmung mit dem von PASTEUR postulierten Verschwinden des Gärungsstoffwechsels. L. HERMANN (B 150, 221 [NASSE]) wandte ähnliche Vorstellungen auf den Stoffwechsel des Muskels an. Er hatte als erster beobachtet, daß ein Muskel in völliger Abwesenheit von Sauerstoff arbeiten kann. Die Arbeit sollte geleistet werden durch Zerfall eines besonders energiereichen Moleküls, das in Kohlensäure, Milchsäure und koaguliertes Eiweiß zerfallen sollte, wobei intramolekularer Sauerstoff als Oxydationsmittel wirksam wäre. Daneben wurde eine „restitutive Synthese" von ihm erwogen, indem die Atmung dazu dienen sollte, aus dem Eiweiß (Myosin) und den vom Blut zugeführten C-Verbindungen neue energieliefernde Moleküle aufzubauen.

Es ist nun zu zeigen, daß der Gedanke PASTEURS von der Hemmung des Spaltungsstoffwechsels durch Sauerstoff in einer bestimmten Form allgemein gültig ist, daß aber diese Hemmung nicht dadurch zustande kommt, daß der atmosphärische Sauerstoff den gebundenen Sauerstoff bei dem Molekülzerfall ersetzt, wie PASTEUR es sich dachte, auch nicht dadurch, daß die Spaltprodukte weiteroxydiert werden, wie PFEFFER und PFLÜGER annahmen, sondern dadurch, daß der Spaltungsstoffwechsel durch die Atmung rückgängig gemacht wird. Dies ist gerade derselbe Fall, der im Muskel durch die Darlegungen im Kap. I, S. 44 ff. bewiesen worden ist.

B. Aerobe und anaerobe Glykolyse tierischer Gewebe.

1. O. WARBURGs Arbeiten über die PASTEURsche Reaktion.

a. Die PASTEURsche Reaktion unter physiologischen und pathologischen Verhältnissen.

O. WARBURG (B 282) fand, daß alle bei Körpertemperatur in zuckerhaltiger Lösung suspendierten Säugetiergewebe anaerob Milchsäure bilden, „glykolysieren", wenn auch mit ganz verschiedener Geschwindigkeit. Verhältnismäßig klein ist die Glykolyse bei der Mehrzahl ausgewachsener Gewebe, größer hier nur bei der grauen Hirnsubstanz, bei den Leukozyten, insbesondere aber bei der Retina. Ganz allgemein ist dagegen die Glykolyse sehr groß bei wachsenden Geweben, und zwar um so größer, je jünger sie sind, so daß die embryonalen Hüllen die größte Glykolyse — mit alleiniger Ausnahme der Retina — zeigen. Nahezu ebenso groß ist aber auch die Glykolyse der malignen Tumoren. Als Beispiel der Größe der Glykolyse mögen folgende $Q_M^{N_2}$-Werte von Rattengeweben nach O. WARBURG und Mitarbeitern angeführt sein:

$Q_M^{N_2}$

Fruchtblasenhülle von 0,5—2 mg schweren Rattenembryonen . 48
ganz junge Rattenembryonen in toto 32
FLEXNERsches Rattencarcinom . . . . 30—40
JENSENsches Rattensarkom . . . . 30—40
gutartige Tumoren und Hyperplasien (Mensch) . . . . 14—36

Retina 88
Exsudatleukozyten . . . . 13—32
Blutleukozyten . . . . 8—16
Placenta 15
graue Hirnsubstanz 19
Hodengewebe 8,5

ausgewachsene epitheliale Gewebe wie Darmschleimhaut, Leber,
   Niere, Pankreas, Submaxillaris, Thyreoidea . . . . 2—4

Dabei ist die Atmungsgröße derselben Gewebe in Sauerstoff sehr verschieden und hat keine unmittelbare Beziehung zur Größe der anaeroben Glykolyse. Dies ergibt sich aus den folgenden Q_{O_2}-Werten:

Q_{O_2}

Fruchtblasenhüllen und Embryonen . . . . 12—14
Carcinom und Sarkom . . . . 3—13
Retina 31
Leukozyten . . . . 3—5
graue Hirnsubstanz 11
Niere 21
Hoden 12
Darmschleimhaut, Leber, Thyreoidea . . . . 12—13
Pankreas, Submaxillaris 4

In Sauerstoff verschwindet nun die Milchsäurebildung teilweise oder ganz in einem Vorgang, der von WARBURG als „PASTEURsche

Reaktion" bezeichnet wird. Ist die anaerobe Milchsäurebildung groß im Vergleich zur Atmung, so bleibt aerob ein mehr oder minder großer Rest der Glykolyse übrig. Es zeigt sich nun, daß auch hier der Atmungssauerstoff ein ganz bestimmtes Vielfaches der Milchsäure, die er oxydieren könnte, zum Verschwinden bringt. Weitaus in der Mehrzahl der Fälle erhält man einen Oxydationsquotienten von 3—6. O. WARBURG bildet das Verhältnis

$$\frac{\text{Mol verschwindende Milchsäure}}{\text{Mol verbrauchter Sauerstoff}},$$

von ihm als „Meyerhof-Quotient" bezeichnet. Hierbei wird über das Substrat der Oxydation keine Annahme gemacht. Der so bestimmte Quotient ist ein Drittel des Oxydationsquotienten der Milchsäure, da 3 Moleküle Sauerstoff 1 Molekül Milchsäure oxydieren können.

Scheinbar ist der Oxydationsquotient öfters kleiner als angegeben, indem auch bei verhältnismäßig geringer anaerober Glykolyse und großer Atmung in Sauerstoff noch ein kleiner Rest von Glykolyse bestehen bleibt. Dieser beruht aber, wie WARBURG zeigte, auf dem schädigenden Einfluß der Ringerlösung und verschwindet bei Messung des Stoffwechsels in Serum. Außer dem günstigen Einfluß des Serumproteins kommt auch dem Lactatgehalt des Serums eine gewisse Bedeutung zu, indem schon in lactathaltiger Ringerlösung der aerobe Glykolyserest sich verkleinert (A 51).

Ganz besonders empfindlich gegen Milieueinflüsse erweist sich das junge embryonale Gewebe und vor allem die Retina. Bei ersterem verschwindet selbst in Serum die aerobe Glykolyse nicht ganz; wird jedoch der Stoffwechsel der Embryonen in intakten Fruchthüllen gemessen, so bringt die Atmung die Milchsäurebildung ganz zum Verschwinden, obgleich der „Meyerhof-Quotient" gegen 3 beträgt, der Oxydationsquotient also 9 ist. Bei der Säugetierretina gelingt es selbst unter allen Vorsichtsmaßnahmen nicht, eine aerobe Glykolyse zu vermeiden, trotzdem hier die Atmung schon mit einem Oxydationsquotienten von etwa 7,5 die Glykolyse unterdrücken müßte. Doch beruht dies nach WARBURG nur auf der besonderen Empfindlichkeit des Organs gegen den momentanen Sauerstoffmangel während der Präparation. Wie die Versuche an Kaltblüterretina (Amphibien,

Fischen) und embryonaler Retina zeigen, muß in vivo auch für die Säugetierretina ein völliges Verschwinden der aeroben Glykolyse angenommen werden. Ganz allgemein zeigt sich, daß Schädigungen an erster Stelle nicht die Größe der Atmung selbst herabsetzen, sondern die Wirkung der Atmung, sodaß sie nicht mehr imstande ist, die Spaltung zum Verschwinden zu bringen. Wir deuten dies entsprechend den Versuchen an zerschnittenem Muskelgewebe, wo auch der Einfluß der Atmung mit der Zeit mehr und mehr sinkt, durch eine Störung des Kreislaufs der Milchsäure; denn die mit der Atmung gekoppelte Resynthese ist gegen Schädigungen empfindlicher als die Atmung selbst.

Aus den nach allen Richtungen variierten Versuchen O. WARBURGS folgt, daß unter adäquaten Milieubedingungen und im lebenden Organismus im allgemeinen weder bei wachsenden noch ausgewachsenen Geweben eine aerobe Glykolyse vorhanden ist; ausgenommen sind nur gewisse nichtstationäre Zustände, wie die auf dem ,,Aussterbeetat" stehenden kernlosen Erythrocyten, deren Atmung gegenüber den teilungsfähigen Jugendformen gesunken ist, und deren aerobe Glykolyse für den Milchsäuregehalt des Bluts bei Körperruhe wesentlich verantwortlich ist und ferner die Exsudatleukozyten. Die stärkste und prinzipiell wichtigste Ausnahme vom Normaltypus aber bilden die bösartigen Tumoren. Ihre anaerobe Glykolyse ist so groß wie die junger Embryonen. In Sauerstoff bleibt aber ein beträchtlicher Teil derselben, etwa zwei Drittel, übrig; dies gilt auch für ganz physiologische Verhältnisse wie bei der Suspendierung der Tumorschnitte in Serum und auch in vivo, wo das abführende Venenblut die zugebildete Milchsäure abführt [CORI und CORI (B 45); O. WARBURG, WIND und NEGELEIN (B 290)]. Die Ursache dieses in Sauerstoff fortbestehenden Spaltungsstoffwechsels liegt im allgemeinen in der zu kleinen Atmung der Tumorzelle, die gegenüber der Atmung embryonaler Zellen auf die Hälfte und weniger gesunken ist, sodaß die Atmung trotz eines normalen Oxydationsquotienten den Spaltungsstoffwechsel nicht beseitigen kann; in selteneren Fällen kann aber auch die Atmung genügend groß, dagegen die Wirkung der Atmung so geschwächt sein, daß ein aerober Spaltungsstoffwechsel übrigbleibt. Dieser Spaltungsstoffwechsel ist nach der grundlegenden Entdeckung WARBURGS eine echte Gärung: Zum Unterschied von normalen tierischen Zellen kann die Tumorzelle in Abwesenheit von Sauerstoff von der Spaltungsenergie leben und wachsen. Sie ist ein fakultativ anaerobes Lebewesen wie die Hefe und vermag wie diese noch bei äußerst niedrigen Sauerstoffdrucken, die zur Atmung völlig unzureichend sind — nach WIND unter 10^{-5} Vol.-% Sauerstoff (B 295) — am Leben zu bleiben und sich zu vermehren.

b. Beeinflussungen der PASTEURschen Reaktion.

Die PASTEURsche Reaktion läßt sich nun auf verschiedene Weise beeinflussen. Ihre irreversible Beeinträchtigung ist bereits im vorhergehenden besprochen worden. Diese Beeinträchtigung geschieht durch alle Umstände, welche die Gewebsatmung schädigen, aber nicht aufheben. Indirekt läßt sich ferner die PASTEURsche Reaktion durch Beeinflussung der Atmung ändern. Wird z. B. die Atmung durch Blausäure gehemmt, so wirkt das ebenso wie Entziehung des Sauerstoffs, indem die aerobe Glykolyse auf die Höhe der anaeroben hinaufgeht. Nach O. WARBURG (B 281) gibt es aber auch eine direkte reversible Hemmung der PASTEURschen Reaktion durch Blausäureäthylester. Dieser wirkt in 10^{-3} n weder auf die Atmung noch auf die Gärung, beseitigt aber die zwischen beiden bestehende Koppelung, wie z. B. die folgenden Versuche mit JENSENschem Rattensarkom zeigen.

Tabelle 17.

Q-Werte	Ohne Blausäureester	Mit Blausäureester
Q_{O_2} (Atmung)	13,2	13,8
$Q_M^{N_2}$ (anaerobe Gärung) .	27,6 26,2	26,2
$Q_M^{O_2}$ (aerobe Gärung) . .	*14,6*	*28,4*
Meyerhof-Quotient . . .	1,0	0

Da Blausäureäthylester nach WARBURG und TODA Eisenkatalysen hemmt, wenn auch nicht die der Sauerstoffatmung zugrunde liegende, so spricht dies dafür, daß auch die Koppelung von Atmung und Spaltung auf einer besonderen Eisenkatalyse beruht. Als Argument hierfür läßt sich weiter anführen, daß unter Umständen, wenn die Atmung gegen Blausäure unempfindlich ist, auch Blausäure selbst zur Hemmung der PASTEURschen Reaktion dienen kann, was sonst deshalb nicht nachzuweisen ist, weil mit der Atmung natürlich auch die Wirkung der Atmung verschwinden muß. Wie L. GENEVOIS (A 72, 79) fand, wird bei Algen, deren Atmung im allgemeinen durch Blausäure sehr wenig beeinflußt wird, die PASTEURsche Reaktion bei $1 \cdot 10^{-3}$n-HCN gehemmt, so daß nun die „intramolekulare Atmung" in Sauerstoff nahezu ebenso groß ist wie in Stickstoff, trotz fortbestehender Oxydation. Übrigens läßt sich die Resynthese der Milchsäure im Froschmuskel durch Blausäureäthylester nicht hemmen. Ebenso wird auch der Oxydationsquotient in zerschnittener Muskulatur nicht beeinflußt, sondern nur — durch höhere Dosen — die Atmung selbst gehemmt. Dies ist aber vielleicht nur die Folge der niedrigen Temperatur und beweist noch nicht eine prinzipielle Verschiedenheit zwischen dem Milchsäureumsatz im Muskel und anderen Organen.

Nach KUBOWITZ (unter WARBURG) (B 185) hat die PASTEURsche Reaktion einen besonderen Temperaturkoeffizienten, und zwar beträgt z. B. der Meyerhof-Quotient bei der Froschretina bei 15° 1,75, bei 25° 3,0, bei 35° 3,9. Bei 40° dagegen sinkt nicht nur die Atmung ab, sondern darüber hinaus verschwindet jede Wirkung der Atmung, der Quotient ist 0. Dies ist ebenso wie bei der Warmblüterretina auf die bei hoher Temperatur einsetzende Gewebsschädigung zu beziehen. Ein mit steigender Temperatur zunehmender Oxydationsquotient ist in einem engeren Temperaturbereich am Kaltblütermuskel in vivo ebenfalls beobachtet worden.

2. Oxydativer Verbrauch des Lactats.

Am Kaltblütermuskel, in dem bei der Tätigkeit fast ausschließlich Kohlehydrat oxydiert wird, kann nicht entschieden werden, ob hier der oxydativ verschwundene Zucker auf dem Wege über Milchsäure verbrennt oder auf andere Weise. Infolgedessen ist auch der Nenner des Oxydationsquotienten als oxydierte Milchsäure*äquivalente* bezeichnet. Bilanzmäßig ist es einerlei, ob die Milchsäure direkt verbrennt, also das Kohlehydrat zunächst in Milchsäure gespalten und diese dann oxydiert wird, oder ob der Zucker direkt oxydiert wird, dagegen die Verbrennung der Milchsäure nur indirekt vor sich geht, also umgekehrt Milchsäure erst zu Kohlehydrat werden muß und nur auf diesem Umwege oxydiert werden kann. Erfahrungen an anderen Geweben lassen die zweite Formulierung als die allgemeiner gültige erkennen. Die Milchsäure ist also dann nicht ein Intermediärprodukt der Zuckeroxydation (sondern eher Zucker ein Intermediärprodukt der Milchsäureoxydation), die Spaltung des Zuckers demnach nicht die erste Phase der Verbrennung. So zeigen die Versuche von R. LOEBEL (A 45) an der grauen Hirnsubstanz von Ratten, daß Fruktose ebensogut wie Glukose und Milchsäure veratmet wird; unter anaeroben Bedingungen entsteht aber nur aus Glukose, nicht aus Fruktose Milchsäure. Man muß daraus folgern, daß jedenfalls die Fruktose

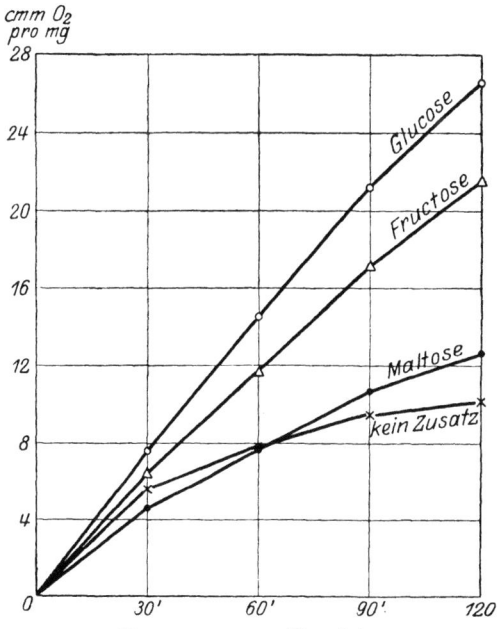

Atmung von grauer Hirnsubstanz.
Abb. 36. ○ = Glukose, △ = Fruktose, × = Kein Zusatz, ● = Maltose. (Aus Biochem. Z. **161**, LOEBEL.)

nicht auf dem Weg über Milchsäure oxydiert wird, und es liegt nahe, diese Beobachtung auf die anderen Hexosen auszudehnen. Unter diesen Umständen ist die nahezu ebenso leichte Oxydation der Milchsäure viel eher so zu deuten, daß sie erst zu Zucker synthetisiert und als solcher verbrannt wird. Der Atmungsverlauf in der grauen Hirnsubstanz von Ratten unter Zusatz dieser Stoffe ist auf den Abb. 36, 37, 38 dargestellt.

Ganz allgemein finden wir in den verschiedenen Warmblüterorganen ein oxydatives Verschwinden der Milchsäure. Sie läßt sich durch die Zunahme des Bicarbonatgehalts der lactathaltigen Ringerlösung während der Atmung der Gewebsschnitte bestimmen (s. Methoden S. 315).

In Leberschnitten, besonders von Ratten, die 24—48 Stunden gehungert haben, zeigt sich in Gegenwart von Lactat sowohl eine Atmungssteigerung um 50—100% (Q_{O_2} 17 bis 23, statt normal

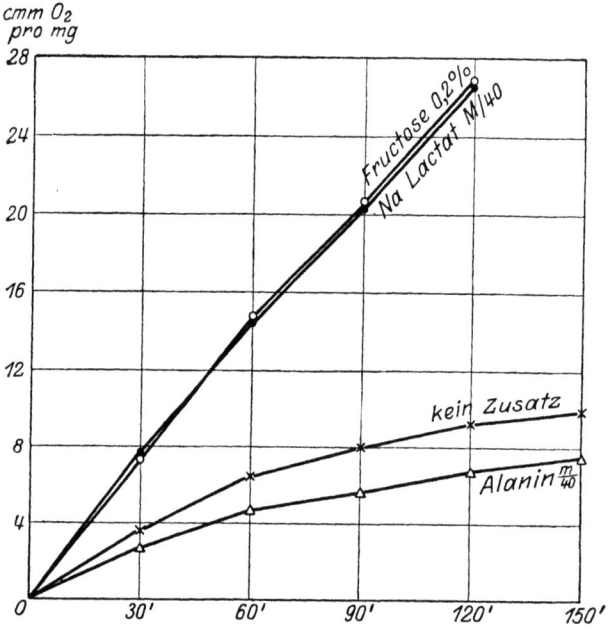

Atmung der grauen Hirnsubstanz.

Abb. 37. × Ohne Zusatz, ○ Fruktose 0,2%, ● Na-Lactat $m/_{40}$, △ Alanin. (Aus Biochem. Z. 161, LOEBEL.)

10 bis 13) wie auch ein an der Zunahme des Bicarbonatgehalts zu messender Verbrauch von Lactat. In der Leber aber wird dieses Lactat nicht nur oxydativ beseitigt, sondern wie im Muskel zum Teil auch zu Kohlehydrat synthetisiert, und daher in den Lebergewebsschnitten eine bilanzmäßige Zunahme an Kohlehydrat beobachtet. In 2—3stündigen Versuchen [O. MEYERHOF und K. LOHMANN (A 51)] beträgt diese Zunahme an Kohlehydrat 20—80% des Sauerstoffverbrauchs, wenn man ihn auf Kohlehydratoxydation berechnet, während gleichzeitig in den Kontrollen

Oxydativer Verbrauch des Lactats.

ohne Lactat eine Abnahme von Kohlehydrat, entsprechend 12 bis 45% des Sauerstoffverbrauchs, vor sich geht. Die Oxydation wird also nur zum kleinen Teil durch Kohlehydrat gedeckt. Andererseits ergibt die Differenz des Kohlehydrats bei An- und Abwesenheit von Lactat, daß eine ungefähr dem verbrauchten Sauerstoff entsprechende Menge Kohlehydrat synthetisiert wird. Ob das Verhältnis von Synthese und Sauerstoffverbrauch in vivo in der Leber noch günstiger ist, wo ja zuerst eine solche Synthese beobachtet wurde [PARNAS und BAER (B 240)], ist nicht bekannt. Jedenfalls kann, wie aus einer neuen Arbeit von CORI und CORI (B 47) hervorgeht, 40 bis 90%, durchschnittlich 66%, des verfütterten Lactats in der Leber hungernder Ratten als Glykogen gespeichert werden.

In Übereinstimmung mit dem Verhalten des Muskels ergibt sich weiter, daß Atmungssteigerung und Kohlehydratsynthese in den Leberschnitten nahezu, wenn auch nicht völlig, ausbleiben, wenn statt l-Lactat (Fleischmilchsäure) das körperfremde d-Lactat benutzt wird (A 53).

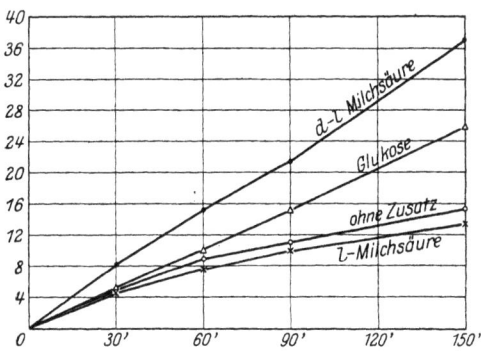

Abb. 38. Atmungsgröße der grauen Hirnsubstanz (mm³ O₂ pro mg Trockengewicht) in Ringerlösung mit Zusätzen. Ordinate: mm³ O₂, Abszisse: Zeit in Minuten. Die Bezeichnung l-Milchsäure ist alte Nomenklatur, der im Text d(—)-Milchsäure entspricht. (Aus Biochem. Z. 171, MEYERHOF und LOHMANN.)

Auch dieser Befund ist in der angeführten Arbeit von CORI und CORI an den Lebern hungernder Ratten in vivo bestätigt worden. Danach wird d-Lactat viermal so langsam verbraucht als l-Lactat und etwa 30% der verfütterten Menge im Urin ausgeschieden (von l-Lactat nichts), während der Kohlehydratgehalt der Leber nur spurenweise zunimmt. Bei der Atmung anderer Organe in lactathaltiger Lösung findet man keine meßbare Kohlehydratsynthese, sondern nur einen oxydativen Schwund der Milchsäure. Stets steigert hier das l-Lactat die Atmung und verschwindet in erheblichem Umfange, während d-Lactat nur geringfügig angegriffen wird und entsprechend schwach atmungswirksam ist.

Dieser an verschiedenen isolierten Geweben gefundene oxydative Lactatschwund vollzieht sich ebenso in vivo. Nach O. WARBURG, WIND und NEGELEIN (B 290) enthalten die von verschiedenen Organgebieten abführenden Venen (Renalis, Portae, Iliaca-, Placentarvenen) stets weniger Milchsäure als die zuführenden Arterien. Die verschiedensten Organe nehmen also an der Beseitigung der ins Blut übertretenden oder im Blut gebildeten Milchsäure teil. Am wichtigsten dürfte aber bei der Muskelarbeit des Menschen und der höheren Tiere die Beseitigung der ins Blut abgegebenen Milchsäure durch Muskeln und Leber sein. Denn hier wie dort wird die Milchsäure nicht nur oxydiert, sondern als Glykogen gespeichert, das dann von der Leber auf dem Wege über den Blutzucker dem Muskel von neuem als Betriebsstoff zur Verfügung gestellt werden kann.

3. Stoffwechsel des peripheren Nerven im Vergleich zum Muskel.

Wegen verschiedener Analogien und Abweichungen gegenüber dem Muskelstoffwechsel beansprucht der Stoffwechsel des peripheren Nerven besonderes Interesse [R. W. GERARD und O. MEYERHOF (A 71, 76, 78), O. MEYERHOF und F. O. SCHMITT (A 107), O. MEYERHOF und W. SCHULZ (A 102), F. O. SCHMITT (A 112)]. Die Atmungsgröße des Froschischiadicus in der Ruhe ist annähernd ebenso groß wie die des Muskels bei gleicher Temperatur (15 bis 25 mm^3 O$_2$ pro g Feuchtgewicht und Stunde bei 15°). Die Ruheatmung ist aber großen Schwankungen unterworfen. Nach FENN und ebenso R. W. GERARD[1] ist die Atmung der Nerven der amerikanischen Rana pipiens um 100% höher als bei den hiesigen Esculenten und Temporarien. Die Atmung markloser Nerven ist viel größer, die der Nerven der Seespinne Maja squinado etwa 10mal so hoch. Bei kontinuierlicher Reizung wird die Atmungsgröße verdoppelt; bei intermittierender ist sie für die Reizperiode etwa vervierfacht (60 mm^3 O$_2$ pro g und Stunde). In der Anaerobiose wird Milchsäure gebildet, und zwar bei fehlendem Zusatz von Zucker mit einer in 20 Stunden gegen Null abfallenden Geschwindigkeit, wobei die gesamte Milchsäureausbeute etwa dem Kohlehydratvorrat des Nerven entspricht. Auf diese Weise entstehen im Froschischiadicus etwa 0,5—1,2 mg Milchsäure

---

[1] Persönliche Mitteilung.

pro g Frischgewicht; die maximale Geschwindigkeit in den ersten 4 Stunden beträgt hierbei 8 mg% Milchsäure pro Stunde. Bei Zuckerzusatz ist die Geschwindigkeit von vornherein etwa 50% höher und bleibt mindestens 24 Stunden völlig konstant (vgl. Abb. 39). Andererseits wird die Atmung durch Zucker nicht gesteigert, ja der respiratorische Quotient bleibt auch nach Zuckerzusatz bei 0,70. Offenbar ist die Atmung zur Hauptsache auf Oxydation von Fett zu beziehen. Trotzdem aber verhindert die Atmung das Auftreten von Milchsäure in Gegenwart von Sauerstoff. Da auch hier die anaerobe Milchsäurebildung das 3fache derjenigen ist, die der Atmungssauerstoff oxydieren könnte, ergibt sich zweifellos, daß auch die Oxydation von Nichtkohlehydrat den Spaltungsstoffwechsel des Kohlehydrats zum Verschwinden bringen kann. Die Oxydation von Fett könnte somit den Kohlehydratkreislauf ebensogut unterhalten wie die Kohlehydratoxydation. Läßt man nach mehrstündiger Anaerobiose Sauerstoff zu, so nimmt der Nerv für etwa eine halbe

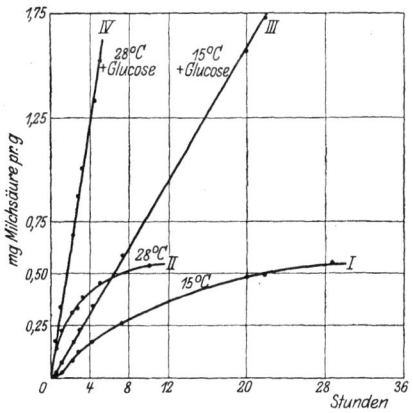

Abb. 39. Verlauf der anaeroben Milchsäurebildung in reiner Ringerlösung (*I* und *II*) und Glukose-Ringerlösung (*III* und *IV*) bei 15 und 28°. Während im ersteren Falle dasselbe ,,Milchsäuremaximum" erreicht wird, entsprechend dem Gehalt des Nerven an Kohlehydrat, steigt bei Zusatz von Glukose die Milchsäurebildung dauernd an. (Aus Biochem. Z. 191, GERARD u. MEYERHOF.)

Stunde Extrasauerstoff auf, jedoch weniger, als in der Anaerobiose in Wegfall gekommen ist. Die Atmungssteigerung beruht hier also auf einem anderen Vorgang als bei der Restitution im Muskel; am nächsten liegt die Annahme, daß eine gewisse Menge Sauerstoff chemisch gebunden wird.

Bei der Reizung wird der respiratorische Quotient des Nerven erhöht und beträgt für den Extrasauerstoff etwa 0,9. Die Tätigkeitsoxydation ist also nicht eine bloße Steigerung der Ruheatmung.

Auch der Nerv kann noch eine gewisse Zeit in Abwesenheit von Sauerstoff tätig sein, wenn auch der Leitungsvorgang schon wenige Minuten nach Entziehung des Sauerstoffs abgeschwächt wird. Man konnte zunächst daran denken, daß hier ebenfalls die anaerobe Tätigkeit durch einen Spaltungsstoffwechsel unterhalten wird, doch haben die Versuche diese Annahme nicht gerechtfertigt. Bei der Reizung wird die anaerobe Milchsäurebildung nicht gesteigert.

Die Wärmemessungen [A. V. HILL (B 54), GERARD und HILL (B 120)] am Nerven ergeben, daß auch hier die Wärme bei der Tätigkeit in zwei Phasen frei wird, von denen die erste ein Zehntel, die zweite, länger anhaltende, neun Zehntel der ganzen Wärme ausmachen. Die Größe dieser Wärme stimmt genau zu dem gemessenen Extrasauerstoff, wenn man die Oxydation von Kohlehydrat oder Eiweiß zugrunde legt. Es gelingt aber nicht, durch Anaerobiose die beiden Phasen zu trennen, vielmehr sinken sie dabei gleichmäßig ab. Es ist schwer, dies anders zu deuten, als daß der Leitungsvorgang im Nerven nur so lange möglich ist, wie Oxydationen stattfinden können. Allerdings muß der gelöste Sauerstoff schon in wenigen Minuten aus dem Nerven entfernt sein, und man muß daher annehmen, daß die noch etwa zwei Stunden fortbestehende Leitungsfähigkeit durch die Oxydation chemisch gebundenen Sauerstoffs unterhalten werden kann. (In der Tat wird gleichzeitig etwas anaerobe Kohlensäure gebildet und nicht nur, wie im Muskel, durch fixe Säure aus Bicarbonat ausgetrieben [vgl. FENN (B 96) und F. O. SCHMITT (A 112)]). Dieselbe Erklärung also, die für die Aufnahme des Extrasauerstoffs nach der Anaerobiose gültig zu sein scheint, muß auch hier herangezogen werden. Damit stimmt überein, daß das Sauerstoffdefizit in der Anfangszeit der Anaerobiose durch Reizung erhöht wird, und zwar um etwa 6,7 mm^3 O$_2$ pro g und Stunde (bei 15°); es sind dies 25—50% des Extrasauerstoffs, der bei aerober Reizung im gleichen Zeitabschnitt aufgenommen würde. Dieser offenbar aus chemischen Reserven verbrauchte Sauerstoff muß der Unterhaltung der anaeroben Tätigkeit gedient haben. Man braucht aber deshalb nicht anzunehmen, daß der Leitungsvorgang selbst auf einer Oxydation beruht. Der verbrauchte Sauerstoff kann vielmehr wie im Muskel der Restitution dienen. Diese Restitution würde aber nicht wie im Muskel von der eigentlichen Tätigkeitsphase abtrennbar sein. Die beiden in so ähnlicher Weise erregbaren Organe wie Nerv und Muskel weisen also wesentliche Verschiedenheiten ihres Tätigkeitsstoffwechsels auf.

C. Zuckerumsatz in Bakterien und Hefe.
1. Milchsäurebildung in Bakterien.
a. Anaerobe Milchsäurebakterien.

Die im Muskel und in anderen Organen der höheren Tiere vorliegende Koppelung von Atmung und Spaltungsstoffwechsel läßt sich ebenso bei den Mikroorganismen nachweisen und damit die Theorie PASTEURs auf ihrem Mutterboden bestätigen. Typische Milchsäurebakterien, wie z. B. Bacillus Delbrückii (acidificans longissimus) und andere Mikroorganismen, wie Vibrio Metschnikoff [MEYERHOF und FINKLE (A 38)], spalten anaerob Zucker zu Milchsäure (evtl. noch in andere Säuren); aerob kommt ein Teil dieses Spaltungsstoffwechsels in Wegfall, wobei für den Umfang dieser Einschränkung der normale Oxydationsquotient gilt. Bei dem obligat anaeroben Bacillus Delbrückii läßt sich dies nur für kurze Perioden untersuchen, weil die Bakterien sonst in Anwesenheit von Luft zugrunde gehen. Für kürzere Zeiten ist jedoch die Hemmung der Spaltung durch den Sauerstoff reversibel und ergibt einen Oxydationsquotienten gegen 6. Besonders interessant ist hier der Einfluß des Methylenblaus. Dieses steigert die Atmung aerober Zellen im allgemeinen nur, wenn das Atmungsferment geschädigt ist. Dagegen wird die Atmung lebender anaerober Milchsäurebacillen von vorneherein um 300—400% erhöht. Steigert man nun den Sauerstoffverbrauch durch Zusatz von Methylenblau aufs 3—4fache, so bringt auch dieser Extrasauerstoff Milchsäure in ähnlichem Umfange zum Verschwinden (Oxydationsquotient 6—8), so daß nunmehr aerob unter Umständen gar keine Milchsäure mehr gebildet wird. Dies geschieht, obwohl der respiratorische Quotient in Gegenwart von Methylenblau nur 0,6 ist statt des normalen respiratorischen Quotienten von 1,0; selbst ein abnormer Oxydationsvorgang kann danach die Kohlehydratspaltung zum Verschwinden bringen. Diese Wirkung ist für nicht zu lange Zeiten reversibel.

b. Aerobe Bakterien.

Bei aeroben Bakterien ist das Verschwinden des Spaltungsstoffwechsels durch die Atmung noch beweisender, da hier das Leben ja nicht durch die Gegenwart von Sauerstoff beeinträchtigt wird. Als typischer Fall wurde der Stoffwechsel des Vibrio

Metschnikoff untersucht: durch die Atmung in Zuckerlösung verschwindet die Milchsäurebildung zum größten Teil mit einem Oxydationsquotienten von 2—3. Übrigens kann der Vibrio Metschnikoff [und ebenso Choleravibrionen, HIRSCH (B 166)] in Abwesenheit von Sauerstoff, aber Anwesenheit von Glucose wachsen, während er beim Fehlen beider zugrunde geht; er verhält sich also wie die Tumorzelle und die Hefe und ist als fakultativ anaerobes Lebewesen anzusehen. Doch besitzen keineswegs alle Mikroorganismen einen Kohlehydrat-Spaltungsstoffwechsel. Bei Azotobacter z. B., der noch in 0,1% Sauerstoff unter Veratmung der Glukose wächst, ist keinerlei anaerobe Spaltung von Kohlehydrat nachweisbar [O. MEYERHOF und D. BURK (A 93)].

2. Atmung und Gärung der Hefe.

Wir kommen nun auf den Ausgangspunkt der Betrachtungen dieses Kapitels zurück und haben zu zeigen, daß der im Muskel gefundene Zusammenhang von Atmung und Kohlehydratspaltung auch für die alkoholische Gärung gilt und daß in diesem speziellen Sinn die PASTEURsche These von der hemmenden Wirkung des Sauerstoffs auf die Gärung auch hier ihre Bestätigung findet. Diese lang umstrittene Frage ist dadurch zu klären, daß die Atmung der verschiedenen Heferassen in Gegenwart von Zucker verglichen wird mit der Gärungsgröße in An- und Abwesenheit von Sauerstoff (A 46, 47). Dies geschah unter Benutzung der manometrischen Methoden von O. WARBURG und führte zu dem eindeutigen Ergebnis, daß ganz unabhängig von der außerordentlich verschiedenen Größe von Atmung und Gärung der veratmete Sauerstoff immer etwa im gleichen Verhältnis einen Teil des Spaltungsstoffwechsels beseitigt. Der Oxydationsquotient

$$\frac{\text{verschwundener Spaltungsumsatz in Mol Zucker}}{\text{Atmungsgröße in Mol Zucker}}$$

ist überall zwischen 3 und 8 gelegen. Dabei ist bei den untergärigen Bierhefen, die von PASTEUR und seinen Gegnern vorzugsweise studiert wurden, aber ein besonders ungünstiges Objekt darstellten, die Gärungsgröße $Q_{CO_2}^{N_2}$ (bei 28°) in Zucker-Phosphat-Lösung 230, die Atmungsgröße Q_{O_2} nur 8—12. Entsprechend der kleinen Atmung ist daher auch die Wirkung der Atmung gering und die Gärung in Sauerstoff $Q_{CO_2}^{O_2}$ etwa 200—220. Durchschnittlich ergibt sich aber auch hier in den einzelnen Versuchen ein Oxydationsquotient von etwa 6. Bei der Bierhefe wird die Atmung durch Zusatz von Zucker wenig gesteigert, anders aber bei den Preßhefen, wo die Atmung von etwa Q_{O_2} 8, d. h. derselben Größe wie bei den Bierhefen, durch Zuckerzusatz bis auf Q_{O_2} 80—100 steigt. Hier ist nun entsprechend auch die Wirkung der Atmung groß. Bei 28° ist in Zucker-Phosphat-Lösung $Q_{CO_2}^{N_2}$ etwa 300, Q_{O_2} 100 und $Q_{CO_2}^{O_2}$ 100; die Gärung wird also in Sauerstoff auf etwa ein Drittel herabgedrückt. Der durchschnittliche Oxydationsquotient beträgt 6,0—7,5. Am entgegengesetzten Ende der Reihe wie die Bierhefen stehen die wilden Hefen. Bei Torula utilis z. B. ist die anaerobe Gärung $Q_{CO_2}^{N_2}$ 280, die Atmung (Q_{O_2}) wird durch Zuckerzusatz von 20 auf 180 gesteigert. Die aerobe Gärung $Q_{CO_2}^{O_2}$ ist nahezu 0, durchschnittlich nur noch etwa 5% der anaeroben Gärung, der Oxydationsquotient 4,5. Hier ist also der klassische Fall von PASTEUR verwirklicht: der anaerobe Stoffwechsel wird durch die Sauerstoffatmung vollständig beseitigt. Dieselbe Zelle, die in Abwesenheit von Luft von der Gärung lebt, lebt in Anwesenheit von Luft allein von der Atmung. Daß es sich hier, wie in allen anderen Fällen, nicht um eine unmittelbare Wirkung von Sauerstoff, sondern um eine Wirkung der Atmung handelt, kann auf verschiedene Weise gezeigt werden. Die Atmungsgröße der verschiedenen Heferassen ist nicht konstant; besonders die Atmung der Weinhefen, weniger stark auch die der untergärigen Bierhefe, steigt bei längerem Aufenthalt in Zucker-Phosphat-Lösung aufs Mehrfache an und dementsprechend wird die Gärung in Sauerstoff, bei gleichbleibender Gärung in Stickstoff, immer geringer. Der Oxydationsquotient bleibt nahezu derselbe. Ferner kann man durch Hemmung der Atmung mittels Blausäure die Größe der aeroben Gärung auf die anaerobe steigern, ebenso wie bei der Milchsäurebildung im Muskel und in anderen tierischen Geweben. Merkwürdigerweise wird die Größe des Oxydationsquotienten viel konstanter und nähert sich ziemlich dem Wert 6, wenn man durch Zugabe geringer Mengen Hefekochsaft, Bierwürze oder Hefewasser gleichzeitig die anaerobe Gärungsgröße der Hefen um 50 bis 100% steigert (A 122).

Auch für die alkoholische Gärung lassen sich Anhaltspunkte dafür gewinnen, daß die Hemmung durch die Atmung auf einem Kohlehydratkreislauf beruht. Eine große Reihe der als Intermediär- und Endprodukte der Gärung bekannten Substanzen wirken nämlich auf die Atmung geradeso wie Zucker ein: sie steigern die Atmung der Preßhefen und wilden Hefen um etwa den 10fachen Betrag, während sie die Atmung der Bier- und Weinhefe nur schwach beeinflussen. Es sind dies Brenztraubensäure, Milchsäure, Essigsäure, Methylglyoxal, Acetaldehyd, Alkohol. Diese Wirkung darf auf den Übergang der Stoffe in Kohlehydrat bezogen werden. Dies läßt sich für die meisten der genannten Substanzen direkt durch die Zunahme des C-Gehalts der Hefe nachweisen, was für Milchsäure, Brenztraubensäure und Alkohol schon von FÜRTH, LIEBEN und LUNDIN geschehen war (B 112, 202, 207). Für Acetaldehyd und Alkohol folgt es auch aus dem respiratorischen Quotienten, der sich um so mehr verkleinern muß, je mehr Zucker gebildet wird. Für Alkohol gilt z. B. die Gleichung:

$$3\,C_2H_5OH + 3\,O_2 = C_6H_{12}O_6 + 3\,H_2O\,.$$

Bei der Umwandlung in Zucker ist demnach der respiratorische Quotient 0; andererseits ist er für totale Verbrennung des Alkohols 0,66; bei der Veratmung des Alkohols durch Hefe findet man etwa 0,35. Man kann daraus berechnen, daß etwa 3 Moleküle Alkohol zu Zucker oxydiert werden, wenn eins total verbrennt. Bei Acetaldehyd wäre der respiratorische Quotient für totale Verbrennung 0,8, gefunden wird 0,69; dies entspricht der Assimilation von 1 Mol, während eins oxydiert wird. Indes kann der Kreislauf nicht über diese Endprodukte führen, weil ja durch die Atmung nicht nur der Gärungsalkohol, sondern auch die Gärungskohlensäure in äquimolekularem Betrage verschwindet. Auch bei der alkoholischen Gärung muß das Ausgangsprodukt der Resynthese eine Dreikohlenstoffverbindung sein, also Brenztraubensäure, Milchsäure oder Methylglyoxal, gerade so wie im Muskel.

Wir finden demnach den gleichen Zusammenhang von Spaltungs- und Atmungsstoffwechsel nicht nur in den einzelnen tierischen Organen, sondern auch bei den Mikroorganismen, und er gilt für die verschiedensten Arten der Kohlehydratspaltung. Der Sinn dieser allgemeinen Gesetzmäßigkeit dürfte in der durch sie bewirkten Stoffersparnis liegen. Bei der Muskeltätigkeit kann man es als sicher ansehen, daß die Bildung der Milchsäure eine für die Funktion entscheidende Rolle spielt; bei den wachsenden Warmblüterzellen muß man nach den Ergebnissen O. WARBURGS ebenfalls diesem Spaltungsvorgang eine spezifische Bedeutung für das Wachstum zuerkennen. Weniger klar ist die Aufgabe des Spaltungsstoffwechsels für die Mikroorganismen, zumal es solche gibt, wo eine anaerobe Spaltung zu fehlen scheint. Jedenfalls muß aber, um einen größeren Energiebetrag aus diesem Spaltungsvorgang zu verwenden, ein großer Stoffumsatz stattfinden, da die molare Energie der Spaltungen gering ist. Werden nun die Spaltprodukte nicht weiter verwandt wie in der Anaerobiose, so bedeutet das eine große Vergeudung von energetisch wertvollem Material, ebenso aber auch, wenn oxybiotisch die ganze Menge der Spaltprodukte verbrannt würde. Indem die Energie der Sauerstoffatmung dazu dient, die Hauptmenge der gebildeten Spaltprodukte wieder in die Ausgangsstufe zurückzuverwandeln, steht sie im Dienste der Stoffökonomie. Damit ist nicht ausgeschlossen, daß dem Kreislauf auch noch ganz andere Bedeutungen zukommen. Wahrscheinlich können die intermediär gebildeten Produkte auch für andersartige Synthesen verwandt werden und Durchgangsstufen für die Umwandlung der verschiedenen Nährstoffklassen ineinander bilden. Die Betriebsenergie dieser Umwandlungen wird dann stets durch die mit der Synthese gekoppelten Oxydation geliefert. Für den besonderen Fall des Muskels wird später gezeigt, daß von dem Verhältnis der Resynthese zur Oxydation der mechanische Nutzeffekt zum großen Teil abhängt.

D. Unterschiede zwischen dem Muskelstoffwechsel und dem der anderen Gewebe.

1. Kohlehydratspaltung.

Die prinzipielle Übereinstimmung des Stoffwechseltypus des Muskels mit dem der anderen Gewebe darf nicht übersehen lassen, daß nicht nur quantitative, sondern auch qualitative Unterschiede bestehen, sowohl im Umsatz der Kohlehydrate wie anderer Nährstoffe. Gegenüber dem zuletzt besprochenen Stoffwechsel der Hefe ist zunächst hervorzuheben, daß im Muskel zwar Brenztraubensäure, Milchsäure, Methylglyoxal, nicht aber Essigsäure, Acetaldehyd und Äthylalkohol unter Atmungssteigerung in Kohlehydrat verwandelt werden können. Diese letztgenannten Stoffe kommen ja auch intermediär bei der Milchsäurebildung nicht vor. Gegenüber den anderen tierischen Geweben besteht der Unterschied, daß vom Muskelgewebe vorzugsweise Glykogen und Stärke sowie andere anhydrische Polysaccharide (Amylose, Trihexosan usw.), in zweiter Linie Fruktose, Glukose und Mannose zur Milchsäurebildung befähigt sind, wobei Fruktose in Gegenwart der „Hexokinase" doppelt so rasch wie Glukose gespalten wird. Bei den übrigen Geweben ist dies jedoch anders. Glykogen und die sonstigen Polysaccharide werden im allgemeinen nur sehr langsam gespalten, was möglicherweise auf ungenügendes Eindringen zu beziehen ist. Vor allem aber wird Fruktose außerordentlich viel schwächer glykolysiert als Glukose, während es, wie man aus seiner Atmungswirksamkeit sieht, zweifellos ebensogut eindringt. Nach O. WARBURG (B 282) beträgt z. B. für Tumoren das Verhältnis Glukose: Mannose: Fruktose: Maltose 23,9:21,6:3,3: 1,3. Bei Hirnschnitten fand LOEBEL (A 45) für die gleiche Reihe 12,3:9,4:2,0:1,7 (ohne Zucker ca. 1,5), also praktisch dasselbe Verhältnis. Dihexosan und Trihexosan bilden hier ebensowenig Milchsäure wie Glykogen, während sie nach ihrer Molekülgröße permeieren könnten. Die besondere Überlegenheit der Fruktose über die Glukose bei der Milchsäurebildung im Muskelgewebe und Muskelextrakt steht in Analogie zu dem Verhalten der beiden Zucker in der alkoholischen Gärung und kann darauf bezogen werden, daß Fruktose leichter phosphoryliert wird als Glukose. Ist einmal der Phosphorsäureester gebildet, so macht es keinen Unterschied mehr, ob er aus Glukose oder Fruktose entstanden ist; denn wie insbesondere die Versuche von K. LOHMANN und F. LIPMANN (A 120a) gezeigt haben, entsteht im Muskelextrakt dasselbe Gemisch von Glukose- und Fruktosemonophosphorsäure (EMBDENscher Ester), gleichgültig, ob Glukose oder Fruktose als Ausgangsmaterial gedient haben — eine Beobachtung, die der von ROBISON (B 252) am Hefepreßsaft entspricht.

Man kann vielleicht das abweichende Verhalten der übrigen Gewebe darauf beziehen, daß bei der Zuckerspaltung hier intermediär keine Phosphorsäureester gebildet werden. Denn ebensowenig wie Glykogen wird die Hexosephosphorsäure von diesen Geweben gespalten, mit alleiniger Ausnahme der Leber, wo ja auch Glykogen abgebaut wird und der Spaltungsmechanismus mit dem des Muskels näher übereinstimmt. Eine sichere Entscheidung bezüglich des Glykolysemechanismus der

anderen Gewebe ist jedoch bisher nicht möglich, weil hier eine
Abtrennung des milchsäurebildenden Ferments von der Struktur
noch nicht gelungen ist und der Einwand bestehen bleibt, daß
sekundäre Momente an der verschiedenen Angreifbarkeit der
Zucker Schuld tragen. Immerhin würde es schwer verständlich
sein, warum hier nur Glukose und Mannose mit Phosphorsäure
verestert werden sollten, während in der Muskulatur der Frucht-
zucker, der ja bei der Spaltung des Glykogens nicht auftritt und
körperfremd ist, leichter als Traubenzucker verestert werden kann.

2. Ammoniakbildung.

Über die spontane Ammoniakbildung bei Ruhe und Tätigkeit
des Muskels ist bereits oben berichtet worden (Kap. II, S. 88). Man
darf die aerobe Ammoniakabspaltung in der Ruhe wohl auf Eiweiß-
zerfall beziehen, der durch die Gegenwart von Zucker und Zucker-
bildnern eingeschränkt wird (A 39). Eine solche Ammoniakbildung stimmt im wesentlichen mit der vorher von O. WARBURG,
POSENER und NEGELEIN (B 282) in anderen Geweben gefundenen
überein, nur ist sie verhältnismäßig gering. Denn nach O. WAR-
BURG geht die Ammoniakbildung etwa parallel der anaeroben
Glykolyse; sie beträgt pro mg Trockengewicht und Stunde bei
Carcinom, Retina und grauer Hirnsubstanz etwa $1,5\,\gamma$, im Hühner-
embryo $0,7\,\gamma$, in den verschiedenen Drüsenparenchymen nur
$0,1\,\gamma$ und weniger. Ähnlich groß wie im letzteren Fall ist auch
die Ammoniakbildung im Muskel (Rattenzwerchfell), wo sie etwa
einem Zehntel der gesamten Oxydation entsprechen würde, wenn
man sie auf Eiweißumsatz berechnet.

Ein charakteristischer Unterschied besteht aber bei Zusatz von
Aminosäuren zwischen Muskel und Lebergewebe. In der Muskulatur werden dieselben nicht desaminiert, die Ammoniakbildung
wird also durch Gegenwart von Aminosäure nicht gesteigert.
Wohl aber ist dies im Lebergewebe der Fall (A 39). So steigt z. B.
in Leberschnitten durch Zusatz von Alanin die Ammoniakbildung
von $0,1-0,3\,\gamma$ pro mg Trockengewicht und Stunde auf 0,4 bis
$0,7\,\gamma$; gleichzeitig steigt auch die Atmung um $30-50\%$. Man
kann dies so deuten, daß bei der Desaminierung Milchsäure oder
Brenztraubensäure auftreten, die nun unter Oxydationssteigerung
zu Kohlehydrat synthetisiert werden. In der Tat fand TAKANE
(A 52) eine gewisse Einschränkung des Kohlehydratverbrauchs

der Leber unter diesen Umständen. Ähnlich, wenn auch im einzelnen verschieden, verhalten sich andere Aminosäuren. Geringer ist die Wirkung von Glutaminsäure und Tyrosin, sehr stark dagegen Ammoniakabspaltung und Atmungssteigerung durch Asparagin, wo bereits in Stickstoff etwa ebensoviel Ammoniak abgespalten wird wie in Sauerstoff. Dieser spezielle Effekt verschiedener Aminosäuren auf die Leber läßt sich mit der sog. spezifisch-dynamischen Wirkung der Eiweißkörper und Aminosäuren in Zusammenhang bringen.

Daß hier in der Tat ein auch in vivo vorhandener charakteristischer Unterschied zwischen Muskel und Leber vorliegt, ergibt sich aus den Versuchen von MANN und MAGATH (B 210). Werden Alanin oder Glykokoll einem normalen Hund intravenös injiziert, so werden vier Fünftel davon als Harnstoff und nur etwa ein Fünftel unverändert ausgeschieden; bei einem leberlosen Hund wird dagegen die ganze Menge injizierter Aminosäure unverändert im Körper und Urin wiedergefunden und weder Harnstoff noch NH_3 daraus gebildet. Gleichzeitig fehlt auch die spezifisch-dynamische Wirkung der Aminosäuren, die sonst schon bei Injektionen von 0,1 g Amino-N pro kg Körpergewicht auftritt. Dagegen bleibt bei der Injektion von Glukose die spezifische Steigerung der Wärmebildung im leberlosen Hund bestehen oder ist sogar vermehrt. Diese Beobachtungen stimmen gut mit denen am isolierten Gewebe überein. Die Versuche über das Verhalten von Säugetierleberschnitten gegenüber Aminosäuren sind später von REINWEIN (B 248) bestätigt und noch erweitert worden. Danach wird aus Alanin, Asparagin, Histidin, Glutaminsäure stark und ferner aus Glykokoll und Serin ein wenig, aus Tyrosin und Phenylalanin kaum merklich Ammoniak abgespalten und etwa proportional dazu die Atmung gesteigert; nur bei Histidin fehlt die Atmungssteigerung. Bei Alanin und Asparagin läßt sich auch eine Kohlehydrateinsparung nachweisen. Andererseits ist aber der Parallelismus zwischen dem Verhalten der Gewebsschnitte und dem des ganzen Tieres nicht vollständig, da hier z. B. Glykokoll ebenso wirkt wie Alanin, sodaß neben der Umwandlung der desaminierten Aminosäuren in Kohlehydrat offenbar noch andere Faktoren an der spezifisch-dynamischen Wirkung in vivo beteiligt sein müssen [vgl. dazu auch BORNSTEIN und ROOSE (B 28a)].

3. Respiratorischer Quotient.

Die verhältnismäßig geringe Ammoniakabspaltung im Muskel und seine Unfähigkeit zur Desaminierung zugesetzter Aminosäuren spricht ebenso wie die Größe des respiratorischen Quotienten dafür, daß beim Vorhandensein von Kohlehydrat dieses vorzugsweise oxydiert wird. Daraus ist aber nicht zu folgern, daß der Muskel andere Nährstoffe nicht oxydieren könnte. Nicht nur im diabetischen Muskel zeigt sich eine Verkleinerung des respiratorischen Quotienten, sondern auch bei der Atmung des isolierten Muskels (Zwerchfell) von Hungerratten läßt sich der Nachweis führen, daß hier die Ruheatmung nur zum geringsten Teil durch Kohlehydratverbrauch gedeckt ist. Diese Feststellung ist unabhängig von der Frage, ob bei der Tätigkeitsatmung, d. h. also bei der oxydativen Restitution, primär Kohlehydrat verbraucht wird und die anderen Nährstoffe vor der Oxydation in dieses umgewandelt werden müssen. Diese von HILL vertretene Vorstellung ist neuerdings wieder durch die Versuche von BOCK, VANCAULAERT, DILL, VÖLLING, HURXTHAL (B 25) gestützt worden, in denen bei Einhaltung aller Vorsichtsmaßnahmen eine Steigerung des respiratorischen Quotienten bei der Arbeit bis zu 1 und erst dann ein allmähliches Absinken beobachtet worden ist. Im übrigen ist eine unmittelbare experimentelle Entscheidung darüber, ob bei der Muskeltätigkeit andere Nährstoffe direkt oder erst nach Umwandlung in Kohlehydrat oxydiert werden können, überhaupt nicht möglich. Daß vom Muskel andere Stoffe als Kohlehydrate nicht oxydiert werden könnten, folgt keineswegs aus der sog. „HILL-MEYERHOFschen Theorie", wie schon an verschiedenen Stellen hervorgehoben wurde.

VI. Die chemischen Vorgänge im Zusammenhang mit der Wärmebildung.

In den voranstehenden Kapiteln sind die chemischen Prozesse, die im ruhenden und tätigen Muskel vor sich gehen, ohne Berücksichtigung der Energieproduktion und der mechanischen Arbeitsleistung behandelt worden. Ihre wirkliche Bedeutung für die Tätigkeit des Muskels erhellt aber nur aus diesem Zusammenhang.

Die Muskelarbeit stellt den einzigen Fall in den Organismen dar, wo die Transformierung chemischer Energie in andere Formen sich in einer quantitativ genau übersehbaren Weise abspielt. In dem vorliegenden Kapitel werden die chemischen Vorgänge im Zusammenhang mit der Energieproduktion betrachtet, in den beiden folgenden im Zusammenhang mit der mechanischen Arbeitsleistung. Solange wir nur die Energieproduktion im Auge haben, sehen wir von der intermediären Umwandlung in mechanische Energie ab und lassen alle Energie sich in Wärme verwandeln. Wir setzen dann die chemischen Vorgänge mit der Wärmebildung im Muskel in Beziehung, indem wir uns zur Aufgabe stellen, diese Wärme sowohl in ihrer absoluten Größe wie in ihrem Zeitverlauf aus den gleichzeitig nachweisbaren chemischen Prozessen zu erklären. Wenn dieses Problem auch noch nicht restlos gelöst ist, so ist doch jedenfalls ein ganz wesentlicher Punkt in demselben aufgeklärt, nämlich der Zusammenhang der initialen und verzögerten Wärmebildung mit dem anaeroben Auftreten und dem oxydativen Schwund der Milchsäure. Daß der Muskel auch bei völliger Abwesenheit von Sauerstoff in beträchtlichem Maße Arbeit leisten kann, ist bereits der älteren Physiologie bekannt gewesen. Daß andererseits die Energie für die Arbeitsleistung letzten Endes aus der Oxydation der Nährstoffe stammen müßte, ergab sich mit Gewißheit schon aus ganz elementaren Beobachtungen, wie etwa der starken Erhöhung des Sauerstoffverbrauchs bei der Muskelarbeit von Tier und Mensch und dem entsprechend gesteigerten Verbrauch an Nahrungsstoffen. In welcher Weise nun die Oxydation mit der anaerob geleisteten Arbeit verknüpft ist, wird im folgenden ersichtlich.

A. Historische Übersicht.
1. Myothermische Arbeiten.

Auf die älteren Versuche über die Wärmebildung im Muskel braucht hier nicht näher eingegangen zu werden. Es ist bekannt, daß zuerst von HELMHOLTZ (B 149) mittels Thermoelementen, die in den Muskel eingestochen wurden, der einwandfreie Beweis geliefert wurde, daß bei tetanischer Reizung isolierter, nichtdurchbluteter Muskeln (Froschschenkel) die Temperatur erheblich (0,14—0,18° C) anstieg. HEIDENHAIN, FICK, BLIX vervoll-

Historische Übersicht. Myothermische Arbeiten. 199

kommneten die Methodik und arbeiteten sie in quantitativer Richtung aus. Doch konnten eindeutige Zusammenhänge zwischen der Größe der Wärme einerseits, der Kontraktionsform und Arbeitsleistung des Muskels andererseits nicht gefunden werden; auf Grund späterer Arbeiten verdienen die Versuche von FICK am meisten Vertrauen, nach denen die Wärmeentwicklung im Tetanus am größten ist, wenn er sich nach Erreichung maximaler Spannung verkürzen kann — größer also als bei isotonischer oder rein isometrischer Kontraktion. Auch der Ermittlung des Wirkungsgrades des Muskels in diesen älteren Arbeiten kommt nur ein historisches Interesse zu, zumal die Autoren ja nur die „initiale Wärme" gemessen haben.

Die myothermischen Untersuchungen traten in ein neues Stadium, als A. V. HILL im Physiologischen Laboratorium in Cambridge (England), nachdem FLETCHER und HOPKINS am gleichen Ort die Milchsäurebildung bei der Muskeltätigkeit festgestellt hatten, mit zunehmender Exaktheit die Wärmebildung erforschte. Vor allem erzielte er drei prinzipielle Fortschritte gegenüber seinen Vorgängern: 1. gab er ein Verfahren an, das gestattete, die gebildete Wärme in absolutem Betrage zu messen, unabhängig von den unübersehbaren Bedingungen des Wärmeflusses und der Wärmekapazität der den Muskeln anliegenden Teile der Thermosäule. Hierfür tötete er nach beendeter Messung die Versuchsmuskeln durch Chloroformdämpfe (neuerdings durch starken elektrischen Strom) ab und nahm durch elektrische Heizung der Muskeln nachträglich jedesmal eine Eichung der Wärmekapazität vor. 2. benutzte er so rasch schwingende Galvanometersysteme, daß er den Zeitverlauf des Galvanometerausschlags untersuchen konnte und dabei einen charakteristischen Unterschied fand, wenn der getötete Muskel passiv erwärmt wurde oder der lebende Muskel nach der Reizung Zuckungswärme produzierte. Zur Hauptsache bestand dieser Unterschied in einer verzögerten Rückschwingung der Galvanometernadel bei den aktiv tätigen Muskeln. 3. untersuchte er den Einfluß des Sauerstoffs bzw. des Sauerstoffentzuges auf die Zuckungswärme. Es ergab sich dabei, daß der unter 2. beobachtete Unterschied in Stickstoff größtenteils verschwand, soweit die Periode der Rückschwingung des Galvanometers in Frage kommt, während für die Erreichung des Maximums noch immer

200 Die chemischen Vorgänge im Zusammenhang mit der Wärmebildung.

ein — vom Vorhandensein des Sauerstoffs unabhängiger — Unterschied zwischen dem passiv erwärmten und dem aktiv tätigen Muskel bestehen blieb. Diese Beobachtungen führten zur Trennung der von der Anwesenheit von Sauerstoff unabhängigen initialen Wärme und der auf die Anwesenheit von Sauerstoff zurückzuführenden verzögerten Wärme, die wegen ihres Zusammenhangs mit dem Erholungsvorgang als oxydative Restitutionswärme bezeichnet wurde. Die weitere Verfolgung dieser Methode in Zusammenarbeit mit HARTREE, insbesondere die optische Registrierung und die graphische Analyse der registrierten Kurven gestattete, die initiale Wärme weiter in mehrere Abschnitte zu zerlegen. Während die Einzelheiten auf Grund der neuen und vielfach abgeänderten Anordnungen HARTREEs und HILLs erst in dem Kap. IX genauer besprochen werden sollen, sei das schon 1913 von HILL erhaltene, allmählich immer mehr gesicherte Hauptresultat vorweggenommen: daß nämlich von der Kontraktionswärme bei Einzelzuckungen oder kurzen Tetani nahezu die Hälfte des gesamten Betrages auf die initiale Wärme entfällt, der gleiche oder ein wenig größere Anteil auf die oxydative Restitutionswärme.

2. Kalorimetrische Arbeiten.

Auch kalorimetrische Versuche über die bei der anaeroben Muskelkontraktion frei werdende Wärme sind zuerst von HILL und Mitarbeitern (B 153, 243) mit dem thermoelektrischen Differentialkalorimeter ausgeführt worden. HILL bestimmte die pro g Muskel frei werdende Wärme bei der Wärmestarre und Chloroformstarre und setzte sie zu den von FLETCHER und HOPKINS unter ähnlichen Umständen gefundenen Milchsäureausbeuten in Beziehung. Trotz des Umstandes, daß nur Mittelwerte verschiedener Versuchsreihen verglichen werden konnten, fand er doch die Wärme pro g Muskel in der richtigen Größenordnung, nämlich zu etwa 450 cal. Ein ähnlicher, wenn auch etwas größerer „calorischer Quotient der Milchsäure" ergab sich aus den Versuchen von PETERS (unter HILL) bei erschöpfender anaerober Ermüdung von Froschmuskeln. Hieraus ließ sich bereits mit großer Wahrscheinlichkeit folgern [B 154 vgl. S. 373ff.], daß in der oxydativen Phase die Milchsäure nicht total verbrennen könnte. Denn setzte man die Verbrennungswärme von Glykogenhydrat ($C_6H_{10}O_5 \cdot H_2O$) zu 3772 cal pro g entsprechend dem von STOHMANN (B 268) gefundenen Wert von 4191 cal pro g wasserfreies Glykogen, so hätte die Differenz dieser Verbrennungswärme und der anaeroben Entstehungswärme der Milchsäure von 450 cal, d. h. etwa 3300 cal in der oxydativen Restitutionsphase auftreten müssen. Es würden dann 12% der Wärme in der Kontraktionsphase, 88% in der Erholungsphase aufgetreten sein. Diese Rechnung würde auch dann noch ungefähr dasselbe ergeben, wenn man, wie es HILL seinerzeit tat, angenommen hätte, daß das Ausgangsprodukt der Milchsäure nicht Kohlehydrat wäre, sondern eine Substanz, die eine 300—400 cal höhere Verbrennungswärme besäße. Das Ergebnis der Rechnung widersprach in jedem Fall der Feststellung, wonach die initiale und oxydativ verzögerte Wärme von ungefähr gleicher Größe wären. Zudem würde der hohe Wirkungsgrad der Muskelmaschine schwer erklärlich gewesen sein, wenn im Moment der Kontraktion nur etwa 12% der gesamten Verbrennungswärme des Kohlehydrats hätten verfügbar sein sollen. Diese Überlegungen mußten gegenüber der Annahme, daß die Milchsäure in der Erholungsperiode total oxydiert würde, die größten Bedenken hervorrufen. Wie nun bereits im vorhergehenden dargestellt, spielt sich in dieser Periode eine gekoppelte Oxydation und Resynthese von Milchsäure zu Glykogen ab; diese liefert uns den Schlüssel zur Deutung der beiden Wärmephasen. Um den Vergleich quantitativ durchzuführen, benötigen wir der genauen Kenntnis der Wärmebildung in der anaeroben Phase pro g gebildete Milchsäure (calorischer Quotient der Milchsäure) sowie der unter verschiedenen Umständen erhaltenen Werte des Verhältnisses: $\frac{\text{gesamte Kontraktionswärme}}{\text{initiale Wärme}}$. Darüber hinaus aber erwächst die Aufgabe, auch den kalorischen Quotienten der Milchsäure möglichst vollständig thermochemisch zu deuten. Bis zu welchem Grade dies gegenwärtig durchführbar ist, wird im folgenden im einzelnen dargestellt.

B. Wärmebildung der anaeroben Phase.

Während in den myothermischen Versuchen der Wärmeverlauf unter aeroben und anaeroben Bedingungen in ein und demselben Muskel innerhalb einer Versuchsserie bestimmt werden kann, ist der Vergleich des chemischen Umsatzes mit der Wärmebildung nur so durchzuführen, daß gemeinsam und gleich vorbehandelte Schenkelpaare oder vorsichtig abpräparierte Muskeln zur Hälfte vor Beginn des Wärmeversuchs verarbeitet werden, während die symmetrischen Muskeln zur Wärmemessung und nachher ebenfalls zur Bestimmung auf ihren Bestand (Milchsäure, Kohlehydrat, Phosphorsäureverbindungen) dienen. Dabei können die Muskeln sowohl vor Beginn der Wärmemessungen wie auch während derselben durch Reizung ermüdet werden, wobei im ersteren Fall auf völlig gleiche Reizung der symmetrischen Muskeln zu achten ist. Ferner können die Muskeln sich auch während des Versuchs dauernd unter anaeroben Bedingungen in Ruhe befinden oder durch chemische Substanzen (Coffein, Chloroform usw.) in Starre versetzt werden.

Am wichtigsten ist dabei, das genaue Verhältnis der Wärmebildung zur gleichzeitig entstehenden Milchsäure unter streng anaeroben Bedingungen festzustellen. Im Prinzip kann auch in Gegenwart von Sauerstoff die Wärme mit dem Sauerstoffverbrauch oder dem oxydativen Schwund der Milchsäure verglichen werden. Infolge der Langsamkeit der Oxydation und noch mehr der Diffusion des Sauerstoffs in dickere Muskelschichten und der Schwierigkeit, den Sauerstoffverbrauch gleichzeitig mit der Wärme in denselben Muskeln zu bestimmen, ist diese Anordnung weniger genau, liefert im übrigen aber auch Resultate der richtigen Größenordnung. Indes ist eine direkte Messung der Wärme des oxydativen Milchsäureschwundes nicht erforderlich, wenn bekannt ist: 1. der calorische Quotient der Milchsäure, 2. die Verbrennungswärme der in der Restitution des Muskels oxydierten Substanz, d. h. im Kaltblütermuskel unter normalen Bedingungen des Kohlehydrats, und 3. der Oxydationsquotient der Milchsäure während der Restitutionsperiode. Setzen wir die Verbrennungswärme von gelöstem Glykogenhydrat auf Grund der Bestimmungen von R. MEIER und O. MEYERHOF (A 31) zu 3782 cal, den calorischen Quotienten auf Grund der im folgenden mitzuteilenden Bestimmungen zu durchschnittlich 380 cal und den Oxydationsquotienten beispielsweise zu 4,7, wie er im Mittel in den Versuchen des Kap. I gefunden wurde, so muß sich für die Wärme des oxydativen Schwundes von 1 g Milchsäure ergeben: $\frac{3782}{4,7} - 380 = 425$ cal.

Es würde dann in der Restitutionsperiode 1,12mal soviel Wärme wie in der initialen Periode gebildet sein. Damit haben wir ein dem HILLschen Befunde entsprechendes Resultat erhalten. Diese Beziehung wird später genauer zu diskutieren sein.

1. Der calorische Quotient der Milchsäure (c. Q.).
a. Bei der Tätigkeit.

Bei der Bestimmung des c. Q. $\left(\frac{\text{g cal}}{\text{g Milchsäure}}\right)$ liegen eine Reihe experimenteller Schwierigkeiten vor: die beträchtliche Ausdehnung der Vor- und Nachperiode (zwecks Temperaturausgleichs), für die die Milchsäurebildung extrapoliert werden muß, und ferner die beschränkte Reizdauer und Reizstärke zur Vermeidung der JOULEschen Wärme. Die Reizung hat daher indirekt durch die Beckennerven zu geschehen. In den ersten Versuchen dieser Art (A 13) schien ein gewisser Einfluß der Temperatur auf die Größe des c. Q. vorzuliegen, indem er von 470 bei 7,5° auf 390 bei 22° sank. Doch machen es spätere Versuche wahrscheinlich, daß diese Differenz methodischen Ursprungs war, und daß die bei 22° gemessenen Werte die genauesten sind. Weitere Versuchsreihen (A 18) und die Neuberechnung der älteren mit genaueren Korrekturen ergaben für 22° und 14° im Mittel 370—375 cal. Wiederholung der Versuche mit thermoelektrischer Methodik [MEYERHOF, MC CULLAGH, W. SCHULZ (A 114)] führte im Mittel zu einem c. Q. von 376 cal bei kurzer Reizung (0,1% Milchsäure) und 350—360 cal bei etwa 0,2% Milchsäurebildung. Hier wurden die Froschschenkel in Gummihülsen eingebunden, um einen Übertritt der Milchsäure in die Ringerlösung zu verhindern. Bei hochgradiger Ermüdung mit 0,25—0,35% Milchsäurebildung ist der c. Q. wahrscheinlich noch kleiner. Obwohl die Streuung der Versuchsresultate ziemlich groß ist und den Bereich von 300—460 cal umfaßt, so dürfte doch in Übereinstimmung mit den Werten der kurzen Ruheanaerobiose der c. Q. für geringe Milchsäureanhäufung nahe bei 380 cal liegen. Die Verringerung des Quotienten bei weitgehender Ermüdung liegt offenbar nicht allein an dem vermehrten Übertritt von Milchsäure in die Lösung, sondern tritt auch schon bei zunehmender Anhäufung der Milchsäure im Muskel selbst ein. Abgesehen von dem ähnlichen Verhalten der Ruheanaerobiose spricht hierfür der Umstand, daß nach A. V. HILL

(B 158, insbes. S. 165) das Verhältnis von Spannung zu initialer Wärme (T/H) mit zunehmender Ermüdung kaum sinkt, frühestens nach der Bildung von etwa 0,7 cal entsprechend 0,22% Milchsäure bzw. nach 300—400 maximalen Einzelzuckungen. Dagegen fällt das Verhältnis von Spannung zu Milchsäure schon sicher nach etwa 100 Zuckungen allmählich auf weniger als zwei Drittel des Anfangswertes. Beide Beobachtungsreihen lassen sich durch die Annahme vereinigen, daß der c. Q. der Milchsäure sich mit fortschreitender Ermüdung verkleinert.

b. In der Ruhe.

Der anaerobe Zerfall des Kohlehydrats ist in der Ruhe zwar außerordentlich viel langsamer, qualitativ aber derselbe wie bei der Tätigkeit. Anfangs- und Endzustand: im Wasser gequollenes Glykogenhydrat als Ausgangsprodukt, in der wäßrigen Phase des Muskels verteiltes Kaliumlactat als Endprodukt, sind beide Male dieselben; da die bei der Tätigkeit geleistete Arbeit in der calorimetrischen Versuchsanordnung vollständig vernichtet wird, ist die Veränderung des Systems bei gleichem Kohlehydratumsatz in der Ruhe und Tätigkeit gleich. Dies gilt allerdings nicht mehr genau bei Berücksichtigung der Nebenprozesse. Z. B. hängt der Zerfall der Kreatinphosphorsäure von den Erregungsbedingungen ab (vgl. oben S. 105) und kann daher im Verhältnis zur gebildeten Milchsäure sehr verschieden sein. Im unvergifteten Muskel ist der Zerfall bei der Tätigkeit relativ größer, im curaresierten sehr viel kleiner als zu Beginn der Ruheanaerobiose. Andererseits kann er in dieser durch Blausäurevergiftung vermehrt werden. Nun herrscht aber in jedem Falle die auf den Kohlehydratumsatz zu beziehende Wärme so stark vor, und die Streuung der Messungsergebnisse ist so groß, daß die Wahrscheinlichkeit an und für sich gering ist, die auf den Zerfall der Kreatinphosphorsäure zu beziehenden systematischen Abweichungen des c. Q. aufzufinden. In der Tat ergibt sich in der Ruheanaerobiose bei ähnlicher Milchsäurebildung wie bei der Tätigkeit auch ein ähnlicher c. Q. Dabei müssen die Versuche entsprechend lang ausgedehnt werden, und zwar auf 6 bis 24 Stunden, um eine genügende Wärmebildung zu erhalten. Bei der Ausführung wurden insbesondere drei Fälle unterschieden: 1. mäßig starke Milchsäureanhäufung (0,1—0,2% Milchsäure) mit möglichst geringem Übertritt derselben in die umgebende Lösung (unabgehäutete Schenkel in reiner Ringerlösung); 2. ähnlich weitgehende Milchsäureanhäufung, aber mit möglichst großem Übertritt derselben in die Lösung (abgehäutete Schenkel oder abpräparierte Muskeln in bicarbonathaltiger Lösung); 3. der Verlauf bei weit fortgeschrittener Anaerobiose, d. h. nach vorangegangener Bildung von 0,3—0,4% Milchsäure mit vollständigem Austritt der neugebildeten Milchsäure aus dem Muskel.

1. In Versuchsdauern von 6—9 Stunden bei 20—22° und 0,10—0,17% Milchsäurebildung, wovon 10—20% in die Ringerlösung übertraten, ergab sich ein Mittelwert von 385 cal mit verhältnismäßig kleinen Schwankungen (A 29). Bei ähnlichen neuen Versuchen unter Berücksichtigung der in die Knochen übergetretenen Milchsäure bzw. nach Abpräparation der Muskeln von den Schenkeln ergibt sich bei vollständiger Verhinderung des Austritts von Milchsäure in die Lösung (Einbinden der Muskeln in Condomgummihülsen) bei kurzen Anaerobiosezeiten ein Quotient von 396 cal, bei hochgradiger Milchsäureanhäufung (bis 0,6%) 345 cal (A 114). Auch die kurzen Aanaerobiosezeiten umfassen aber nicht die ersten beiden Stunden vom Beginn des Sauerstoffentzuges an. In diesen ist die stündliche Milchsäurebildung oft nur knapp halb so groß wie in der anschließenden Hauptperiode und andererseits die Wärme noch beträchtlich größer als dem stationären Zustand entspricht. Es ist dies wiederum ein Argument zugunsten der Annahme, daß nach Verbrauch des gelösten Sauerstoffs noch eine gewisse Menge gebundener Sauerstoff zur Verfügung steht, der eine gewisse Zeit lang die Ansammlung von Milchsäure verhindert.

2. Um bei nicht zu weitgehender Milchsäureanhäufung einen möglichst großen Teil derselben aus den Muskeln austreten zu lassen, wurden sie, von den Knochen abpräpariert, in stark bicarbonathaltiger Lösung aufgeschwemmt. Unter diesen Umständen sind bereits nach 6 Stunden zwei Drittel in die umgebende Lösung ausgetreten [MEYERHOF, MCCULLAGH und SCHULZ (A 114)]. Der Mittelwert dieser Versuche, 375 cal, unterscheidet sich nicht von den vorhergehenden, bei allerdings beträchtlicher Streuung. Die Versuche sprechen dafür, daß das Sinken des c. Q. bei hochgradiger Milchsäurebildung nicht, wie ursprünglich angenommen wurde, zur Hauptsache auf den Übertritt der Milchsäure in die Lösung zu beziehen ist, sondern auf die erreichte Höhe der Milchsäurebildung selbst.

3. Die Versuche mit hochgradiger Milchsäurebildung wurden so angestellt, daß unabgehäutete Froschschenkel entweder bis zur maximalen Ermüdung gereizt oder etwa 15 Stunden bei 20° in Stickstoff gehalten wurden. Dann wurde die eine Hälfte der Muskeln verarbeitet, die symmetrischen für eine bestimmte Zeit (6—8 oder 15 Stunden) im Kalorimeter in Ringer-Bicarbonatlösung aufgeschwemmt. Die zu Beginn 0,4—0,5% betragende Milchsäure steigt während der Versuchszeit auf 0,6—0,9%, wobei die neu entstehende Milchsäure vollständig in die Lösung übertritt. Der Durchschnitt des c. Q. ergibt sich hier zu 302 cal. Unter diesen Umständen ist die Erregbarkeit des Muskels bereits erloschen, und die weitere Milchsäurebildung wird nur durch den Übertritt derselben in die Lösung aufrechterhalten.

c. Bei der Starre.

Relativ leicht läßt sich der c. Q. bei der chemischen Starre bestimmen, wenn man dazu solche Stoffe benutzt, die nicht selbst

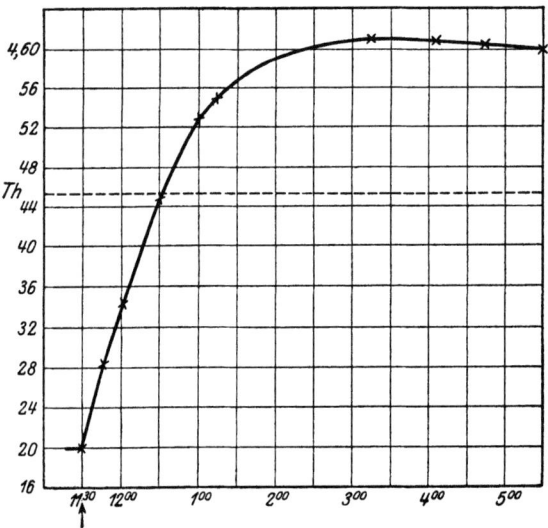

Abb. 40. Unkorrigierter Temperaturanstieg bei Chloroformstarre. (Versuch 13. III. 1919.) Abszisse: Zeiten. Pfeil: Einfüllen des Chloroforms. Ordinate: Temperatur in °C (Beckmann-Thermometer). Die gestrichelte Gerade bedeutet die Thermostatentemperatur. (Aus Pflügers Arch. 182, MEYERHOF.)

unter Wärmebildung mit der Muskelsubstanz reagieren. Besonders geeignet ist Chloroform, das bereits von HILL und PETERS

(B 152, 243) zu gleichen Zwecken verwandt wurde. Innerhalb 3 Stunden wird das Starremaximum (0,4—0,6% Milchsäure) erreicht. Hierbei tritt die Hälfte der Milchsäure in die Ringerlösung über. Der c. Q. ergab sich im Durchschnitt zu 330 cal, mit Korrektur für den Milchsäuregehalt der Knochen (vgl. Methoden S. 308) zu etwa 315 cal. In neuen Versuchen mit thermoelektrischer Messung wurde bei hochgradiger Coffeinstarre abpräparierter Muskeln (0,55% Milchsäure) ein c. Q. von durchschnittlich 280 cal gefunden. Der Verlauf der Wärmebildung ist nach A 13, S. 262 auf Abb. 40 abgebildet. Man sieht, daß $2^1/_2$ Stunden nach Zusatz des Chloroforms die Wärmebildung zum Stehen kommt. Ebenso ist auch der Wärmeverlauf bei der Coffeinstarre (0,06% Coffein) sowie bei anderen chemischen Starren.

d. In zerschnittener Muskulatur.

Um den Milchsäurebildungsprozeß von anderen Reaktionen, die im lebenden Muskel damit verkoppelt sein könnten, abzutrennen und einen vollständigen Übergang der gebildeten Milchsäure in die Außenlösung zu ermöglichen, diente die Anaerobiose zerschnittener Muskulatur, die in Phosphatlösung aufgeschwemmt wurde. Bei dieser läßt sich das gesamte präformierte Glykogen aufspalten und ebenso von außen zugesetztes, wobei die Milchsäure sich vollkommen gleichmäßig zwischen Muskulatur und Lösung verteilt. Hierbei ergab sich (A 18) ein c. Q. von 200 cal, wobei der Anfangsgehalt der Milchsäure zwischen 0,2 und 0,7% betrug und teils aus präformiertem, teils aus zugesetztem Glykogen noch 0,4—0,9% in 5—8 Stunden hinzugebildet wurden. Durch Zugabe von 4—8% Äthylalkohol läßt sich die Geschwindigkeit um 30% steigern und zugesetztes Glykogen in größerem Umfange spalten. In einigen neueren Versuchen bei tieferer Temperatur (15°) und kürzerer Versuchszeit mit nur 0,35—0,45% Milchsäurebildung ergab sich ein Quotient von 240 cal. Es ist nicht unwahrscheinlich, daß der Wert zunächst etwas höher ist und erst allmählich auf die Größe von 200 cal sinkt. Diese entspricht genau der thermochemischen Differenz von gelöstem Glykogen und verdünnter Milchsäure plus der Neutralisation der letzteren durch die Phosphatlösung. Übrigens ist der Quotient bei gehemmtem Austritt der Milchsäure in die Lösung auch im zerschnittenen Muskel größer, etwa 300 cal.

2. Wärmebildung der enzymatischen Spaltungen im Muskelextrakt.
a. Spaltungswärme des Glykogens.

Es bleibt noch ein anderer Weg zur Analyse der anaeroben Wärmebildung, nämlich die Untersuchung der Reaktionswärmen, die bei der enzymatischen Spaltung der in Betracht kommenden Stoffe im wäßrigen Muskelextrakt auftreten. Ein ganz frisch hergestellter KCl-Extrakt aus Muskulatur, der nur unbeträchtliche Mengen Kohlehydrat enthält, zeigt zunächst für etwa $1^1/_2$ Stunden Reaktionswärmen, die bisher nicht gedeutet werden können und die beträchtlich größer sind als durch bekannte chemische Vorgänge, insbesondere Bildung von Milchsäure und Spaltung von Kreatinphosphorsäure, erklärbar ist. Sie betragen zwischen 0,05 und 0,15 cal pro 1 cm^3 Extrakt, d. h. auf 1 g Muskel zwischen 0,15 und 0,5 cal. Unklar ist, ob diese Vorgänge auch im lebenden Muskel in mehr oder minder fester Koppelung mit der Milchsäurebildung vorkommen oder autolytischer Natur sind und erst durch Zerstörung der Struktur in Erscheinung treten. Nach etwa 90 Minuten sind diese wärmebildenden Vorgänge zur Hauptsache abgelaufen, und nunmehr kann die Spaltungswärme zugesetzter Verbindungen mit großer Genauigkeit bestimmt werden.

Die Spaltung des Glykogens ist dabei stets mit weiteren Umsätzen verknüpft: 1. einer überschüssigen Hydrolyse des Glykogens in Glukose und höhere Saccharide, 2. einer überschüssigen Veresterung, wobei Hexosediphosphorsäure und Hexosemonophosphorsäure entstehen. Dies führt zu einer weitergehenden Säuerung, als sie durch die Milchsäure allein auftreten würde. Bei der p_H-Verschiebung wirkt aber nicht allein das Phosphat des Extrakts, sondern, wenn auch in geringerem Maße, das vorhandene Eiweiß als Puffer. Es sind daher sowohl die Hydrolyse des Glykogens, die Veresterung beim Übergang in Hexosephosphorsäure als auch die Neutralisation der Milchsäure als Korrekturen zu berücksichtigen (A 77).

1. Die Hydrolysenwärme des Glykogens pro g reduzierenden Zuckers (für Glukose berechnet) ergibt sich zu 10—14 cal. Die Bestimmung wird ausgeführt in Muskelextrakten, die 30 Minuten bei 37° erwärmt sind und hierdurch die Fähigkeit zur Milchsäurebildung verloren, zur Hydrolyse des Glykogens aber unverändert

Wärmebildung der enzymatischen Spaltungen im Muskelextrakt. 209

bewahrt haben. Auch bei der Hydrolyse des Glykogens durch Takadiastase (A 29) wurden durchschnittlich 10 cal erhalten, wobei etwa zur Hälfte Glukose und Maltose entstanden. Im Muskelextrakt treten neben Glukose noch andere reduzierende Saccharide auf.

2. Die Neutralisationswärme der Milchsäure hängt von dem Phosphatgehalt der Extrakte ab, mit dem sich der Anteil des Proteins an der Neutralisation ändert. Bei dem geringsten Phosphatgehalt der Extrakte, etwa 0,5 mg P_2O_5 pro cm³, ist die Neutralisationswärme 45—48 cal pro g Milchsäure, bei 1 mg P_2O_5 32—36 cal, bei 2,0 mg P_2O_5 25 cal, während in reiner Phosphatlösung 20—22 cal auftreten. In den Spaltungsversuchen des Glykogens ist durchschnittlich mit 28 cal zu rechnen.

3. Abgesondert von der Spaltungswärme läßt sich die Veresterungswärme des Glykogens vermittels Fluoridzusatzes zum Fermentgemisch bestimmen. Die Wärme ist gering, zwischen 10 und 30 cal, und wohl ausschließlich auf die gleichzeitig stattfindende Säuerung zu beziehen. Der Umstand, daß der in Fluorid gebildete Phosphorsäureester mit dem spontan entstehenden nicht übereinstimmt, dürfte dabei ohne Bedeutung sein.

Unter Berücksichtigung dieser Korrekturen ergeben sich aus der gesamten Wärmetönung für die Spaltungswärme des Glykogens in Milchsäure mit Einrechnung der Neutralisationswärme durchschnittlich 204 cal und nach Abrechnung von 28 cal Neutralisationswärme 176 cal. Dabei verschiebt sich das p_H um eine Einheit von 7,5 auf 6,5, was etwa der Säuerung bei maximaler Ermüdung des Muskels entspricht. Die hier gefundenen 176 cal reine Spaltungswärme gelösten Glykogens können wir mit großer Annäherung als richtig annehmen, zumal die thermochemische Differenz fast den gleichen Wert (182 cal) ergibt. Sie stimmen überdies mit der in zerschnittener Muskulatur gefundenen Spaltungswärme überein.

b. Spaltungswärme der Kreatinphosphorsäure.

Bisher unaufgeklärt ist, in welchem Umfange die Spaltungswärme der Kreatinphosphorsäure in den c. Q. der Milchsäure eingeht. Die Wärmetönung der Säurespaltung beträgt wie oben angegeben (Kap. II, S. 94) pro 1 Mol 12500 cal. Wird die Neutralisations- und Verdünnungswärme von Ausgangs- und Endprodukten berücksichtigt, so berechnet sich der Übergang von gelöster neutraler Kreatinphosphorsäure in Kreatin und Phosphat zu 11000 cal oder pro 1 g Phosphorsäure zu 112 cal. Innerhalb der Fehlergrenzen ergibt sich etwa derselbe Wert, wenn gereinigte Kreatinphosphorsäure von kohlehydratfreiem Muskelextrakt enzymatisch gespalten wird. Im Mittel wurden 150 $\pm$ 30 cal gefunden, wobei wegen geringer gleichzeitiger Milchsäurebildung der Wert weniger sicher ist als bei der Säurespaltung. Dieselbe Spaltungswärme von 110—120 cal erhält man auch bei der Säurespaltung in ungereinigten Trichloressigsäurefiltraten, ja selbst dann, wenn die darin enthaltene Kreatinphosphorsäure zuvor durch Alkalisierung eines Enzymextraktes synthetisiert worden war (A 105) (vgl. dazu Kap. IV, S. 210). Mit dem genuinen, in eiweißhaltigem Muskelextrakt enthaltenen Phosphagen lasssen sich jedoch bei enzymatischer Spaltung und Synthese nicht die entsprechenden positiven und negativen Wärmen nachweisen. Allerdings sind Spaltung und Synthese nur in frischen Extrakten, 1—2 Stunden nach der Herstellung möglich, wo die unbekannte spontane Wärmebildung die Vorgänge überlagert. Es ist daher möglich, daß die Reaktionswärmen der Kreatinphosphorsäure durch diese spontane Wärmebildung ganz verdeckt werden. Es bleibt aber auch die andere Möglichkeit bestehen, daß sich das durch Säureenteiweißung isolierte Phosphagen bei Spaltung und Synthese anders verhält als das genuine. Diffusionsversuche mit eiweißhaltigem Muskelextrakt ergeben anderseits [P. ROTHSCHILD (A 110)], daß die Kreatinphosphorsäure hier nicht an Eiweißkomplexe gebunden sein kann, da sie frei dialysierbar ist.

Die große Spaltungswärme hier und ebenso bei der Hydrolyse der Argininphosphorsäure steht vielleicht in Zusammenhang mit der inneren Salzbildung, die zwischen der frei werdenden Guanidingruppe und dem Carboxyl erfolgt; bei der Monoaminophosphorsäure dürfte eine entsprechende Umlagerung bei der Bildung des Ammoniumhydroxyds stattfinden.

3. Thermochemische Daten.

Wir vergleichen nunmehr den c. Q. unter den verschiedenen Umständen mit den thermochemischen Daten und den physikalisch-chemischen Vorgängen, die sich im Muskel abspielen. Trotzdem der für die Arbeitsleistung in Betracht kommende Prozeß kaum mit dem Glykogen selbst beginnen dürfte, sondern erst mit der daraus entstandenen Hexose oder Hexosephosphorsäure, und wohl auch nicht mit dem frei im Muskel verteilten Alkalilactat endet, so kommt für die thermochemische Berechnung nur die Energiedifferenz zwischen gequollenem Glykogenhydrat und in wäßriger Phase gelöster (neutralisierter) Milchsäure in Betracht. Denn dieser Übergang $C_6H_{10}O_5 \cdot H_2O$ aq $\rightarrow$ 2 $C_3H_6O_3$ aq findet in zeitlicher Zuordnung zu der gemessenen Wärme statt. Bei der Geringfügigkeit der Hydrolysen- und Veresterungswärme macht es nicht viel aus, wenn in den Wärmeversuchen bei der Ermüdung etwas überschüssiger Zucker und Hexosephosphat gebildet werden.

a. Verbrennungswärme des Glykogens.

Die Verbrennungswärme des Glykogens ist von STOHMANN und SCHMIDT (B 268) an einem Präparat aus Kaninchenleber bestimmt worden; sie ergab sich zu 4191 cal für das Anhydrid, also für 0,9 g, obiger Reaktion entsprechend, zu 3771 cal. Das Präparat war entfettet, bei 120° bis zur Gewichtskonstanz getrocknet, jedoch war eine Elementaranalyse nicht ausgeführt. Es enthielt nur 0,045% Asche. Weiterhin bestimmten EMERY und BENEDICT (B 80) die Verbrennungswärme an zwei nicht speziell gereinigten aschehaltigen Präparaten und bezogen die Verbrennungswärme auf den gleichzeitig gemessenen Kohlenstoffgehalt, der theoretisch 44,42% zu betragen hat. Präparat 1 (C 43,34%), Glykogen von Ascaris, gab 4212 cal pro g; Präparat 2 mit 42,39% C und größerem Aschegehalt gab 4241 cal, im Durchschnitt also pro 0,9 g 3805 cal. Schließlich bestimmte GINSBERG (B 121) zur Kontrolle des STOHMANNschen Wertes die Verbrennungswärme an einem Präparat aus Kaninchenleber und fand in Übereinstimmung mit STOHMANN 4188 cal, d. h. für 0,9 g 3769. Einen abweichenden Wert dagegen erhielt SLATER (B 262), nämlich für Glykogenhydrat $C_6H_{10}O_5 \cdot H_2O$ 3845 cal, woraus sich für wasserfreies Glykogen, wie es von anderen Autoren benutzt wurde, 3866 cal für 0,9 g ergeben würde. SLATER benutzte Mytilusglykogen, das er durch fraktioniertes Abdestillieren eines Siedegemisches von Wasser-Benzol-Alkohol reinigte, und das auf diese Weise, wie die Elementaranalyse ergab, genau als Hydrat erhalten wurde.

Da die Reinigungsmethode von SLATER nicht zuverlässig genug erschien, insbesondere hinsichtlich einer vollständigen

Entfettung, schien es besser, für die Neubestimmung der Verbrennungswärme zu der älteren Reinigungsmethode von GATIN-GRUČZEWSKA (B 119) zurückzukehren [MEIER u. MEYERHOF (A 31)]. Die Elementaranalyse stimmte danach, bezogen auf organische Substanz, mit der erwarteten überein; doch ist der Aschegehalt der Präparate beträchtlich (1,4 und 1,5%). Zur Sicherung des Resultats wurde das bei der Verbrennung entstandene CO_2 bestimmt und die Verbrennungswärme sowohl hierauf wie auf die eingewogene Substanz berechnet. Die Differenzen betrugen im Durchschnitt der Serie zwischen 2 und 6 cal pro g. Meist wurde das lufttrockene Glykogenhydrat $C_6H_{10}O_5 \cdot H_2O$ verbrannt. Es ergab sich für 1 g Mytilus-Glykogenhydrat 3800 cal, für Froschmuskel-Glykogenhydrat 3787 cal, für anhydrisches Froschmuskel-Glykogen (0,9 g) 3807 cal. Die Lösungswärme von Glykogenhydrat beträgt 10,6 cal, die von wasserfreiem Glykogen (0,9 g) 31,1 cal. Die Differenz der Lösungswärmen (20,5 cal) entspricht also genau der Differenz der Verbrennungswärmen des Hydrats und der getrockneten Verbindung, während zwischen Mytilusglykogen und Froschglykogen ein Unterschied von 13 cal bestehen bleibt (bei alleiniger Berücksichtigung der aus CO_2 berechneten Verbrennungswärme 8 cal). Da der Unterschied wohl durch Verunreinigung zu erklären ist, so benutzen wir die Durchschnittswerte:

wasserfreies Glykogen (0,9 g) 3814 cal (= 4238 pro 1 g)
Glykogenhydrat (1,0 g) 3793 „
gelöstes Glykogen (0,9 g) 3782 „

Diese Werte stimmen mit den von EMERY und BENEDICT gefundenen überein und liegen in der Mitte zwischen denen von STOHMANN, GINSBERG einerseits und SLATER. Aus den Werten von STOHMANN und GINSBERG würde für den Übergang gelösten Glykogens in gelösten Traubenzucker eine negative Wärmetönung folgen. Berechnet man umgekehrt die Verbrennungswärme gelösten Glykogens aus der Verbrennungswärme des Traubenzuckers, seiner Lösungswärme und der Wärme der enzymatischen Glykogenhydrolyse, so käme man für gelöstes Glykogen auf 3768 cal, 14 cal geringer als der obige Wert. Vorläufig erscheint es gut, mit diesem, d. h. 3782 cal, für gelöstes oder weitgehend gequollenes Glykogen zu rechnen.

b. Verbrennungswärme der Milchsäure.

Für die Verbrennungswärme der Milchsäure lag ursprünglich der von LUGININ aus dem Äthylester berechnete Wert von 3661 cal vor. EMERY und BENEDICT (B 80) bestimmten sie aus wäßriger Milchsäure unter Messung des CO_2 zu 3615 cal, wobei sie auf das Vorhandensein von Milchsäureanhydrid keine Rücksicht nahmen. Zur Ermittlung der Verbrennungswärme gelöster verdünnter Milchsäure wurde wasserfreies Zinklactat verbrannt und seine Umsatzwärme nach den folgenden Gleichungen bestimmt, wobei, umgerechnet auf 2 Mol Milchsäure, die angeführten Wärmetönungen gefunden wurden (A 19):

I. $Zn(C_3H_5O_3)_2$ (fest) $+ 6\,O_2 = ZnO$ (fest)
   $+ 6\,CO_2$ (gasf.) $+ 5\,H_2O$ (flüss.) $+ 632540$ cal

II. $2\,C_3H_6O_3$ (konz.) $+$ aq $= 2\,C_3H_6O_3$ aq $\qquad + \quad 2520$,,

III. $2\,C_3H_6O_3$ aq $+ ZnO$ (fest) $= Zn(C_3H_5O_3)_2$ aq
    $+ H_2O$ (flüss.) $\qquad\qquad\qquad + \quad 23180$,,

IV. $Zn(C_3H_5O_3)_2$ aq $+ 2\,HCl$ aq $= ZnCl_2$ aq
    $+ 2\,C_3H_6O_3$ aq $\qquad\qquad\qquad\qquad\qquad\; 0$,,

V. $ZnCl_2$ aq $+ 2\,C_3H_6O_3$ aq $= Zn(C_3H_5O_3)_2$ (fest)
   $+ 2\,HCl$ aq $\qquad\qquad\qquad\qquad\; - \quad 6800$,,

$\qquad\qquad\qquad\qquad\qquad$ Summa $\quad 651440$ cal

Reaktion V wurde von rechts nach links ausgeführt und von den übrigen abgezogen, während Reaktionen I—IV zu addieren sind. Es bleiben dann die fettgedruckten Größen übrig, und wir erhalten die Gleichung:

$$2\,C_3H_6O_3 \text{ (konz.)} + 6\,O_2$$
$$= 6\,CO_2 \text{ (gasf.)} + 6\,H_2O \text{ (flüss.)} + 651440 \text{ cal,}$$

hieraus für 1 g konzentrierte Säure 3615 cal; da die Verdünnungswärme sich zu 14 cal ergibt, folgt 3601 cal für verdünnte Säure.

GINSBERG wiederholte die Messungen auf demselben Wege (B 121) und fand 3603 cal für verdünnte Säure. Die thermochemische Differenz gelöstes bzw. gequollenes Glykogen → verdünnte Milchsäure beträgt somit $3782 - 3602 = 180$ cal.

4. Wärmebildung der physikalisch-chemischen Vorgänge.

a. Eindringen von Säure.

Es läßt sich zeigen, daß von den 200 cal, die den Unterschied zwischen dem c. Q. der Milchsäure und der obigen thermochemischen Differenz ausmachen, die Hälfte auf die Neutralisierungsreaktion entfällt, die zwischen der Milchsäure und der Muskelsubstanz stattfindet. Diese Wärme kann unmittelbar nachgewiesen werden, ohne spezielle Annahmen über die Natur der zugrunde liegenden Reaktion zu machen. Zum Nachweis der Wärme ist erforderlich, Säure in den lebenden Muskel eindringen zu lassen und die hierbei auftretende Wärme zu messen. Die zu wählende Säure soll keine Milchsäurebildung anregen, sondern möglichst sogar dieselbe hemmen. Ihre Dissoziationskonstante soll nicht zu weit von der der Milchsäure entfernt und ihre Verteilung zwischen Muskel und umgebender Lösung bestimmbar sein. Diese Forderungen erfüllt angenähert die Valeriansäure, deren Dissoziationskonstante $1,6 \cdot 10^{-5}$, während der der Milchsäure $1,4 \cdot 10^{-4}$ ist.

Werden 0,2—0,4 g Valeriansäure im Kalorimetergefäß zu etwa 30 g Muskeln gegeben, die sich im gleichen Volumen Ringerlösung befinden, so wird in kurzer Zeit die Milchsäurebildung auf etwa die Hälfte herabgesetzt. Gleichzeitig tritt eine in etwa 5—6 Stunden ablaufende Wärme auf, die bedeutend größer ist, als der anaeroben Milchsäurebildung entspricht. In dieser Zeit hat sich die Valeriansäure bis zum Gleichgewicht zwischen Muskel und Ringerlösung verteilt. Pro 1 g Muskel entstehen so 0,25—0,4 cal, die auf das Eindringen der Säure zu beziehen sind. Bestimmt man die Abnahme des Valeriansäuregehalts in der Ringerlösung, so ergibt sich die pro 1 Mol eingedrungener Valeriansäure aufgetretene Wärme. Sie beträgt 8700 bis 12200 cal, im Durchschnitt 10200 cal. Hierbei ist die Lösungs- und Verdünnungswärme der Valeriansäure schon in Abzug gebracht. Um aber die auf die Muskelsubstanz entfallende Reaktionswärme zu berechnen, ist noch die Dissoziationswärme der Valeriansäure selbst $= +300$ cal abzuziehen. Es bleiben somit 9900 cal pro Mol, was auf 1 g Milchsäure umgerechnet 110 cal entsprechen würde. Denselben Wert erhält man auch mit anderen Fettsäuren, Propionsäure und Buttersäure, bei denen aber wegen beträchtlicher Milchsäurebildung die Bestimmung viel ungenauer ist. Wenn man das Muskelprotein vor dem Eindringen der Säure stark verändert, etwa in Alkohol koagulieren, in flüssiger Luft gefrieren läßt oder in kochendem Wasser abbrüht, so wird die äquivalente Reaktionswärme der Valeriansäure auf die Hälfte herabgesetzt. Dies zeigt bereits, daß die Proteine in ihrem natürlichen Zustand für das Auftreten der Wärme verantwortlich sind.

Eine Bestätigung dieser Messungen ist in einer kürzlich erschienenen Arbeit von STELLA (unter HILL) (B 267) zu sehen. Dieser bestimmte mit der myothermischen Methode die Wärmebildung beim Eindringen von CO_2 (bis zu 1 Atmosphäre) in Sartorien. Dank der Dünne der Muskeln und der leichten Permeierungsfähigkeit des CO_2 ist der Ausgleich bereits in wenigen Minuten erreicht; ferner werden die Muskeln auch in reiner CO_2-Atmosphäre nur reversibel gelähmt. Man darf daraus schließen, daß keine Steigerung der anaeroben Milchsäurebildung eintritt. Die zweite Dissoziationskonstante der Kohlensäure ist allerdings noch viel kleiner als die der Valeriansäure ($10^{-6,2}$), doch ergibt sich auf Grund des Alkaligehalts des Muskels, daß in 1 Atmosphäre CO_2 das p_H der wäßrigen Phase $= 6,0$ bis $6,2$ ist, also den höchsten Ermüdungsgrad wenig übertrifft. Unter Abzug der Lösungs- und Dissoziationswärme der Kohlensäure ergibt sich eine äquivalente Reaktionswärme von 9400 cal, entsprechend 105 cal pro 1 g Milchsäure, also innerhalb 5% derselbe Wert wie mit Valeriansäure. Die Versuche STELLAS sind besonders deshalb von Wichtigkeit, weil hier nicht, wie bei Valeriansäurezusatz, das p_H sich in unkontrollierbarer Weise verschiebt. Es zeigt sich nun, daß die Reaktionswärme von dem Umfange der p_H-Verschiebung ziemlich unabhängig ist. Auch beim Eindringen von CO_2 nach vorangegangener Ermüdung des Muskels ist die äquivalente Reaktionswärme dieselbe, wobei im Durchschnitt nur noch etwa halb soviel Kohlensäure vom Muskel aufgenommen wird wie im Ruhezustand. Setzen wir diesen Betrag für die anaerobe Milchsäurebildung des intakten Muskels ein, so würden von den 385 cal $180 + 105$ cal aufgeklärt sein, während noch $90-100$ cal der Aufklärung bedürfen. (Übrigens tritt in den Versuchen von STELLA die Wärme beim Eindringen von CO_2 so rasch auf, daß sie nicht auf gesteigerten Zerfall der Kreatinphosphorsäure in der CO_2-Atmosphäre bezogen werden kann.)

b. „Entionisierungswärme" von Protein.

Die bei der Reaktion von Säure mit Muskelsubstanz frei werdende Wärme ist aber zur Hauptsache nichts anderes als Wärme der Entionisierung (oder Neutralisation) von Protein, wofür wir die folgende Gleichung schreiben können:

$$B^+P^- + H^+L^- = B^+L^- + [HP]$$

(B: Basenbestandteil, P: Proteinanion, L: Milchsäureanion.) Alkaliprotein reagiert mit dissoziierter Milchsäure unter Bildung von dissoziiertem Alkalilactat und undissoziiertem Protein. Da der isoelektrische Punkt des Myogens nach H. H. WEBER (B 292) bei p_H 6,0—6,3, des Myosins bei 5,1—5,2 liegt, so werden diese selbst bei maximaler Ermüdung noch nicht erreicht; das Eiweiß ist daher in dem Bereich ermüdender Muskeln (p_H 7,3—6,4) nur als Anion vorhanden. Stellt man sich auf den wohlbegründeten Standpunkt BJERRUMS (B 24), wonach die aliphatischen Aminosäuren am isoelektrischen Punkt nicht ein Minimum der Dissoziation besitzen, sondern ein Maximum, indem sie hier als Zwitterionen vorliegen, $^+NH_2 \cdot R \cdot COOH^-$, und überträgt diese Auffassung auf das Protein, so entspricht die obige Reaktion nicht der Entionisierung, sondern der Neutralisation des Proteins, und wir hätten zu schreiben:

$$B^+ \cdot POH^- + H^+L^- = B^+L^- + {}^+P^- + [HOH]$$

wobei wir uns $^+P^-$ ähnlich wie bei aliphatischen Aminosäuren als Zwitterion oder anschaulicher als inneres Salz vorzustellen haben. Hierbei können wir von der Polyvalenz der Proteinionen absehen. Die innere Salzbildung einer aliphatischen Aminosäure, z. B. des Glykokolls, bei der Neutralisierung ihres Alkalisalzes würde auf Grund der Zwitterionentheorie nach folgender Formel erfolgen:

$$\begin{array}{l} CH_2 \cdot NH_3OH \\ | \\ COO^-B^+ \end{array} + H^+Cl^- = \begin{array}{l} CH_2 \cdot NH_3^+ \\ | \\ COO^- \end{array} + B^+Cl^- + [HOH]$$

α. Die „scheinbare Dissoziationswärme" der Aminosäuren.

Die negative Wärme, die mit dem Übergang einer isoelektrischen Aminosäure in den Zustand des Anions oder Kations verknüpft ist, soll weiterhin als „scheinbare Dissoziationswärme" der Aminosäure bezeichnet werden, wenn es sich hier auch, speziell für die aliphatischen Säuren, nicht um eine Ionisierung, sondern um einen Vorgang nach Art der Hydrolyse handelt, bei dem das Zwitterion eine Ladung verliert und sich in Säure bzw. Base umwandelt. Umgekehrt entspricht die Entionisierung in der älteren Nomenklatur der Neutralisation des Moleküls im Sinne von BJERRUM. Ja, die Größe dieser scheinbaren Dissoziationswärme bietet selbst ein wesentliches Argument zugunsten der BJERRUMschen Theorie [EBERT (B 57)].

Neutralisiert man z. B. eine $n/_2$-Glykokoll- oder Alanin- oder gesättigte Leucinlösung mit NaOH bei p_H 8,8 und gibt nur so wenig HCl oder Milchsäure hinzu, daß das p_H sich kaum ändert (z. B. bis p_H 8,4), so werden bei Zusatz der Säure etwa 11 300 cal pro Mol frei, auf 1 g Milchsäure umgerechnet 125 cal. Fügen wir nachträglich die der Säure äquivalente Menge NaOH hinzu, so tritt jetzt als Wärme die Differenz der Dissoziationswärme des Wassers und der gemessenen scheinbaren Dissoziationswärme auf, so daß die Summe beider Wärmen gleich der umgekehrten Dissoziationswärme des Wassers = 13 700 cal ist:

Neutralisationswärme (q_{neutr}) = Dissoziationswärme (q_{diss}) — Dissoziationswärme des Wassers (q_w).

Die gleichen Dissoziationswärmen ergeben sich auch in 50 bis 75 proz. alkoholischer Lösung, obwohl die Aminosäuren hier eine größere Säuredissoziation aufweisen und bekanntlich mit Phenolphthalein titrierbar sind. Dagegen sinkt die Wärme nach Formalinzusatz bis auf 1200 cal pro Mol. Dies Sinken der Wärme zeigt besonders klar, daß die scheinbare Säuredissoziationswärme in Wahrheit die Basenneutralisationswärme ist, die durch Besetzung der Aminogruppe mit Methylen beseitigt wird.

Auf dieselbe Weise wurden auch Basendissoziationswärmen untersucht sowie das Verhalten des Kreatins und Kreatinins, das für die Dissoziationsverhältnisse der Kreatinphosphorsäure von Bedeutung ist. In der Tabelle 18 ist eine Zusammenstellung der unter verschiedenen Umständen gemessenen molaren Wärmen gegeben.

Tatsächlich entspricht die scheinbare Entionisierungswärme sehr gut der Neutralisationswärme, die bei der Reaktion eines Amins bzw. Ammoniaks mit einer Carbonsäure auftritt. Reagiert

Tabelle 18. Reaktionswärmen der Aminosäuren.

Aminosäuren	p_H	Zusatz	Milieu	Molare Wärme	Daraus Dissoziationswärme des Wassers
Glykokoll .	8,8	HCl	Wasser	$+11300$	14100
	8	NaOH	,,	$+2800$	
	8,8	Milchsäure	,,	$+11700$	
	ca. 9,0	,,	50%	$+10700$	13400
	9,0	NaOH	Alkohol	$+2700$	
	3,0	NaOH	Wasser	$+13500$	14400
	3,7	HCl	,,	$+900$	
	ca. 3	NaOH	50%	$+13800$	13600
	ca. 3	HCl	Alkohol	-200	
Alanin . . .	8,9	Milchsäure	Wasser	$+11500$	
	8,9	HCl	Formalin	$+1200$	
Leucin . .	9,1	Milchsäure	Wasser	$+12000$	
Tyrosin . .	9,0	HCl	,,	$+11000$	
Arginin . .	9,44	HCl	,,	$+11000$	14100
	8,94	NaOH	,,	$+3100$	
	2,42	NaOH	,,	$+13100$	13730
	2,92	HCl	,,	$+630$	
Kreatin . .	2,98	HCl	,,	$+1070$	14500
		NaOH	,,	$+13500$	
Kreatinin .	5,16	HCl	,,	$+5300$	

z. B. Essigsäure mit Ammoniak unter Bildung von

$$\begin{array}{c} CH_3 \quad NH_4^+ \\ | \quad / \\ COO^- \end{array}$$

so treten $+12000$ cal auf, ganz analog, wenn bei der Neutralisation des Glykokolls das innere Salz

$$\begin{array}{c} CH_2 \cdot NH_3^+ \\ | \quad / \\ COO^- \end{array}$$

entsteht.
Die bei der inneren Salzbildung der Aminosäuren gemessenen Wärmen lassen sich nun in manchen Fällen noch beträchtlich erhöhen, wenn gleichzeitig eine Ausfällung erfolgt. Besonders groß ist diese Fällungswärme bei Leucin in 75proz. alkoholischer Lösung. Die Zusatzwärme beträgt hier gegen 6000 cal pro Mol, bei Alanin etwa 4500 cal. Auf Milchsäure berechnet, wären dies etwa 70 cal pro g. Diese Fällungswärmen haben in

unserem Zusammenhang Interesse, weil der Gedanke nahelag, daß bei einer ähnlichen, mit der Entionisierung von Protein verbundenen Fällung ähnliche Zusatzwärmen auftreten könnten. — Doch hat diese Vorstellung bisher keine experimentelle Bestätigung gefunden.

β. Scheinbare Dissoziationswärme des Eiweiß im Muskel.

Die Messung der Wärme des Proteins geschieht auf die gleiche Weise wie die der Aminosäuren. Nur muß das Protein zuerst von allen basischen Salzen befreit und dann durch Zugabe von NaOH auf das gewünschte p_H gebracht werden, am besten 7,3—7,5, das der Reaktion des unermüdeten Muskels entspricht. Serumglobulin, Serumalbumin und Muskeleiweiß geben in ammonsulfathaltiger Lösung innerhalb der Fehlergrenzen die gleichen Wärmen, die noch deutlich größer sind als bei den aliphatischen Aminosäuren und 12500 cal pro Säureäquivalent bzw. 140 cal pro 1 g Milchsäure betragen. Auch diese Wärme läßt sich kontrollieren nach der Formel $q_{neutr} = q_{diss} - q_w$. Setzt man z. B. bei p_H 8 (20°) zu konzentriertem Muskeleiweiß erst 1 Äquivalent Milchsäure oder HCl, dann 1 Äquivalent NaOH, so treten bei der ersten Reaktion 12400 bis 12700 cal, bei der zweiten 1300 bis 1000 cal auf, zusammen also 13700 cal.

Für das Säure- und Basenbindungsvermögen der Proteine kommen zweifellos an erster Stelle die freien Amino- und Guanidinogruppen einerseits, die freien Carboxylgruppen und die Phenolgruppen des Tyrosins andererseits in Frage, also Gruppen, welche nicht in Polypeptidketten zu Säureamiden gebunden sind. So reichen z. B., wie man aus einer Arbeit von E. J. COHN und J. L. HENDRY ersieht (B 41), im Casein die überschüssigen Carboxylgruppen der Dicarbonsäuren sowie die Phenolgruppe des Tyrosins (pro Molekül Casein Gesamtzahl 35) über das gleichzeitig vorhandene Ammoniak (12) und die freie Basengruppe der Hexonbasen (15) aus, um die von 1 Mol Casein (Molekulargewicht 12600) aufgenommenen 6 Äquivalente NaOH zu binden; ebenso genügen nach FELIX und HARTENECK (B 93) die überschüssigen freien Basengruppen des Histidins für das Säurebindungsvermögen des Histons, während jedoch die Aufnahmefähigkeit für NaOH nicht vollständig durch Tyrosin und freie Carboxylgruppen von Dicarbonsäuren erklärbar ist. Es ist möglich, daß sich die

Säureamidbindungen des Eiweiß an der Neutralisierung mit beteiligen. Unwahrscheinlich ist dagegen, daß sich in vivo hierbei die Keto-Enol-Umlagerung vollzieht, wie sie von DAKIN und DUDLEY (B 48 und 49a) bei der Alkalisierung von Gelatine, Casein usw. gefunden ist. Denn dies führt zu einer Racemisierung, die bei reversiblen Umlagerungen in der Zelle und z. B. bei der Ermüdung des Muskels ausgeschlossen ist.

Die ,,Entionisierungswärme" des Proteins muß im lebenden Muskel bei der Ermüdung auftreten, da die übrigen Puffer, insbesondere Bicarbonat und Phosphat, wie leicht zu berechnen ist, für die Neutralisierung der Milchsäure bei weitem nicht ausreichen. Ja, das Bicarbonat könnte die Wärme überhaupt nicht wesentlich verringern, solange die frei gemachte Kohlensäure im Gewebe zurückbleibt, weil diese nun ihrerseits, wie die angeführten Versuche von STELLA zeigen, mit dem Alkali des Gewebeproteins reagieren würde. Ein Teil des CO_2, wechselnd je nach der Gesamtmenge vorhandenen Puffers und dem CO_2-Druck, mit dem das Gewebe im Gleichgewicht steht, würde allerdings in den Gasraum übertreten. Frisch auspräparierte Froschmuskeln enthalten bei einem CO_2-Druck von 40 mm Hg etwa 250 mm^3 CO_2 pro 1 g. Die bei maximaler Ermüdung gebildete Milchsäure (4 mg pro g) könnte aus Bicarbonat 1000 mm^3 CO_2 austreiben. Davon ist also nur ein Viertel vorhanden. Diese Reaktion hätte bei äquivalenten Mengen Milchsäure und Bicarbonat eine Wärmetönung von 27 cal pro g Milchsäure, bei Überschuß an Bicarbonat nur etwa 8 cal.

Größer ist der Gehalt des Muskels an Phosphat. Bei dem Umsatz $K_2HPO_4 + HL = KH_2PO_4 + KL$, der zwischen p_H 7,5 und 6,0 für anorganisches Phosphat allein in Betracht kommt, werden pro Mol 1700 cal, pro 1 g Milchsäure 19 cal frei. Im ganzen sind in 100 g Muskeln etwa 150 mg P vorhanden, wovon im frischen Muskel jedoch nur etwa 15 mg, im ermüdeten Muskel 75 mg P anorganisch sind (= 225 mg H_3PO_4). Rechnet man daraus aus, wieviel Milchsäure bei der p_H-Verschiebung von 7,3 bis 6,4 durch diese 225 mg neutralisiert werden könnte, so findet man 90 mg, d. h. also knapp 0,1% bei einer Gesamtmilchsäurebildung von 0,4%. Nun hatten zwar die Verteilungsmessungen der Asche im unermüdeten und ermüdeten Muskel (Kap. II, S. 84) ergeben, daß nur etwas über die Hälfte des Alkalis von Protein, der Rest von Phosphat abgegeben wird. Doch ist bei diesen Messungen organisches und anorganisches Phosphat gleichgesetzt und auf die Kreatinphosphorsäure, die damals noch unbekannt war, keine Rücksicht genommen. Die neuen Versuche (A 124) zwingen zu dem Schluß, daß zum Beginn der anaeroben Ermüdung zur Hauptsache die Spaltung der Kreatinphosphorsäure die zur Neutralisierung der Milchsäure erforderliche Base liefert — bei höheren CO_2-Drucken sogar ausschließlich — daß aber dann nach Aufspaltung des Hauptteils des Phosphagens die Base für die neuentstehende Milchsäure im wesentlichen aus Protein stammt.

Jedenfalls können wir die obigen Versuche über das Eindringen von Säure benützen, um festzustellen, welcher Anteil dem Protein bei totaler Ermüdung für die Neutralisierung der Milchsäure zukommt. Nehmen wir an, daß die Dissoziationswärme des genuinen Muskelproteins dieselbe ist wie des abgeschiedenen, 12500 cal pro Säureäquivalent oder 140 cal pro 1 g Milchsäure, so ergibt sich aus den gemessenen 105—110 cal, daß etwa ein Drittel der Milchsäure durch Phosphat und Bicarbonat und zwei Drittel durch Protein neutralisiert werden.

5. Diskussion des calorischen Quotienten.

Wir legen der Betrachtung des c. Q. bei Ruhe und Tätigkeit die Mittelwerte zugrunde, nach denen dieser bis zu 0,2% Milchsäure 380 cal beträgt, bei lang anhaltender Anaerobiose (etwa 0,4% Milchsäure) 340 cal und im zweiten Stadium noch weitergehender Anaerobiose und Übertritt der entstehenden Milchsäure in die Lösung (0,4—0,8% Milchsäure) etwa 300 cal. Endlich sinkt in zerschnittener, in Phosphatlösung aufgeschwemmter Muskulatur der c. Q. auf 200—205 cal und ebenso bei der enzymatischen Milchsäurebildung aus Glykogen im Muskelextrakt.

Daß diese letzteren 200 cal der thermochemischen Differenz und der Neutralisationswärme der Milchsäure in dem phosphathaltigen Milieu entsprechen, ist schon oben erörtert. Für den intakten Muskel stehen an Stelle von 25 cal Neutralisationswärme etwa 105 cal aus der Entionisierungswärme des Proteins zur Verfügung, die offenbar auch dann zur Geltung kommt, wenn das gebildete Alkalilactat den Muskel verläßt und in die Lösung übertritt. Nur muß zunächst die Milchsäure mit dem Muskeleiweiß reagiert haben. Das geschieht so lange, als der p_H-Bereich, in dem das Muskeleiweiß sein Alkali abgibt, durchschritten wird.

Wir nehmen an, daß dies stattfindet, wenn der c. Q. noch die Größe von etwa 380 cal besitzt, während das Sinken bis auf den Wert von 300 cal dem allmählichen Verbrauch des Alkaliproteins entspricht, wobei die Verringerung um 80 cal gerade den Betrag ausmacht, um den die Neutralisationswärme der Milchsäure im Muskel größer ist als die Neutralisationswärme in Phosphatlösung. Der unbekannte Rest von 90—100 cal würde danach unter allen Umständen im intakten Muskel auftreten, selbst bei den höchsten Milchsäureausbeuten, während dies in der zerschnittenen Muskulatur nicht mehr der Fall ist. Hiermit wird die Annahme ausgeschlossen, daß irgendeine energiereichere Form des Glykogens im Muskel existiert, die die Abweichung von der berechneten Energiedifferenz verständlich machen könnte. Es führt vielmehr zu der Folgerung, daß im intakten Muskel noch eine Nebenreaktion stattfindet, die die angegebene Wärmetönung besitzt.

Von einer solchen Nebenreaktion ist schon oben gesprochen: die totale Aufspaltung der Kreatinphosphorsäure liefert 110 bis 120 cal pro g abgespaltener Phosphorsäure. Da im Muskel bis 2,4 mg H_3PO_4 pro g als Phosphagen existieren, das anaerob allmählich zerfällt, so könnten 0,3 cal daraus entstehen. Bei einer Gesamtwärmebildung bis zu 1,2 cal pro g Muskel, entsprechend etwa 0,3% Milchsäure, würde der c. Q. von 380 cal quantitativ erklärt sein, wenn dabei auch die Kreatinphosphorsäure total zerfällt. Leider ist aber die Situation komplizierter. Nach der obigen Rechnung bleiben die unbekannten Zusatzwärmen auch noch bei doppelter bis dreifacher Milchsäurebildung wie der angeführten bestehen. Andererseits zerfällt auf Grund der Phosphatanalyse die Kreatinphosphorsäure im ersten Stadium der Ermüdung sehr rasch, aber nach Bildung von 0,1% Milchsäure nur noch sehr wenig. Nach den myothermischen Messungen von HARTREE und HILL tritt weder eine der anaeroben Resynthese des Phosphagens entsprechende negative Wärmetönung im Anschluß an einen Tetanus auf, noch sinkt das Verhältnis $\frac{H}{T}\left(\frac{\text{initiale Wärme}}{\text{Spannung}}\right)$ in dem Maße, wie es der rasch abnehmende Zerfall der Kreatinphosphorsäure bei gleicher Spannungsleistung verlangen würde. Danach tritt die Spaltungswärme der Kreatinphosphorsäure scheinbar nicht simultan mit der analytisch nachweisbaren Phosphatabspaltung voll in Erscheinung, sie könnte aber trotzdem in der Gesamtbilanz auftreten, nur überlagert und zeitlich verschoben durch unbekannte Begleit- oder Zwischenreaktionen. Im starren Muskel ist ja schließlich das bei der Phosphagenspaltung frei gewordene Phosphat vollständig diffusibel geworden, ebenso das Kreatin, das Muskelprotein ist weitgehend verändert, und die Enzyme sind abgestorben. Wenn dieser Endzustand erreicht ist, so dürfte doch die Spaltungswärme irgendwann aufgetreten sein. Als Erklärungsmöglichkeit für diese zeitliche Verschiebung zwischen dem Spaltungsvorgang und der hinzugehörigen Reaktionswärme kommt die Tatsache in Betracht, daß bei p_H 7 etwa ein Drittel, bei p_H 6,2 gut zwei Drittel so viel Basenäquivalente entstehen, als Phosphorsäuremoleküle frei werden. Dies muß eine negative Ionisierungswärme des Eiweiß veranlassen, wie umgekehrt die Säuerung bei der Phosphagensynthese eine positive Entionisierungswärme bewirken muß. Dies würde bei p_H 7 etwa 3500, bei p_H 6,2 aber 7000 bis 8000 cal pro abgespaltenes Mol H_3PO_4 ausmachen, während 11 000 cal zu decken sind. Eine zusätzliche Hydrolyse von Hexosemonophosphorsäure, die besonders für höhergradige Ermüdung in Betracht kommt, würde eine ähnliche, wenn auch schwächere Wirkung haben, indem bei p_H 7 etwa ein viertel, bei p_H 6,2 nahezu ein halb so viel Äquivalente zur Neutralisation dienen könnten, als Phosphorsäuremoleküle abgespalten werden. Die Spaltungswärme der Kreatinphosphorsäure würde erst voll in Erscheinung treten, wenn die Reaktionsverschiebung durch andere säurebildende Vorgänge ausgeglichen ist. Umgekehrt könnte die anaerobe Resynthese der Kreatinphosphorsäure, zumal bei gleichzeitig stattfindender Esterbildung den größten Teil ihrer Energie aus der Entionisierung von Eiweiß beziehen. Wenn es auch unmöglich ist, gegenwärtig in diese komplizierten Verhältnisse vollständig Licht zu bringen, so scheint es doch, als ob im Anfangsteil der Ermüdung ein erheblicher Wärmebetrag aus der Spaltung der Kreatinphosphorsäure und ein ganz geringer, evtl. auch gar keiner, aus der inneren Salzbildung des Proteins herstammt; bei fortschreitender Ermüdung dagegen ein immer größerer aus dem letzteren Vorgang, immer weniger aus dem ersten, sodaß auf diese Weise der calorische Quotient der Milchsäure ziemlich konstant bleiben könnte. Der Ersatz der einen durch die andere exotherme Reaktion wird plausibler, wenn man bedenkt, daß auch die große Wärmetönung bei der Spaltung der Kreatinphosphorsäure auf die innere

Salzbildung zwischen Carboxyl- und Guanidingruppe zu beziehen ist, ganz ähnlich wie die Wärme bei der Neutralisierung des Alkaliproteins.

Gerade das Beispiel der erst kürzlich entdeckten Kreatinphosphorsäure lehrt aber anderseits, daß sehr wohl noch andere wärmeliefernde anaerobe Spaltungen bisher unbekannt geblieben sein können. Der Zerfall der Adenylpyrophosphorsäure in ihre Komponenten, insbesondere die Abspaltung und nachträgliche Hydrolyse des Pyrophosphats in o-Phosphat sowie die Abspaltung des Ammoniaks aus der Adenylsäure verlaufen ohne wesentliche Wärme. Die völlige Klärung dieser Verhältnisse ist also erst von der Zukunft zu erwarten.

C. Wärmebilanz der aeroben Tätigkeit.

1. Kalorimetrisch gemessene Wärme der Restitutionsperiode.

Die Wärmebildung der oxydativen Restitutionsperiode in Zusammenhang mit dem Sauerstoffverbrauch läßt sich mit kalorimetrischen Methoden weniger genau messen; doch möge sie, da das Ergebnis dieser Versuche eine Bestätigung der bisher angeführten Messungen ergibt, zur besseren Übersicht des gesamten Zyklus der Muskeltätigkeit hier erörtert werden. Nach einer zuerst von PARNAS (B 236) in Vorschlag gebrachten Anordnung wird ein kleinerer Froschschenkel, von dem einzelne Muskeln für die Atmungsmessung zuvor abpräpariert sind, in luftdicht zu verschraubende und innen mit Paraffin überzogene Metallzylinder eingeschlossen. Diese werden nach Füllung mit 2 Atmosphären Sauerstoff in Dewargefäße gehängt, in denen die Wärmeabgabe verfolgt wird. Bei Ruheversuchen in dieser Anordnung ergaben sich pro cm^3 Sauerstoffverbrauch zwischen 4,1 und 7,5, durchschnittlich 6,1 cal, während der theoretische Wert für Kohlehydratoxydation 5,0 cal hätte sein müssen. In der Erholungsperiode nach tetanischer Ermüdung ergeben sich jedoch pro 1 cm^3 Sauerstoff nur 3,0—3,9 cal. Es läßt sich nun aus der Größe des gesamten Erholungs- und Ruhesauerstoffs sowie aus der extrapolierten Kurve der Wärmebildung für die ganze Erholungszeit pro g Muskel berechnen: 1. die für Kohlehydratoxydation zu erwartenden Kalorien, 2. die tatsächlich gefundenen Kalorien, 3. das Kaloriendefizit in der Erholungszeit. Das so bestimmte Kaloriendefizit ergibt sich für tetanische Ermüdung und einen Erholungssauerstoff von 0,40 bis 0,60 mg zu 0,7 bis 1,1 cal pro g Muskel. Dieses Kaloriendefizit, das der Wärmebildung der anaeroben Tätigkeitsphase entsprechen muß, ist nun weiterhin zu vergleichen mit der tatsächlichen Kalorienproduktion der Erholungsperiode sowohl für den Ruheverbrauch wie den Extrasauerstoff.

Ein Versuchsbeispiel sei angeführt [A 14, Tab. 6, Versuch 5]. Schenkel 28 Minuten tetanisch gereizt, Schenkelmuskeln 6,1 g, Wärmemessung in Sauerstoff 12 Stunden 40 Minuten, gebildet 12,7 cal oder pro 1 g 2,08 cal.

Gastrocnemius, 0,61 g, verbraucht Sauerstoff in Wärmemeßzeit: 374 mm^3 oder pro g 613 mm^3. Erholungssauerstoff in Wärmemeßzeit 240 mm^3 oder pro g 394 mm^3, in Gesamtzeit pro g 425 mm^3.

Für 1 cm^3 Sauerstoff gefunden 3,4 cal (theoretisch 5,0); aus Sauerstoff berechnete Kalorienproduktion pro g Muskel 3,06 cal, gefunden 2,08 cal. Auf den Ruheverbrauch von 219 mm^3 O_2 pro g entfallen 5 · 0,219 = 1,08 cal. Es bleiben somit für den Erholungsverbrauch pro g noch 1,0 cal, für Gesamtzeit 1,08 cal, erwartet für Kohlehydratverbrennung (425 mm^3 O_2) 2,12 cal. Defizit also 1,04 cal.

Vergleichen wir diese Zahlen mit den in Kap. VIII zu besprechenden Ergebnissen von A. V. HILL, so darf der Ruhesauerstoff und die Ruhewärmebildung nicht berücksichtigt werden, weil sie in die myothermische Messung der Kontraktionswärme nicht mit eingehen; sie sind vielmehr in der Korrektur für den Galvanometergang mit enthalten und machen dort obendrein auch nur $^1/_{10}$ bis $^1/_{20}$ der während eines Zeitraumes von 4—5 Minuten verfolgten Erholungswärme aus. Es ergibt sich dann aus dem angeführten Versuch, daß eine oxydative Erholungswärme von 1,08 cal pro g Muskel einem Kaloriendefizit von 1,04 cal gegenübersteht, das gleich der anaeroben Kontraktionswärme sein muß. Das Verhältnis der anaeroben zur oxydativen Wärme ist also 1:1 wie in den myothermischen Versuchen. 1,04 cal anaerober Wärme entspricht aber einer Bildung von 2,75 mg Milchsäure. Der Erholungssauerstoff beträgt 0,608 mg, also würde der Oxydationsquotient 4,8 sein, was wiederum dazu stimmt, daß für 425 mm^3 O_2 nur 1,08 cal aufgetreten sind statt der für Kohlehydratverbrennung zu erwartenden 2,12 cal. — Es geben nun nicht alle derartigen Versuche ein so präzises Resultat. Im allgemeinen ist das Wärmedefizit in dieser Versuchsanordnung zu groß, wohl weil die Atmung in den unter erhöhtem Sauerstoffdruck stehenden Schenkelmuskeln nicht mit der des Gastrocnemius genau Schritt hält.

Im Durchschnitt läßt sich aus den Bestimmungen von Sauerstoff, Kohlehydrat und Milchsäure die folgende Gesamtbilanz für 1 g Muskel und einen mittleren Ermüdungsgrad aufstellen:

a. Anaerobe Ermüdungsphase: Verschwunden 1,8 mg Kohlehydrat, gebildet 1,8 mg Milchsäure und 0,70 cal.

b. Oxydative Erholungsphase: Verschwunden 1,8 mg Milchsäure, 0,45 mg Erholungssauerstoff und (für 15 Stunden bei 14°) 0,37 mg Ruhesauerstoff. Neu aufgetreten $1,80 - 0,77 = 1,03$ mg Kohlehydrat. Für Kohlehydratoxydation berechnet bei 0,82 mg Sauerstoffverbrauch 2,85 cal, davon für 0,45 mg Extrasauerstoff 1,57 cal. Gefunden 2,15 cal bzw. 0,87 cal für Extrasauerstoff. Es fehlen somit 0,70 cal, die in der Ermüdungsphase aufgetreten sind. Oxydationsquotient 4,3; Verhältnis der oxydativen zur anaeroben Wärme $= \dfrac{1,24}{1}$.

2. Zyklus der aeroben Energieumwandlungen.

Arbeitet der Muskel bei genügender Sauerstoffzufuhr, so daß die Milchsäure ebenso rasch, wie sie entsteht, oxydativ beseitigt wird, dann kann die chemische Analyse unter normalen Umständen im Kaltblütermuskel nur einen gewissen Schwund von Kohlehydrat feststellen, einen Schwund, der durch den Sauerstoffverbrauch gedeckt ist. Physikalisch stimmen Anfangs- und Endzustand ebenfalls überein, indem die durch die Kontraktion und das Auftreten der Milchsäure hervorgerufenen Veränderungen durch die Erschlaffung und das nachträgliche Wiederverschwinden der Milchsäure beseitigt sind. Ebenso sind auch die wesentlichen chemischen Begleitvorgänge wieder rückgängig gemacht, insbesondere die gespaltene Kreatinphosphorsäure resynthetisiert. Nach unseren jetzigen Kenntnissen würde nur die Abspaltung des Ammoniaks übrigbleiben, was nach PARNAS durch allmähliche oxydative Desaminierung von Aminosäuren erklärt ist. In toto wäre also der Muskel wieder vollständig restituiert, wobei im wesentlichen Kohlehydrat verbrannt und eine geringe Menge Aminosäure desaminiert wäre. Hierbei müssen pro 1 cm³ Sauerstoff 5,0 cal frei werden. Doch tritt auch bei noch so guter Sauerstoffzufuhr stets im Augenblick der Kontraktion Milchsäure auf,

Zyklus der aeroben Energieumwandlungen. 227

und verschwindet erst längere Zeit nach abgelaufener Erschlaffung wieder, wie sich aus den Wärmemessungen von HARTREE und HILL einwandfrei ergibt.

Wie sich nun unter diesen Umständen die 5 cal pro Verbrauch von 1 cm³ Sauerstoff auf Tätigkeits- und Restitutionsphase verteilen, hängt von nichts weiter ab, als von der Größe des Oxydationsquotienten $\frac{\text{gesamt verschwundene Milchsäure}}{\text{oxydierte Milchsäureäquivalente}}$. Gleichgültig, welches der genaue Ursprung des c. Q. von 380 cal ist, und unabhängig davon, welche Substanzen in der Erholungsperiode oxydiert werden, muß sich die Oxydationswärme der verbrannten Nährstoffe um diesen Betrag von 380 cal verringern, da die Milchsäure wieder in das ursprüngliche Ausgangsprodukt zurückverwandelt wird und gleichzeitig die Begleitvorgänge und der veränderte physikalisch-chemische Zustand des Muskelproteins rückgängig gemacht werden. (Die geringe irreversible Ammoniakbildung kommt energetisch nicht in Betracht.) Je nachdem wir den Oxydationsquotienten zu 3, 4, 5 oder 6 ansetzen — dem in Betracht kommenden Spielraum —, erhalten wir die folgenden Wärmebilanzen pro 1 g in Reaktion tretenden Glykogenhydrats bzw. 1 g gebildeter Milchsäure. Auch wenn neben Kohlehydrat noch andere Stoffe in der Erholungsperiode oxydiert werden, würde dies den aus dem Sauerstoffverbrauch berechneten Oxydationsquotienten und die Wärmebilanz nur unwesentlich ändern.

Tabelle 19. Wärmebilanz der aeroben Kontraktion.

Oxydationsquotient	3	4	5	6
Oxydierte Menge Glykogen in g	0,333	0,25	0,20	0,166
Gesamtwärme des Glykogenschwundes, cal	1260	947	757	631
davon cal in Arbeitsphase	380	380	380	380
also cal der Restitutionsphase	880	567	377	251
Verhältnis der Wärme von Restitutionsphase zu Arbeitsphase	2,3	1,48	0,99	0,66
% Nutzeffekt des Erholungsvorgangs	30	40	50	60

Aus der letzten Zeile der Tabelle sieht man, daß ein um so größerer Teil der Energie der Oxydation im Dienst der Arbeits-

15*

leistung ausgenützt wird, je größer die Zahl der Milchsäuremoleküle ist, die durch die Oxydation eines einzelnen Milchsäureäquivalents resynthetisiert werden. Der Vorgang würde völlig wärmefrei, also mit einem Nutzeffekt von 100% verlaufen, wenn auf 1 oxydiertes Mol. 10 resynthetisiert werden. Wenn dieser Fall auch nicht vorkommen dürfte, so wäre es denkbar, daß bei anderen Muskelarten, vielleicht auch bei willkürlicher Innervation oder beim Warmblüter, der Oxydationsquotient noch größer als 6 ist. Andererseits wird eine relative Vergrößerung der Atmung, die einer Energievergeudung entspricht, durch alle Schädigungen des Muskels und alle Momente, die die Erholung verzögern oder erschweren, veranlaßt. Bei dem durchschnittlichen Oxydationsquotienten des isolierten Muskels von 4,7 ist der Wirkungsgrad der Restitution 47% und das Verhältnis der oxydativen zur anaeroben Wärme = 1,13. Diese Rechnung gilt nur für den frischen oder schwach ermüdeten Muskels mit einem c. Q. von 380. Bei einem Quotienten von 340 cal wäre z. B. bei einem Oxydationsquotienten von 4,7 der Nutzeffekt der Erholung nur 42%, und umgekehrt könnten dann bei einem Nutzeffekt von 100% 11 Mol. Milchsäure pro 1 oxydiertes Äquivalent resynthetisiert werden.

Diese Rechnung wird dann bedeutungslos, wenn es sich nicht mehr um eine echte Resynthese handelt, sondern um ein bloßes Verschwinden des Spaltungsumsatzes im stationären Zustand der Ruheatmung. Dann wäre allgemein jeder Oxydationsquotient möglich, obwohl man bei der Vorstellung eines inneren Kreislaufs des Kohlehydrats annehmen wird, daß wenigstens die thermochemische Differenz: gelöste Glukose → Milchsäure, d. h. 150 cal pro g, durch die Oxydationsenergie überwunden werden müßte. Auch dann könnte also der Oxydationsquotient nicht über 25 betragen. In der Tat ist auch unter extremen Umständen niemals ein Quotient über 12 in diesen Fällen beobachtet worden [vgl. Kubowitz (B 185)].

Es mag nicht überflüssig sein, zum Schlusse zu betonen, daß das obige Schema der Energetik der Muskelarbeit sich bereits aus den kalorimetrischen und chemischen Messungen allein ergibt, ohne die myothermischen Experimente von Hill und Hartree zu Hilfe zu nehmen. Diese führen jedoch zu vollständig dem gleichen Resultat, und das angegebene Schema verschafft uns daher auch eine befriedigende Deutung der Wärmemessungen der englischen Forscher. Die Zusammenstimmung der unabhängigen, nach verschiedenen Methoden ausgeführten Meßreihen muß als eine besonders schlagende Bestätigung der Richtigkeit der angeführten Deutung angesehen werden.

3. Die Energetik der Kohlehydratsynthese aus Brenztraubensäure.

Anhangsweise sei auch die Energiebilanz der Synthese von Kohlehydrat aus Brenztraubensäure aufgeführt, die nicht für die Muskeltätigkeit selbst, wohl aber für den intermediären Stoffwechsel im Muskel von Bedeutung ist. Die Synthese selbst muß nach der Gleichung verlaufen:

$$2 CH_3 \cdot CO \cdot COOH + 2 H_2O = C_6H_{12}O_6 + O_2 \quad (1)$$

Die hierfür nötige Energie wird von der Oxydation geliefert. Die Verbrennungswärme wasserfreier reiner Säure ist nach H. BLASCHKO (A 41) 3172,4 cal pro g oder 279,1 kcal pro Mol. Die Lösungswärme bei Verdünnung auf $n/20$ ergibt sich zu 52,9 cal pro g oder 4,57 kcal pro Mol, die Neutralisationswärme zu 11,4 kcal pro Mol. Reaktionsgleichung (1), ausgehend von verdünnter Brenztraubensäure, ergibt danach die folgende Wärme:

$$2 \cdot 274,5 - 681 = -132 \text{ kcal}$$

Die Gleichung für die energieliefernde Reaktion, Oxydation von Glykogenhydrat, lautet:

$$C_6H_{10}O_5 \cdot H_2O + 6 O_2 = 6 CO_2 + 6 H_2O + 681 \text{ kcal} \quad (2)$$

Für 1 mg frei werdenden Sauerstoffs in Gleichung (1) werden 4,13 cal, für 1 cm^3 O_2 5,91 cal verbraucht, nach Gleichung (2) für 1 mg O_2 3,55 cal, für 1 cm^3 5,07 cal produziert. Nun verläuft aber Reaktion (1) rascher als (2), so daß es dabei zu beträchtlicher Anhäufung von Kohlehydrat im Muskel kommt. Diese Synthese geschieht auf Grund einer Steigerung der Oxydation über den Ruheumsatz, wobei etwa 4 bis 5 Zuckermoleküle synthetisiert werden, während, berechnet aus dem Extrasauerstoff, 1 verbrennt (vgl. Kap. I, S. 15 u. 48). Man kann daraus berechnen, daß bei bilanzmäßiger Zunahme von 3 Zuckermolekülen während der Verbrennung eines Zuckermoleküls pro mg verbrauchten Extrasauerstoffs nur 2,4 cal produziert werden statt 3,55 cal bei

230 Die chemischen Vorgänge im Zusammenhang mit der Wärmebildung.

gewöhnlicher Kohlehydratverbrennung. Es werden dann 30% der Gesamtenergie für die Synthese aufgewandt. Noch größer fällt natürlich der auf die Synthese bezogene Energieaufwand aus, wenn man die beiden gekoppelten Reaktionen sich unabhängig voneinander abspielen denkt, so daß also der von (1) auf (2) übertragene Sauerstoff nicht aus der Berechnung herausfällt. Läuft Reaktion (1) viermal so schnell ab als (2), was der bilanzmäßigen Zunahme von 3 Zuckermolekülen bei der Oxydation eines Moleküls entspricht, so werden in Reaktion (1) -528 kcal gewonnen, bei Aufwand von $+681$ kcal in (2), also fast 80% der Oxydationsenergie kämen der Reduktion zugute.

Bei dieser Gelegenheit sei auf die Möglichkeit hingewiesen, daß die oxydative Resynthese der Milchsäure überhaupt auf dem Wege über die Brenztraubensäure erfolgen könnte. Wenn durch die Gegenwart von Wasserstoffacceptoren des Gewebes dieser Übergang vor sich gehen kann (s. oben S. 123), so wahrscheinlich in noch größerem Ausmaß bei gleichzeitiger Gegenwart von Sauerstoff. Zwar die einfache Deutung des Oxydationsquotienten, daß er zahlenmäßig durch den carboxylatischen Zerfall der Brenztraubensäure bedingt wäre, nach der Gleichung:

$$3\,C_3H_4O_3 + 3\,O = 3\,C_2H_4O + 3\,CO_2 + 3\,O = C_6H_{12}O_6 + 3\,CO_2 \quad (3)$$
[Brenztraubensäure]   [Acetaldehyd]

muß abgelehnt werden. In diesem Falle würden zunächst für den Übergang von 3 Mol Milchsäure in Brenztraubensäure

$$3\,CH_3 \cdot CHOH \cdot COOH + 3\,O = 3\,CH_3 \cdot CO \cdot COOH + 3\,H_2O \quad (4)$$

3 Atome Sauerstoff verbraucht und dann für die gekoppelte Oxydation (3) nochmals 3 Atome, wobei 1 Mol Zucker aus 3 Mol Acetaldehyd entstünde. Da von 3 Mol Milchsäure dann 1 total oxydiert wäre, während 2 zu Zucker synthetisiert würden, könnte der Oxydationsquotient niemals über 3 steigen. Es ist aber möglich, daß sich intermediär das Enol der Brenztraubensäure bildet oder daß ähnlich wie bei der alkoholischen Gärung auch hier eine Dismutation der Milchsäure (bzw. Methylglyoxal) eintritt, die dabei nur zum Teil in Brenztraubensäure und zum Teil in eine reduzierte Verbindung (z. B. Glyzerin) übergeht, und daß diese zusammen die Ausgangsstufe der Zuckersynthese bilden.

Nach einem ähnlichen Schema dürften auch andere Synthesen, die Energieaufwand erfordern, in den Zellen mit Hilfe der Atmung bewerkstelligt werden. Für den isolierten Muskel sind bisher nur Brenztraubensäure und Milchsäure als Kohlehydratbildner festgestellt. Die Brenztraubensäure kann aber jedenfalls für verschiedene intermediäre Umsätze, insbesondere den Übergang von Eiweiß in Kohlehydrat, eine wichtige Rolle spielen.

VII. Chemische Vorgänge im Zusammenhang mit der Arbeitsleistung.

Der quantitative Vergleich zwischen der mechanischen Leistung und der Größe des Stoffwechsels wird im folgenden nur für die *energie*liefernden chemischen Vorgänge, Milchsäurebildung und Atmung, durchgeführt. Der Zusammenhang der Tätigkeit mit anderen Stoffwechselprozessen ist bereits in Kap. II erörtert worden.

A. Der isometrische Koeffizient der Milchsäure.

Physiologisch arbeitet der Muskel bekanntlich auch dann, wenn er im physikalischen Sinne keine äußere Arbeit leistet. Wird er bei der Reizung festgehalten, so spannt er sich nur an, ohne sich zu verkürzen („isometrische Kontraktion"). Auch der ohne Belastung sich „isotonisch" verkürzende Muskel leistet so gut wie keine Arbeit, indem er ausschließlich einen Teil seines eigenen Gewichts hebt. Nur die Kontraktion des belasteten Muskels stellt eine meßbare physikalische Arbeitsleistung dar. Hier ist die Verkürzung stets mit Spannungszunahme verbunden, „auxotonisch". Die isometrische Kontraktionsform hat den Vorteil, daß bei einem gegebenen Muskel, dessen Anfangslänge dem Ruhewert entspricht, für die Berechnung der physiologischen Arbeit eine einzige Variable ins Spiel kommt, nämlich die Größe der Spannungsentwicklung, während bei dem sich verkürzenden Muskel mindestens zwei, Verkürzungsgrad und Belastung, zu berücksichtigen sind. Schon aus diesem Grunde ist für alle quantitativen Messungen die isometrische Kontraktion vorzuziehen, ganz abgesehen von den technischen Vorteilen, die sie speziell bei der myothermischen Versuchsanordnung bietet. Bei maximaler Reizung ist die Größe der isometrischen Spannungsentwicklung durch rein physiologische Momente im Muskel selber bestimmt und hängt nicht, wie z. B. der Verkürzungsgrad, von willkürlich gewählten Versuchsbedingungen, Größe oder Unterstützung der Last, Trägheit des Systems u. dgl. ab. Ja, darüber hinaus ist die Spannungsentwicklung der primäre mechanische Vorgang, der auf den chemischen Prozeß folgt. Sie ruft eine neue elastische Gleichgewichtslänge im Muskel hervor, der er zustrebt; ob er sie tatsächlich erreicht oder nicht, hängt nur von äußeren Bedingungen ab. Dieser primäre Vorgang tritt allein in Erscheinung, wenn der Muskel an der Verkürzung gehindert wird.

1. Der isometrische Koeffizient der Milchsäure bei Einzelzuckungen.

Als isometrischen Koeffizienten der Milchsäure bei Einzelzuckungen $K_{m(L)} = \dfrac{\sum S \cdot l_0}{L}$ bezeichne ich das Verhältnis $\dfrac{\text{g Spannung} \cdot \text{cm Muskellänge}}{\text{g Milchsäure (Lactat)}}$, wobei die Spannung aller Einzelzuckungen summiert wird[1]. An Stelle von Milchsäure (L) kann jede andere Stoffwechselgröße ebenfalls in g treten, z. B. O_2 (g veratmeter Sauerstoff), P (aus Kreatinphosphorsäure abgespaltene Phosphorsäure in g), N (g abgespaltener Ammoniakstickstoff) (vgl. oben Kap. II, S. 102). Die Muskellänge in die Berechnung des Koeffizienten hineinzunehmen, ist erforderlich, weil für die gleiche Spannung ein doppelt so langer Muskel den doppelten Umsatz nötig hat, die Spannung also dem chemischen Umsatz für die Längeneinheit proportional sein muß. Wird das Muskelgewicht und die Zuckungszahl berücksichtigt, so ergibt sich für parallelfaserige Muskeln gleichzeitig die isometrische Spannung der einzelnen Zuckung auf die Einheit des Querschnitts, eine Größe, die in der Muskelphysiologie als „Muskelkraft" bezeichnet wird, aber vom energetischen Standpunkt weniger interessiert, übrigens auch für Tetani wichtiger ist als für Einzelzuckungen.

Aus myothermischen Experimenten kann man entnehmen, daß bei parallelfaserigen Muskeln der $K_{m(L)}$-Wert von der besonderen Muskelart weitgehend unabhängig sein muß. Leider sind parallelfaserige Muskeln, insbesondere der Froschsartorius, für Serienbestimmungen der Milchsäure weniger gut zu gebrauchen,

---

[1] Vgl. Anmerkung Kap. I, S. 42.

einmal wegen des geringen Gewichts und dann auch, weil wegen der vorausgegangenen Präparation der Anfangsgehalt an Milchsäure größeren Variationen unterliegt als beim Gastrocnemius. Aus diesem Grunde sind die meisten Messungen am Gastrocnemius ausgeführt. Nach den Untersuchungen von BERITOFF (B 13) kann man den (relativen) isotonischen Verkürzungsgrad des Gastrocnemius zu 0,69 desjenigen des Sartorius ansetzen und dementsprechend mit einer mittleren Länge der Muskelbündel von 0,69 von derjenigen des ganzen Muskels rechnen. (Auf Grund des Spannungslängendiagramms rechnet HILL mit dem wohl nicht so genauen Faktor 0,63.) Die $K_{m(L)}$-Werte des Gastrocnemius werden dann durch Multiplikation mit 0,69 auf diejenigen parallelfaseriger Muskeln reduziert.

Doch sind daneben in einer geringeren Zahl von Versuchen auch die $K_{m(L)}$-Werte für den Sartorius direkt bestimmt. MATSUOKA (A 25) fand ihn in sauerstofffreier Ringerlösung zu $105 \cdot 10^6$ (Schwankungen von 69—136). Man kann diesen Koeffizienten ohne weiteres in eine unbenannte Zahl umrechnen, wenn man die Milchsäure durch die anaerobe Wärmebildung ersetzt und die Kalorien in gcm ausdrückt. Man erhält dann $K'_m = \frac{\text{g Spannung} \cdot \text{cm Länge}}{\text{gcm anaerobe Wärme}} = 6{,}5$. Die gleiche Größe ist aber von HARTREE und HILL am Sartorius auch direkt in zahlreichen Messungen bestimmt, sowohl indem bei einzelnen Zuckungen die initiale Wärme als in Zuckungsserien die gesamte anaerobe Wärme gemessen wurde. Die Resultate, auf die wir unten zurückkommen (Kap. VIII), ergeben im ersteren Falle im Mittel 6,36, im letzteren 5,97, also praktisch dasselbe wie oben.

Wie die systematischen Messungen am Gastrocnemius zeigen, ist der Koeffizient fast unabhängig von der Temperatur, z. B. bei 25—28° nur etwa 10% größer als bei 8°; er hängt andererseits etwas von der Anfangsspannung und vom Ermüdungsgrad des Muskels ab. Z. B. ist $K_{m(L)}$ während der Bildung der ersten 0,15% Milchsäure um ein Drittel größer als bei der Bildung der folgenden 0,15% Milchsäure. Die $K_{m(L)}$-Werte aus zwei derartigen Versuchen seien angeführt. Die seinerzeit (A 17) wiedergegebenen Zahlen sind um 15% vergrößert, um sie mit der später benutzten Berechnungsart in Einklang zu bringen. Es waren in der angeführten Arbeit die um 15% verkleinerten Längen des Gastrocnemius benutzt, was jedoch eine willkürliche und unzureichende Korrektur für den schrägen Faserverlauf darstellte.

Tabelle 21. Isometrischer Koeffizient des Gastrocnemius bei fortschreitender Ermüdung.

	Muskel-gewicht g	Ermüdungs-periode	Milchsäure		Hubzahl	Spannung 10^3 g	$K_{m(L)}$ 10^6
			mg	%			
1	1,1	total	3,15	0,286	495	104,6	115
		I	1,2	0,11	145	44,7	143
		II	1,95	0,176	350	60,0	96
2	1,2	total	4,1	0,341	800	118,9	113
		I	1,73	0,144	210	57,4	142
		II	2,37	0,197	590	61,5	96

Ebenso ergab sich in zahlreichen späteren Versuchen von O. MEYERHOF, K. LOHMANN und W. SCHULZ (A 49, 74) für die erste Hälfte einer Ermüdungsserie ein durchschnittlicher $K_{m(L)}$-Wert von $145 \cdot 10^6$ (Schwankungen von $112-166$ in 18 Versuchen). In noch kürzeren Serien von nur 40 maximalen Zuckungen bis zu 0,04% Milchsäure wurde von NACHMANSOHN (A 111) ein $K_{m(L)}$-Wert von $176 \cdot 10^6$ (Schwankungen von $161-189$) gefunden. Bei der geringen Zahl der Versuche und der Kleinheit der absoluten Ausschläge ist es jedoch unsicher, ob hier der Koeffizient wirklich noch größer ist als bei etwa 150 Zuckungen. Rechnet man auch den $K_{m(L)}$-Wert des Gastrocnemius in eine unbenannte Zahl um, wobei man die Länge mit dem Faktor 0,69 multipliziert, so erhält man $K'_m = 6,1$, praktisch also wiederum eine mit der HILLschen identische Zahl. Der gleiche $K_{m(L)}$ von $140 \cdot 10^6$ ergibt sich auch am Gastrocnemius der Kröte (100 Einzelzuckungen) trotz stark herabgesetzter Kontraktionsgeschwindigkeit. Bei Einzelzuckungen ist also in Übereinstimmung mit den Wärmemessungen von HARTREE und HILL der Energieumsatz von der Kontraktionsgeschwindigkeit unabhängig.

2. Der isometrische Zeitkoeffizient.

Als isometrischen Zeitkoeffizienten $K_{z(L)}$ bezeichne ich das Verhältnis

$$\frac{\sum S \cdot l_0 \cdot t}{L} = \frac{\text{g Spannung} \cdot \text{cm Muskellänge} \cdot \text{sec Tetanusdauer}}{\text{g Milchsäure (Laktat)}},$$

der sich also von dem vorigen durch die Dimension der Zeit im Zähler unterscheidet. Es wird darin die Aufrechterhaltung der Spannung während des Tetanus in der Zeiteinheit im Vergleich zur Milchsäurebildung bestimmt. Nach HILL setzt sich die Größe der initialen Wärme H_i im Tetanus aus zwei verschiedenen Bestandteilen zusammen und läßt sich durch die Formel ausdrücken:

$$H_i = a + b_T t,$$

wo a die für die Spannungs*entwicklung* benötigte Energie bedeutet, die, unabhängig von der Temperatur, der Spannung direkt proportional ist (entsprechend dem ganzen H_i-Wert bei Einzelzuckungen), $b_T \cdot t$ dagegen die für die *Aufrechterhaltung* der Spannung benötigte Energie, die der Reizdauer t proportional ist, aber außerdem auch noch von der Temperatur (T) abhängt. Daraus ergibt sich, daß man nur dann einen einfachen, von der Tetanusdauer unabhängigen $K_{z(L)}$-Wert erhalten kann, wenn der Anteil a gegenüber dem Anteil $b \cdot t$ verschwindet. Das ist nun bei den Messungen des Zeitkoeffizienten der Milchsäure praktisch der Fall, weil hier die Tetanusdauer schon wegen der erforderlichen größeren Milchsäureausschläge mindestens 5 Sekunden beträgt. Bei einem 5-Sekunden-Tetanus von 20° ist aber der Summand a, wie man durch Extrapolation der Wärmekurven von HARTREE und HILL findet, nur etwa $1/20\, H_i$, bei 5° etwa $1/9$.

Bei der Messung des Zeitkoeffizienten der Milchsäure muß die Reizung indirekt mit einer niedrigen Frequenz von etwa 25 Reizen pro Sekunde geschehen. Bei direkter Reizung besteht, wie die Versuche von O. MEYERHOF, K. LOHMANN und J. SURANYI (A 48, 49, 58) gezeigt haben, die Gefahr einer Bildung von Extramilchsäure nach Ablauf des Tetanus, wodurch der Koeffizient verkleinert wird. Die niedrige Frequenz ist erforderlich, weil andernfalls eine „Wedenski-Hemmung" eintritt und die Spannung schon nach 1—2 Sekunden abfällt. Die Spannung soll aber während des Tetanus möglichst konstant sein, wie es z. B. auf Abb. 41 für einen 10-Sekunden-Tetanus nach der Arbeit von J. SURANYI zu sehen ist.

Der $K_{z(L)}$-Wert hängt von allen Faktoren ab, durch die die Geschwindigkeit der sich zum Tetanus summierenden Zuckungen

236 Chemische Vorgänge im Zusammenhang mit der Arbeitsleistung.

beeinflußt wird. Je mehr Zeit das einzelne Zuckungselement beansprucht, um so weniger solcher Elemente reichen aus, um die Spannung im Tetanus aufrechtzuerhalten, und um so weniger Energie wird hierfür benötigt.

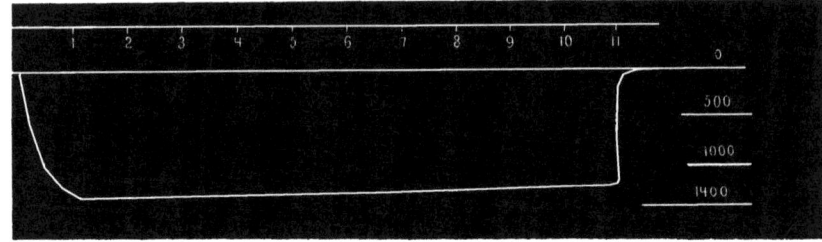

Abb. 41. Isometrische Spannungskurve bei indirekter Reizung. Rechts Spannungsangabe in g. (Aus Pflügers Arch. 214, J. SURANYI.)

Wie aus der Tabelle zu ersehen ist, beträgt der $K_{z(L)}$-Wert bei 18° 50—70, und zwar sowohl bei indirekter Reizung wie nach

Tabelle 22. $K_{z(L)}$-Werte des Gastrocnemius für 5—10-Sekunden-Tetani.

Nr.	Untersucher	Tierart	Reizart	Reizfrequenz pro sec	Zahl und Dauer der Tetani (sec)	Temperatur °C	Versuchszahl	Schwankungsbreite $K_{z(L)}$ 10^6	$K_{z(L)}$ Durchschnitt 10^6
1	SURANYI (A 58)	Rana esculenta	indirekt	22	1 × 10	18	5	38—57	47
2	,,	,,	direkt überreizt	22	1 × 10	18	5	30—51	(38)
3	NACHMANSOHN (A 88, 106, 111)	,,	indirekt	25	1 × 5 u. 2 × 5	18	4	49—66	58
4	,,	,,	indirekt	25	2 × 5	5	2	92—112	102
5	,,	,,	curaresiert direkt	25	1 × 5	18	6	54—95	70
6	,,	Rana temporaria	Nerv. degener.	30	1 bis 3 × 5	18	3	52—57	56
7	,,	Rana esculenta	Trimethyloctylammon. direkt	30	2 × 5	5	2	85—101	93
8	,,	Bufo agua	indirekt	30	3 × 5	20	4	89—154	123

Ausschaltung des Nerven bei direkter. Dagegen verkleinert sich im nervenhaltigen Muskel bei direkter Reizung mit starken Strömen der Koeffizient infolge der Extrabildung von Milchsäure (Nr. 2); bei langsamerem Kontraktionsablauf wird der $K_{z(L)}$-Wert bedeutend größer infolge Einschränkung der Milchsäurebildung, wie man aus den Versuchen bei 5° am unvergifteten Muskel (Nr. 4) sowie an dem mit Ammoniumbase curaresierten (Nr. 7) sieht, wo der $K_{z(L)}$-Wert gegen 100 ist. Noch mehr ist er vergrößert in dem langsamen Krötenmuskel bei 20° (Nr. 8). Das unterschiedliche Verhalten des Koeffizienten bei Einzelzuckungen und Tetani veranschaulicht nach D. NACHMANSOHN (A 111) Abb. 42.

Auch diesen Zeitkoeffizienten kann man auf absolute Maße umrechnen von der Dimension der Zeit. Reduziert man wieder für den schrägen Faserverlauf des Gastrocnemius mit 0,69, so erhält man für 18° $K'_z = 2,32$ und für 4 bis 5° $K'_z = 4,15$. Die reziproken Werte hiervon, d. h. die Energieproduktion pro Einheit Muskellänge und Zeit, würden für 18° 0,43, für 5° 0,24 betragen. Aus den Wärmemessungen von HILL und HARTREE an Sartorien berechnen sich die gleichen reziproken Werte bei 20° zu 0,92, bei 15° zu 0,61, bei 5° zu 0,26. Der für 18° extrapolierte Wert (0,75) ist recht erheblich größer als der am

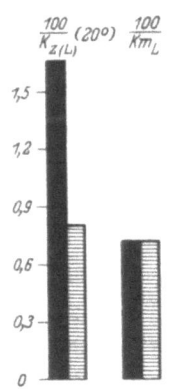

Abb. 42. Milchsäurebildung des Frosch- und Krötengastrocnemius bei isometrischer Reizung mit mehreren Tetani bei 20° und mit Einzelreizen. Die Rechtecke stellen die reziproken isometrischen Koeffizienten dar. Links tetanische Reizung; $100/K_{z(L)}$, rechts Einzelreize; $100/K_{m(L)}$.
■ Frosch. ▨ Kröte.
(Aus Biochem. Z. 213, NACHMANSOHN.)

Gastrocnemius aus der Milchsäurebildung berechnete, während die Werte bei 5° übereinstimmen. Vergleichen wir die $K_{z(L)}$-Werte mit den $K_{m(L)}$-Werten, so ergibt sich, das Wievielfache der zur *Entwicklung* der Spannung nötigen Energie erforderlich ist, um diese Spannung für eine Sekunde aufrechtzuerhalten. Für den Gastrocnemius erhält man als dieses Vielfache bei 18° 2,8, bei 5° 1,5, während sich aus den Versuchen von HARTREE und HILL am Sartorius bei 18° 4,6, bei 5° 1,6 berechnet.

B. Der isometrische Koeffizient des Sauerstoffs.

Auf die gleiche Weise kann auch der isometrische Koeffizient des Sauerstoffs bestimmt werden $K_{m(O_2)}$, wobei die Bedingung zu stellen ist, daß der in den Muskel gelangende Sauerstoff ausreicht, um die im Moment der Kontraktion gebildete Milchsäure wieder zum Verschwinden zu bringen. Annähernd war dies schon in einschlägigen Versuchen von J. PARNAS (B 238) der Fall, der kleine Froschgastrocnemien indirekt mit schwachen Einzelschlägen über viele Stunden reizte und hierbei Sauerstoff und Spannung maß. Aus seinen Versuchen berechnete sich ein isometrischer Koeffizient des Sauerstoffs zu 570 bis 660 · 10^6, durchschnittlich 630 · 10^6. Mit verbesserter Methodik geschah dasselbe bei den schon oben beschriebenen Versuchen von O. MEYERHOF und W. SCHULZ, in denen gleichzeitig die Spannung photographisch registriert und der Sauerstoff manometrisch gemessen wurde (vgl. Abb. 63, Methoden). Die Muskeln wurden hier während etwa 2 Stunden alle 30 bis 60 Sekunden indirekt gereizt. Sowohl vor wie nach dem Versuch wurde obendrein die Milchsäure bestimmt und in den symmetrischen Muskeln der Ruhesauerstoffverbrauch, der von dem Arbeitswert in Abzug gebracht wurde. Für den Extrasauerstoff des gereizten Muskels ergibt sich so $K_{m(O_2)}$ zu 747, 755, 423 durchschnittlich etwa 650 · 10^6. Auch dieser $K_{m(O_2)}$-Wert kann in eine unbenannte Zahl umgerechnet werden, wenn wir wieder mit 0,69 multiplizieren und für 1 g O_2 die entsprechende Verbrennungswärme von Glykogen einsetzen $= 1,51 \cdot 10^8$ gcm. Wir erhalten dann $K'_{m(O_2)} = 2,93$, also knapp die Hälfte des anaeroben K'_m-Wertes in gleichem Maße (6,5), in Übereinstimmung damit, daß die aerobe Gesamtwärme bei einer bestimmten Spannungsentwicklung gut das Doppelte der anaeroben Wärme bei der gleichen Leistung beträgt.

An Semimembranosi ist der $K_{m(O_2)}$-Wert von OCHOA (A 116) in der gleichen Anordnung bestimmt worden. Er fand ihn zu 300—700, durchschnittlich 450.

Unter Benutzung dieser $K'_{m(O_2)}$-Werte haben kürzlich HILL und KUPALOV (B 164) aus der gesamten, in sauerstoffgesättigter Ringerlösung bis zur Erschöpfung erhältlichen isometrischen Spannungsleistung von Sartorien die Größe des Sauerstoffverbrauchs bzw. die oxydierte Menge Kohlehydrat berechnet. Die

Reizintervalle betrugen dabei etwa 3 Sekunden, die Sartorien waren etwa 50 mg schwer. Jeweils wurde die Gesamtspannungsleistung in glukosefreier und glukosehaltiger, sauerstoffdurchspülter Lösung an symmetrischen Muskeln verglichen. Im ersteren Falle ergab sich pro g Muskel etwa $4{,}2 \cdot 10^6$ g Spannung · cm Länge, im letzteren Falle etwa $5{,}5 \cdot 10^6$, also über 6 t pro cm^2 Querschnitt bei Berücksichtigung des spezifischen Gewichts. Der Wert in zuckerfreier Lösung entspricht einer Oxydationswärme von 34 cal oder *9 mg* Kohlehydratverbrauch, der letztere Wert 44 cal oder *12 mg* Kohlehydratverbrauch. Danach ist offenbar in zuckerfreier Lösung die gesamte Menge präformierten Kohlehydrats (9 mg pro g) verbraucht und die Mehrleistung in zuckerhaltiger Lösung auf die Oxydation des von außen in den Muskel diffundierenden Zuckers zurückzuführen.

C. Zusammenhang von Spannungsentwicklung und äußerer Arbeit.

1. Aufnahme des Spannungslängendiagramms.

Der Vergleich der bei äußerer Arbeit anaerob gebildeten Milchsäure mit der Größe der geleisteten Arbeit hat nur Interesse, wenn dabei das Arbeitsmaximum für die betreffende Milchsäurebildung erzielt wird. Wird z. B. der Muskel gar nicht oder nur minimal belastet, so bildet er bei der Kontraktion nahezu ebensoviel Wärme und entsprechend Milchsäure wie der stärker belastete, aber fast ohne äußere Arbeit. Um das theoretische Arbeitsmaximum zu berechnen, das ein bestimmter Muskel mit seiner jeweiligen Spannung leisten kann, hat zuerst FICK (B 98) das Prinzip entwickelt, das von A. V. HILL späterhin vielfach benutzt wurde, nämlich die Aufnahme des Spannungslängendiagramms: Es wird bei verschiedenen Verkürzungsgraden die Spannung bestimmt, die der Muskel, der sich zunächst unbelastet verkürzt, entwickelt, wenn er bei der betreffenden Länge festgehalten wird, und zwar ausgehend von der Ruhelänge, bei der man die isometrische Spannung erhält, und fortlaufend bis zu der kürzesten Länge, die bei unbelasteter Kontraktion noch erzielt wird, wo die Spannungsentwicklung Null ist.

Hierbei wird angenommen, daß die erreichbare Arbeitsleistung (A) des Muskels proportional ist seiner Ausgangslänge (l_0), der

Kraft (S_0), die er bei dieser Länge maximal ausüben kann, und einem weiteren Faktor (μ), der sich aus dem Verlauf der Spannung bei verschiedenen Verkürzungsgraden ergibt: $A_{max} = \mu \cdot l_0 \cdot S_0$. Die genaue Form dieses Diagramms ist aus den Beispielen (Abb. 45—47) für verschiedene Muskelarten zu ersehen. Bei graphischer Darstellung, bei der man die Spannung (S) in g als Ordinate, die Muskellänge (l) in cm als Abszisse wählt, erhält man dann als Diagramm ein etwa dreieckiges Flächenstück mit dem ungefähren Inhalt $\dfrac{S_0(l_0 - l_1)}{2}$,

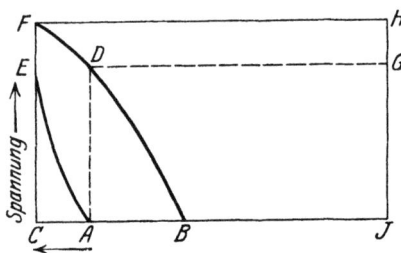

wo S_0 die isometrische Spannung bei der Ausgangslänge l_0 des Muskels bedeutet, und l_1 seine kleinste Länge bei freier Verkürzung.

Um das Spannungslängendiagramm wirklich aufzunehmen, muß man irgendeine Bestimmung über die Anfangslänge l_0 treffen, von der aus es gemessen werden soll. Je nach dem Grade der Anfangsspannung nimmt der Muskel verschiedene Längen an. Dies ist auf Abb. 43 schematisch dargestellt. Würde sich der Muskel von der gedehnten Länge C verkürzen, so wäre das ganze Diagramm gleich

Abb. 43. Schematisches Spannungslängendiagramm des Muskels. Abszisse: Länge des Muskels, von J nach links gerechnet. Ordinate: Spannung; $J—A$: Ruhelänge des Muskels unter der Anfangsspannung 0. $J—B$: Länge bei maximaler Verkürzung ohne Belastung. $J—C$: Länge des gedehnten Muskels unter der Last CE. Der bei A festgehaltene Muskel entwickelt die Spannung AD, der bei C festgehaltene die Spannung EF, während CE die durch die passive Dehnung des Muskels von A auf C hervorgerufene Anfangsspannung darstellt. Das im folgenden benutzte Spannungslängendiagramm entspricht dem Dreieck ADB, während theoretisch für den bis C gedehnten Muskel das Flächenstück $AEFB$ zugrunde zu legen wäre.

Im ersteren Falle ist der Bruchteil μ zu bestimmen, den das Dreieck ADB vom Rechteck $ADGJ$ einnimmt (im letzteren Falle wäre das Flächenstück $AEFB$ auf das Rechteck $CFHJ$ zu beziehen).

dem Dreiecksinhalt CFB. Stellt nun die Kurve $A-E$ den Verlauf der Anfangsspannung bei wachsender Dehnung dar, so würde das Flächenstück ACE durch elastische Kräfte geleistet, die bei der Dehnung entstanden sind, und wäre daher nicht der durch Energieproduktion zu erzielenden Arbeit zuzurechnen. Dies hätte aber zu geschehen für das Flächenstück $FEAB$. Der Muskel müßte dann also bei einer Zuckung mehr Arbeit leisten können, wenn er sich von der größeren Länge C aus verkürzt, als wenn

Zusammenhang von Spannungsentwicklung und äußerer Arbeit. 241

man von seiner fast spannungslosen Länge A ausgeht, wo nur das nahezu dreieckige Stück ABD den Inhalt des Diagramms ausmacht (Abb. 43). Berechnet man das Diagramm als Bruchteil des Produkts $S_a \cdot l_a$, wo S_a die isometrische Gesamtspannung, l_a die jeweils benützte Anfangslänge bedeutet, so hängt es von der Dehnbarkeit des Muskels ab, ob das größere Diagramm $AEFB$ auch einen größeren Bruchteil von $S_a \cdot l_a$ ausmacht (ausgezogenes Rechteck $CF \cdot CJ$) als das kleinere Diagramm ADB von dem nunmehr kleineren Produkt $S_a \cdot l_a$ (gestricheltes Rechteck $AD \cdot AJ$). Im allgemeinen dürfte dies der Fall sein.

Demgegenüber zeigt aber die Erfahrung, daß bei der Dehnung des Muskels keineswegs entsprechend dem größeren Diagramm auch ein größerer Teil des Produkts $S_a \cdot l_a$ in Arbeit verwandelt werden kann, jedenfalls nicht bei Einzelzuckungen; vielmehr wird das Maximum der effektiven Arbeit dann erhalten, wenn der Muskel sich von einer Länge aus verkürzt, bei der er auf den Reiz hin die maximale Spannungs*entwicklung* zeigt, nicht aber die maximale Gesamtspannung (Anfangsspannung + Spannungsentwicklung) besitzt. Diese Länge entspricht ungefähr der des Muskels im Körper und ist ein wenig größer als die Ruhelänge des ausgeschnittenen Muskels. Sie wird zweckmäßig als die Anfangslänge l_0 im Diagramm definiert. Dann besitzt der Muskel stets nur eine geringe Anfangsspannung.

Man erhält weiterhin natürlich ganz verschiedene Diagramme, ob man zur Aufnahme Einzelzuckungen benützt oder Tetani von solcher Dauer, daß für jeden Punkt das Maximum der Spannung erreicht wird. Das tetanische Diagramm ist nicht nur absolut größer, sondern auch ein größerer Bruchteil des jeweiligen Produkts $S_0 \cdot l_0$, weil im Tetanus nicht nur die maximale Spannung, sondern auch die maximale Verkürzung größer wird. Offenbar muß der wirkliche Arbeitsversuch, dessen Ergebnis zum Vergleich mit dem Spannungslängendiagramm dient, mit derselben Reizart angestellt werden, wie sie zur Aufnahme des Diagramms benutzt wurde. Auch so sind aber beide Fälle keineswegs gleichwertig; denn bei tetanischer Reizung von genügend langer Dauer kann bei zweckmäßiger Einrichtung die Verkürzung während des wirklichen Arbeitsversuchs so langsam geschehen, daß sich der Muskel in jedem Moment mit der Last ins Gleichgewicht setzen kann. Man kann dann, wie wir weiter unten sehen werden, im Grenzfall auch die Arbeit erhalten, die das Spannungslängendiagramm angibt. Bei Einzelzuckungen und auch schon bei kurzen Tetani liegt der Fall aber ganz anders. Ein nur kurze Zeit gereizter Muskel durchläuft bei der Hebung der Last oder Bewegung von schweren Massen auch unter günstigsten Versuchsbedingungen niemals die im Spannungslängendiagramm aufgenommene Kurve; das Flächenintegral der geleisteten Arbeit ist stets nur ein geringer Bruchteil hiervon. Es ist gut, diesen Unterschied von vornherein

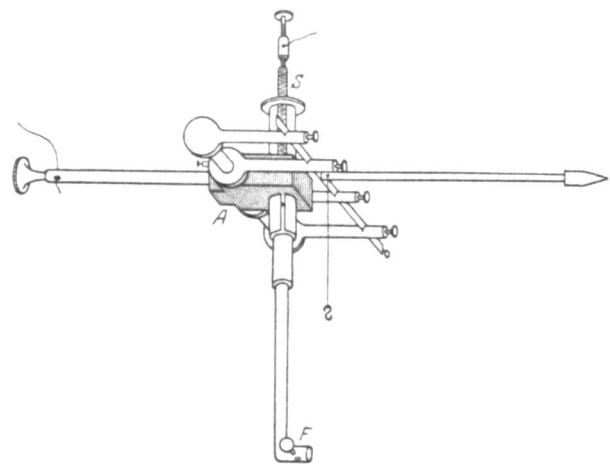

Abb. 44. BÜRKERscher Spannungsschreiber mit isoliertem Muskelhalter. A Hartgummiblock, S Schraube zur Hoch- und Niederstellung des Halters. F Klemmschraube zur Fixierung von Tibia und Femur. (Aus Pflügers Arch. 191, Meyerhof.)

zu berücksichtigen, der schon früher ausführlich begründet wurde (A 17). Das Übersehen desselben führt zu einer irrigen Deutung der HILLschen Versuche über das Verhältnis von isometrischer Spannung zu Wärme. Obwohl der von HILL aus seinen Messungen früher gezogene Schluß, daß bis zu 100% der Energie der initialen Phase in Arbeit transformierbar wären, längst berichtigt wurde und durch die neueren Untersuchungen von HILL und seinen Mitarbeitern die Verhältnisse weitgehend geklärt sind, hat sich dieser Irrtum in der Literatur erhalten.

Um verschiedene Spannungslängendiagramme miteinander zu vergleichen, wird zweckmäßig stets der Bruchteil μ berechnet, den die Fläche des Diagramms von dem Produkt $S_0 \cdot l_0$ in der obigen Definition ausmacht. In den Abb. 45, 46, 47 gelten für die Berechnung daher nur die von den gestrichelten Senkrechten linkerseits begrenzten Flächenstücke. Der nach links fortgesetzte Verlauf der Kurven für Anfangsspannung und Spannungsentwicklung zeigt, wie beides sich bei einem über die Ruhelänge gedehnten Muskel verhält. In den Versuchen ergab sich für Einzelzuckungen des Gastrocnemius μ zu 0,087—0,067, durchschnittlich 0,074, bei Adductoren, Semimembranosus, Gracilis durchschnittlich 0,118. HILL findet für den Sartorius, an dem von

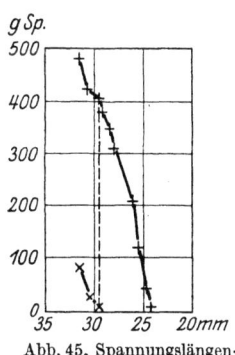
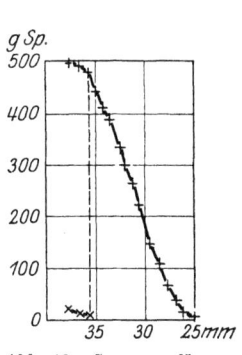
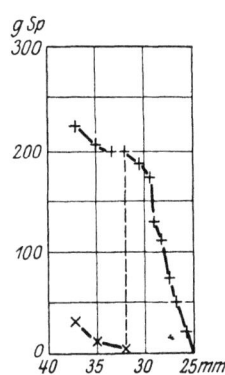

Abb. 45. Spannungslängendiagramm des Gastrocnemius. (Aus Pflügers Arch. 191, MEYERHOF.)

Abb. 46. Spannungslängendiagramm der Adductoren. (Aus Pflügers Arch. 191, MEYERHOF.)

Abb. 47. Spannungslängendiagramm des Semimembranosus. (Aus Pflügers Arch. 191, MEYERHOF.)

ihm zahlreiche Bestimmungen des Diagramms ausgeführt sind, für Einzelzuckungen 0,145, für Tetani von 0,2 bis 0,5 Sekunden Dauer 0,26 bis 0,21; ferner HILLS Schüler MASHIMO (B 212) für in der Faserrichtung geschnittene Stücke des Gastrocnemius bei Tetani von 0,5 Sekunden 0,20.

2. Vergleich des Spannungslängendiagramms mit der effektiven Arbeitsleistung.

Soll der Inhalt des in der angegebenen Weise bestimmten Diagramms mit der bei gleicher Reizung maximal geleisteten Arbeit verglichen werden, so darf man den Muskel nicht eine konstante Last heben lassen; denn während er bei seiner Ruhelänge noch eine Last anheben kann, die der isometrischen Spannung entspricht, könnte er bei fortschreitender Verkürzung höchstens die jeweils im Diagramm verzeichnete Spannung überwinden. Die Last muß sich also mit der Verkürzung allmählich auf Null verkleinern. Diesen Fall verwirklicht ein Winkelhebel, dessen Prinzip von FICK angegeben ist und von dem eine geeignete Modifikation, zumal für kurze Reizung isolierter Froschmuskeln, auf Abb. 48 dargestellt ist. Seine Funktion ist in der Abb. 49 erläutert. Für die so gemessene Arbeit kann aber ein Faktor μ' berechnet werden, der angibt, welchen Bruchteil des Produkts $S_0 \cdot l_0$ die tatsächliche Arbeit ausmacht. Für die Messungen wurde eine tiefe Temperatur (5 bis 10°) gewählt zur Verlangsamung des Zuckungsablaufs. Der Faktor μ' ergibt sich so für Einzelzuckungen des Gastrocnemius zu 0,067 bis 0,050, durchschnittlich 0,055, bei Gracilis und Adductoren zu 0,059 bis 0,032, durchschnittlich 0,042. Im Gegensatz zu μ ist er also für die langen Oberschenkelmuskeln kleiner als beim Gastrocnemius, indem er bei diesem 75%, bei den parallelfaserigen Oberschenkelmuskeln aber nur 35% des Wertes von μ beträgt.

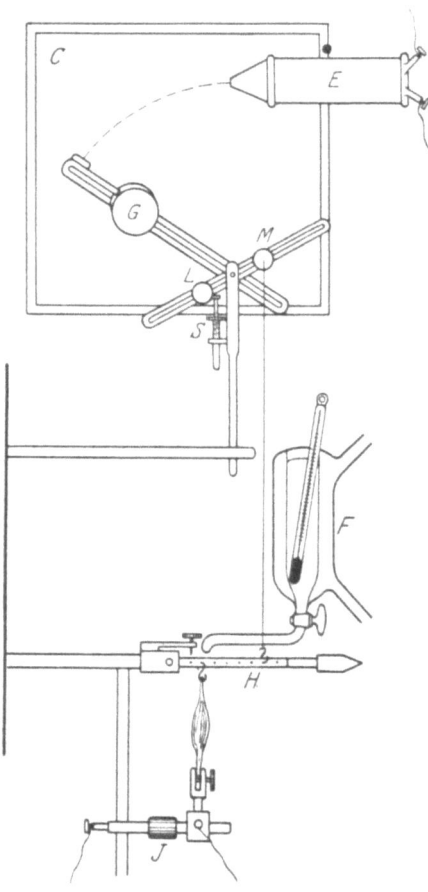

Abb. 48. Winkelhebel in der Versuchsanordnung. *G* Gewicht, *M* verschiebbarer Haken für den Muskeldraht, *L* Gegengewicht, *S* Justierschraube, *E* Elektromagnet, *C* Rahmen mit Millimeterpapier, *F* Kühlergefäß, *H* Muskelhebel, *I* Hartgummiisolation des Muskelhalters. (Aus Pflügers Arch. 191, MEYERHOF.)

Anders nun bei Tetani von großer Dauer. Einen Versuch dieser Art gibt Abb. 50 wieder. Mehrere weitere Versuche sind auf Tab. 24 angeführt. Auch der Wert von μ ist bei Tetani größer als bei Einzelzuckungen und steigt noch bei wachsender Reizdauer bis etwa 0,3 Sekunden an. Dann beträgt er bei Gastrocnemien etwa 0,11, bei Adductoren 0,18. Bei Sartorien erhält man nach HILL für diesen Fall 0,24. Die Vergrößerung beruht allein auf der zunehmenden maximalen Verkürzung, da ja die vermehrte Spannung im Tetanus auch in dem Produkt $S_0 \cdot l_0$ vorkommt. Viel stärker aber als die Zunahme von

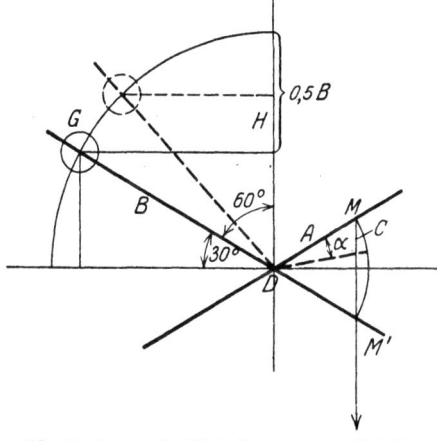

Abb. 49. Schema des Winkelhebels. $A = DM$ Abstand des Muskelansatzes vom Drehpunkt, $B = GD$ Abstand des Schwerpunktes des Gewichts vom Drehpunkt, C Verkürzungsstrecke des Muskels, α Drehungswinkel des Kreuzes bei dieser Verkürzung, H Hubhöhe des Gewichts bei dieser Verkürzung; M' Lage des Muskelansatzes bei voller Aufrichtung des Hebels, H in diesem Fall = 0,5 B, $\alpha = 60°$. (Aus Pflügers Arch. 191, MEYERHOF.)

Tabelle 24. Spannung, Verkürzung und Arbeitsleistung bei wachsender Reizdauer.

Nr.	Muskel	Gewicht g	Länge mm	Temperatur °C	Reizdauer Sek.	Spannung g	Verkürzung mm	Berechnete Arbeit aus Diagramm gcm	Arbeit gemessen gcm	$\frac{1}{\mu'}$
1	Gastrocnemius	1,35	33	ca. 10	E	500	3,8	95	70	24
					0,19	1100	7,4	400	350	10,0
2	Gastrocnemius	0,55	27	19	E	300	—	—	—	—
					0,015	410	2,9	60	32	29
					0,04	570	4,6	130	53	34
					0,08	680	4,9	165	—	—
					0,2	900	5,35	240	156	15,6
					0,35	980	5,7	280	185	13,7
					0,5	980	5,7	280	232	11,4
3	Adductor	1,25	34	10—15	E	300	4,6	69	33	31,0
					0,075	580	10,0	290	138	14,3
					0,4	760	11	ca. 400	277	9,3
					0,5	760	11	„ 400	277	9,3

μ ist die von μ'. Wie man aus der Tab. 24 und aus der Abb. 50 sieht, steigt die Arbeit am Winkelhebel mit wachsender Reizdauer noch an, wenn die isometrische Spannung und die maximale Hubhöhe nicht mehr zunehmen. Es wird dann ein wachsender Teil des Spannungslängendiagramms in Arbeit umgewandelt, und im Grenzfall kann beides nahezu übereinstimmen (vgl. die vorletzten Spalten der Tab. 24). Dies rührt aber nun offenbar nicht daher, wie FICK annahm und wie ursprünglich auch von

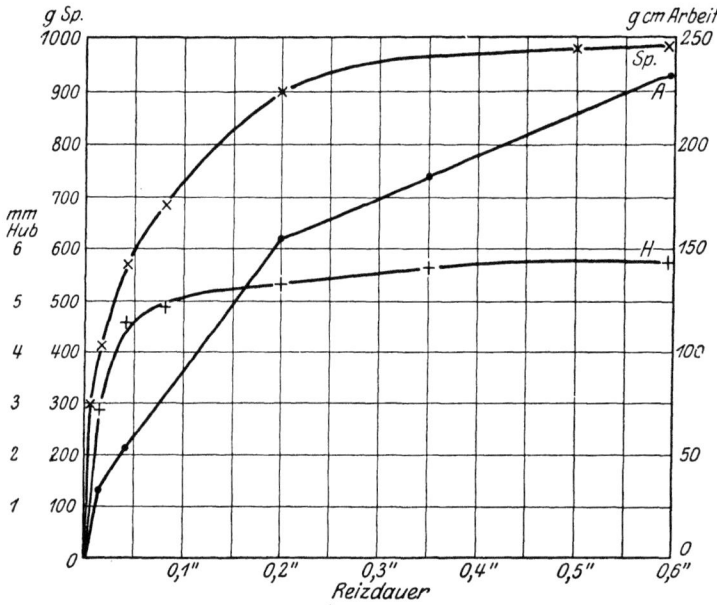

Abb. 50. Hubhöhe H, Spannung Sp und Arbeit A des Gastrocnemius bei wachsender Reizdauer. Vgl. Versuch 2, Tab. 24. (Aus Pflügers Arch. 191, MEYERHOF.)

HILL vertreten wurde, daß bei genügend langsamer Verkürzung eine *vollständige* Umwandlung der momentan entwickelten Spannungsenergie in Arbeit eingetreten ist, sondern daher, daß bei fortdauernder Energieproduktion im Tetanus gewisse Energiebeträge, die im isometrischen Versuch zur Aufrechterhaltung der maximalen Spannung dienen, bei der Verkürzung noch zusätzlich in Arbeit umgewandelt worden sind. „Es ist als ein Irrtum anzusehen, daß die durch einen einzelnen Reiz oder einen ganz kurzen Tetanus frei gemachte potentielle Energie ausreicht, um die Spannung im Muskel die ‚Dehnungskurve des gereizten Muskels'

Spannungslängendiagramm und effektive Arbeitsleistung. 247

wirklich ablaufen zu lassen, die er vorher in einer Serie von Einzelhüben bzw. einer Serie kurzer Tetani beschrieben hat. Zu dem theoretischen Ablauf ist der Muskel erst dann unter allen Umständen befähigt, wenn die tetanische Reizung lange genug währt, um auf jedem Verkürzungsgrad noch unverbrauchte potentielle Energie zur Verfügung zu stellen, die zur Transformierung in mechanische Arbeit dienen kann. Bei der Übertragung des Spannungslängendiagramms auf die Arbeit der einzelnen Kontraktion ist also der Zeitfaktor übersehen worden." [A 17 S. 159.]

Man kann sich zur Untersuchung der maximalen Arbeit des Muskels noch eines anderen, ebenfalls schon von FICK benutzten Prinzips bedienen, nämlich der Messung der Arbeit vermittels eines Trägheits- oder Schwunghebels. Ein Hebel wird beiderseitig durch Schwungmassen stark belastet und durch den sich kontrahierenden Muskel in Bewegung gesetzt. Der ihm erteilte Impuls wird in Arbeit umgewandelt, indem der

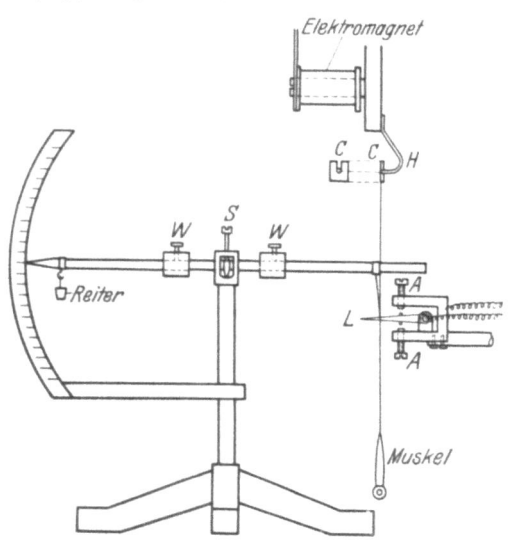

Abb. 51. Trägheitshebel mit Gewichten WW und Schraube S zur Adjustierung des Schwerpunktes auf der Messerschneide. Reiter und Scala für Arbeitsmessungen links. Hebel L mit Anschlägen AA, die gleichzeitig zur elektrischen Messung der Verkürzungszeit dienen. Oben: Freilassungsmechanismus. Der gebogene Draht H hält eine Fadenschlinge, die den Muskel spannt und die im gewünschten Moment freigelassen wird. (GASSER u. HILL.)

eine Hebelarm mit einem Reiter belastet wird. Hier kann man nun die Trägheit der Massen so groß wählen, daß der Muskel während der Reizzeit sich noch nicht maximal verkürzen kann, sondern seine Arbeit bei derjenigen Länge entwickelt, die wenig unter der Ausgangslänge liegt. Dann sollte die ganze Energie der Anspannung zur Beschleunigung von Massen verwandt werden und vermittels der einseitigen Belastung des Hebels als Arbeit gewonnen werden können. Die Messung mit einem nicht sehr vollkommenen

Modell eines solchen Schwunghebels ergab, daß die Arbeit noch etwas hinter der am Winkelhebel zurückblieb (A 17). Gleichzeitig konstruierte auch A. V. HILL einen Trägheitshebel mit besonders kleiner Reibung, der späterhin noch weiter vervollkommnet wurde. Er ist auf Abb. 51 dargestellt. Die Freilassung kann zu einer beliebigen Zeit vom Reizmoment an durch einen Elektromagneten geschehen und durch verstellbare Schrauben AA eine willkürliche Begrenzung der Verkürzungszeit erreicht werden.

Messungen mit diesem Instrument wurden z. B. von HILLS Schüler Y. DOI (B 53) angestellt. Für Einzelzuckungen am Sartoriusdoppelpräparat wurden für μ' Werte zwischen 0,035 und 0,06 gefunden. μ' war bei 5° etwas größer als bei 15°. Ferner stieg die Arbeit mit der Dehnung des Sartorius bis zum etwa 1,7fachen der schlaffen Länge. Der Maximalwert lag im Mittel bei 0,05, was einem Drittel des HILLschen Wertes von μ bzw. bei Umrechnung auf die von mir benutzte Länge l_0 einem Viertel des Wertes von μ gleichkommt. Man sieht also wiederum das außerordentlich große Mißverhältnis zwischen der aus dem Diagramm berechneten und der wirklichen Arbeit.

3. Spannungslängendiagramm und Ergometerkurve.

Trotz der geschilderten Ergebnisse war HILL zunächst geneigt, die Annahme, nach der das Spannungslängendiagramm die potentielle Energie der Kontraktion richtig wiedergeben sollte, aufrechtzuerhalten. Das Mißverhältnis zwischen der Fläche des Diagramms und der wirklichen Arbeit wurde durch die Hypothese erklärt, daß der innere viscöse Widerstand des Muskels bei rascher Kontraktion die völlige Umwandlung der Energie in Arbeit verhindere, während die Umwandlung bei sehr verlangsamter Verkürzung im Grenzfalle gelänge.

Daß ein solcher viscöser Widerstand des Muskels vorhanden ist, der sich proportional mit der Geschwindigkeit der Verkürzung geltend macht und damit einen gewissen Teil der potentiellen Energie der Spannung vernichtet, konnte HILL beweisen, am vollkommensten in der gemeinsamen Untersuchung mit H. GASSER (B 117). Hier wurde zunächst gezeigt, daß ein am Trägheitshebel befestigter Muskel, der tetanisch gereizt und festgehalten wird, bis er das Maximum der Spannung erreicht, nach der Freilassung um so mehr Arbeit leistet, je größer die Trägheit des Hebels und je langsamer infolgedessen die Bewegung ist. Die Arbeitsverluste bei gleicher Reizdauer, aber beschleunigter Kontraktion müssen auf Viscosität zurückgeführt werden. Wird andererseits ein isometrisch maximal gereizter Muskel plötzlich freigegeben, sodaß er sich eine gewisse Strecke unbelastet verkürzt, so verschwindet bei der Freilassung seine Spannung vollständig, entwickelt sich aber wieder bei erneutem Festhalten, und zwar zu einem Werte, der der maximalen Spannung für den betreffenden Verkürzungsgrad entspricht. Eben dies läßt sich auch bei der Dehnung und Freilassung eines viscös-elastischen Modells nachahmen, das aus einem dünnen Gummischlauch besteht, fest gefüllt mit einem Brei aus Fettmasse. Wird dieses gedehnt und freigelassen, so dämpft die Viscosität den elastischen Zug momentan vollständig ab, der sich dann aber bei erneutem Festhalten nach Überwindung des viscösen Widerstands wieder langsam geltend macht.

Fernerhin ergab sich, daß ein mit einem Induktionsschlag gereizter Muskel unmittelbar nach der Reizung, noch ehe er das Maximum der Spannung erreicht, am wenigsten dehnbar ist, und daß ein in diesem Moment (5 bis 8 σ) nach der Reizung ausgeübter Zug die isometrische Spannung am meisten erhöht, viel mehr als ein erst auf der Höhe der Kontraktion ausgeübter Zug. Dies spricht dafür, daß der ,,innere mechanische Fundamentalvorgang" nach der Reizung früher eintritt als die äußerlich in Erscheinung tretende Spannungs- und Formänderung und daß diese durch einen inneren viscösen Widerstand im Muskel verzögert werden. Schließlich läßt sich eine Viscositätszunahme während der Reizung auch auf einem direkteren Wege nachweisen: Verbindet man den Muskel mit einer schwingenden Feder, deren Oszillationen auf einer rotierenden Trommel aufgezeichnet werden, so steigt die Dämpfung der Feder während der Tetanisierung des Muskels ungefähr auf das 16 fache. Auch dies ist aber auf die Zunahme der Viscosität des gereizten Muskels zurückzuführen.

Das Argument, daß die totale Umwandlung der potentiellen Spannungsenergie in Arbeit durch viscöse Widerstände im Muskelinnern verhindert wird, ist also in der Tat gut gestützt. Zweifellos erklärt es, daß bei gleicher Reizdauer und Energieproduktion die Arbeitsleistung bei Verlangsamung der Kontraktion steigt.

250 Chemische Vorgänge im Zusammenhang mit der Arbeitsleistung.

Aber so wichtig auch dieser Gesichtspunkt und der Nachweis der Viscositätszunahme im Muskel überhaupt ist, so darf doch nicht umgekehrt daraus gefolgert werden, daß damit die Diskrepanz zwischen Spannungslängendiagramm und effektiver Arbeit hinreichend erklärt wäre, eine Diskrepanz, die bei Einzelzuckungen parallelfaseriger Muskeln 66—75%, bei kurzen Tetani noch gut 50% des Flächeninhalts des Diagramms ausmacht. Wie unökonomisch wäre die Muskelmaschine gebaut, wenn gut zwei Drittel der

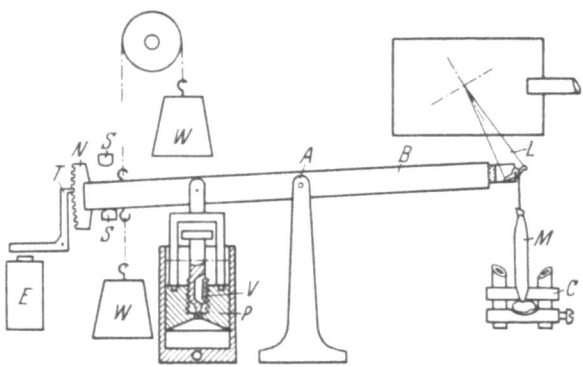

Abb. 52. Diagramm des Levin-Wyman-Ergometers. Es dient zur Aufzeichnung von Spannungslängenkurven des Muskels (M), dessen unteres Ende durch die Klammer C festgehalten ist und dessen oberes Ende durch einen nichtdehnbaren Draht mit dem isometrischen Hebel L verbunden ist. Der Hebel ist montiert an einen Träger B, der vertikal um die Achse A rotieren kann. Durch angehängte Gewichte W wird die Richtung der Bewegung gegeben, die im Muskel eine Dehnung oder Verkürzung veranlaßt. Der Umfang der Bewegung wird durch die justierbaren Anschläge S kontrolliert. Die Geschwindigkeit wird reguliert durch das Nadelventil V, das im Stempel der Stopfbüchse P sitzt, so daß sie von 0 zu 50 cm pro Sekunde variiert werden kann. Freilassung des doppelarmigen Hebels B wird durch Stromschluß im Elektromagneten E bewirkt, der einen Sperrmechanismus löst, bestehend aus dem Zahn T, der in die Zahnstange N eingreift. (LEVIN und WYMAN.)

„theoretisch maximalen Arbeit" unter allen Umständen durch unvermeidliche viscöse Widerstände vernichtet würden.

Hier wurde von HILL und seinen Schülern, besonders LEVIN und WYMAN (B 201), ein erheblicher Fortschritt erzielt durch die Aufnahme von Ergometerkurven arbeitender Muskeln. Das von ihnen benutzte Instrument, das in seiner letzten Gestalt auf Abb. 52 wiedergegeben ist, verfolgt den gleichen Zweck wie der ältere Myograph von BLIX, nämlich vermittels eines „Indikatordiagramms" gleichzeitig Spannungs- und Längenänderung im tätigen Muskel zweidimensional aufzuzeichnen. Die von dem Schreibhebel umzogene Fläche stellt unmittelbar die bei der betreffenden

Belastung wirklich realisierte Arbeit dar. Das Instrument von
LEVIN-WYMAN besteht wesentlich aus einem schweren Doppel-
hebel, der auf der dem Muskel gegenüberliegenden Seite belastet
(oder entlastet) werden kann und dessen Geschwindigkeit durch
eine mit Öl gefüllte Stopfbüchse vermittels eines Nadelventils
genau abgestimmt werden kann. Es besitzt einen elektromagnetischen Sperrmechanismus. Am Ende des einen Balkenarms befindet sich ein isometrischer Hebel L, an dem der Muskel angreift,
und der seine Bewegungen gleichzeitig mit denen des Balkens B
vermittels eines leichten Zeigers auf die Schreibfläche aufzeichnet.

Es liegt nicht im Zweck dieses Buches, die von HILL und seinen Mitarbeitern mit diesem Ergometer bearbeiteten Probleme der
Mechanik des Kontraktionsvorganges im einzelnen zu besprechen,
etwa die schon von FICK aufgeworfene Frage, warum ein tetani-
sierter Muskel, der sich zunächst frei verkürzen kann, bei allmählicher passiver Dehnung auf eine bestimmte Länge bei dieser
viel mehr Spannung entwickelt, als wenn er die gleiche Länge
bei allmählicher Verkürzung gegen einen äußeren Widerstand
erreicht [FICK B 241, S. 25]. Hier interessiert uns vor allem
nur der Vergleich der Ergometerkurven mit dem in üblicher Weise
aufgenommenen Spannungslängendiagramm und der Vergleich
beider Größen mit der Energieproduktion. Darüber teilen HARTREE
und HILL in einer neueren Arbeit [B 147 bes. S. 12] wichtige
Versuche mit. Während bei beliebig langer Kontraktion die
Ergometerkurve mit dem Inhalt des Spannungslängendiagramms
zusammenfallen kann, macht bei kurzer tetanischer Reizung die
von dem Ergometerhebel umschriebene Fläche höchstens 25%
des Diagramms aus.

Von besonderer Bedeutung ist nun der Vergleich dieser am
Ergometer geleisteten Arbeit mit den einzelnen Phasen der
initialen Wärme. Aus diesen Versuchen, die im nächsten Kapitel
genauer besprochen werden, ergibt sich nämlich, daß die Arbeitsleistung ganz auf Kosten der isometrischen Erschlaffungswärme
geschieht, während die Wärme der Anspannungsphase nicht
betroffen wird. Daraus können wir aber schließen, daß die potentielle Energie, die in maximo in Arbeit hätte verwandelt werden
können, der isometrischen Erschlaffungswärme gleich ist; diese
entspricht etwa 35% der gesamten initialen Wärme. Drei Viertel
davon sind wirklich als Arbeit zu erhalten. Hieraus zieht auch

HILL neuerdings den Schluß, daß das Spannungslängendiagramm nicht als Maß der mechanischen potentiellen Energie des gereizten Muskels betrachtet werden darf. Auf die Ursache dieses Unterschiedes ist schon hingewiesen worden. Bei einem kurzen Tetanus und noch mehr bei einer einzelnen Zuckung ist die Zeit, während der die arbeitsfähige Spannung anhält, zu kurz, als daß der belastete Muskel die im Spannungslängendiagramm aufgenommene Dehnungskurve wirklich ablaufen könnte. Bei der Umwandlung in Arbeit wird vielmehr die Spannung schon am Anfang größtenteils verbraucht, und der Spannungsabfall geschieht jetzt viel rascher als bei freier Verkürzung auf die jeweiligen im Diagramm aufgenommenen Längen, bei denen sich die betreffende Spannung erst beim Festhalten entwickelt. Auch daß bei beliebig lang anhaltendem Tetanus eine dem Spannungslängendiagramm entsprechende Arbeit geleistet werden kann, ist nicht so zu verstehen, als ob nun in diesem Falle das Diagramm die mechanische potentielle Energie, die der betreffenden isometrischen Spannung zukommt, richtig wiedergäbe. Auch hier ist also diese potentielle Energie viel kleiner. Es wird aber auf jeder Verkürzungsstufe zusätzliche Energie, die sonst während der Reizzeit zur bloßen Aufrechterhaltung der Spannung gedient hätte, allmählich in Arbeit transformiert. Denn unter diesen Umständen bei langer Reizung und langsamer Verkürzung ist der effektive Wirkungsgrad des Muskels keineswegs größer als bei kürzerer Reizung.

D. Milchsäurebildung und effektive Arbeit.

Bei der geschilderten Sachlage erschien es schon frühzeitig erwünscht, die unter optimalen Bedingungen geleistete Arbeit direkt mit dem chemischen Energieumsatz zu vergleichen. In Serien von anaeroben Kontraktionen, teils Einzelzuckungen, teils kurzen Tetani, die mit Winkelhebel und Schwunghebel ausgeführt wurden, wurde die Milchsäure bestimmt und durch Einsetzen des c. Q. in gcm der anaerobe Wirkungsgrad berechnet. Die Reizdauer der Tetani wurde zwischen 0,075 und 0,2 Sekunden variiert, die Temperatur betrug in der Regel 5—10°; die Versuche wurden mit Gastrocnemien und Adductoren ausgeführt. Es ergab sich weder bei den verschiedenen Muskeln noch bei den verschiedenen Reizdauern ein Unterschied in dem optimalen

Wirkungsgrad. Der Arbeitskoeffizient der Milchsäure $K_{A(L)}$ wurde ebenso berechnet wie der isometrische Koeffizient, nur daß anstatt g Spannung gcm Arbeit eingesetzt wurden. Die so berechneten $K_{A(L)}$-Werte lagen bei schwach ermüdeten Muskeln zwischen $8{,}0 \cdot 10^6$ und $4{,}4 \cdot 10^6$, was einem Wirkungsgrad von 45—26%, durchschnittlich 34%, für die anaerobe Phase entspricht. Bei den stark ermüdeten Muskeln betrugen die $K_{A(L)}$-Werte zwischen 5,2 und $3{,}0 \cdot 10^6$, entsprechend 30,5—18%, durchschnittlich 23% Nutzeffekt. Wahrscheinlich ist bei den schwach ermüdeten Muskeln der Wirkungsgrad noch etwas zu groß gefunden, teils weil etwa 5% Milchsäure in die zur Spülung dienende Ringerlösung überging und nicht mitbestimmt wurde, und dann, weil bei einer größeren Serie von Einzelhüben (zwischen 30 und 200) unvollständige Kontraktionen zum Teil als voll mitgerechnet wurden. Das Mittel bei schwach ermüdeten Muskeln dürfte daher kaum über 30% Nutzeffekt sein. Die seinerzeit gezogene Schlußfolgerung, daß dieser bis 45% betragen könnte, wie es die allerhöchsten Werte anzeigten, kann daher nicht aufrechterhalten werden.

Der mit dem Schwunghebel bestimmte Wirkungsgrad war geringer. Hier wurde nach Feststellung der günstigen Äquivalentmassen und der Gewichtsbelastung Reizung und Aufzeichnung der Kontraktionen in ähnlicher Weise vorgenommen wie bei der Bestimmung des isometrischen Koeffizienten. Zur Verkleinerung des Wirkungsgrades dürfte beitragen, daß das Optimum des Trägheitsmomentes sich bei fortschreitender Ermüdung rasch ändert und die Verkleinerung der Äquivalentbelastung nicht genau entsprechend vorgenommen wurde. Wahrscheinlich ist der Durchschnittswert von dem wahren maximalen Wirkungsgrad hier von unten her ebenso entfernt wie bei den Versuchen am Winkelhebel von oben. Bei einer Ermüdung zwischen 0,14 und 0,30 Milchsäurebildung lag der Wirkungsgrad am Schwunghebel bei 2—10° zwischen 15 und 24% und betrug im Durchschnitt 21%. Aus den im nächsten Kapitel genauer besprochenen Zahlen von HARTREE und HILL ergibt sich ein direkt bestimmter anaerober Wirkungsgrad von 26%.

In den geschilderten Versuchen war angestrebt — wenn auch nicht vollkommen erreicht —, den Muskel das Maximum der Arbeit leisten zu lassen, das er bei der betreffenden Reizdauer zu leisten imstande ist, und die Energieausbeute vermittels der Milchsäurebestimmung unter diesen optimalen Bedingungen zu messen. Es ist dabei angenommen, daß bei der Arbeitsweise des Winkel- und Trägheitshebels das Maximum der bei der betreffenden Reizdauer geleisteten Arbeit auch gleichzeitig dem Maximum des Wirkungsgrades entspricht, eine Voraussetzung, die zwar nicht bewiesen war, aber nahelag. Sie trifft nach den neuen systematischen Versuchen von HARTREE und HILL (B 146) fast genau zu. Auch hat die Beziehung nur am schwach ermüdeten Muskel Interesse, da ja bereits der isometrische Koeffizient mit dem Fortschreiten der Ermüdung sinkt. Läßt man die Bedingung fallen, daß die effektive Arbeit maximal sein soll, so läßt sich natürlich jede beliebige Verkleinerung des Verhältnisses von Arbeit zu Milchsäurebildung erzielen, indem man z. B. den Muskel so stark oder so schwach belastet, daß die Arbeit infolge der Belastungsbedingungen fast 0 ist, oder die Verkürzung so rasch vor sich geht, daß ein Teil der Energie durch viscöse Widerstände verbraucht wird usw. Es wäre daher ein ganz irriger Schluß aus den vorstehenden Versuchen, daß bei effektiver Verkürzung Milchsäurebildung und geleistete Arbeit im allgemeinen proportional wären.

Vielmehr muß man umgekehrt aus den neuen Experimenten von HARTREE und HILL schließen, daß zwar im Tetanus die Größe der Energieproduktion durch die Art der Belastung, also die Dehnung während der Kontraktion, mitbestimmt wird, daß sie dagegen bei Einzelzuckungen unabhängig davon ist, sodaß die Gesamtenergie bei isometrischer Kontraktion und bei Arbeit am Ergometer ganz gleich ist in Übereinstimmung mit dem „Alles-oder-nichts-Gesetz". Auffallenderweise erhielten RIESSER und Mitarbeiter [O. RIESSER, W. SCHNEIDER (B 250), T. NAGAYA (B 220)] ein hiervon ganz abweichendes Resultat, in dem sie die Milchsäurebildung in Serien isotonischer Einzelzuckungen mit wechselnder Belastung am Gastrocnemius bestimmten. Die Milchsäurebildung war weder der Arbeitsleistung oder Belastung proportional, was nach dem Vorangehenden verständlich ist, noch auch unabhängig davon. Bei einer Belastung von 100 g sollte bei mittelschweren Gastrocnemien pro Zuckung etwa 3 bis 4 mal soviel Milchsäure gebildet werden als isometrisch [T. NAGAYA (B 220)]. Da nun nach früheren Versuchen von HILL und Mitarbeitern der Energieumsatz auch bei Einzelzuckungen von der Ausgangslänge des Muskels abhängt, die in diesen Versuchen nicht berücksichtigt zu sein scheint, wurden kürzlich von P. ROTHSCHILD (A 117) die Verhältnisse an Sartorien, Semimembranosi und Gastrocnemien nachgeprüft. Es ergab sich, daß bei Sartorien und direkter Reizung in Serien von Einzelzuckungen das „Alles-oder-nichts-Gesetz" genau wie in den Versuchen von HARTREE und HILL gilt, indem die Milchsäurebildung bei maximaler Reizung und gleicher Anfangsspannung in symmetrischen, im selben Stromkreis gereizten Muskeln isometrisch und isotonisch gleich war, und im letzteren Falle von der Belastung unabhängig; bei Gastrocnemien und Semimembranosi fand sich dagegen ein geringer Unterschied, indem die Milchsäurebildung isometrisch größer war als isotonisch, wobei die Differenz bei geringster Belastung am größten war, 20—40% in verschiedenen Anordnungen, während bei wachsender Belastung (200—500 g bei 0,8 g schweren Muskeln) isotonisch und isometrisch kein Unterschied mehr war. Da in Übereinstimmung mit den myothermischen Beobachtungen HILLS die Milchsäurebildung stark mit der Anfangsspannung des Muskels variierte — sie stieg bei Gastrocnemien mit Erhöhung der Anfangsspannung von 10 auf 50 g um etwa 40% bei gleichbleibendem isometrischen Koeffizienten — so wurde dieses Moment bei den Versuchen sorgfältig berücksichtigt und auch die Möglichkeit untermaximaler Reizung ausgeschlossen. Dies änderte aber an den Resultaten nichts, ebensowenig wie passive Dehnung des isotonisch zuckenden Muskels in den Intervallen zwischen den Zuckungen. Das Verhalten des Sartorius scheint danach doch nur einen Sonderfall darzustellen, während in anderen Fällen der Energieumsatz noch während der Kontraktion etwas zu verändern ist.

VIII. Wärmebildung und Arbeitsleistung des Muskels auf Grund myothermischer Messungen.

A. Zeitlicher Verlauf der Wärmebildung.

Es mögen hier zusammenfassend die Resultate der myothermischen Messungen von HILL, HARTREE und Mitarbeitern besprochen werden, einmal um ihre Beziehung zu den chemischen

256 Wärmebildung und Arbeitsleistung bei myothermischen Messungen.

und kalorimetrischen Daten darzutun, dann auch, weil aus ihnen manche Einzelheiten über den Mechanismus der Energietransformation entnommen werden können, die sich der gröberen chemischen Untersuchung entzogen haben.

1. Trennung der initialen und verzögerten Wärme.

Der allgemeine Wärmeverlauf, der sich aus der Analyse der Galvanometerkurven ergibt, ist auf den Abb. 53a und b und 54 dargestellt. Abb. 53a und b (1922) gibt den Verlauf für Tetani verschiedener Dauer und Temperatur wieder, Abb. 54 (1928) den Verlauf der verzögerten Wärme in Sauerstoff und Stickstoff. Als Maß der Ordinate ist die Geschwindigkeit der initialen Wärme pro Sekunde gewählt, die gleich 1 gesetzt ist. Selbst die Maximalgeschwindigkeit bei dem raschesten Verlauf der verzögerten Wärme (Kurve D, Abb. 53b) ist nur 1% von der initialen Wärme in dieser Scala, da aber die Reizdauer nur 0,5 Sekunden betrug, in Wirklichkeit also nur $1/200$ der Geschwindigkeit der initialen Wärme. Selbst dies gibt aber den enormen Geschwindigkeitsunterschied der beiden Vorgänge noch nicht zutreffend wieder, da ja die initiale Wärme mindestens so lange als der Reiz selbst währen muß. Bei kurzer Reizdauer ist infolgedessen der Unterschied noch viel größer, zumal auch die absolute Geschwindigkeit der Erholungswärme dann noch viel kleiner ist.

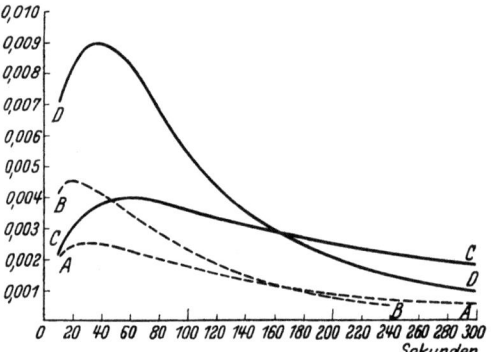

Abb. 53a. Verlauf der verzögerten Wärme in Sauerstoff und Stickstoff. Ordinate: Wärmeproduktion pro Sekunde im Verhältnis zur initialen Wärmeproduktion pro Sekunde. A gestrichelt: Anaerobe Restitutionswärme (in N_2) nach 0,03 Sekunden Tetanus (initiale Wärme $7,5 \times 10^{-3}$ cal.). C: Oxydative Restitutionswärme bei 0,03 Sekunden Tetanus (initiale Wärme $7,7 \times 10^{-3}$ cal.). B gestrichelt: Anaerobe Restitutionswärme nach 0,20 Sekunden Tetanus (initiale Wärme $1,85 \times 10^{-2}$ cal.). D: Oxydative Restitutionswärme nach 0,20 Sekunden Tetanus (initiale Wärme $1,89 \times 10^{-2}$ cal.). (Aus J. Physiol 56, HARTREE und HILL.)

An den beiden Wärmeabschnitten, in die die Kontraktionswärme zerfällt, interessiert uns vor allem zweierlei: der genaue zeitliche Verlauf und ihre Größen (Flächenintegrale). Die initiale Wärme

Trennung der initialen und verzögerten Wärme. 257

wird unter diesem Gesichtspunkt als Einheit aufgefaßt und ihre Unterteilung in mehrere Abschnitte erst später betrachtet. Auch der rigoroseste Ausschluß von Sauerstoff oder die Hemmung der Atmung durch Blausäure hat keinerlei Einfluß auf die Größe und den Ablauf der initialen Wärme. Dagegen wird die verzögerte Wärme dadurch ganz oder nahezu beseitigt. Ein gewisser in Stickstoff fortbestehender Anteil der verzögerten Wärme hat sowohl in theoretischer wie experimenteller Beziehung große Schwierigkeiten bereitet, während es wohl jetzt ziemlich wahrscheinlich ist, daß er von unvermeidlichen Fehlerquellen herrührt. Insbesondere zeigt sich, daß diese anaerob verzögerte Wärme vollständig fehlt bei isolierten Einzelzuckungen sowie in Serien von solchen, ferner auch bei Tetani in der Nähe von 0°. Dagegen tritt sie in schwankendem Umfang mit ziemlicher

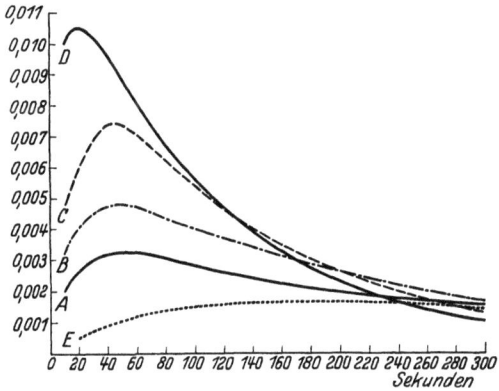

Abb. 53 b. Erholungswärme in 4 verschiedenen Tetanuszeiten in Sauerstoff bei 20°, 2 verschiedenen Zeiten in Sauerstoff bei 0°. Ordinate: Wärmeproduktion in der Erholung pro Sekunde im Verhältnis zur initialen Wärmeproduktion pro Sekunde. Abszisse: Sekunden. Die Tetanusdauer beträgt:
bei 20° A 0,03, B 0,06, C 0,12, D 0,50 Sekunden,
,, 0° E 0,03, und 200 Sekunden.
(HARTREE-HILL.)

Regelmäßigkeit nach tetanischer Reizung bei höherer Temperatur auf und beträgt dann zwischen 5 und 45% der initialen Wärme, durchschnittlich 10—15%. Jedenfalls muß man bei der Rechnung die verzögerte anaerobe Wärme berücksichtigen, wenn der Anteil der Oxydation an der Gesamtwärme festgestellt werden soll.

a. Verlauf der oxydativen Wärme.

Wie man aus Abb. 54, Kurven *4* und *5* sieht, fällt die anaerobe verzögerte Wärme in weniger als 1 Minute auf nahezu 0, während in Sauerstoff ein Wiederanstieg erfolgt. Kommt der anaerobe Anteil auch in Sauerstoff vor, wofür der Verlauf der oxydativen Wärmekurve spricht, so ergibt sich der rein oxydative Anteil

Meyerhof, Chemische Vorgänge. 17

durch die Differenz beider Kurven. Dieser beginnt dann offenbar von einem niedrigen Wert kurz nach dem Ende der Reizung, steigt etwa innerhalb einer Minute zum Maximum, um dann in einer Exponentialkurve im Verlauf von 8—10 Minuten auf 0 zu sinken. Die Geschwindigkeit ist danach in jedem Moment anders, doch kann man zum Vergleich der Geschwindigkeiten in verschiedenen Versuchen die Maxima benutzen. Das Verhalten dieser Maxima deutet in wesentlichen Punkten auf eine Stoffwechselreaktion hin. Benutzt man die Größe der initialen

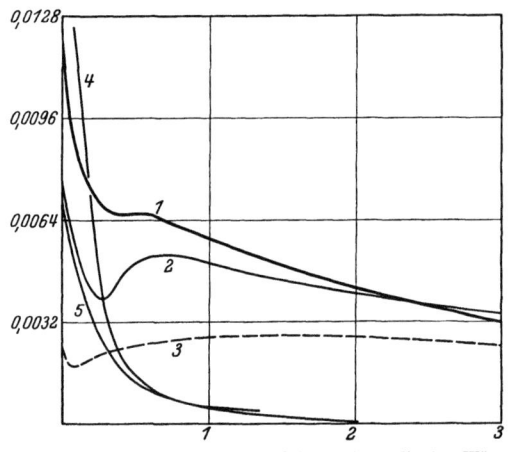

Abb. 54. Erholungswärme in Sauerstoff und Stickstoff. Ordinate: Wärmeproduktion in der Erholung pro Sekunde im Verhältnis zur initialen Wärmeproduktion pro Sekunde. Abszisse: Zeit in Minuten, Temperatur 15—20°.

Kurve 1 0,6 Sekunden in Sauerstoff   Kurve 4 0,6 Sekunden in Stickstoff
,, 2 0,25 ,, ,, ,,   ,, 5 0,25 ,, ,, ,,
,, 3 0,1 ,, ,, ,,
(Aus Proc. roy. Soc. Lond. B 103, HARTREE und HILL.)

Wärme pro Sekunde als Einheit, so ergibt sich, daß nach gleich langen Tetani bei tieferen Temperaturen das Maximum der Geschwindigkeit sowohl außerordentlich viel später erreicht wird wie auch sehr viel niedriger liegt als bei höheren, während die Flächenintegrale, also die Gesamtmenge Erholungswärme, soweit die Genauigkeit der Versuche reicht, beide Male gleich sind. Zweitens wird für gleiche Tetanusdauer und gleiche Temperatur das Maximum durch Zusatz von Kohlensäure zum Sauerstoff proportional der Kohlensäurekonzentration verringert, in ähnlicher Weise auch durch schwach angesäuerte Ringerlösung. Bei

Trennung der initialen und verzögerten Wärme. 259

20% Kohlensäure, entsprechend einem p_H von 6,5, ist die Maximalgeschwindigkeit auf die Hälfte gesunken.

Den interessantesten Einfluß auf die Höhe des Maximums übt aber die Dauer des Tetanus und die damit zusammenhängende Größe der initialen Wärme aus. Es wäre zu erwarten, daß der absolute Wert der maximalen Geschwindigkeit der Restitutionswärme proportional mit der Größe der initialen Wärme ansteigt infolge der Erhöhung der Konzentration der Milchsäure, die die Oxydationssteigerung auslöst. Es zeigt sich aber, daß sie viel stärker ansteigt, als danach zu erwarten ist, so daß nicht nur die absolute, sondern auch die relative Höhe des Maximums mit wachsender Tetanusdauer zunimmt, und zwar proportional der Tetanusdauer (B 141, 142, 144). Es folgt daraus, daß die absolute Maximalgeschwindigkeit ungefähr mit dem Quadrat der Größe der initialen Wärme steigt, d. h. aber so viel, daß sie dem Quadrat der gebildeten Milchsäure proportional ist. Hieraus folgt dann, daß bei konstantem Oxydationsquotienten die Milchsäure selbst relativ um so rascher verschwindet, je mehr im Tetanus gebildet worden ist, und daß daher bei ganz verschiedenen Tetanuszeiten die Gesamtdauer der Restitutionswärmebildung ungefähr gleich ist.

Diese Beziehung kann nur so lange gelten, als der im Muskel gelöste Sauerstoff zur Bestreitung der Erholungsoxydation hinreicht. Das sind aber in reinem Sauerstoff nur 30 mm^3 pro g (20°), die auf Grund der obigen Rechnung (s. S. 224f.) 0,08 cal Erholungswärme entsprechen. Dieser Betrag der verzögerten Wärme wird bei 20° nach einem Tetanus von etwa 1 Sekunde frei. Für eine längere Tetanusdauer muß die Geschwindigkeit der Oxydation von der hinreichenden Diffusion des Sauerstoffs in den Muskel abhängen und damit einem Grenzwert zustreben. Für dünne Sartorien dürfte sich so eine maximale Restitutionsgeschwindigkeit von 1 bis $2 \cdot 10^{-3}$ cal pro g und Sekunde ergeben, was in der Erholungsperiode 4 bis $8 \cdot 10^{-4}$ cm^3 O_2 entspricht. Da in der Ruheatmung bei 20° etwa $1 \cdot 10^{-5}$ cm^3 O_2 pro Sekunde verbraucht werden (mit der doppelten Wärme pro cm^3 wie in der Erholungszeit), so beträgt die am ausgeschnittenen Muskel mögliche Maximalgeschwindigkeit der Erholungsoxydation bis zur Erschöpfung des gelösten Sauerstoffs etwa das 40—80fache der Geschwindigkeit der Ruheatmung. In Übereinstimmung hiermit ergibt sich aus den schon mehrfach erwähnten Versuchen von HILL und

KUPALOV (B 164), daß in sauerstoffgesättigter Ringerlösung kleine Sartorien durch isometrische Einzelzuckungen praktisch nicht ermüdbar sind, wenn diese Zuckungen in Intervallen erfolgen, die einen mittleren Sauerstoffverbrauch von 1800 mm^3 pro g und Stunde bei 18° in der Reizperiode bedingen. Dies ist aber das 50—60fache der Ruheatmung. Möglicherweise könnten noch höhere Oxydationsgeschwindigkeiten bei ganz kleinen Muskeln erzielt werden. In diesen Fällen verschwindet aber die Milchsäure jedenfalls nicht vollständig in den Intervallen zwischen den Zuckungen, sondern sie stellt sich auf ein konstantes Niveau ein, das die maximale Oxydationsgeschwindigkeit während der Reizperiode dauernd aufrechterhält.

Übrigens ist von HILL selbst auch die Wärmebildung der Ruheatmung in Sauerstoff für die ersten Stunden bestimmt. Es ergibt sich in Übereinstimmung mit den direkten Atmungsmessungen, daß in den ersten Stunden nach der Präparation die Wärmebildung dauernd absinkt, bis sie ihren minimalen und nunmehr konstant bleibenden Wert erreicht. Dieser beträgt bei 20° 160 gcm pro g und Minute, bei 15° 100 gcm pro g und Minute, ersteres $0{,}78 \cdot 10^{-3}$ cm^3 O$_2$, letzteres $0{,}46 \cdot 10^{-3}$ cm^3 O$_2$ oder 47 und 28 mm^3 pro g und Stunde entsprechend. Dies stimmt gut mit den Durchschnittswerten der Atmung bei direkter Messung überein.

b. Größe der oxydativen Wärme im Vergleich zur initialen.

Das Verhältnis der Gesamtgröße der verzögerten Wärme H_d zur initialen Wärme H_i, das sich aus den Flächenintegralen der analysierten Galvanometerkurve ergibt, dient dazu, die myothermischen Resultate mit den chemischen in Vergleich zu setzen. Nach der Tabelle 19, Kap. VI, S. 227 muß das Verhältnis H_d/H_i auf Grund der chemischen und kalorimetrischen Bestimmungen etwa 1 sein, und zwar um so größer, je weniger Moleküle Milchsäure bei der Oxydation eines Milchsäureäquivalents resynthetisiert werden, entsprechend einer schlechteren Ausnutzung der Oxydationsenergie. Auch hier tritt für die Berechnung störend die Komplikation der verzögerten anaeroben Extrawärme H_e auf. Wird diese durch Extramilchsäure verursacht, die infolge Überreizung in einzelnen Muskelfasern entsteht, so muß sie zusammen mit der initialen Wärme als gesamte anaerobe Wärme H_a berechnet werden,

Trennung der initialen und verzögerten Wärme. 261

$H_a = H_i + H_e$, und andererseits in Sauerstoff von der totalen verzögerten Wärme H_d abgezogen werden, um die rein oxydative Wärme H_o zu erhalten, $H_o = H_d - H_e$. Dann ist

$$\frac{H_o}{H_a} = \frac{H_d - H_e}{H_i + H_e}. \tag{1}$$

Handelt es sich dagegen um eine Wärme, die überhaupt nicht physiologischen Ursprungs ist, wie etwa die Kondensationswärme von Wasserdampf, so muß sie einfach aus der Berechnung fortgelassen werden, und es ist:

$$\frac{H_o}{H_a} = \frac{H_d - H_e}{H_i}. \tag{2}$$

Schließlich wäre noch möglich, daß der der anaeroben verzögerten Wärme zugrunde liegende Vorgang in Sauerstoff gar nicht auftritt. Es wäre dann

$$\frac{H_o}{H_a} = \frac{H_d}{H_i + H_e}. \tag{3}$$

Dies ist nach dem Verlauf der oxydativen Restitutionswärme unwahrscheinlich. Nach den neuesten Versuchen von HARTREE und HILL (B 145) ist nun die Größe der anaeroben Extrawärme selbst im gleichen Muskel sehr schwankend. Für einen dieser Versuche seien die Zahlen nach den obigen Formeln ausgerechnet. Hier ergibt sich, direkt gemessen:

H_d/H_i für einen 0,25-Sekunden-Tetanus zu 1,44,
,,   ,,   0,6-   ,,   ,,   ,, 1,32.

Bei dem 0,25-Sekunden-Tetanus ist anaerob $H_e = 0{,}11\, H_i$, dann folgt nach (1) $\frac{H_o}{H_a} = \frac{1{,}33}{1{,}11} = 1{,}20$ und nach (2) $\frac{H_o}{H_a} = 1{,}33$. Für einen 0,6-Sekunden-Tetanus ergibt sich $H_e = 0{,}23\, H_i$, danach auf Grund von Formel (1) $\frac{H_o}{H_a} = \frac{1{,}09}{1{,}23} = 0{,}89$, nach Formel (2) zu 1,09.

Um den Vergleich mit den chemischen Messungen des Restitutionsvorgangs genauer durchzuführen, hat HILL kürzlich ein anderes Verfahren eingeschlagen, das den Vorteil bietet, von der Komplikation der anaeroben Restitutionswärme frei zu sein. Er wiederholte dafür in myothermischer Anordnung das Verfahren von O. MEYERHOF und W. SCHULZ, die Bestimmung der Oxydationsquotienten durch Vergleich der Milchsäuredifferenz zwischen aerob und anaerob tätigen Muskeln mit dem vom ersteren verbrauchten Sauerstoff und Beziehung auf gleiche Spannungsleistung (B 158, 158a). Zunächst wurde dafür in einzelnen isometrischen Zuckungen in Stickstoff das Verhältnis $\dfrac{S_0 \cdot l_0}{H_i}$ bestimmt, wobei H_i die initiale Wärme einer einzelnen Zuckung bedeutet, und im Anschluß daran in einer längeren Serie von 30—60 Zuckungen das Verhältnis $\dfrac{\Sigma S_0 \cdot l_0}{H'_a}$, wo H'_a die anaerobe Gesamtwärme bedeutet, die während und nach der 1 bis 2 Minuten dauernden Reizserie in Erscheinung tritt. Für jede einzelne Versuchsserie stimmen nun die beiden Quotienten innerhalb der Fehlergrenzen genau überein, d. h. also, bei Einzelzuckungen gibt es anaerob nur die initiale Wärme und keine Extrawärme.

Zweitens wurde in Sauerstoff das Verhältnis $\dfrac{S_0 \cdot l_0}{H_{i+o}}$ bestimmt, wo H_{i+o} die aerobe Gesamtwärme bedeutet, die aus initialer und oxydativer zusammengesetzt ist. Aus den beiden verschiedenen Meßreihen ergibt sich dann H_{i+o}/H'_a. Dieses Verhältnis war im Durchschnitt 2,07 (Schwankungen von 1,65—2,38). Denselben Wert erhält man auch dann, wenn man zunächst in einer längeren Zuckungsserie in Stickstoff die anaerobe Gesamtwärme H'_a bestimmt und erst dann Sauerstoff zuläßt, wobei nun H'_o für sich auftritt. H'_o/H'_a ergibt sich hier zu 1,25, also die aerobe Gesamtwärme zur anaeroben Wärme zu 2,25. Das angegebene Verhältnis von durchschnittlich 2,07 bzw. $H'_o/H'_a = 1,07$ entspricht aber einem Oxydationsquotienten von 4,8, während in derselben Anordnung nach den Versuchen von MEYERHOF und SCHULZ sich durchschnittlich 4,7 ergab. Beide Meßreihen unter übereinstimmenden physiologischen Bedingungen führen also zu identischen Resultaten, und der gelegentlich gemachte Einwand, daß die Versuchsbedingungen bei den chemischen und den myothermischen Versuchen zu verschieden wären, um miteinander verglichen werden zu können, erweist sich danach als völlig hinfällig. Auch die Schwankungen in dem Verhältnis der beiden Wärmen sind in beiden Anordnungen etwa dieselben, wobei sich auch myothermisch ergibt, daß beschädigte Muskeln und relativ lange gereizte eine vergrößerte oxydative Wärme zeigen, entsprechend der Verkleinerung des Oxydationsquotienten.

Übrigens wird an dem Verhältnis der initialen Energieproduktion zur oxydativen verzögerten Wärme nichts geändert, wenn der Muskel sich nicht, wie bei den bisher geschilderten Versuchen, isometrisch kontrahiert, sondern sich unter Arbeitsleistung verkürzt. Nur besteht dann ein Teil der initialen Energieproduktion aus nach außen abgegebener Arbeit statt aus Wärme.

2. Die einzelnen Phasen der initialen Wärme.

Die initiale Wärme ist nun selber nicht einheitlich; vielmehr lassen sich bei genauerer Analyse drei Phasen sondern, wovon

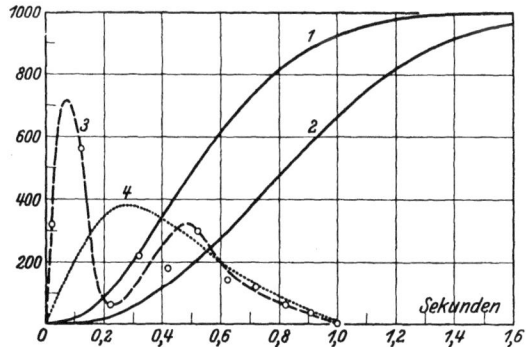

Abb. 55. *1* Kontrollkurve 0,04 Sekunden: Heizung des toten Muskels. *2* Galvanometerkurve mit 0,1 Sekunden tetanischer Reizung des lebenden Muskels. *3* gestrichelt: Wärmeverlauf auf Grund der Analyse der Galvanometerkurve. oooo berechnete Punkte; durch diese ist auf Grund der allgemeinen Erfahrungen eine glatte Kurve hindurchgezogen. *4* ····· isometrischer Spannungsverlauf im gleichen Versuch. (HARTREE, unveröffentlicht.)

eine in den Moment der Spannungszunahme fällt, eine zweite von geringerer Intensität während der Aufrechterhaltung der Spannung zu beobachten ist und eine dritte, wieder von größerer Intensität, aber kürzerer Dauer, in den Moment der Erschlaffung fällt. In Abb. 55, ist nach einer unveröffentlichten Aufnahme von HARTREE aus dem Jahre 1925 der Zusammenhang der analysierten Wärmekurven mit den beobachteten Galvanometerausschlägen vom lebenden Muskel und dem elektrisch geheizten getöteten Kontrollmuskel sowie gleichzeitig der Spannungsverlauf wiedergegeben[1]. Eine Übersicht über den Wärmeverlauf bei verschiedener Reizdauer (analysiert auf 0,2 Sekunden)

---

[1] Eine Darstellung des Analysenverfahrens von HARTREE und HILL habe ich in Naturwiss. **9**, 193 (1921) gegeben.

gibt die Abb. 56. Zur Verlangsamung der Kontraktion, um damit eine bessere Abtrennung der einzelnen Phasen zu ermöglichen, wurden diese Versuche bei 0° ausgeführt. Die Erschlaffungswärme beträgt etwa 30—40% der gesamten initialen Wärme der isometrischen Kontraktion. Diese Aufspaltung der initialen Wärme in drei getrennte Abschnitte ist ein allgemein von der Muskelart und Kontraktionsform unabhängiges Phänomen. Es ist besonders leicht zu analysieren bei sich langsam kontrahierenden Muskeln, wie z. B. im Biceps cruris der Schildkröte, zumal bei

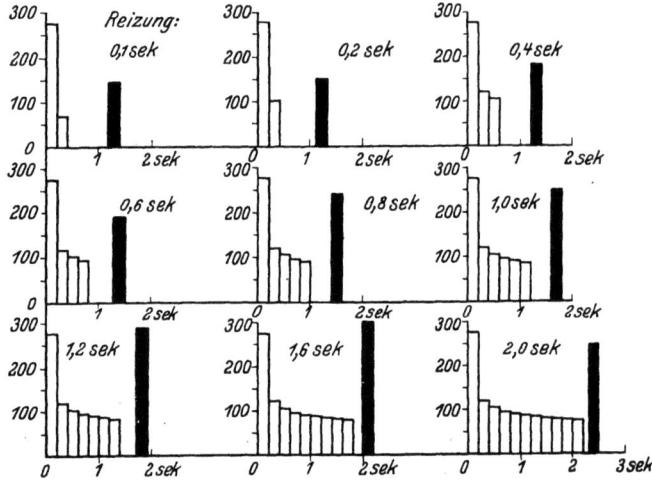

Abb. 56. Analysen für Tetani verschiedener Dauer bei 0°, pro 0,2 Sekunden analysiert. Schwarz: Erschlaffungswärme. (Bemerkung: Diese Kurven, im Gegensatz zu den übrigen, sind mit einem noch weniger vollkommenen Analysenverfahren ausgeführt und daher nur als Annäherung zu betrachten.) (HILL und HARTREE, J. Physiol. 54.)

niedrigerer Temperatur. Derartige Wärmekurven vom Schildkrötenmuskel sind nach HARTREE (B 138) auf Abb. 57 wiedergegeben. Während in den vorhergehenden älteren Kurven (Abb. 56) noch ein gröberes Analysenverfahren befolgt war, und zwar nur auf 0,2 Sekunden, wird die Analyse nunmehr (1926) auf 0,1 Sekunde durchgeführt und eine so rasche Wärmeaufnahme der Thermosäule erreicht, daß ein fast unverzerrtes Bild des Wärmeverlaufs im Muskel erhalten werden konnte. Zum Vergleich ist jedesmal der Verlauf der isometrischen Spannung gestrichelt eingezeichnet. Bei Einzelreizen und Tetani bis 0,1 Sekunde Reizdauer erscheint danach selbst in den sich so langsam kontrahierenden Schildkrötenmuskeln etwa 40—50% der Wärme innerhalb 0,2 Sekunden bei 10° und innerhalb 0,1 Sekunde bei 15°, während das Maximum der Spannungsentwicklung bei der tiefen Temperatur erst nach 0,8, bei der höheren nach 0,3 Sekunden erfolgt. Besonders bei dem rascher verlaufenden Prozeß von 15° sieht man, daß der Wiederanstieg der Wärme in die Zeit absinkender Spannung, also

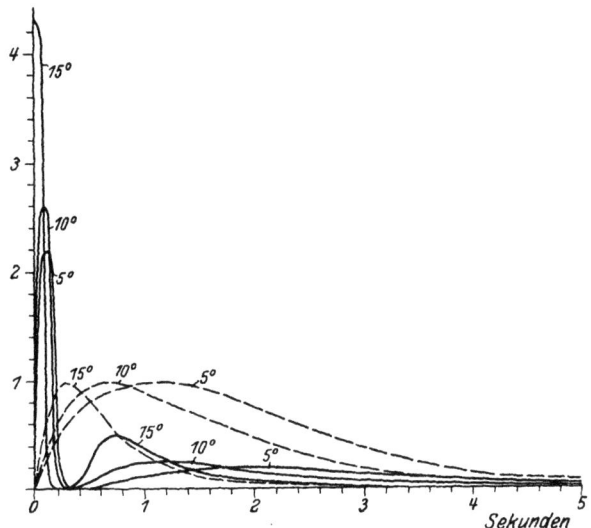

Abb. 57. Verlauf der initialen Wärme am Biceps cruris der Schildkröte. Ausgezogene Linien: Analyse der Wärmeproduktion bei der Zuckung bzw. bei kurzen Tetani. Zum Vergleich der Spannungsverlauf, gestrichelte Linien. Jede Kurve stellt das Mittel mehrerer Versuche dar. Abszisse: Zeit in Sekunden, Ordinate: Geschwindigkeit der Wärmeproduktion bzw. Spannungsgröße. Die Einheit der Wärmegeschwindigkeit ist die totale initiale Wärme pro Sekunde, die Einheit der Spannung ist willkürlich. Die Reizdauer lag zwischen Einzelzuckungen und einem Tetanus von
0,1 Sekunde bei 15°,   0,2 Sekunde bei 10°,   0,4 Sekunde bei 5°.
(HARTREE, J. Physiol. 61.)

der Erschlaffung, fällt. Der Moment maximaler Spannung ist bei kurzen Kontraktionen offenbar wärmefrei, während bei längerer Aufrechterhaltung der Spannung eine Dauerwärme produziert wird, die der fortgesetzten Milchsäurebildung entspricht. Sowohl die Bildungsgeschwindigkeit der Anspannungs- wie der Erschlaffungswärme hat einen deutlichen Temperaturkoeffizienten, ähnlich demjenigen der Geschwindigkeit der entsprechenden mechanischen Zustandsänderung. Eine noch weitergehende Verbesserung bei der Aufnahme des Wärmeverlaufs gelang HARTREE kürzlich durch

266 Wärmebildung und Arbeitsleistung bei myothermischen Messungen.

Benutzung von Thermosäulen äußerst geringer Wärmekapazität und sehr großer Wärmeleitfähigkeit mit Lötstellen aus Silber-Konstantan. Bei diesen geschieht die Übertragung der Wärme so rasch, daß mit einem schnellschwingenden Galvanometersystem bereits unmittelbar auf der photographierten Galvanometerkurve eine zweite Erhebung zu sehen ist, die der Erschlaffungswärme entspricht, so daß man qualitativ diese Wärme auch schon ohne Analyse feststellen kann. Eine mir von Dr. HARTREE zur Veröffentlichung freundlichst überlassene Aufnahme ist in Abb. 57a wiedergegeben. Der besseren Übersicht halber sind Versuchskurve und Kontrollkurve (Heizung des getöteten Muskels) auf dasselbe Papier kopiert, aber mit einem gewissen Abstand der Anfangspunkte. Man sieht den äußerst steilen Anstieg der Kontrollkurve (1) und demgegenüber in der Versuchskurve (2) nicht allein die starke Verzögerung in der Ausbildung des Maximums, sondern bei 1,6 Sekunden (die Zeitmarken entsprechen 0,2 Sekunden) eine leichte Ausbuchtung zur Abszissenachse, auf die ein zweiter Buckel folgt. Dieser entspricht der Erschlaffungswärme. Einzelheiten des Versuchs sind in der Beschriftung der Abb. 57a angegeben.

Während man die Wärmen der Anspannungsphase und der Dauerspannung ohne weiteres auf den gleichzeitig stattfindenden chemischen Energieumsatz beziehen wird, ist die Erschlaffungswärme, wie HARTREE und HILL schon bei ihrer Entdeckung zum Ausdruck brachten, auf die zerstreute Spannungsenergie zu beziehen. Wenn diese auch nicht einfach als elastische Energie zu bezeichnen ist, so kann man doch den Zustand des Muskels während der isometrischen Kontraktion dem eines elastischen Bandes vergleichen, das, solange ihm Energie zugeführt wird, eine andere (kleinere) Gleichgewichtslänge besitzt, durch Festhalten seiner Enden aber verhindert ist, diese neue Gleichgewichtslänge anzunehmen. In Ausgestaltung eines von HARTREE und HILL benutzten elektromagnetischen Modells denken wir uns eine lockere, aber an beiden Enden festgehaltene, stromdurchflossene Drahtspirale. Eine solche Drahtspirale sucht sich bei Stromdurchfluß zusammenzuziehen und entwickelt somit eine elastische Spannung, wenn sie hieran gehindert wird. Bei Unterbrechung des Stroms verschwindet in der Drahtspirale diese elastische Spannung gleichzeitig mit dem stromerzeugenden chemischen Prozeß der Batterie, aber die durch die Unterbrechung des Stromes

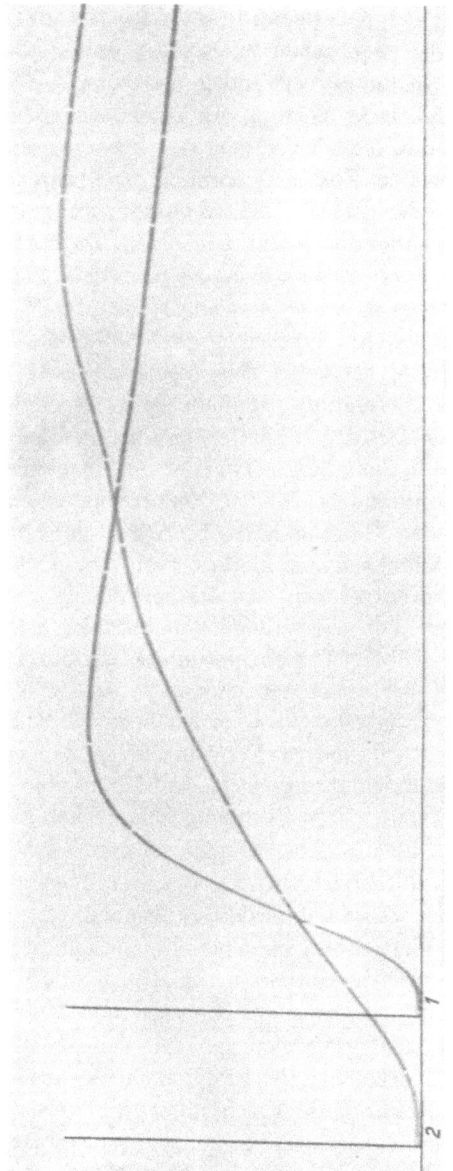

Abb. 57a. Photographische Registrierung der Kontrollheizkurve *(1)* und der Wärmekurve *(2)* bei der Reizung des lebenden Muskels. Versuch von HARTREE, 15. 1. 30 (unveröffentlicht). Die Kurven sind mit Zeitmarken alle 0,2 Sekunden unterbrochen. 1. Kontrollkurve: 0,1 Sekunden Heizung. 2. Tetanische Reizung 0,75 Sekunden. Die Senkrechten bei *1* und *2* geben den Moment des Beginns der Heizung bzw. der Reizung des lebenden Muskels an. Die Horizontale entspricht der 0-Stellung des Galvanometers. Man sieht auf der Versuchskurve 2 deutlich zwei Erhebungen, von denen die erste der Anspannungswärme, die zweite der Erschlaffungswärme entspricht. Ein derartig getrennter „Buckel" ergibt sich bei der Erschlaffungswärme nur unter besonders günstigen Umständen, insbesondere sehr großer Wärmeleitfähigkeit der Thermosäule. Diese bestand aus Silber-Konstantan mit 56 Paaren hartgelöteter Lötstellen. Widerstand etwa 10 Ohm. Rahmen aus dünner Silberplatte. Die Analyse ergibt, daß die Erschlaffungswärme im Versuch 33% der totalen initialen Wärme ausmachte und sich über die Zeit zwischen 1 und 2 Sekunden nach Reizbeginn verteilte.

hervorgerufene Selbstinduktion der Drahtwindungen (in der Stromrichtung) wandelt sich bei offenen Drahtenden in JOULEsche Wärme um. Ein Teil der chemischen Energie der Batterie ist so zunächst in elastische Spannung verwandelt und beim Aufhören der Spannung nachträglich in Wärme. In einem wesentlichen Punkt weicht übrigens dies Modell von dem sich kontrahierenden Muskel ab: Da die Arbeit der Zusammenziehung der Drahtspirale durch Anziehungskräfte der getrennten Drahtwindungen geleistet wird und diese bei Annäherung weiter zunehmen, so kann die Arbeit der Zusammenziehung größer sein als die potentielle Energie des festgehaltenen Drahtes in seiner Ausgangslänge. Im Muskel geschieht aber offenbar die Arbeitsleistung ganz auf Kosten der potentiellen Energie, die er bei seiner Ausgangslänge entwickelt.

Die Erschlaffungswärme zeigt uns jedenfalls den in mechanische Form transformierbaren Teil der Gesamtenergie an, der bei isometrischer Kontraktion in Spannung verwandelt und nachher als Wärme zerstreut ist, während er bei der Verkürzung in einem mehr oder minder großen Umfang hätte in Arbeit verwandelt werden können. Wir können daher hieraus auch den höchsten anaeroben Wirkungsgrad entnehmen, den der betreffende Muskel unter den eingehaltenen Versuchsbedingungen besitzen könnte, wenn er Arbeit leisten würde. Der so bestimmte Wirkungsgrad würde dann etwa 35% der anaeroben oder etwa 18—20% der gesamten Energie im Tätigkeitszyklus ausmachen. A. V. HILL hatte allerdings gelegentlich andere Erklärungen in Vorschlag gebracht, nach denen die Erschlaffungswärme nicht im ganzen dem Energieäquivalent der entwickelten Spannung entsprechen sollte, sondern sich ein Teil in eine andere Energieform transformieren könnte, aus der er bei der nächsten Kontraktion wieder in Spannung zurückverwandelt würde. Diese kompliziertere Annahme hat sich jedoch nicht bewährt. Vielmehr ist die Vorstellung, nach der die Arbeit ausschließlich auf Kosten der Erschlaffungswärme geschehen würde, in neuen Versuchen von HARTREE und HILL am arbeitleistenden Muskel in überraschend genauer Weise bestätigt worden (B 147). Bei Einzelzuckungen ist nämlich die anaerobe Gesamtenergie gleich, ob der Muskel sich unter Arbeitsleistung verkürzt oder isometrisch kontrahiert: genau das, was an Arbeit geleistet ist, fehlt an Wärme. Die Analyse des Wärmeverlaufs ergibt dann, daß die Wärme der Anspannungsphase in beiden

Die einzelnen Phasen der initialen Wärme. 269

Tabelle 25. Aufteilung der Kontraktionsenergie in gcm.

Kontraktionsart	Wärme der		Arbeit
	Kontraktions-phase	Erschlaffungs-phase	
Isometrisch	29,5	15	0
Arbeit am Ergometer . . .	29,5	5	10

Fällen vollkommen gleich ist, aber die Erschlaffungswärme ist genau um soviel geringer, als Arbeit nach außen abgegeben wird. Die potentielle Energie der Spannung, die bei isometrischer Kontraktion restlos in Wärme übergeht, wird jetzt zur Hauptsache in Arbeit umgewandelt, und nur noch ein Rest erscheint bei der Erschlaffung als Wärme. Ein Beispiel (Tab. 25), wobei alle Größen im selben Maß (gcm) ausgedrückt sind, möge dies veranschaulichen (Versuch HARTREE-HILL, 15. II. 1928).

Bei Einzelzuckungen macht die Erschlaffungswärme in diesen Versuchen 34% der gesamten initialen Wärme aus. Zwei Drittel davon werden in Arbeit verwandelt, so daß der anaerobe Nutzeffekt 23% beträgt. Dies liegt nahe dem unter optimalen Bedingungen am Froschmuskel gefundenen anaeroben Nutzeffekten von 26%. Wäre kein Verlust an innerer Reibung eingetreten, so hätte nach dieser Vorstellung der anaerobe Wirkungsgrad höchstens 34% betragen können.

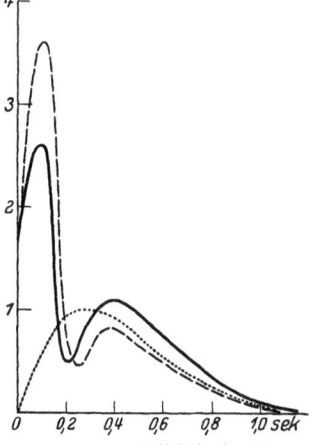

Abb. 58. Geschwindigkeit der Wärmeproduktion beim Sartorius des Frosches. 0,1-Sekunden-Tetanus bei 0°. Ausgezogene Linie: isometrische Kontraktion. Gestrichelte Linie: auxotonische Kontraktion bei Hebung einer maximalen Last um 3 mm. Punktierte Linie: ungefährer isometrischer Spannungsverlauf. Die Einheit der Wärmegeschwindigkeit ist die gesamte initiale Wärme pro Sekunde. Man sieht, daß bei aktiver Arbeitsleistung die Erschlaffungswärme geringer, die Anspannungswärme um etwa den gleichen Betrag größer ist, so daß die Gesamtenergie um die geleistete Arbeit vermehrt wird (nach HARTREE).

Ceteris paribus gilt dies auch für den Tetanus. Hier nimmt bei der Arbeitsleistung die gesamte Energieproduktion gegenüber der isometrischen Kontraktion zu. Aber diese Extrawärme fällt ganz in die Anspannungsphase, wo die Wärme etwa um den

270 Wärmebildung und Arbeitsleistung bei myothermischen Messungen.

Betrag der geleisteten Arbeit größer ist. Die Erschlaffungswärme wird wiederum um den Betrag verringert, der als äußere Arbeit abgegeben wird. Auch hierfür sei ein Beispiel aus HARTREE und HILL angeführt (Versuch 3. XII. 1927. Tab. 26).

Tabelle 26. Reizdauer 0,4 Sekunden, Energie in gcm.

Kontraktionsart	Totale initiale Wärme	Wärme der		Arbeit
		Kontraktionsphase	Erschlaffungsphase	
Isometrisch	96	61,5	34,5	0
Arbeit am Ergometer .	95	89,5	5,5	26

Der anaerobe Nutzeffekt beträgt hier wiederum durchschnittlich 22%, wobei die Erschlaffungswärme auf ein Drittel und weniger verringert werden kann. Aus einer etwas älteren Arbeit von HARTREE (B 137) ist auf Abb. 58 die analysierte Kurve des Wärmeverlaufs bei isometrischer und auxotonischer Kontraktion wiedergegeben, wobei die letztere am Trägheitshebel vorgenommen wurde. Man sieht hier, daß bei der Verkürzung die Wärme der Anspannungsphase zu-, die der Erschlaffungsphase abnimmt.

B. Mechanische Leistung und Wärmebildung.
1. Isometrische Kontraktion.
a. Verhältnis von Spannung und Wärme bei Einzelzuckung und Tetanus.

Bei ein und derselben Muskelart, z. B. dem Froschsartorius, ist das Verhältnis von

$$\frac{\text{g Spannungsentwicklung} \cdot \text{cm Muskellänge}}{\text{gcm initiale Wärme}} = \frac{S_0 \cdot l_0}{H_i}$$

von den Versuchsbedingungen weitgehend unabhängig, für Einzelzuckungen sogar unabhängig von der Temperatur, ferner nur wenig beeinflußbar durch die Anfangsspannung, die Reizstärke, den Ermüdungsgrad, extreme Fälle abgerechnet. Ja, auch bei teilweiser Lähmung des Muskels durch Narkotika (Äthylalkohol) oder durch hypotonische Salzlösungen wird das Verhältnis bis zum völligen Erlöschen der Anspruchsfähigkeit des Muskels kaum geändert. Wärme und Spannungsentwicklung verschwinden bei progressiver Narkotisierung gleichzeitig, wie genaue Versuche von GASSER und HARTREE (B 116) gegenüber älteren weniger genauen von WEIZSÄCKER gezeigt haben.

Der Wert $\frac{S_0 \cdot l_0}{H_i}$ ergibt sich nach den neuesten und genauesten Versuchen von A. V. HILL (B 158) für Einzelzuckungen zu 6,16, und zwar für je eine einzelne Zuckung in 12 Versuchsreihen durchschnittlich zu 6,36 (Schwankungen von 4,34—8,30); für größere Zuckungsserien zwischen 30 und 190 Einzelzuckungen in 12 Ver-

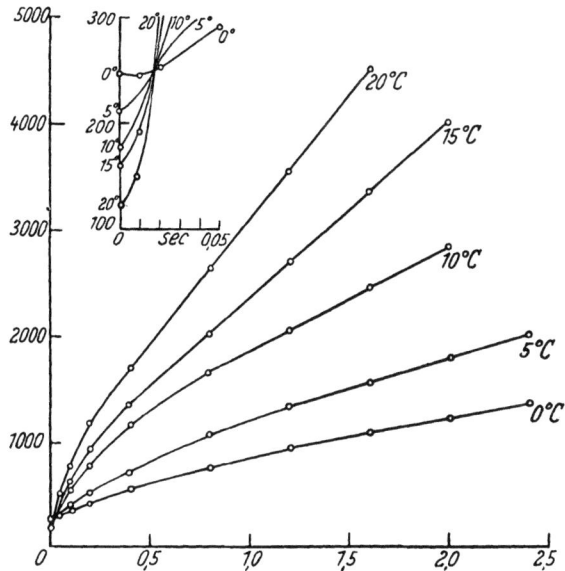

Abb. 59. Beziehung zwischen Wärmeproduktion, Reizdauer und Temperatur im isometrischen Tetanus. Das große Diagramm zeigt die Kurven bis zu 2,0 Sekunden in einer kleinen Scala; das kleine Diagramm zeigt die Anfangsform der Kurven bis zu 0,05 Sekunden in zehnfacher Scala. Die wirklichen Beobachtungen sind mit Punkten bezeichnet. (Nach HARTREE und HILL.)

suchsreihen im Durchschnitt zu 5,97 (Schwankungen von 4,6 bis 7,48). Der Durchschnittswert stimmt, wie wir sahen, mit dem isometrischen Koeffizienten der Milchsäure, der auf gleiche Weise bestimmt wurde, vollständig überein.

Anders ist das Verhältnis von Spannung zu Wärme beim Tetanus. Hier gilt die Beziehung

$$H_i = S_0 \cdot l_0 (A + Bt),$$

wo H_i, S_0, l_0 die gleiche Bedeutung haben wie bisher, t die Zeit in Sekunden angibt und A und B Konstanten sind. Die Wärme besteht also aus zwei Summanden, wobei der Faktor A von der Zeit (und auch der Temperatur) unabhängig ist und den gleichen Wert hat wie bei Einzelzuckungen, 0,16. Er stellt also das Glied der Wärme dar, das auf die Entwicklung der Spannung zu beziehen ist und das bei Einzelzuckungen allein in Frage kommt. B dagegen ist die Konstante für die Aufrechterhaltung der Spannung und daher mit der Tetanusdauer zu multiplizieren, ferner auch abhängig von der Temperatur, der Ermüdung, der „Geschwindigkeit" des Verkürzungsvorganges sowie von anderen Faktoren. In Abb. 59 ist für Froschsartorien und das Temperaturintervall von 0—20° die Wärmeproduktion in Abhängigkeit von der Tetanusdauer wiedergegeben. Ganz ähnlich ist auch der Verlauf der Kurven, wenn $\frac{H_i}{S_0 \cdot l_0}$ als Ordinate und die Zeit als Abszisse gewählt wird, wie die Abb. 60 [HARTREE und HILL (B 139)] zeigt.

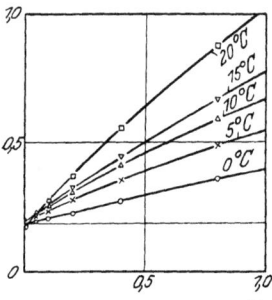

Abb. 60. Beziehung zwischen $\frac{H_i}{S_0 \cdot l_0}$ und Dauer der Reizung für verschiedene Temperaturen. Die Kurven gehen alle vom gleichen Punkt aus, entsprechend $H_i = \frac{S_0 \cdot l_0}{5,5}$, und werden rasch geradlinig. Ordinate: $\frac{H_i}{S_0 \cdot l_0}$, Abszisse: Tetanusdauer in Sekunden. (HARTREE und HILL.)

Wir sehen daraus, daß zur Aufrechterhaltung derselben Spannung um so mehr Energie benötigt wird, je höher die Temperatur ist, entsprechend der geringeren Dauer jeder einzelnen der sich zum Tetanus summierenden Zuckungen. Die Kurven $\frac{H_i}{S_0 \cdot l_0}$ steigen von dem Wert $A = 0{,}18$ linear mit der Zeit an. Der sich daraus berechnende Temperaturkoeffizient von B für 10° beträgt 2,0. Der Zusammenhang zwischen der Größe des Energieumsatzes im Tetanus und der Zuckungsgeschwindigkeit gilt nicht nur für verschiedene Temperaturen, sondern auch sonst. Langsamer sich kontrahierende Muskeln (z. B. Kröte, Schildkröte) haben einen kleineren tetanischen Energieverbrauch bei gleicher Spannungsentwicklung als rasche Muskeln (Frosch).

Besonders wichtig von allgemein physiologischen Gesichtspunkten aus ist die neue Feststellung von BOZLER (unter HILL) (B 31), daß der gleiche Zusammenhang auch für die glatten Muskeln gilt. Bereits früher war von HILL angenommen, daß der auffällig geringe Energieumsatz glatter Muskeln während der Dauerspannung letzten Endes auf die Langsamkeit des Zuckungsablaufs zu beziehen ist. Doch fehlten unmittelbare Beweise dafür. BOZLER fand nun am glatten Pharynxretractor der Weinbergschnecke, daß für ganz kurze Reizung $\frac{H_i}{S_0 \cdot l_0} = 0{,}145$ wie beim Froschsartorius ist, daß aber der Faktor für die Aufrechterhaltung der Spannung (B in der vorhergehenden Gleichung) nicht wie dort konstant ist, sondern mit der Dauer des Tetanus rasch sinkt. Gleichzeitig ändert sich der Zeitverlauf der Kontraktion; die Erschlaffungszeit, die anfangs 4 Sekunden beträgt, verlängert sich zu mehreren Minuten. Dies entspricht den Ermüdungserscheinungen quergestreifter Muskeln, nur daß die Änderung viel schneller einsetzt und bedeutend stärker ausgeprägt ist als bei jenen. Auf diese Weise läßt sich also die bekannte hohe Ökonomie der glatten Haltemuskeln erklären, ohne daß ein besonderer Sperrmechanismus in Anspruch genommen zu werden braucht.

b. Spannung und Wärmeentwicklung bei Kontrakturen.

Die Beziehung zwischen Wärme und Spannungsentwicklung im Tetanus gestattet auch die Frage des chemischen Umsatzes bei den verschiedenen Kontraktur- und Starreformen genauer zu untersuchen als durch alleinige Bestimmung der Milchsäure. Bei den chemischen Bestimmungen lassen sich in jedem Versuch nur zwei Punkte auf den Kontrakturkurven feststellen, und nur durch Kombination mehrerer Versuche ist ein etwaiger Parallelismus von Milchsäurebildung und Spannungsentwicklung aufzufinden. Aus der oben beschriebenen Arbeit von MATSUOKA (A 26) ergab sich trotz gewisser Unregelmäßigkeiten, daß bei typischen chemischen Starren (Chloroform, Coffein) ein zeitlicher Zusammenhang zwischen Spannungsentwicklung und Milchsäurebildung besteht. Dieses Resultat wird aber durch die Wärmemessungen viel mehr gesichert. Nach HARTREE und HILL (B 143) ergibt sich für die Coffeinkontraktur, daß Spannungs- und Wärmeentwicklung zeitlich parallel gehen und daß in Stickstoff das Maximum der Kontraktur mit dem Maximum der Wärmeentwicklung zusammenfällt. Coffein läßt offenbar die gleiche chemische Reaktion, die bei der Reizung rasch und diskontinuierlich vonstatten geht, langsam und kontinuierlich bzw. in einem unregelmäßigen Rhythmus ablaufen. Durch diese myothermischen Befunde wird die Auffassung widerlegt, nach der bei der Coffeinstarre die Spannungsentwicklung selbst ohne Milchsäurebildung vonstatten gehen und daß diese als Ausdruck der Strukturzerstörung nachfolgen soll.

Die Versuche von MATSUOKA am Gastrocnemius erweckten den Eindruck, daß die langsame Entwicklung der Coffeinstarre mit dem allmählichen Eindringen der Substanz in den Muskel zusammenhinge. Nach den Wärmemessungen von HARTREE und HILL an Sartorien ist dies jedoch nicht der Fall. Auch wenn die Muskeln nur für wenige Minuten in 0,05proz. Coffeinlösung gehalten wurden und dann in Luft auf die Thermosäule kamen, entwickelte sich die Coffeinstarre erst allmählich im Verlauf von 1—2 Stunden zum Maximum.

Noch mehr dem Tetanus ähnlich ist die Veratrinkontraktur, die nach elektrischer Reizung auf eine typische Zuckung langsam folgt. Diese Nachkontraktur hatte man auf eine besondere Verzögerung des Erschlaffungsvorganges bezogen, so daß ohne Erhöhung des chemischen Umsatzes die Spannung länger anhalten könnte. Die Versuche von HARTREE und HILL zeigen dagegen, daß nicht nur Wärmeentwicklung und Aufrechterhaltung der Spannung hier zeitlich genau parallel gehen, sondern daß das Verhältnis $\frac{H_t}{S_0 \cdot l_0}$ genau dasselbe ist wie beim typischen Tetanus. Es ist also lediglich der Erregungsmechanismus durch das Veratrin abgeändert, die Kontraktilität des Muskels ist dagegen normal geblieben. Ähnlich ist der Fall auch bei den Kontrakturen in reiner NaCl-Lösung [SERENI (B 259)].

2. Isotonische und auxotonische Kontraktion.
a. Regulation der Energie.

Der kompliziertere Zusammenhang zwischen Wärmeproduktion und effektiver Arbeitsleistung, der bereits von den älteren Muskelphysiologen, insbesondere FICK, HEIDENHAIN, BLIX, vielfach studiert wurde, wenn auch mit unzureichenden Mitteln, soll hier nur so weit betrachtet werden, als er auf die Umwandlung chemischer Energie in mechanische Form neues Licht wirft. Auch die außerordentlich verfeinerte Methodik HILLs war zunächst den technischen Schwierigkeiten dieser Messungen nicht gewachsen. Erst seit dem Jahr 1923 gelang es HILL und seinen Mitarbeitern, insbesondere FENN, HARTREE, LEVIN und WYMAN, quantitative Ergebnisse zu erzielen über den absoluten Betrag der initialen Wärme im Verhältnis zur geleisteten Arbeit und über den zeitlichen Verlauf der Wärme. Eine weitgehende Klärung der hier obwaltenden Beziehungen verschaffte eine neue Arbeit von HARTREE und HILL aus dem Jahre 1928 (B 147), die mit einer Ganzmetall-Thermosäule zur Sicherung der Temperaturkonstanz ausgeführt wurde und als Arbeitshebel das vibrationslos arbeitende Ergometer von LEVIN und WYMAN benutzte. Nach dieser Untersuchung besteht ein prinzipieller Unterschied zwischen dem Verhalten von Einzelzuckung und Tetanus. Bei maximaler Reizstärke ist die Energieproduktion der Einzelzuckung vollständig gleich, ob mechanische Arbeit geleistet wird oder der Muskel sich rein isometrisch kontrahiert. Um so viel, als mechanische Arbeit nach außen abgegeben wird, wird die Wärmeproduktion verringert, die Gesamtenergie bleibt dann also konstant; dies gilt für alle Temperaturen. Da obendrein auch die Energieproduktion der Zuckung von der Temperatur unabhängig ist, besteht die allgemeine Gesetzmäßigkeit, daß bei konstanten Anfangsbedingungen die durch einen maximalen Einzelreiz freigesetzte Energie bei allen Temperaturen dieselbe ist, gleichgültig, wie die mechanische Beanspruchung des Muskels sich nach der Reizung gestaltet. Da aber untermaximale Reizung nichts anderes ist als die Reizung einer geringeren Zahl von Muskelfasern, so gilt offenbar für die Zuckung der einzelnen Faser das „Alles-oder-nichts-Gesetz", wonach für die Größe der Energieproduktion in dem einzelnen kontraktilen Element nur die Bedingungen maßgebend sind, die im Reizaugenblick herrschen (Anfangsspannung, Ermüdungsgrad, Strukturbeeinflussungen usw.), aber weder die Stärke des Reizes noch die Vorgänge nach der Reizung einen Einfluß darauf ausüben. Nach den oben erwähnten Versuchen von ROTHSCHILD (A 117) gilt dies allerdings nicht streng für andere Muskeln als den Sartorius.

Anders aber ist das Verhalten im Tetanus. Bereits FENN hatte gefunden, daß bei Leistung von Arbeit die gesamte Energieproduktion zunimmt, ja, in seinen Versuchen, die sich später als Spezialfall herausstellten, um gerade so viel, als Arbeit nach außen abgegeben wird. In diesem Fall ist also die Wärmeproduktion bei isometrischer und auxotonischer Kontraktion gleich. Die überschüssige Energie entspricht gerade der äußeren Arbeitsleistung. Dies gilt für mittlere Tetanusdauern von etwa 0,4 bis 0,8 Sekunden bei 0°. Bei kürzerer Dauer ist die Extraenergie meist kleiner als die geleistete Arbeit (bei 0,2 bis 0,4-Sekunden-Tetani etwa der 0,7 Teil derselben). Aber selbst bei einem 0,05-Sekunden-Tetanus wird noch eine Extraenergie von etwa der Hälfte der geleisteten Arbeit produziert, im schärfsten Gegensatz zum Verhalten der Einzelzuckungen. Umgekehrt als die Verkürzung wirkt nach FENN, und ebenfalls nach WYMAN, die Dehnung auf den tetanisch gereizten Muskel. Hier wird die freigesetzte Gesamtenergie verkleinert.

Die Einwirkung der Arbeitsleistung auf den Umfang der freigesetzten Gesamtenergie kommt aber nach HARTREE und HILL nur dann zur Geltung, wenn der Muskel sich noch während der Reizdauer oder direkt am Reizende verkürzen kann; wird der Muskel erst kurze Zeit später freigelassen, so kann er auch noch eine nicht unbeträchtliche Arbeit leisten, z. B. ein 0,16 Sekunden nach Reizende freigelassener Muskel bei 5° noch die Hälfte der maximalen Arbeitsleistung bei gleicher Reizdauer — aber der Effekt auf die Gesamtenergie ist verschwunden. Freilassung unmittelbar nach dem Reizende hat schon einen stark verringerten Effekt. Dieser übrigens die älteren Angaben von FENN und AZUMA berichtigende Befund weist darauf hin, wie das Verhalten des tetanisch gereizten Muskels mit dem „Alles-oder-nichts-Gesetz" bei der einzelnen Zuckung in Verbindung steht. Das, was die Extraproduktion der Energie bei dem arbeitenden tetanisch gereizten Muskel veranlaßt, ist offenbar die veränderte Länge und Spannung, unter denen der Muskel von den späteren Induktionsreizen getroffen wird. Dieser gegenüber dem isometrischen abweichende mechanische Zustand kann aber nur während eines Reizelementes oder unmittelbar am Ende desselben eine Wirkung auf die Energieproduktion ausüben. Nach Ablauf des Erregungsprozesses kann wohl noch die entfesselte chemische Energie bzw. die daraus entstandene Spannung in mechanische Arbeit verwandelt werden, aber die Steuerung der freigesetzten Energie kann nur in einem Zeitmoment geschehen, der zwischen den Reiz und die von ihm ausgelöste Energieproduktion fällt. Offenbar folgt dieser Moment, der dem Erregungsvorgang entspricht, bei Einzelzuckungen sehr rasch auf die Reizung selbst, wird dagegen bei den späteren Reizelementen im Tetanus um einige hundertstel Sekunden verzögert, was sich auch an der langsameren Spannungsentwicklung der sich zum Tetanus summierenden Zuckungen gegenüber einer einzelnen Zuckung zeigt [vgl. hierzu HARTREE und HILL (B 140)].

b. Anaerober mechanischer Wirkungsgrad.

Das LEVIN-WYMAN-Ergometer gestattet auch, den anaeroben Wirkungsgrad unter optimalen Bedingungen zu bestimmen. Dabei wird die direkt gezeichnete Spannungslängenkurve der einzelnen Kontraktion mit der gleichzeitig gemessenen initialen Wärme (in gcm) verglichen. Auf Grund der Milchsäurebestimmungen hatte sich der auffallend niedrige anaerobe Nutzeffekt von durchschnittlich etwa 30—35% am Winkelhebel ergeben, entsprechend 17% für den Gesamtzyklus der aeroben Kontraktion. Dieser Befund steht älteren Angaben von FICK, METZNER, HEIDENHAIN und anderen entgegen, die am isolierten Muskel durch myothermische Messungen aerobe Gesamtwirkungsgrade von 30 bis 40% beobachtet haben wollten. Dieser Widerspruch ist teilweise nur ein scheinbarer, indem die Autoren die verzögerte Wärmebildung nicht kannten, und ihre Zahlen daher für den aeroben Wirkungsgrad durch 2,1 dividiert werden müssen; im übrigen sind sie aber auch sonst in vieler Beziehung fehlerhaft [vgl. HILL (B 154)]. Die myothermischen Messungen am Ergometer zeigen nun, daß der optimale Wirkungsgrad sogar noch kleiner ist, als er sich in den chemischen Messungen ergab, und zwar unter Bedingungen, wo Ermüdung und ungünstige Belastungsverhältnisse vermieden werden konnten.

Bei einer gegebenen Reizdauer wird das absolute Maximum der mechanischen Arbeit nur dann geleistet, wenn die Geschwindigkeit der Bewegung weder so groß ist, daß der viscöse Widerstand des Muskels sich deutlich geltend macht, noch so gering, daß die Spannung des Muskels infolge des Reizendes bereits verschwunden ist, ehe er sich mit dieser Spannung auf seine geringste Länge hat verkürzen können. Beide Begrenzungen hängen für ein bestimmt belastetes Ergometer von der Temperatur und Reizdauer ab. Obendrein ist es günstig, wenn die Bewegung des Hebels erst kurz nach Beginn der tetanischen Reizung einsetzen kann, z. B. der Hebel bei 0,1 Sekunde langem Tetanus (13°) erst 0,04 Sekunden nach Reizbeginn freigegeben wird. In einem gewissen Bereich solcher verschiedenen Belastungen und Geschwindigkeiten ist für dieselbe Reizdauer die Energieproduktion nahezu konstant; dann fällt die höchste *Energieausbeute* mit dem absoluten Maximum der mechanischen Arbeit für die betreffende Reizzeit zusammen. Es ergibt sich dann für die verschiedenen Reizdauern bei 0° von 0,06—1 Sekunde, bei 15° von 0,03—0,3 Sekunden die gleiche maximale Energieausbeute, wie es auch schon bei den chemischen Bestimmungen gefunden war. Ebenso besteht aber auch zwischen 0 und 15° kein Unterschied. Hier hatte sich sowohl bei chemischen Vergleichen am Winkelhebel wie auch bei den älteren myothermischen Messungen von Y. Doi am Trägheitshebel ein günstigerer Effekt der tiefen Temperatur ergeben, der wohl auf die besonderen Abmessungen der Apparate zu beziehen ist.

In der Gesamtheit der Versuche fällt der Wirkungsgrad der initialen Phase, der stets für das Maximum der mechanischen Arbeit bei der betreffenden Temperatur und Reizdauer bestimmt wurde, zwischen 20 und 33,5%. Der Mittelwert bei sämtlichen Temperaturen ist 26%; dividiert durch 2,07 ergibt sich der aerobe Gesamtwirkungsgrad im Optimum zu 12,5%.

Von FENN (B 94) war bereits unter möglichst günstigen Verhältnissen der anaerobe Wirkungsgrad am gewöhnlichen Trägheitshebel bestimmt und mit dem am isotonischen Hebel verglichen. Am Froschmuskel lag er mit dem Trägheitshebel zwischen 32 und 16%, Durchschnitt 23%, mit dem isotonischen Hebel zwischen 28 und 13%, Durchschnitt 20%, also deutlich niedriger; andererseits am langsameren Sartorius der Kröte mit Trägheitshebel 40—17%, Durchschnitt 29%, isotonisch 25—18%, Durchschnitt 21. Auch im letzteren Fall ist für den oxydativen Wirkungsgrad die Zahl durch 2,07 zu dividieren.

Ob der Skelettmuskel des Frosches einen besonders niedrigen Wirkungsgrad besitzt oder ob die natürliche Innervation und Befestigungsart der Muskeln günstigere Bedingungen schafft, ist vorläufig nicht zu sagen. Zweifellos ist der intra vitam bestimmte oxydative Wirkungsgrad des menschlichen Muskels erheblich höher. So fanden BENEDICT und CATHCART (B 12) am trainierten Menschen bei Arbeit gegen ein gebremstes Fahrrad oxydative Wirkungsgrade von 25%, wenn der Ruhewert des Stoffwechsels abgezogen wurde. Zog man als Basiswert den Stoffwechsel bei passiver Mitbewegung der Beine am automatisch gebremsten Fahrrad ab, so erhöhte sich der Wirkungsgrad auf etwa 28%. Da ein Teil des Tätigkeitsstoffwechsels nicht unmittelbar für die Arbeit der Beinmuskeln dient, sondern auf die Mehrarbeit des Herzens und der Lunge zu beziehen ist, und obendrein natürlich, im Gegensatz zu einem isolierten am Hebel befestigten Muskel, in situ nur gewisse Komponenten der bei der Muskelzusammenziehung entwickelten Kraft nach außen hin wirksam werden können, so muß der wahre oxydative Wirkungsgrad des menschlichen Muskels zweifellos gut 30% betragen. Es ist nicht unmöglich, daß auch der Nutzeffekt der Erholungsperiode unter diesen Umständen günstiger ist als im isolierten Froschmuskel. Aus den schon besprochenen Messungen von HILL, LUPTON, LONG und FURUSAWA (B 162) an Schnelläufern ergab sich durch Vergleich des Milchsäureschwundes und Extrasauerstoffs ein allerdings nur ungenau bestimmbarer Oxydationsquotient zwischen 4 und 9, Durchschnitt etwa 6. Nimmt man ihn trotz gewisser Bedenken gegen die Methode der Bestimmung als richtig an, so wird das Verhältnis der verzögerten oxydativen zur initialen Wärme wie 0,66:1, und der anaerobe Wirkungsgrad muß dann etwa 50% betragen. HILL nimmt an, daß die zur Aufrechterhaltung der Spannung nötige Energie viel geringer ist als bei den für die niedrige Temperatur verhältnismäßig so rasch zuckenden Froschmuskeln und daß infolgedessen das Maximum der Energieausbeute bei relativ langsameren Bewegungen gelegen ist als im Froschmuskel. Nach neuen Versuchen von FISCHER (B 99) scheint es jedoch, daß speziell bei kurzen Tetani von 0,1 Sekunde der isometrische Quotient $\frac{S_0 \cdot l_0}{H_i}$ im Warmblütermuskel größer ist als im Froschmuskel. Es ist aber ferner möglich, daß auch die natürliche Innervation besonders günstige Bedingungen schafft; diese natürliche Innervation läßt, wie ADRIAN (B 2) gezeigt hat, bei untermaximaler Kontraktion nur einen gewissen wechselnden Teil der Fasern in Tätigkeit treten, führt also zu einem unvollständigen Tetanus, der möglicherweise ökonomischer ist als ein vollständiger.

Schließlich sind auch am isolierten Kaltblüterherzen oxydative Wirkungsgrade von gegen 30% beobachtet [LÜSCHER (B 206)].

Dies könnte damit zusammenhängen, daß die Herzkontraktion einer abnorm langsamen Einzelzuckung des Skelettmuskels für die gleiche Temperatur entspricht, also unter besonders günstigen mechanischen Bedingungen für die Umwandlung der potentiellen Energie in Arbeit geschieht.

IX. Ausblicke auf die Theorie der Kontraktion.

In den vorangehenden Kapiteln sind keine Annahmen darüber gemacht, auf welchem Wege die energieliefernden chemischen Vorgänge bei der Tätigkeit des Muskels die Spannungsänderung hervorrufen, die Anlaß der Kontraktion wird. Auch die im letzten Kapitel diskutierte Vorstellung über die Umwandlung der mechanischen potentiellen Energie in Arbeit beschäftigte sich nur damit, wie der innere mechanische Fundamentalvorgang erst nach Überwindung viscöser Widerstände als Spannungs- und Formänderung äußerlich in Erscheinung tritt. Über die Beschaffenheit und das Zustandekommen dieses mechanischen Fundamentalprozesses aber ist nichts ausgesagt. Und in der Tat können wir darüber nur Vermutungen äußern. Es soll daher hier weniger eine bestimmte Theorie ausgearbeitet werden als die festgestellten Tatsachen und die sich daraus ergebenden mehr oder weniger wahrscheinlichen Folgerungen zusammengefaßt sowie Mißverständnisse gegenüber der Auslegung dieses Tatbestandes beseitigt werden. Diese anspruchslosere Einstellung gegenüber dem Problem wird durch die Erfahrung aufgenötigt, daß die Theorien der Muskelkontraktion um so üppiger gediehen, je weniger die chemischen und thermodynamischen Grundlagen der Muskeltätigkeit bekannt waren, und daß die künftige Auffindung unvorhergesehener Prozesse ein solches ins einzelne ausgearbeitete Hypothesengebäude leicht zum völligen Zusammenbruch bringt.

Gleichwohl machen wir uns nicht den Standpunkt zu eigen, daß man auf dem Gebiet der Muskelphysiologie wie in sonstigen Teilen unserer Wissenschaft „auch heute eigentlich noch gar nichts weiß", ein Standpunkt, den man allen Fortschritten der Naturwissenschaft gegenüber festhalten kann, indem alle Naturerkenntnis notwendigerweise unabgeschlossen bleibt. Diese negative Ansicht der Wissenschaft, die nicht aus äußerer Erfahrung stammt, sondern aus eigener Verzagtheit oder Skepsis, müßte konsequenterweise zum Verzicht auf alles Streben nach Erkenntnis führen. Demgegenüber ist zu betonen, daß gerade die jüngste Vergangenheit eine beträchtliche Vertiefung unserer Einsichten in das Wesen der Muskeltätigkeit gebracht hat, die auch einer künftigen Theorie der Muskelkontraktion die Wege weisen werden.

A. Bedeutung von Oxydation und Anaerobiose.
1. Arbeitsfähigkeit von Oxydationsvorgängen.

Ein wesentlicher Fortschritt liegt zunächst in der neugewonnenen Erkenntnis, daß der die Kontraktion herbeiführende Komplex chemischer Vorgänge anoxydativ ist und daß die Oxydationsenergie der Nährstoffe erst nach völligem Ablauf der mechanischen Vorgänge in den Dienst der Muskeltätigkeit tritt, indem sie die gebildeten anaeroben Spaltprodukte in die Ausgangsstufe zurück überführt und damit den physikalisch-chemischen Zustand der Muskelsubstanz ad integrum restituiert. HILL hat daher den Oxydationsprozeß im Muskel dem Wiederaufladen eines Akkumulators verglichen, der bei Betrieb eines Motors entladen wird; ich selbst habe das Bild des Aufziehens einer Feder gewählt, die das Schlagwerk einer Uhr betreibt. Mit dieser nur indirekten Rolle der Oxydation erledigen sich die Schwierigkeiten, die bei einem direkten Übergang von Oxydationsenergie in mechanische auftreten würden. Es erscheint möglich, daß alle äußere Arbeit der Zellen in ähnlicher Weise zustande kommt, so daß die Oxydation nur indirekt durch Koppelung mit endothermen Reaktionen beteiligt ist. Andererseits zeigt ja z. B. die Bewegung von Quecksilbertropfen unter der Wirkung oxydierender Chromsäure, daß die Oxydation unter Umständen auch direkt in mechanische Arbeit verwandelt werden kann.

Nach einer Überlegung von LEONOR MICHAELIS (B 215, insbesondere S. 97) existiert keine einer galvanischen Batterie entsprechende Anordnung, in der solche Oxydationsvorgänge maximale Arbeit leisten könnten, bei denen zuerst ein Superoxyd durch Anlagerung von molekularem Sauerstoff an das organische Molekül entsteht und darauf eine tautomere Umlagerung des Superoxyds in die stabile Verbindung folgt (z. B. Umlagerung von Aldehydsuperoxyd in Carbonsäure); denn die erste Stufe des Prozesses verläuft nahezu ohne Energieänderung, bei der zweiten dagegen vollzieht sich der Ausgleich der Potentialdifferenz innerhalb eines und desselben Moleküls, das der Oxydoreduktion unterliegt. Um aber in einer galvanischen Batterie äußere Arbeit leisten zu können, müßte die oxydierte und reduzierte Stufe der chemischen Verbindung räumlich getrennt sein. Dieser Einwand braucht nun aber in der lebenden Zelle nicht gültig zu sein, indem hier durch gerichtete Adsorption der Moleküle an Phasengrenzen gerade die räumliche Ordnung und Trennung des reduzierten und oxydierten Molekülteils herbeigeführt werden könnte.

Dieses Bedenken gilt vor allem nicht mehr, wenn die abgegebene Oxydationsenergie in einer gekoppelten chemischen Reaktion wiedergewonnen wird. So kann bei der Oxydation des Aldehyds zur Säure die halbe Menge zu Alkohol reduziert und damit der größte Teil der Oxydationsenergie zurückgewonnen werden. Auch der Oxydationsvorgang im Muskel ist mit der Resynthese der Milchsäure bzw. Brenztraubensäure in Zucker in ähnlicher Weise gekoppelt, wenngleich hier keine stöchiometrische Beziehung besteht und die Strukturelemente des Muskels an dem Mechanismus der Energieübertragung mitbeteiligt sein dürften. (Es gelingt ja nicht, diese gekoppelte Reaktion von der Struktur abzutrennen.) Die Koppelung zwischen Oxydation und Rückverwandlung der Spaltprodukte bei der Muskelkontraktion ist aber, wie wir sahen, nur eine Spezialisierung eines universellen Zusammenhanges von Atmungs- und Spaltungsvorgängen, den wir mit O. WARBURG als „PASTEURsche Reaktion" bezeichnet haben. Die besondere Spezialisierung besteht im Muskel darin, daß das Spaltprodukt Milchsäure bilanzmäßig in Kohlehydrat zurückverwandelt wird, und weiter, daß die hierfür nötige Oxydationssteigerung durch die Anhäufung der Milchsäure (bzw. des Lactations) selbst ausgelöst wird. Die bei der Tätigkeit gebildete Milchsäure führt so ihr eigenes Wiederverschwinden herbei.

2. Geschwindigkeit der Energieänderung bei der Kontraktion.

Wenn man sich fragt, warum die belebte Natur nicht die Oxydation selbst, sondern einen Spaltungsvorgang mit der Arbeitsleistung verbunden hat, so dürfte die Erklärung hierfür wohl weniger in den oben berührten Schwierigkeiten liegen, die Oxy-

Geschwindigkeit der Energieänderung bei der Kontraktion. 283

dationsenergie in mechanische Arbeit zu verwandeln, als darin, eine für den Energiebedarf genügende Menge Sauerstoff in ganz kurzer Zeit bereitzustellen. Der bei dem Sauerstoffdruck von 150 mm Hg im Froschmuskel gelöste Sauerstoff (20°) reicht nur für den Energiebedarf eines maximalen Tetanus von 0,2 Sekunden, während ein Tetanus von 12—15 Sekunden fast ohne Spannungsabfall aufrechterhalten werden kann. Die Diffusionsgeschwindigkeit des Sauerstoffs im Muskelgewebe ist aber zu gering, als daß sich der durchblutete Muskel alle 0,2 Sekunden von den Kapillaren aus mit Luft von Atmosphärendruck sättigen könnte. Nun enthalten zwar die rasch reagierenden Muskeln der Warmblüter im Gewebe abgelagerte Häminverbindungen (Cytochrom, Muskelhämoglobin). Aber insbesondere das Cytochrom reagiert nach der Feststellung O. WARBURGS (B 284) nicht mit molekularem Sauerstoff, sondern nur mit aktiviertem, und kann daher nicht die Oxydationsgeschwindigkeit beeinflussen, die bei genügender Menge Atmungsferment der Zelle durch die Zufuhr gelösten Sauerstoffs, der zuerst mit dem Atmungsferment selbst reagieren müßte, limitiert werden würde. Im Muskel abgelagertes Hämoglobin könnte allerdings als Speicher molekularen Sauerstoffs dienen. Aber seine wirkliche Konzentration ist äußerst gering und offenbar auch nicht beliebig zu steigern. Wenn selbst 10% des Muskelproteins aus Hämoglobin bestehen würden, so würde dies nur Sauerstoff in der 4fachen Menge desjenigen speichern können, der bei Luftsättigung gelöst wäre. Da aber die Energie, die dem 50—100fachen Verbrauch des gesamten gelösten Sauerstoffs entspricht, in wenigen Sekunden bei fehlendem Nachschub frei gemacht werden kann, ist offenbar ebensowenig ein Speicherungsmechanismus wie ein Diffusionsmechanismus molekularen Sauerstoffs imstande, einen solchen Bedarf momentan zu befriedigen. Dies dürfte ein wesentlicher Grund sein, warum in der belebten Natur für die Energielieferung der Muskelkontraktion der Umweg über die anaeroben Spaltungen gewählt ist. Vielleicht würde es sich auch, wenn das Problem der Zufuhr des Sauerstoffs gelöst wäre, mit den *verfügbaren Mengen an Atmungsferment* nicht erreichen lassen, auf dem Wege der Oxydation momentan die Energie zu liefern, wie sie im Moment des Einsetzens der Verkürzung frei wird. Die Geschwindigkeit der Energieproduktion in diesem Zeitpunkt ist ja außerordentlich viel größer als zur bloßen

Aufrechterhaltung der Dauerkontraktion; die zur Spannungsentwicklung dienende Energieproduktion der initialen Phase („Anspannungsenergie") fällt jedenfalls in die Latenzperiode, die bei Froschmuskeln nur etwa 2,5 σ beträgt. Jedenfalls ist, wie wir sahen, schon etwa 5 σ nach der Reizung der innere mechanische Fundamentalprozeß entwickelt. Die Energie einer einzelnen Zuckung beträgt etwa 600 gcm pro g, davon 300 gcm in der initialen Phase, eine Wärmemenge, die der Aufrechterhaltung eines Tetanus während 0,1 Sekunde bei 20° entspricht. Diese Energie muß also im Moment des Einsetzens der Spannung noch mindestens zwanzigmal so rasch frei gemacht werden, wie weiterhin zur Aufrechterhaltung der Kontraktion. Demgegenüber scheint die Oxydation der Nährstoffmoleküle mittels der Aktivierung von molekular gelöstem Sauerstoff zu langsam zu verlaufen. Tatsächlich ist die Geschwindigkeit der Produktion von Oxydationsenergie in der Erholungsperiode, solange dem Muskel gelöster Sauerstoff im Überschuß zur Verfügung steht, maximal 1% der Geschwindigkeit der anaeroben Energie während des Aufrechterhaltens der Spannung und mithin weniger als $1/_{2000}$ derjenigen beim Einsetzen der Spannung. Wir gehen also wohl nicht fehl, wenn wir einen Grund für die Trennung der Oxydation von der Arbeitsleistung in der Möglichkeit höherer Geschwindigkeiten und eines schnelleren Eintritts der anaeroben Spaltungsvorgänge sehen gegenüber Oxydationen, die auf molekular gelösten Sauerstoff angewiesen sind.

3. Ausnützung der Nährstoffenergie durch anaerobe Prozesse.

Durch anaerobe Spaltung von Nährstoffmolekülen kann stets nur ein sehr geringer Teil der Oxydationsenergie ausgenutzt werden; z. B. gibt der Zerfall der Zuckermoleküle in 2 Mol Milchsäure oder in Alkohol und Kohlensäure nur etwa 4% der Verbrennungswärme, der Zerfall in Glyzerin und Brenztraubensäure bzw. Acetaldehyd und Kohlensäure noch erheblich weniger. Die Spaltungsenergie kann daher ohne zu große Verluste der gesamten Oxydationsenergie der Nährstoffe nur dadurch nutzbar gemacht werden, daß 1. eine viel größere Zahl von Ausgangsmolekülen gespalten werden, als endgültig oxydiert werden und die Oxydationsenergie dann zur Rückverwandlung der Spaltprodukte verwandt wird, 2. der Spaltungsvorgang mit anderen energieliefernden Vorgängen verknüpft wird, sodaß der gesamte anaerobe Energieumsatz erheblich größer als die bloße Spaltungswärme der Nährstoffmoleküle wird, wobei diese sekundären Vorgänge mit dem Schwund der Spaltprodukte ebenfalls rückgängig gemacht werden. Diese Nebenprozesse müssen daher auch mit dem Auftreten der Spaltprodukte direkt verknüpft sein. Beide Postulate sind im Muskel wenigstens so gut erfüllt, daß 50—60% der Oxydationsenergie für die anaeroben energieliefernden Spaltungsvorgänge nutzbar gemacht werden, während die Milchsäure eine nur 4% kleinere Verbrennungswärme besitzt als Hexose.

B. Rolle der Spaltungsvorgänge.

1. Milchsäurebildung.

Hat nach dem Voranstehenden die Zweiphasigkeit der energieliefernden Vorgänge bei der Muskeltätigkeit den Sinn, die an sich kleine Spaltungsenergie der Kohlehydrate nutzbar zu machen ohne bedeutende Verluste für den oxydativen Energiegehalt derselben, so muß auch dieser besondere Spaltungsvorgang und die mit ihm verknüpften physikalisch-chemischen Prozesse irgend einen Zusammenhang mit der Muskelarbeit selbst besitzen. Dieses Argument gewinnt noch an Stärke, wenn man in der anaeroben Spaltung keineswegs eine notwendige Vorstufe der Oxydation sieht, vielmehr einen davon primär ganz unabhängigen Prozeß. Die Oxydation, sei es von Kohlehydraten, sei es unter Umständen auch anderer Substanzen, greift dann in diesen Kreislauf Kohlehydrat ⌒ Milchsäure nur von außen ein, indem sie die Energie für die Rückverwandlung der im Arbeitsprozeß wertlos gewordenen Milchsäure in das wertvolle Ausgangsprodukt zur Verfügung stellt.

Da die Spaltungsenergie des Kohlehydrats und die Reaktionswärme der gebildeten Milchsäure mit Protein jedenfalls bis zu zwei Drittel der Gesamtwärme der anaeroben Phase ausmachen, und da diese Wärme im Augenblick der mechanischen Zustandsänderungen des Muskels in Erscheinung tritt, so muß die Energie der Kohlehydratspaltung zur Arbeitsleistung gebraucht werden. Beispielsweise würde die Energie des noch nicht identifizierten Teiles des kalorischen Quotienten unzureichend sein, um den berechneten Wirkungsgrad der anaeroben Phase des Warmblütermuskels von etwa 50% erklären zu können, und ebenso würde irgendein Teilvorgang der Spaltung, der zu einem neutralen Zwischenprodukt führt und ohne die innere Salzbildung des Proteins verläuft, ebenfalls einen zu kleinen Energiegehalt besitzen. Es scheint daher unumgänglich, das Entstehen der Milchsäure als solcher und nicht irgendeines hypothetischen Zwischenprodukts als den übergeordneten, in der initialen Phase der Muskeltätigkeit vor sich gehenden, energieliefernden Vorgang anzusprechen und ihn irgendwie mit dem Ablauf der mechanischen Zustandsänderungen zu verknüpfen. Insofern muß jede Theorie der Muskelkontraktion eine ,,Milchsäuretheorie" sein, wobei dahingestellt bleiben mag, ob dem Säurecharakter irgendeine Bedeutung für den Kontraktionsmechanismus zukommt. Auch besteht die Möglichkeit, ja Wahrscheinlichkeit, daß chemische und physikalisch-chemische Zwischenglieder zwischen das Entstehen der Milchsäure und das Auftreten des mechanischen Fundamentalvorgangs eingeschoben sind. Wie man andererseits aber der Milchsäure als eines Gliedes in der Kette der Energieumwandlungen entraten und dabei doch im Einklang mit den experimentellen Fakten bleiben will, ist schwer einzusehen. Die meisten dagegen erhobenen Einwände beruhten bisher auf Mißverständnissen, unvollständig durchdachten Überlegungen und fehlerhaften Versuchen. Die einzigen Experimente, die dieser zentralen Bedeutung der Milchsäurebildung für die Kontraktion auf den ersten Blick zu widersprechen scheinen, sind diejenigen von OLMSTEDT (B 233) und LUNDSGAARD (B 208). Der erstgenannte Autor gab an, daß ein durch Insulinkrämpfe völlig kohlehydratfrei gemachter Muskel eine größere Serie von Zuckungen ausführen kann, ohne daß Milchsäure in meßbaren Mengen gebildet wird, während LUNDSGAARD in einer soeben erschienenen Arbeit etwas Ähnliches an kohlehydrathaltigen, mit Monojodessigsäure behandelten Muskeln beobachtete. Hier zerfällt die Kreatinphosphorsäure total bei der Kontraktion, während an Stelle von Milchsäure sich Hexosephosphat anhäuft. Was die erstgenannten Versuche betrifft, so gelang es in unserem Laboratorium nicht, den Kohlehydratgehalt der Froschmuskeln durch Insulinkrämpfe restlos zu erschöpfen; er reichte vielmehr für die anaerob geleistete Arbeit stets noch aus. Die interessanten Versuche von LUNDSGAARD stehen vorläufig zu isoliert und lassen die Möglichkeit einer nachträglichen Umwandlung von bei der Tätigkeit entstandener Milchsäure offen.

Immerhin könnten sie dafür sprechen, daß die Energie der Milchsäurebildung erst auf dem Wege der Spaltung der Kreatinphosphorsäure für die Kontraktion ausnutzbar wird, sodaß eine beschränkte Arbeitsleistung mit dieser Spaltung bei aufgehobener Milchsäurebildung möglich ist (vgl. oben S. 110).

2. Entstehen von anorganischem Phosphat.

Als ein mögliches chemisches Zwischenglied zwischen dem Auftreten der Milchsäure und dem mechanischen Prozeß muß man das Entstehen von anorganischem Phosphat in Erwägung ziehen, angesichts der Tatsache, daß eine Reihe verschiedener zur Abspaltung von anorganischem Phosphat führender Hydrolysen, die nichts mit der Kohlehydratspaltung zu tun haben, in ziemlich großem Umfange bei der Muskeltätigkeit vor sich gehen. Die Rolle dieser Vorgänge ist vor allem deshalb unklar, weil bei ihnen kein konstanter isometrischer Koeffizient besteht wie bei der Wärme- und Milchsäurebildung. Die Spaltung der Kreatinphosphorsäure hängt in erster Linie von der Erregungsgeschwindigkeit, nicht von der Spannung und Arbeitsleistung ab. Es ist daher wahrscheinlicher, daß sie zwischen den Reizvorgang und die Milchsäurebildung eingeschoben ist, wenn auch das Umgekehrte nicht ausgeschlossen ist [vgl. die obenerwähnte Arbeit von LUNDSGAARD (B 208)]. Für die Aufspaltung der Adenylpyrophosphorsäure ist die Abspaltung von o-Phosphat zwar im Verlaufe einer längeren Zuckungsserie sichergestellt [K. LOHMANN (A 96)], wahrscheinlich aber ist kein Parallelismus mit der Arbeitsleistung vorhanden. Da die Adenylpyrophosphorsäure im enzymatischen System der Milchsäurebildung als Komplement wirkt, so dürfte der Abbau eher einem Verbrauch von Maschinensubstanz entsprechen und die Resynthese aus Adenylsäure und o-Phosphat [O. MEYERHOF und K. LOHMANN (A 119), vgl. auch LEHNARTZ (B 192)] die Aufgabe haben, das unentbehrliche Glied des milchsäurebildenden Systems wiederherzustellen. Eine besondere Rolle des Phosphats für die Muskeltätigkeit ist schon früher von EMBDEN postuliert worden, jedoch auf Grund der irrigen Annahme, daß bei der Kontraktion anorganisches Phosphat aus Hexosephosphat frei würde, und zwar in größerem Umfange, als gleichzeitig Milchsäure entstünde. Eine Abspaltung von Phosphat aus Hexosephosphat ist jedoch bei der Muskelaktion nicht nachweisbar (s. oben).

3. p_H-Änderung.

Die schon alte Beobachtung von DUBOIS-REYMOND, daß der anaerob tätige Muskel saurer wird, hat seit langem zu recht primitiven Überlegungen Anlaß gegeben, indem nach der Annahme einzelner Autoren die Kontraktion auf das Saurerwerden des Muskels zurückzuführen sein sollte, während von anderer Seite mit entsprechenden Argumenten gezeigt wurde, daß das Eintauchen des Muskels in Säure keine wahre Kontraktion hervorruft und man auch während der Kontraktion kein Saurerwerden des Muskels beobachten kann. Gegenüber diesen verfehlten Diskussionen, die die Struktur des Muskels als einer chemodynamischen Maschine vollständig außer acht lassen, ist zu untersuchen, ob das vorübergehende Auftreten einer beschränkten Menge H-Ion an bestimmten Strukturteilen („Verkürzungsorten") eine Rolle im Kontraktionsmechanismus spielen könnte, entweder indirekt durch hiermit ausgelöste lokalisierte chemische Vorgänge oder durch direkte Einwirkung auf die kontraktile Substanz. Hierbei bliebe noch dahingestellt, ob dann der Phase des Auftretens des H-Ions oder ihres Wiederverschwindens in einem Neutralisationsvorgang diese spezielle Bedeutung für die Tätigkeit zukommt. Beobachtungen über ohne Milchsäurebildung verlaufende Starrevorgänge, die fast ohne Spannungsentwicklung vor sich gehen, brauchen dabei nicht berücksichtigt zu werden, da es sich hier um progressive Veränderungen der Muskelproteine handelt, die von dem normalen Kontraktionsvorgang ganz verschieden sind.

Daß bei der Zuckerspaltung zusammen mit dem Lactatanion auch die entsprechende Menge H-Ion momentan entstehen muß, ist unzweifelhaft. Zwar würde, wie aus den Dissoziationskonstanten von Hexosephosphorsäure und anorganischer Phosphorsäure hervorgeht, die Konzentration von H-Ion kleiner sein, wenn die Milchsäure unter gleichzeitiger Abspaltung von Phosphat aus diesen Estern frei würde, als wenn dieselbe Menge Milchsäure in Gegenwart einer entsprechenden Menge schon vorhandenen anorganischen Phosphats und gleichzeitiger Gegenwart des Esters entsteht. Aus der Titrationskurve von Hexosemonophosphat ergibt sich, wenn 1 Phosphat auf 2 Milchsäure frei wird, bei p_H 7 eine Abschwächung der Aciditätszunahme (p_H-Verschiebung) um etwa 20%. Wie aber die Phosphatbestimmungen zeigen, kommt es gleichzeitig mit der Milchsäurebildung zu keiner Spaltung von Zuckerphosphorsäureestern.

Von Begleitvorgängen ist wieder an erster Stelle die Spaltung der Kreatinphosphorsäure zu betrachten. Wenn das anorganische Phosphat in dem analytisch bestimmten Umfang im Muskel aus Kreatinphosphat frei wird, wie es durch die neuen Versuche von O. MEYERHOF und F. LIPMANN bewiesen ist (A 124), so muß es gegenüber der gleichzeitig entstehenden Milchsäure eine starke Pufferwirkung entfalten. Wenn auf 1 Mol Milchsäure 2 bis 3 Mol H_3PO_4 frei werden, wie man es ganz am Anfang der Ermüdung findet, so sollte bei p_H 7 für nahezu die ganze Milchsäure Alkali ohne Änderung der H-Ionenkonzentration zur Verfügung stehen. Dies Verhältnis würde sich jedoch sehr rasch mit fortschreitender Ermüdung verschieben. In der Tat nimmt ja, wie oben beschrieben, bei p_H 7,8 der Muskel in den ersten 100—150 Zuckungen aus dem Gasraum (Stickstoff mit 1% Kohlensäure) weder CO_2 auf, noch gibt er sie ab. Die Reaktion bleibt also ungeändert und erst dann tritt eine fortschreitende Säuerung auf. Bei p_H 6,1 bis 7,2 (d. h. zwischen 100% und 5% CO_2) wird dagegen der Muskel entsprechend dem gesteigerten Zerfall des Phosphagens und der Veränderung der Dissoziationskonstanten bei der Abspaltung der Phosphorsäure während der ersten 100—150 Zuckungen im ganzen alkalischer und erst dann, nach nahezu völligem Zerfall der Kreatinphosphorsäure wieder saurer. Dies widerspricht aber nicht notwendig der Rolle des freien H-Ions für die Kontraktion selbst, da ja die Überneutralisierung der Milchsäure auch nachher eintreten könnte.

Es könnte danach eine zeitlich und räumlich lokalisierte *Entstehung* freier Säure die Spannungsentwicklung veranlassen und ihre *Entfernung* von den Verkürzungsorten bzw. die unmittelbar folgende Neutralisierung die Erschlaffung herbeiführen. Eher möglich erscheint jedoch, daß gerade umgekehrt die Neutralisierung der Milchsäure selbst, die mit der Alkaliabgabe von seiten des Proteins verknüpft ist, für den Kontraktionsvorgang wesentlich ist.

Es ist aber durchaus fraglich, ob das Entstehen oder Wiederverschwinden freien H-Ions wirklich eine Bedeutung im Mechanismus der Kontraktion besitzt, und vor allem hat eine solche Hypothese mit der energetischen Rolle der Milchsäure nichts zu tun.

4. Freie Energie der Kohlehydratspaltung.

Für die Arbeitsfähigkeit chemischer und physikalisch-chemischer Vorgänge kommt es bekanntlich nicht auf die Änderung der Gesamtenergie (Wärmetönung) an, sondern ihrer freien Energie. Es ist daher von Interesse, daß nach der Berechnung von DEAN BURK (B 33), die sich auf die von LEWIS und seiner Schule ermittelten Standard-Entropiewerte organischer Verbindungen stützt, die freie Energie des Übergangs von gelöstem Glykogen in verdünnte Milchsäure bedeutend größer ist als die Wärmetönung dieser Reaktion. Und zwar ist für die im Muskel in Betracht kommenden Konzentrationen erstere um 138 bis 156 cal, im Mittel um 82% größer als die Wärmetönung von 180 cal. Dieser Unterschied ist um so bemerkenswerter, als die *Oxydation* von Glykogen unter den Bedingungen des Tierkörpers und bei den dort herrschenden O_2- und CO_2-Spannungen eine Entropieänderung besitzt, die der Wärmetönung auf etwa 2% gleich ist.

Weniger leicht ist die freie Energie beim Umsatz der Milchsäure mit Protein zu berechnen, da sie sehr verschieden ist, je nachdem, ob das Protein entionisiert oder zum Zwitterion aufgeladen wird und da ferner die Konzentration der Komponenten der Reaktion für die freie Energie entscheidend ist. Man darf aber wohl als wahrscheinlich annehmen, daß bei einer inneren Salzbildung des Proteinmoleküls eine mit anderen Neutralisationen vergleichbare Änderung der freien Energie eintritt, die dann unter durchschnittlichen Verhältnissen der Wärmetönung etwa gleichkommt.

C. Physikalisch-chemische Zustandsänderungen.

1. Änderung der Doppelbrechung und des Röntgendiagramms.

Zu den Tatsachen, die bei einer Theorie der Muskelkontraktion Berücksichtigung finden müssen, sind vor allem die nachweisbaren physikalischen Veränderungen im Muskel zu zählen. Nach älteren Befunden von EBNER u. a. nimmt die Doppelbrechung der anisotropen Schichten (Q-Streifen) bei der freien Verkürzung, auf gleiche Schichtdicke bezogen, ab, bei isometrischer Kontraktion zu. Letzteres könnte auf zusätzlicher Spannungsdoppelbrechung beruhen, während die Abnahme die verschiedensten Deutungen gestattet. Denn nach den Untersuchungen von STÜBEL (B 269) ist die Doppelbrechung aus einer positiven Stäbchendoppelbrechung und aus Eigendoppelbrechung der Stäbchenelemente zusammengesetzt. Letztere ist wieder zwiefacher Natur: Aus ihrem Verhalten beim Einbetten der Muskelfasern in verschiedenen Medien ergibt sich, daß die Muskelfasern gleichsinnig orientierte krystallinische Eiweißmicellen mit positiver Doppelbrechung enthalten und krystallinische Lipoidmicellen, die infolge ihres chemischen Baues oder ihrer Lagerung, die dann senkrecht zur Richtung der Muskelfaser wäre, negative Doppelbrechung besitzen. Angesichts dieser Kompliziertheit können also Änderungen der Doppelbrechung durch Änderung der Ordnung, der Orientierung, der Form und des Volumens jedes der Bestandteile, durch chemische Vorgänge, die entweder die Differenz der Brechungsindices von Stäbchen und einbettender Substanz oder die Krystallstruktur selber verändern, herbeigeführt werden. Es läßt sich daher jede Theorie der Kontraktion mit diesen Befunden vereinigen. Nur das eine ergibt sich daraus, daß die Muskelfaser eine micellare Ultrastruktur besitzt, und die Wahrscheinlichkeit, daß der Kontraktionsvorgang sich an dieser Ultrastruktur vollzieht.

Die Methodik der Röntgenspektroskopie hat beim Muskel nur dürftige Ergebnisse gezeitigt, was bei dem hohen Wassergehalt und dem kleinen Volumen der mikrokrystallinen Phase und ihrer Zusammengesetztheit nicht wundernehmen kann. HERZOG (B 151) erhielt in Muskeln, die in gespanntem Zustande getrocknet waren, ein ganz schwaches Faserdiagramm (Sicheln) mit einem Netzebenenabstand von 10 ÅE. J. H. CLARK (B 38) fand in frischen wasserhaltigen Muskeln keine Andeutung eines Faserdiagramms, sondern nur von sehr verwaschenen amorphen Ringen, was mit dem Vorhandensein einer in isotroper Grundlage eingebetteten flüssig krystallinen Phase verträglich ist. Der Netzebenenabstand betrug 9,5 ÅE und verringerte sich in chloroformstarren Muskeln auf 8,5 ÅE. Diese Werte sind erheblich zu klein für die Abstände der reflektierenden Krystallebenen von Lipoiden oder Fettsäuren, die zu je zwei Fettsäureketten mit den Carboxylgruppen in Juxtaposition innerhalb einer Schicht aufeinanderstoßen und dadurch einen Netzebenenabstand (senkrecht zur Richtung der C-Ketten) von etwa 50 ÅE für die gesättigten Fettsäuren, 25 ÅE für die ungesättigten Fettsäuren bedingen. Für micellar angeordnete Eiweißkörper mit dem Äquivalentgewicht 1000 würde sich dagegen nach K. H. MEYER (B 213) ein Abstand der freien Amino- und Carboxylgruppen von etwa 17 ÅE ergeben.

2. Volumenkontraktion.

Die Muskelkontraktion ist bekanntlich wesentlich eine Längskontraktion, wobei der Muskel entsprechend dicker wird. Nach älteren Angaben, insbesondere von EWALD (B 92), sollte das Volumen des quergestreiften Muskels völlig konstant bleiben, während E. ERNST (B 81) neuerdings eine Volumenverringerung von etwa $2 \cdot 10^{-5}$ cm^3 pro g Muskel erhielt bei Zuckungen, die isometrisch 300 g Spannung, isotonisch 100 gcm Arbeit leisteten. Die Volumenverringerung fällt zur Hauptsache in die Latenzperiode, und damit wird die sonst naheliegende Deutung hinfällig, daß sie auf die Kompression des vom Muskel eingeschlossenen Wassers durch die Spannungsentwicklung zurückzuführen wäre. Diese Kompression würde sich für die gemessene Spannung von etwa gleicher Größe ergeben. Daß eine Kompression schon während des inneren mechanischen Fundamentalvorgangs erfolgt, ist wenig wahrscheinlich, da ja der viscöse Widerstand ebenso wie das Auftreten der Spannung auch das der Kompression verzögern müßte. Obendrein ist die Volumenkontraktion bei der isotonischen Verkürzung, wo die Spannung nicht anwächst, ebenso groß wie bei der isometrischen. Doch liegt es nahe, die Volumenkontraktion in anderer Weise mit dem Fundamentalvorgang zu verknüpfen. Nach der Hypothese des Autors wäre die Volumenkontraktion Folge der Elektrostriktion, die durch Neubildung von Ionen verursacht wird. Für eine Volumenverringerung von $2 \cdot 10^{-5}$ cm^3 ist die Neubildung von $3,5 \cdot 10^{-6}$ g-Äquivalenten einwertiger Ionen erforderlich, während nach dem osmotischen Druck des Muskels $230 \cdot 10^{-6}$ g-Äquivalente osmotisch wirksamer Teile bereits vorhanden sind. Diese neu entstandenen Ionen müßten dann natürlich mit dem Aufhören der Volumenkontraktion wieder verschwinden, ein Umstand, der in der vom Autor vorgeschlagenen Theorie der Muskelkontraktion nicht berücksichtigt ist. Die in 1 g Muskel bei 300 g Spannungsentwicklung aus Milchsäure momentan frei werdende Menge Ionen, wenn man die Säure in status nascens zunächst als total dissoziiert annimmt, wäre nur

$4 \cdot 10^{-7}$ g-Äquivalent. Bildung und Verschwinden des H-Ions allein würde für die gemessene Volumenveränderung also bei weitem nicht ausreichen. (Ferner könnte nach H. H. WEBER und D. NACHMANSOHN (B 292a) noch eine Volumenkontraktion von etwa dem doppelten Umfang wie durch das H-Ion bei Zwitterionenbildung isoelektrisch gemachten Proteins erfolgen, wobei aber das freie H-Ion wieder verschwinden würde.) Es käme daher nur eine mit dem mechanischen Fundamentalvorgang verknüpfte momentane Abgabe von Ionen aus indiffusibler Bindung in Betracht, die im Verlauf der weiteren mechanischen Zustandsänderungen wieder zurückginge, für die aber bisher bestimmte Anhaltspunkte fehlen.

3. Viscös-elastische Veränderung.

Gegenüber den bisher betrachteten geringen physikalischen Effekten treten die mit dem mechanischen Geschehen direkt verknüpften Änderungen der Elastizität und Viscosität des Muskels mehr in den Vordergrund. Diese gehören dem inneren mechanischen Vorgang selbst an, der sich nach außen als Spannungs- und Formänderung geltend macht. Der gedehnte ruhende Muskel zeigt bereits typische thermoelastische Effekte, die denen des gedehnten Kautschuks zu vergleichen und vom Leben der Muskelsubstanz unabhängig sind. Nach W. THOMSON (Lord KELVIN) muß ein vollkommen elastischer Körper, der einen positiven thermischen Ausdehnungskoeffizienten besitzt, bei reversibler Dehnung sich abkühlen, während ein solcher mit negativem Ausdehnungskoeffizienten sich bei reversibler Dehnung erwärmt und bei der Verkürzung abkühlt. Dies gilt z. B. für Kautschuk, wobei allerdings noch Nachdehnungseffekte durch unvollkommene Elastizität eine Rolle spielen. HILL und HARTREE (B 161) zeigten, daß der Muskel (tot oder lebend) sich dem Kautschuk ähnlich verhält. Er erwärmt sich bei passiver Dehnung; wenn man ihn dagegen nach vorheriger Dehnung entspannt, kühlt er sich zunächst ab, worauf eine Erwärmung folgt. Der gesamte Zyklus von Dehnung und Erschlaffung ist mit einer Wärmeproduktion verknüpft. Dieser Wärmeüberschuß resultiert aus der unvollkommenen Elastizität des Muskels und wird durch die innere Reibung bei der Formänderung hervorgerufen. Hieraus entspringt die der Abkühlung folgende Erwärmung bei der Entspannung. Je langsamer diese vorgenommen wird, um so geringer ist die nachfolgende Temperaturerhöhung. Völlige Reversibilität vorausgesetzt, würde die Dehnung des Muskels mit Erwärmung, die Entspannung mit gleich großer Abkühlung verknüpft sein. Vgl. Abb. 61. Die Größe der thermoelastischen Temperaturänderung unter starker Belastung entspricht etwa $1/2$ bis $1/5$ der Temperaturerhöhung bei maximalen Einzelzuckungen, käme also für die Analyse derselben schon sehr in Betracht. Ob solche thermoelastischen Effekte allerdings im Wärmeverlauf der Kontraktion in Erscheinung treten, ist fraglich.

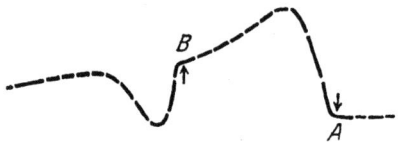

Abb. 61. Von rechts nach links zu lesen. Kurve des Galvanometerausschlags mit Sekundenmarken. Nach oben Temperaturzunahme, nach unten Temperaturabnahme. Bei A wird der tote Muskel mit 200 g belastet, bei B entlastet. (Nach HARTREE und HILL.)

Die elastischen Eigenschaften des Muskels ändern sich zweifellos bei der Kontraktion, da er nach der Erregung einem Körper von kleinerer Gleichgewichtslänge entspricht. Jedoch läßt sich dieser aktive Kontraktionsvorgang nicht einfach als Erhöhung des Elastizitätsmoduls der Muskelsubstanz auffassen, wie es früher von E. WEBER geschah. Die von verschiedenen Autoren [HILL und GASSER (B 117), BETHE und STEINHAUSEN (B 21)] neuerdings darüber geführte Diskussion hat noch nicht zu einer endgültigen Klärung geführt. So berechnen HILL und GASSER aus der Verkürzung der Periode einer mit dem Muskel verbundenen schwingenden Stahlfeder bei isometrischer tetanischer Reizung eine Erhöhung des Elastizitätsmoduls ums Zehnfache, während BETHE und STEINHAUSEN nur eine scheinbare, auf die Spannung des Muskels zurückzuführende Änderung beobachten, die bei Zusatz einer kompensierenden Gegenspannung verschwindet.

Das Verhalten des Muskels wird in vielen Punkten verständlicher, wenn man gleichzeitig seine Viscosität berücksichtigt, die bei der Kontraktion eine bedeutende Zunahme erfährt. Die Beweise hierfür sind schon in Kap. VII gegeben. Die Viscositätserhöhung des Muskels bei der Kontraktion ist von HILL vor allem in dem Sinne verwertet worden, daß bei der Umwandlung der potentiellen Spannungsenergie in mechanische Arbeit innere Reibungsverluste eintreten, die um so größer sind, je rascher die Verkürzung vor sich geht. Wenn dies auch unleugbar richtig ist, so ist doch bei der Ökonomie des Organismus ausgeschlossen, daß die Viscositätserhöhung nur insofern eine Rolle spielen könnte, als durch sie die Ausnutzung der neuentwickelten elastischen Energie für die mechanische Arbeitsleistung verschlechtert würde. Man muß vielmehr annehmen, daß die Erhöhung der Viscosität ein mit der Spannungsentwicklung zusammenhängender und für die Arbeitsleistung notwendiger Teilprozeß ist. Das wäre z. B. der Fall, wenn sich bei der Kontraktion eine Gelatinierung vollzieht, die mit der elektrischen Entladung kolloider Oberflächen zusammenhängt (s. im folgenden S. 303).

4. Histologische Beobachtungen des Kontraktionsvorgangs.

In den quergestreiften Muskeln scheinen sich nach HÜRTHLES Mikrophotogrammen allein die doppelbrechenden Schichten (Q-Streifen) an der Kontraktion zu beteiligen. Als die Stäbchenelemente dieser doppelbrechenden Schichten werden von verschiedenen Seiten die BOTTAZZIschen ultramikroskopischen Myosingranula angesprochen, in welche die Fibrillen beim Zerpressen des Muskels zerfallen und die, wie neue Beobachtungen von MURALT und EDSALL (B 218) zeigen, in der Tat selbst doppelbrechend sind. Auch liegt ihr isoelektrischer Punkt nach den letztgenannten Autoren bei 6,0 bis 6,6, wie man es für das Verkürzungsprotein fordern muß. Man kann daher als immerhin wahrscheinlich annehmen, daß die sog. Myosingranula die krystallinisch anisotropen Teilchen in den Stäbchenelementen bilden, eine Annahme, die auch BIEDERMANN (B 22) durch histochemische Überlegungen gestützt hat. Daneben aber enthalten die Fibrillen, wie BIEDERMANN ebenfalls zeigte, beträchtliche Mengen Phosphatide, die im lebenden Muskel maskiert sind, aber bei der Verdauung des Eiweiß mittels Pepsinsalzsäure sich in Tröpfchenform ausscheiden. In der Tat sind sowohl die Lipoide wie die Proteine als Träger des Verkürzungsvorgangs in Anspruch genommen worden.

Der australische Histologe TIEGS (B 273) hat in den hypertrophischen Muskelfibrillen von Insektenlarven bei 3400facher Vergrößerung eine feine Körnelung in den doppelbrechenden Abschnitten und eine feine Längsstreifung in den einfach brechenden gesehen. Auch diese Streifen, die der Autor für Kanälchen hält, sollen bei der Kontraktion ihr Volumen ändern. Es scheint kaum möglich, aus diesen verschiedenen histologischen Beobachtungen auf irgendeinen bestimmten Mechanismus der Kontraktion zu schließen; sie sprechen aber alle in dem Sinne, daß sich die Formänderung an submikroskopischen Elementen der Fibrillen vollzieht.

Daß der aktive Verkürzungsvorgang sich auf die Fibrillen beschränkt, erscheint ziemlich gewiß. Während ältere, experimentell nicht gestützte Vorstellungen das Sarkoplasma als Träger der tonischen Verkürzung annahmen, sind nach den aufschlußreichen Beobachtungen von BOZLER (B 30) zwei Arten anatomisch unterscheidbarer Fibrillen im Muskel vorhanden: Tetanus- und Tonusfibrillen, die jede allein für die betreffende Kontraktionsart verantwortlich sind.

D. Einige spezielle Kontraktionshypothesen.

Bei dem heutigen Stand unserer Kenntnisse erscheint eine detaillierte Erörterung der verschiedenen Kontraktionshypothesen unfruchtbar. Bereits die älteren Physiologen diskutierten die Äußerung dreier verschiedener Kräfte, die für die Umwandlung chemischer Energie in mechanische im Muskel in Betracht zu ziehen sind: die Änderung des osmotischen Drucks, der Oberflächenspannung und die Quellung. Dazu kann man dann noch als weitere Hypothese die Gelatinierung oder Verfestigung vorher halbflüssiger Substanzen annehmen. Diese Theorien sind meist in der Richtung spezialisiert, daß die Milchsäure selbst die physikalisch-chemische Veränderung hervorruft und den mechanischen Prozeß verursacht. Dies ist zwar nicht ausgeschlossen, aber doch keineswegs so naheliegend, wie meist angenommen wird. Wenn auch im folgenden wegen des Fehlens anderer Daten die Diskussion auf diesen besonderen Fall beschränkt wird, so halten wir es doch für mindestens ebenso wahrscheinlich, daß die Rolle der Milchsäure eine indirekte ist und daß der in den Mechanismus direkt eingreifende chemische Faktor bisher unbekannt ist.

1. Quellungshypothese.

Was die Quellungstheorie anbelangt, so beruhte sie in ihrer ursprünglichen Form auf vielfach unrichtigen Annahmen und falschen Analogien mit der Quellung tierischer und pflanzlicher Fasern in Säure. Demgegenüber bedeutet die spezielle Quellungstheorie von O. FÜRTH (B 110) insofern einen Fortschritt, als sie den Quellvorgang beschränkt auf submikroskopische Stäbchenelemente, die die doppelbrechenden Schichten erfüllen und deren Quellung anisodiametrisch verlaufen soll, wobei sich die länglichen Elemente zu einer Kugel verkürzen. Bei einer Säurequellung müßte der isoelektrische Punkt der Proteine überschritten werden. Das ist nun bekanntlich im Muskel selbst bei extremer Ermüdung nicht der Fall; diese führt vielmehr nur zu einer Annäherung an denselben. Das Auftreten der Entionisierungswärme bei der Ermüdung beweist, daß auch im lebenden Muskel das Protein sich auf der alkalischen Seite des isoelektrischen Punktes befindet. Trotzdem könnte beim Auftreten der Milchsäure „in statu nascendi" der isoelektrische Punkt der Verkürzungsproteine momentan überschritten werden. Bei der Kleinheit der angenommenen Strukturelemente würde die Quellung sehr rasch erfolgen können, um die Formänderung herbeizuführen, und müßte mit der sofortigen Neutralisation des Säureproteins durch das umgebende Alkaliprotein wieder verschwinden, wobei die Erschlaffung eintreten würde.

Die Schwierigkeit dieser Vorstellung liegt darin, daß ein zu kleiner Teil des Muskelproteins durch die bei einer einzelnen Zuckung gebildete Milchsäure in Säureprotein umgewandelt werden könnte. Diese Milchsäuremenge beträgt etwa $5 \cdot 10^{-6}$ g pro cm^3. Da aber wenigstens noch $5 \cdot 10^{-3}$ g Milchsäure durch das Muskelprotein neutralisiert werden können, ohne daß der isoelektrische Punkt im ganzen überschritten wird, so könnte primär weit weniger als $1/1000$ des vorhandenen Proteins von der Umladung betroffen werden. Daß nun die Quellung eines so geringen Teils die für eine maximale Zuckung erforderliche Energie entfalten soll, scheint ausgeschlossen. In der Tat rechnet FÜRTH (B 110 insbes. S. 548) damit, daß etwa die Hälfte des Volumens der doppelbrechenden Schichten, ungefähr ein Fünftel des gesamten Muskels, aus den durch die Milchsäure quellenden stäbchenförmigen Proteinteilchen besteht. Das wird durch die vorangehende Überlegung hinfällig. Auch wird diese Schwierigkeit dadurch nicht umgangen, daß man den isoelektrischen Punkt des hypothetischen Verkürzungsproteins ganz dicht an den Neutralpunkt verlegt, denn der Muskel kann bei maximaler Ermüdung bis etwa p_H 6,4 sauer werden und doch vollkommen erschlaffen.

Die zur Quellung führende Umladung müßte also auf jeden Fall zu einer Säuerung weit unter p_H 6 führen. Das könnte jedoch mit $5 \cdot 10^{-8}$ Mol Milchsäure pro cm³ nur an einer sehr beschränkten Proteinmenge geschehen, wobei nur dasjenige Protein eine Säurequellung erleiden könnte, das als Kation abdissoziiert würde. Hierbei legen wir mit PROCTER und WILSON (B 247) sowie JACQUES LOEB (B 203) die Annahme zugrunde, daß die Quellung des Säureproteins dem osmotischen Druck entspricht, den die von dem indiffusiblen Proteinkation elektrostatisch festgehaltenen Anionen im Innern des Gels entwickeln.

2. Osmotische Hypothese.

Während jede Quellungstheorie, die den Boden physikalisch-chemischer Analogien nicht verlassen will und den hohen Wassergehalt der Strukturteile des Muskels im Auge behält, eine Säurequellung annehmen muß, hat die osmotische Theorie voraus, daß sie alle ionisierten und elektrisch neutralen Partikel, die bei der Kontraktion entstehen, für die Arbeitslieferung in Betracht ziehen kann, vorausgesetzt, daß sie bei der Erschlaffung wieder verschwinden. Es ist nicht unmöglich, daß die Zahl der bei der Muskeltätigkeit gebildeten osmotisch wirksamen Teile viel größer ist, als sie nach unseren bisherigen Kenntnissen der Vorgänge erscheint, sodaß nicht nur der osmotische Druck, sondern auch die Arbeitsfähigkeit ausreichen würde, um die gemessene mechanische Arbeit zu leisten. Die dafür notwendige Menge neu entstehender osmotisch wirksamer Teile wäre ungefähr das Zwanzigfache der gebildeten Milchsäuremoleküle und würde etwa der aus der Volumenkontraktion berechneten Zahl der Ionen entsprechen, wenn man diese auf Elektrostriktion zurückführt.

Die Erschlaffung stellt nun aber die Umkehr des Verkürzungsvorgangs dar und läßt den Muskel in demselben Zustand der Arbeitsfähigkeit zurück, in dem er sich vor der Kontraktion befunden hat. Von den bisher bekannten chemischen Vorgängen gilt jedoch, daß, soweit neugebildete Moleküle dabei entstehen, sie bei der Erschlaffung nicht wieder verschwinden; selbst die anaerobe Resynthese der Kreatinphosphorsäure vollzieht sich nicht im Erschlaffungsmoment selbst, sondern in etwa 20 Sekunden, die auf die Erschlaffung folgen. Keinesfalls kann das für die Theorie notwendige Wiederverschwinden der neugebildeten Moleküle ersetzt werden durch eine reversible Erhöhung der Durchlässigkeit von semipermeablen Membranen während der Erschlaffung. Denn dann müßte die Zahl der osmotisch wirksamen Partikel im ganzen Muskel bei anaerober Ermüdung so steigen, wie es sich aus der Summe der einzelnen Arbeitsleistungen berechnet, das ist etwa gleich dem 20fachen Betrag der gebildeten Milchsäure. Eine solche Zunahme des osmotischen Drucks bei fortschreitender Ermüdung wird jedoch im Muskel nicht beobachtet. In Messungen der Kondensationswärme während der Ruheanaerobiose findet HILL neuderdings (B 160), daß der osmotische Druck der wäßrigen Phase des Muskels bei anaerober Ermüdung etwa 4mal so stark steigt, als sich aus der Konzentration des Lactations für das ganze Muskelvolumen berechnet. Da der nichtlösende Raum nur etwa 20% des Volumens betragen dürfte, entstehen also dreimal soviel osmotisch wirksame Teile als Lactationen. Ein ähnlicher Wert berechnet sich übrigens auch aus einer Arbeit von MOORE (B 216a), der eine Zunahme der Gefrierpunktserniedrigung von $-0.15°$, entsprechend 0,08 Mol bei erschöpfender Ermüdung von Froschmuskeln fand, also bei etwa 0,35% = 0,04 Mol Milchsäurebildung.

3. Theorie der Änderung der Oberflächenspannung.

Da der Muskel im ganzen und ebenso auch die sich aktiv verkürzenden Teile bei der Kontraktion keine wesentliche Volumenveränderung, wohl aber eine bedeutende Änderung ihrer Form erleiden, lagen von jeher solche Theorien nahe, die keine Volumen- sondern Oberflächenkräfte für die Kontraktion in Anspruch nahmen. Bereits BERNSTEIN (B 15) hat berechnet, daß die sichtbaren Oberflächen der Fibrillen für die zu fordernde Änderung der Oberflächenspannung nicht ausreichen, da die Kapillarkonstante (α) der Grenzfläche sich dann um 500 dyn/cm ändern müßte, um die beobachtete Arbeit des Muskels zu leisten. Nimmt man aber submikroskopische Grenzflächen im Innern der Fibrillen als Angriffspunkt an, so ergeben sich Schwierigkeiten infolge unvollständiger Bedeckung dieser Oberflächen durch die neu entstehenden Moleküle.

Aus dem isometrischen Koeffizienten der Milchsäure folgt, daß für die Entwicklung der Kraft von 1 dyn in 1 cm Länge in parallelfaserigen Muskeln etwa $1 \cdot 10^{-11}$ g Milchsäure gebildet werden müssen. Dies sind $7 \cdot 10^{10}$ Moleküle, die bei würfelförmiger Gestalt eine Oberfläche von $1{,}4 \cdot 10^{-4}$ cm² monomolekular bedecken würden. Dann müßten $1{,}4 \cdot 10^{-4} \cdot \alpha = 1$ dyn sein oder $\alpha = 7000$, 14mal so groß als die Kapillarkonstante des Quecksilbers, 90mal so groß als die des Wassers. Wenn durch Ausbreitung eines monomolekularen Films eine Änderung der Kapillarkonstante herbeigeführt werden sollte, die zu der des Wassers in einem vernünftigen Verhältnis steht, z. B. sie um 50% erhöht oder erniedrigt, so müßte die Oberflächenbedeckung 200mal so ausgedehnt sein als bei monomolekularer Ausbreitung der entstandenen Milchsäure. Bezieht man die gebildete Milchsäure auf die Oberfläche der Fibrillen, die wir mit BERNSTEIN zu 20000 cm² pro 1 cm³ Muskel ansetzen, so würde bei einer maximalen Zuckung durch die entstandene Milchsäure nur etwa $1/40$ der berechneten Oberfläche der Fibrillen bedeckt [vgl. auch A. V. HILL (B 156)]. Diese Überlegungen machen es unwahrscheinlich, daß eine einfache Änderung der Oberflächenspannung, die durch Entstehen oder Verschwinden neutraler Substanzen hervorgerufen wird, die Kontraktion verursachen sollte.

4. Theorien der micellaren Verfestigung.

Zum Schlusse seien zwei neue Hypothesen besprochen, die eine Änderung der molekularen Orientierung und Festigkeit der die Verkürzungsorte erfüllenden Substanz vorschlagen, wofür die eine die Lipoide, die andere das Protein in Anspruch nimmt.

a. Änderung der Gitterkräfte von Fettsäurekrystallen.

Nach einer Theorie von GARNER (B 115) sollen die doppelbrechenden Fibrillenabschnitte in der Faserrichtung liegende Fettsäuremoleküle enthalten, die entsprechend den Ergebnissen der Röntgenspektroskopie an Seifen und Fettsäuren in Lagen zu je zwei einander gegenüberliegen und mit ihren Nachbarketten zusammen die parallelen Schichten flüssiger Krystalle vom smektischen Typ bilden, nach der Einteilung von G. FRIEDEL (B 108)[1].

---

[1] Die flüssigen Krystalle oder mesomorphen Phasen sind nach FRIEDEL entweder „nematisch", wenn die Moleküle in ihnen nur mit einer Achse parallel liegen, im übrigen aber ungeordnet sind, oder „smektisch", wenn sie nicht nur parallel liegen, sondern die Translationen auch in der Richtung der Hauptachse periodisch sind, die Moleküle also auch Schichten mit gleichen Abständen bilden (vgl. hierzu auch ZOCHER und BIRSTEIN, B 296).

Wenn bei der Spaltung der Ester freie Fettsäure entsteht, sollen die Krystalle nunmehr fest werden und eine Kontraktion in der Richtung der C-Ketten erfahren. Der Autor nimmt an, daß jetzt die Fettsäuremoleküle nicht mehr in gerader Linie aneinanderstoßen, sondern Winkel von etwa 110° miteinander bilden. Doch haben die diesbezüglichen Experimentaluntersuchungen von MÜLLER, FRIEDEL u. a. nur ergeben, daß die C-Atome innerhalb einer Fettsäurekette derartige Winkel miteinander einschließen, und die Änderung der Winkelstellung der ganzen Kette bei Umwandlung von Fettsäureester in freie Fettsäuren oder dieser in Alkalisalze ist nicht bekannt. Auch in anderer Beziehung ist die Hypothese durch experimentelle Tatsachen wenig gestützt.

Die Umwandlung der flüssigen Esterkrystalle in die festen Fettsäurekrystalle soll durch das Auftreten der Milchsäure herbeigeführt werden, wobei das H-Ion momentan als Katalysator der Hydrolyse wirkt. Die Umkehr dieser Vorgänge in der Erschlaffung stellt sich der Autor so vor, daß die freie Fettsäure durch Alkali, das von Proteinen abgegeben wird, neutralisiert würde. Damit wäre aber der Vorgang nicht reversibel, indem Fettsäureester bei der Ermüdung allmählich in Seifen übergingen, also für die Erschlaffung mehr Alkali benötigt würde als allein zur Neutralisierung der Milchsäure. Man müßte vielmehr eine Umkehr der Hydrolyse in Gestalt der Resynthese der Ester beim Verschwinden des H-Ionenüberschusses annehmen, sodaß die Säure nicht nur katalytisch wirken dürfte, sondern auch das chemische Gleichgewicht verschieben müßte. Obendrein könnte eine maximale Verkürzung auf ein Viertel der ursprünglichen Länge, wie man sie für die doppelbrechenden Abschnitte postulieren muß, auf Grund von bekannten Gitteranordnungen von Fettsäurekrystallen nie herbeigeführt werden, denn die Schrägstellung von 90° auf 55° gegen den Faserquerschnitt würde nur eine Verkürzung um 18% bewirken.

b. Innere Salzbildung des Verkürzungsproteins.

Wiederholt ist [(A 18, 44) s. auch HILL (B 155)] die Möglichkeit diskutiert worden, die Entionisierung des Proteins in den Mittelpunkt der zur Kontraktion führenden physikalisch-chemischen Veränderungen zu rücken. Diese hypothetischen Erörterungen haben mit der thermodynamischen Aufklärung der

Muskelarbeit, die von manchen Autoren als „HILL-MEYERHOFsche Theorie" bezeichnet wird, unmittelbar nichts zu tun. Die durch sie angeregten Fragestellungen mögen aber der Forschung zu weiteren Versuchen Anlaß geben, sei es, daß sie zur Bestätigung, sei es, daß sie zur Widerlegung derselben führen.

Es ist eindrucksvoll, daß der chemische Vorgang der Glykogenspaltung durch die bei der Neutralisation sich abspielende innere Salzbildung isoelektrisch gewordenen Proteins auf die Substanz einwirkt, aus der die Muskelmaschine aufgebaut ist. Bei allen Maschinen, die keine Wärmemaschinen sind, muß der energieliefernde chemische Vorgang in die Struktur der Maschine eingreifen können, um an ihr die arbeitliefernde Veränderung herbeizuführen. Das Glykogen und ebenso die Milchsäure sind offenbar selbst kein Teil der Maschinenstruktur; indem aber die Säure mit dem Alkali des Proteins reagiert und dieses unter starker positiver Wärmetönung zu einem inneren Salz umlagert, findet ein solches Eingreifen in die Muskelsubstanz statt. Die Alkaliabgabe von seiten des gesamten Muskelproteins bildet das Endglied der anaeroben Energieumwandlungen und kann also frühestens im Moment der Erschlaffung geschehen. Soll ein ähnlicher Vorgang die Verkürzung veranlassen, wie es zuerst von A. V. HILL in Vorschlag gebracht ist, so muß man annehmen, daß der isoelektrische Punkt der Proteine der Verkürzungsorte sich dem Neutralpunkt näher befindet als der des übrigen Muskelproteins. Wir können ihn bei p_H 6,2 annehmen, wie es neuerdings für die Myosingranula gefunden ist, dagegen für die übrigen Muskelproteine bei etwa p_H 5. Im Moment der Kontraktion würde eine gewisse Menge Verkürzungsprotein den isoelektrischen Punkt von p_H 6,2 erreichen, Alkali abgeben und die Milchsäure in Lactat überführen. Im Anschluß hieran würde das Muskelprotein außerhalb der Verkürzungsorte (mit dem isoelektrischen Punkt von p_H 5) einen Teil seines Alkalis an die Verkürzungsproteine abtreten. Der ganze Muskel wird dadurch wieder angenähert auf die Wasserstoffzahl des ruhenden Muskels gebracht, das Verkürzungsprotein neu ionisiert, und das Spiel kann wieder beginnen. Nimmt man weiterhin an, daß das Verkürzungsprotein, das in den doppelbrechenden Abschnitten in micellarer Verteilung vorliegt, bei der inneren Salzbildung eine Gelatinierung erleidet, entsprechend der Bildung von Fibrin aus Fibrinogen oder der

Schrumpfung eines Fibringerinnsels, so stellt dies die viscöselastische Veränderung dar, als welche der mechanische Fundamentalvorgang aufzufassen ist. Bei der Erschlaffung wird dieser Vorgang an den Verkürzungsorten rückgängig gemacht, um sich dann in dem übrigen Muskelprotein gleichsam in starker Verdünnung noch einmal abzuspielen. Da hier ein Überschuß von Alkaliprotein vorhanden ist, entsprechend dem stärker sauren isoelektrischen Punkt dieser Proteine, würde hierbei die Konsistenz und Struktur des Gesamtmuskels zunächst nicht geändert. Dies würde erst bei weitgehendem Verbrauch von Alkaliprotein durch hochgradige Milchsäureanhäufung geschehen und würde dann zu dem Zustand des Verkürzungsrückstandes oder auch der Kontraktur führen, die mit der Kontraktion eine gewisse Ähnlichkeit besitzen, aber keineswegs mit ihr identisch sind.

Man kann diese Hypothese zu einer kapillarelektrischen ausbauen, unter Anknüpfung an die älteren Überlegungen von D'ARSONVAL und LIPPMANN, und so den histologischen Beobachtungen näherkommen, wenn man sich die Micellen als zylinderförmige Kondensatoren aus Alkaliprotein vorstellt. Die innere Belegung der elektrischen Doppelschicht bilden die die Zylinderoberfläche bedeckenden polyvalenten Proteinanionen, die äußere Belegung eine Hülle von Alkalikationen. Unter der elektrischen Abstoßung der gleichgeladenen Proteinanionen würde der Zylinder gedehnt sein, mit dem Wegfangen des Alkalis durch die bei der Kontraktion entstehende Milchsäure würde das Protein entladen oder zu einem inneren Salz umgelagert. Damit kommt die Abstoßung der Oberflächenelemente in Wegfall; dies veranlaßt die Verkürzung, ähnlich wie ein entladener Quecksilbertropfen sich kugelig zusammenzieht. K. H. MEYER (B 213), der sich dieser Vorstellung anschließt, macht die Zusatzannahme, daß die zuerst durch elektrische Abstoßung der negativen Ladungen der Carboxylgruppen langgestreckten Proteinmoleküle bei der Zwitterionenbildung sich spiralförmig zusammenrollen, wobei der Abstand der Endgruppen sich bei einem Äquivalentgewicht des Proteins von 1000 von 17 ÅE auf 2 ÅE verkleinern soll. Es bleibt zu berechnen, ob bei einem solchen kapillarelektrischen Phänomen, wo die Entladung des an der Oberfläche ausgebreiteten Eiweiß mechanisch wirksam wird, für äquivalente Substanzmengen größere Kräfte zur Verfügung stehen als bei monomolekularer

Ausbreitung neutraler Substanzen. Wenn dies nicht der Fall sein sollte, müßte auch hier neben der Milchsäure bzw. in Abhängigkeit von ihr das Entstehen anderer Stoffe angenommen werden, das erst die Veränderung des Proteins herbeiführt. Jedenfalls dürfte diese Hypothese vorläufig mit den bekannten Tatsachen besser zu vereinigen sein als die vorher besprochenen, wenngleich kein Beweis ihrer Richtigkeit vorliegt. Übrigens ist es gleichgültig, ob bei dem Wegfangen der Alkalikationen das Protein entionisiert oder zu einem Zwitterion umgelagert wird. In beiden Fällen kommt die Abstoßung der gleichnamigen Ladungen in Wegfall. Auch dürfte es nicht entscheidend sein, ob man sich das Alkaliprotein zunächst als flüssig vorstellt, oder ob sich die an der Viscositätszunahme meßbare Änderung der Solvatation, wie es wahrscheinlicher ist, an einem festen Gel vollzieht. Diese Hypothese müßte stark modifiziert werden, wenn die Spaltung der Kreatinphosphorsäure ein zwischen die Milchsäurebildung und die mechanische Veränderung eingeschobener Vorgang sein sollte. Diese Spaltung bildet ja gerade OH'-Ionen, die unter Umständen die ganze hinzu gebildete Säure neutralisieren würden. In diesem Falle könnte man den Verkürzungsvorgang selbst nicht mehr auf Umladung oder Entladung von Proteinmolekülen zurückführen.

Nachtrag bei der Korrektur.

Nach dem Abschluß des Buches sind im medizinischen Forschungsinstitut Heidelberg Versuche von EINAR LUNDSGAARD an Jodessigsäure-vergifteten Muskeln aufgenommen, die eine Bestätigung und Erweiterung seiner vorher veröffentlichten Befunde (B 208) darstellen und für die Theorie der Kontraktion von weittragender Bedeutung sind. Danach entwickeln derart vergiftete isolierte Froschmuskeln (Gastrocnemien) in einer längeren Serie anaerober Einzelzuckungen pro g 30 bis 35 kg Spannung, wobei gar keine oder nur eine Spur Milchsäure auftritt, dagegen die gesamte Kreatinphosphorsäure zerfällt — erheblich rascher als bei gleichgereizten normalen Muskeln — während das bei der Spaltung freiwerdende Phosphat nachträglich zu Hexosephosphat verestert wird. Bei manometrischer Messung in N_2—CO_2-Gemischen nimmt der Muskel mit einer gegenüber der Norm erhöhten Geschwindigkeit CO_2 auf, d. h. wird alkalischer, und diese

Alkalisierung geht auch bei der Starre nicht mehr zurück. Kurz ehe die Kreatinphosphorsäure total zerfallen ist, beginnt der Muskel in Starre zu verfallen und die Arbeitsleistung hört mit dem totalen Zerfall der Kreatinphosphorsäure auf. *Während des ganzen Verlaufs dieser Ermüdung ist der Zerfall der Kreatinphosphorsäure der geleisteten Spannung proportional;* der $K_{m(P)}$Wert ist also konstant, und zwar etwa $50 \cdot 10^6$. Rechnet man mit 120 cal für 1 g abgespaltene Phosphorsäure, so ist der isometrische Wärmekoeffizient $K' = \dfrac{\text{Spannung} \times \text{Länge}}{\text{anaerobe Wärme}}$ nur wenig größer als im normalen Muskel (bezogen auf den kalorischen Quotienten der Milchsäure). Es zerfällt also an Stelle der Milchsäurebildung eine energetisch äquivalente Menge Kreatinphosphorsäure. Die anaerobe Resynthese bleibt völlig aus.

Aus diesen Versuchen scheint zu folgen, daß die Energie der Kohlehydratspaltung normal erst auf dem Wege der Kreatinphosphorsäure für die Arbeitsleistung nutzbar gemacht wird (vgl. S. 110) und daß der Zerfall der Kreatinphosphorsäure jedenfalls für sich allein eine isometrische Spannungsleistung vollbringen kann, die energetisch äquivalent ist der in vitro gemessenen Spaltungswärme.

Welche Rolle hierbei die entsprechend gesteigerte Veresterung spielt, die ja in geringerem Grade auch bei der normalen Kontraktion nachweisbar ist (siehe S. 81), muß wie mehrere andere hierher gehörige Fragen vorläufig offen bleiben.

X. Methoden.

Bezüglich der Methoden, mit denen die dargestellten Resultate gewonnen sind, gehe ich nur kurz auf diejenigen ein, die nicht schon zusammenfassend mitgeteilt sind. Die besonderen chemischen Methoden, die in unserem Laboratorium für die Bestimmung des Kohlehydrats und der Milchsäure Verwendung finden, sind kürzlich von K. LOHMANN (A 99) in ,,Methodik der Fermente'' von C. OPPENHEIMER-PINCUSSEN dargestellt; die kalorimetrischen Methoden an der gleichen Stelle von H. BLASCHKO (A 100). Die manometrischen Methoden, die sowohl für die Atmung isolierter Muskeln als auch in besonderen Fällen (Muskelextrakt) für die Milchsäurebildung benutzbar sind, sind diejenigen O. WARBURGS, die in dem genannten OPPENHEIMERschen Handbuch und in

PÉTERFIs Methodik der wissenschaftlichen Biologie von H. A. KREBS (B 180) behandelt sind. Hier seien deshalb nur einige Angaben gemacht über die besondere Ausführungsform und die Grenzen der Anwendung und die Genauigkeit der in Frage kommenden Methoden. Etwas ausführlicher ist die Methode zur Unterscheidung der verschiedenen Phosphorsäurefraktionen [K. LOHMANN (A 84, 94)] behandelt, da diese an der angeführten Stelle noch nicht wiedergegeben ist.

A. Chemische Methoden.

1. Milchsäure.

Die Isolierung der Fleischmilchsäure als Zink-l-Lactat, die von FLETCHER und HOPKINS (B 104) in ihrer bekannten Arbeit noch als alleinige quantitative Bestimmungsmethode verwandt wurde, kommt heute im allgemeinen nur für Kontrollzwecke in Frage. Mit ihrer Hilfe läßt sich zeigen, daß die FÜRTH-CHARNAssche Destillationsmethode mittels Oxydation der Milchsäure durch Permanganat und Auffangung des gebildeten Acetaldehyds in Bisulfit [FÜRTH-CHARNAS (B 111)] nach zweckentsprechender Reinigung der Muskelfiltrate fehlerlose Werte gibt, wobei sich sehr viel kleinere Milchsäuremengen bestimmen lassen als bei der Isolierung des Zinklactats. Während in früheren Arbeiten (A 13 bis 16) die Extraktion des Muskels mit Alkohol nach FLETCHER und HOPKINS (B 104) und Ausschüttelung der Milchsäure durch Amylalkohol nach der Empfehlung von OHLSSON (B 232) vorgenommen wurde, zeitweilig auch alleinige Alkoholextraktion und Reinigung des eingedampften Rückstandes durch Benzol, wurde späterhin nach dem Vorgang von CLAUSEN (B 39) die Entfernung des Zuckers nach der Methode von SALKOWSKI und VAN SLYKE durch Kupferkalk vorgenommen; meist im Anschluß an die SCHENCKsche Enteiweißung mit Sublimatsalzsäure, welch letztere von EMBDEN und seinen Mitarbeitern in Verbindung mit der Ätherextraktion (B 63) zur Bestimmung der Milchsäure verwandt worden war. Diese Fällung nach SCHENCK und anschließende Kupferkalkfällung bleibt für die Verarbeitung ganzer Muskeln das empfehlenswerteste Verfahren, während für die Bestimmung der Milchsäure in Ringerlösung, Muskelextrakt, Blut und anderen Flüssigkeiten die Enteiweißung nach FOLIN-WU (B 106), Fällung mit Natriumwolframat und Schwefelsäure vorzuziehen ist. Weniger zu empfehlen ist die Enteiweißung mit Trichloressigsäure, da die Bildung von Chloroform bei der Permanganatoxydation zu Milchsäureverlusten Anlaß gibt. Bei der ursprünglichen FÜRTH-CHARNAS-Methode, die von PARNAS (B 236) zu einer Mikromethode umgestaltet wurde, bestimmte man die Menge des gebundenen Bisulfits durch die Titration des überschüssigen. Von CLAUSEN wurde dies zweckmäßig dahin abgeändert, daß die Acetaldehyd-Bisulfitverbindung durch Zugabe von $NaHCO_3$ aufgespalten und dann das gebundene Bisulfit titriert wird. Diese Methode von CLAUSEN (B 39) ist von uns — jedoch in der ursprünglichen Apparatur unter Kochen der Lösung — später allein verwandt worden. In manchen Fällen, besonders bei Verwendung von Zusätzen zum Muskel, die die Permanganatoxydation stören können, empfiehlt sich nach dem Vorgehen von FRIEDEMANN-COTONIO-SHAFFER (B 109) die Zugabe von Mangansulfat zur Beschleunigung der Oxydation, wobei allerdings in Anwesenheit konzentrierter Muskelfiltrate der Umschlagspunkt unschärfer wird. Unbedingt erforderlich ist der Zusatz von Mangansulfat bei der Bestimmung der Milchsäure in Gegenwart von Fluorid, da die Bildung komplexer Manganfluoride die Milchsäureoxydation stört, was zu scheinbaren Milchsäureverlusten führt [LIPMANN (A 80)]. Unter Benutzung von Mikrobüretten und Einhaltung aller Vorsichtsmaßnahmen kann im Muskel die Milchsäure bei Mengen von 0,5 bis 2 mg unter Berücksichtigung des Blankowerts mit einem Verlust von 2—3% und einer Schärfe von 0,05 cm³ $n/_{200}$-Jod — d. h. auf 0,01 mg — bestimmt werden. Bei noch kleineren Mengen nimmt der prozentische Fehler stark zu[1], wobei auch eine weitere Verdünnung der Jodlösung nichts nützt, da die Genauigkeit durch die Schärfe von zwei Farbumschlägen begrenzt wird, von denen besonders der zweite in Anwesenheit von Muskelextrakt nicht beständig und auch nicht vollkommen scharf ist.

---

[1] Die von manchen Autoren bei diesen und noch kleineren Mengen angegebene Ausbeute von 100% beruht auf einem Fehler, indem der Blankowert nicht in Abzug gebracht ist. Da dieser konstant ist (im allgemeinen etwa 0,05 cm³ $n/_{200}$-Jod = 0,010 mg Milchsäure), steigt scheinbar mit starker Verringerung der Milchsäuremenge die Ausbeute an. Auch hat die Angabe der Genauigkeit von Kontrollbestimmungen mit Lactatlösung nur dann ein Interesse, wenn sie unter Zugabe von Muskelfiltraten ausgeführt sind, da bei reiner Lactatlösung in den meisten Anordnungen der Umschlagspunkt schärfer und daher die Genauigkeit größer ist.

Bezüglich der Verarbeitung der Muskeln gelten die von FLETCHER und HOPKINS eingeführten Vorschriften, daß die Muskeln vor der Präparation auf 0° abgekühlt, unter möglichst geringer Verletzung präpariert und in der eisgekühlten Extraktionslösung rasch zerdrückt werden müssen. Bei Verarbeitung isolierter Muskeln kann die Abtötung auch durch Gefrieren in flüssiger Luft und anschließende Zerreibung geschehen, eine Methode, die gelegentlich von FLETCHER verwandt (B 103) und dann von EMBDEN (B 71 u. a.) in ausgedehnten Versuchsreihen benutzt wurde. Der so gefundene Milchsäuregehalt ist in der Regel eine minimale Spur höher als der beim direkten Zerdrücken eisgekühlter Muskeln. Will man ein möglichst geringes Ruheminimum der Milchsäure haben, so müssen die Frösche in den Sommermonaten etwa 2 Tage im Eisschrank gehalten werden. Auch dann ist das Ruheminimum noch höher als bei Hungerfröschen. Es entspricht einem in vivo vorhandenen Milchsäureniveau des Muskels und ist nicht, wie öfters in der Literatur angenommen wird, ein durch die Verarbeitung des Muskels erzeugtes Kunstprodukt. Schwieriger ist es, Warmblüter so abzutöten, daß der gefundene Milchsäuregehalt des Muskels als das in vivo bestehende Ruheminimum angesprochen werden darf, da die nach der Tötung auftretende Asphyxie in der Nähe der Körpertemperatur rasche Milchsäurebildung hervorruft, die erst bei Abkühlung der Muskeln auf Eistemperatur zum Stehen kommt. Die Ruhewerte liegen daher im allgemeinen in der Nähe von 0,1% [FLETCHER (B 103), (A 17) und MEYERHOF und HIMWICH (A 32)]. Daß man aber bei zweckmäßigem Vorgehen auch hier ein ebenso niedriges Milchsäureminimum erhält wie beim Kaltblütermuskel, zeigen zwei neue Arbeiten von DAVENPORT (B 50, 256). Hier wird der Muskel in Amytalnarkose freigelegt unter Schonung der Blutversorgung und dann nach Schließung der Hautwunde in Kohlensäureschnee gepackt, der durch Äthylchloridspray von der Peripherie aus aufsteigend um das Glied festgefroren wird. Der mit seinem Blut gefrorene Muskel wird dann rasch excidiert und zerdrückt. Hierbei ergibt sich ein Milchsäuregehalt von 0,009—0,02%.

Benutzt man ganze Froschschenkel zur Anaerobiose, so darf, wie neue Versuche zeigen, die in die Knochen übergegangene Milchsäure bei Bestimmung des Gesamtgehalts nicht vernachlässigt werden. Bei länger dauernden Versuchen beträgt der

Milchsäuregehalt in den von Muskeln eingehüllten Knochen pro g
etwa 80 bis 90% des im g Muskel vorhandenen Gehalts, sodaß,
bezogen aufs Volumen, sich im Knochen sogar mehr Milchsäure
als im Muskel findet, offenbar infolge Bildung von Calciumlactat
(MEYERHOF, McCULLAGH und SCHULZ (A 114)]. Im ganzen entspricht die in den Knochen enthaltene Milchsäure etwa 8—10%
der in der Schenkelmuskulatur selbst vorhandenen, wenn der
Übertritt in die Außenlösung verhindert ist.

2. Kohlehydrate.

Das Vorliegen — oder gegebenenfalls auch das Fehlen — eines
Parallelismus von Kohlehydrat- und Milchsäureumsatz wird durch
gleichzeitige Bestimmung der Kohlehydrate und der Milchsäure
zu Beginn und am Schlusse des Versuchs in aliquoten Muskel-
anteilen festgestellt. Da der Kohlehydratumsatz sich aus einer
Differenzbestimmung ergibt, so bedingt es keinen Fehler, daß
nicht alle als Kohlehydrat angesprochene reduzierende Substanz
der (mit Hg-Acetat) gereinigten alkoholischen Muskelauszüge
wirklich milchsäurebildender Zucker ist. Daß dies nicht der Fall
ist, ergibt sich daraus, daß auch dann, wenn das kohlehydrat-
spaltende Ferment für beliebig lange Zeit im Muskelgewebe wirksam bleibt, stets noch ein Rest von Reduktion übrig ist. Eine
Unterscheidung der durch Hefe vergärbaren und nicht gärfähigen
reduzierenden Substanzen in alkoholischen Muskelauszügen ist
kürzlich von POWER und CLAWSON (B 245) vorgenommen und
hat einen Gehalt von reduzierendem Nichtzucker im Alkoholextrakt von Kaninchenmuskeln zu etwa 0,03—0,05% ergeben.
Übrigens kann es sich hierbei auch um echtes Kohlehydrat handeln, nur nicht um gärfähige Hexosen, z. B. um das von K. LOH-
MANN gefundene unvergärbare Trisaccharid (A 62). Es ist aber
aus dem genannten Grunde notwendig, die Reinigung und Hydrolyse der auf den Kohlehydratgehalt zu vergleichenden Muskelauszüge völlig gleichmäßig vorzunehmen, damit die Differenz
wirklich dem Kohlehydratumsatz entspricht. Dies ist um so
wichtiger, je weniger spezifisch der Nachweis der Kohlehydrate
ist, insbesondere bei der Methode von LOEWI (B 204) und LESSER
(B 197), der Hydrolyse des gesamten Muskelgewebes und anschließender Bestimmung der Reduktion. Für genauere Versuche
ist es zweckmäßig, Glykogen und niedere Kohlehydrate getrennt

zu verarbeiten, indem die Muskulatur in 60proz. Alkohol zerdrückt, der Rückstand nach PFLÜGER auf Glykogen, der alkoholische Extrakt aber nach dem weiter vereinfachten PARNASschen Verfahren auf niedere Kohlehydrate verarbeitet wird.

Auch bei diesem Verfahren muß die Bestimmung der niederen Kohlehydrate als der schwächste Punkt der Methodik angesehen werden, da ihre Menge teilweise davon abhängt, welche Mittel zur Entfernung der N-haltigen Substanzen dienen (vgl. auch B 261). Der hieraus entspringende Fehler wird nur dadurch verkleinert, daß die Beteiligung dieser niederen Kohlehydrate am Umsatz weit hinter der des Glykogens zurücktritt.

Ein geringeres Bedenken gegen die Reduktionsmethode ergibt sich aus dem Umstande, daß die im Muskel enthaltene Hexosemonophosphorsäure nach K. LOHMANN (A 84) in der dreistündigen Hydrolysezeit nur zu etwa 20% aufgespalten und dabei der reduzierende Zucker z. T. zerstört wird. Andererseits besitzt der unzersetzte Ester, der im enteiweißten Muskelauszug enthalten ist, nur zwei Drittel der Reduktion des Zuckers. Bei der Reduktionsbestimmung kommt daher der vorhandene Ester nur mit etwa 50% seines Zuckergehalts in Anschlag. Da der Ester aber im Froschmuskel nur zu etwa 0,03—0,05% Zucker enthalten ist, so ist der dadurch entstehende Fehler unbedeutend. Groß wird er aber in Fällen, wo die Menge des veresterten Zuckers stark zunimmt, z. B. in Gegenwart von Oxalat oder Fluorid. Bei genügender Menge Kohlehydrat wird der Zucker zweckmäßig nach dem Verfahren von BERTRAND in der Modifikation von MÖCKEL und FRANK (B 216) oder MICHAELIS (B 214) bestimmt; bei kleineren Mengen nach HAGEDORN-JENSEN (B 125). In letzterem Falle müssen besonders gereinigte Reagenzien verwandt werden. Für die Bestimmung der Zucker nach der Gesamthydrolyse des Gewebes ist das HAGEDORN-JENSENsche Verfahren nicht anwendbar.

3. Bestimmung der Phosphorsäurefraktionen.

Nach den bisher vorliegenden Erfahrungen ist für den Tätigkeitsstoffwechsel des Muskels besonders das säurelösliche Phosphat von Wichtigkeit, d. h. dasjenige, das beim Enteiweißen mit Trichloressigsäure in das Filtrat übergeht. Die Menge des in der Asche des Trichloressigsäurefiltrats enthaltenen Phosphors macht bei spontanen Zustandsänderungen des Muskels (Kontraktion, Starre usw.) und mechanischen Einwirkungen unter Schonung der Fermente (Zerkleinerung, Bicarbonatautolyse usw.) keine erheblichen Veränderungen durch. Infolgedessen hat sich das Augenmerk vorwiegend auf das säurelösliche Phosphat beschränkt. Es ist das Verdienst G. EMBDENs, auf Grund der Entdeckungen HARDENS und YOUNGS über die Veresterung des Phosphats bei der alkoholischen Gärung (B 128, 103) zuerst nach ähnlichen Zusammenhängen bei der Milchsäurebildung im Muskel gesucht und das Vorkommen von Hexosephosphorsäureestern dabei festgestellt zu haben [EMBDEN und LAQUER (B 70), EMBDEN und ZIMMERMANN (B 72, 74a)]. In anderer Beziehung lassen sich allerdings die Befunde EMBDENS und seiner Mitarbeiter über das ,,Lactacidogen" nicht mehr aufrechterhalten: 1. Das bei der Bicarbonatautolyse der Froschmuskulatur frei werdende Phosphat, (sog. B-Phosphorsäure von EMBDEN), stammt tatsächlich, wie K. LOHMANN (A 96, 108) zeigte, zu 70—90% aus Adenylpyrophosphat, und die Änderung der Menge dieses autolytisch abgespaltenen Phosphats steht in keiner Beziehung zum Gehalt des Muskels an Hexosephosphorsäure. 2. Etwa vier Fünftel des früher als anorganisch bestimmten Phosphats ist im Wirbeltiermuskel an Kreatin gebunden [FISKE und SUBBAROW (B 101), P. und G. P. EGGLETON (B 59)], im wirbellosen Muskel an Arginin [O. MEYERHOF und K. LOHMANN (A 81)]. Hier sei nur das allgemeine Verfahren geschildert, das die Veränderung des Gehalts an diesen Verbindungen bei Zustandsänderungen im Muskel zu ermitteln gestattet. Die Isolierung und Identifizierung der Phosphorsäureverbindungen ist schon in Kap. II besprochen worden.

a. Guanidinophosphorsäuren.

α. Kreatinphosphorsäure.

Bei Wirbeltiermuskeln wird von dem eiskalt gewonnenen verdünnten Trichloressigsäureextrakt sofort ein aliquoter Teil (p) in ammoniakalische Magnesiumcitratlösung gegeben, wobei sich im Laufe von 20 Stunden das wahre anorganische Phosphat ausscheidet, während die Kreatinphosphorsäure unverändert in Lösung bleibt und durch Abzentrifugieren und Waschen des Niederschlags entfernt wird. Der Niederschlag wird mit schwefelsaurer Molybdatlösung gelöst und nach der Methode von

FISKE und SUBBAROW (B 100) in der Ausführungsform von LOHMANN und JENDRASSIK (A 60) kolorimetriert. Ein anderer Teil (q) des Trichloressigsäurefiltrats wird dagegen ohne vorherige Fällung direkt kolorimetriert. p ergibt das wahre anorganische Phosphat, q das direkt bestimmbare Phosphat, $q-p$ die Kreatinphosphorsäure. Bei kleinen Mengen anorganischen Phosphats muß die völlige Ausscheidung durch Vergrößerung der Glasoberfläche mittels Glasstäben und langsames Schütteln gefördert werden. Unter diesen Umständen ist die Methode genauer als die von EGGLETON, sowie FISKE und SUBBAROW empfohlene Aufnahme der Zeitkurve der Phosphatabspaltung. Bei unserer Ausführungsform kommt das wahre anorganische Phosphat in der Magnesiafällung selbst bei sehr geringen Mengen (0,01 mg P_2O_5) vollkommen zur Ausscheidung.

β. Argininphosphorsäure.

Bei wirbellosen Muskeln wird im Prinzip ebenso verfahren, doch bleibt der Teil q nach vorhergegangener Verdünnung des Trichloressigsäurefiltrats auf $n/_{20}$ während 20 Stunden bei 25° stehen, ehe er kolorimetriert wird. Diese Maßnahme ist erforderlich, weil in stark saurer Molybdatlösung die Aufspaltung der Argininphosphorsäure etwa tausendmal so langsam verläuft wie die der Kreatinphosphorsäure. Die Spaltungsgeschwindigkeit besitzt andererseits ein Maximum in $n/_{10}-n/_{100}$-Säure. Die Temperatur während der Aufspaltung darf aber nicht so hoch sein, um andere hydrolysierbare Phosphorsäureverbindungen (Pyrophosphorsäure) aufzuspalten, und wird deshalb zu 25—28° gewählt.

b. Pyrophosphatfraktion.

Die Menge der vorhandenen Adenylpyrophosphorsäure und der verschiedenen Hexosephosphorsäuren wird durch die Hydrolysenkurve in n-HCl bei 100° gefunden, wobei das in verschiedenen Zeiten abgespaltene anorganische Phosphat kolorimetrisch bestimmt wird. Als Ausgangslösung dient das Trichloressigsäurefiltrat q nach Aufspaltung der Guanidinophosphorsäuren. Die Zunahme an Phosphat nach 7—15 Minuten Hydrolysezeit dient zur Ermittlung des Pyrophosphatgehalts, da nach 7 Minuten etwa 98%, nach 15 Minuten 100% von reinem Pyrophosphat in Lösung unter gleichen Umständen gespalten werden.

Manometrische Methoden. 313

c. Hexosephosphorsäuren.

Nach K. LOHMANN (A 84) ist $k*$ in n-HCl bei 100° für die Abspaltung der ersten Phosphorsäuregruppe der HARDEN-YOUNGschen Hexosediphosphorsäure $= 22 \cdot 10^{-3}$, für die Abspaltung des Hauptteils der zweiten Phosphorsäuregruppe und ebenso der NEUBERGschen Hexosemonophosphorsäure, die durch Hydrolyse der Diphosphorsäure entsteht $= 4 \cdot 10^{-3}$, schließlich für die Aufspaltung des Hauptteils der ROBISON-Hexosemonophosphorsäure der Hefe und der damit fast identischen Hexosemonophosphorsäure des Muskels (EMBDENscher Ester) $= 0,2 \cdot 10^{-3}$ (vgl. genauer Kap. II, S. 74).

Kommt nur Hexosediphosphorsäure und EMBDENscher Ester in Betracht, so wird der Gehalt an beiden durch weitere Verfolgung der Hydrolysenkurve bei 30, 90 und 180 Minuten und durch Veraschung bestimmt. Beim Vorkommen mehrerer Ester, insbesondere der neubeschriebenen säurestabilen Diphosphorsäuren neben Monophosphorsäuren, ebenso auch bei Gemischen von Pyrophosphat und Hexosediphosphorsäure, ist es für quantitative Bestimmungen nötig, die Hydrolysenmethode mit der fraktionierten Fällung der Bariumsalze zu kombinieren. Das Vorgehen im einzelnen muß dann nach den jeweils vorhandenen Estern eingerichtet werden.

B. Manometrische Methoden.

Die verschiedenen manometrischen Methoden O. WARBURGS zur Bestimmung des Sauerstoffverbrauchs, der Kohlensäurebildung und der Milchsäurebildung in Organen, Geweben und Lösungen [O. WARBURG (B 290), Stoffwechsel der Tumoren] sind auch für den Stoffwechsel des Muskels von hervorragendem Nutzen gewesen. Hier seien einige speziell für den letzteren benutzte Gefäßformen angegeben. Die Atmung des ruhenden oder des sich erholenden Muskels wird zweckmäßig in einem Gefäß nach Art von Abb. 62 gemessen, das mit Sauerstoff gefüllt wird und in dem der Muskel an einem Faden frei hängt. Der Einsatz

---

* Berechnet aus $k = \frac{1}{t} \log \frac{a}{a-x}$, wo t die Zeit in Sekunden, a der Anfangsgehalt, x die zur Zeit t umgesetzte Menge bedeutet und log der dekadische (nicht der natürliche) Logarithmus ist.

wird mit Ringerlösung, der Außenraum mit n-NaOH beschickt. Für gleichzeitige Messung des Sauerstoffverbrauchs und der isometrischen Spannungsleistung dient ein Gefäß wie Abb. 63, das für einen Gastrocnemius bestimmt ist, s. O. MEYERHOF und W. SCHULZ (A 74). Der Spannungshebel besitzt einen Spiegel, der das Licht von einer Beleuchtungsvorrichtung auf den Spalt eines Photographions wirft.

Eine kürzlich von uns zur Bestimmung des respiratorischen Quotienten ausgearbeitete Methode, die zunächst für den Nerven, aber auch für den Muskel Anwendung fand, gestattet, an einem einzelnen Organ gleichzeitig den verbrauchten Sauerstoff und die gebildete Kohlensäure zu bestimmen (A 107). Sie beruht darauf, daß zur Absorption des CO_2 während der Atmungsmessung völlig kohlensäurefreie $Ba(OH)_2$-Lösung (0,2 bis 0,4 cm³ $n/10$) dient, die nach Schluß des Versuchs durch überschüssige Citronensäure (0,2 cm³ 2-m) angesäuert wird, worauf die saure Lösung in die Suspension des Organs eingekippt wird, die das retinierte CO_2 austreibt. In derselben Weise wird der Anfangsgehalt an CO_2 in dem symmetrischen Organ vor Beginn der Atmungsmessung bestimmt.

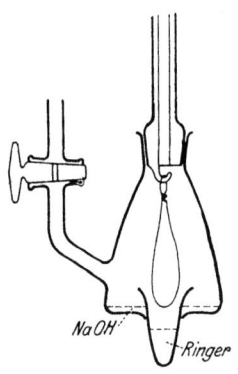

Abb. 62. Atmungsgläschen für Erholung des Muskels in Sauerstoff. In der trichterförmigen Vertiefung befindet sich Ringerlösung, auf dem Gefäßboden NaOH.

Aus den Druckänderungen während der Atmungszeit und nach dem Ansäuern wird wie bei den anderen manometrischen Methoden O_2 und CO_2 berechnet. Da die Ansäuerung der Barytlösung und des Organs in zwei Zeiten vorgenommen wird, so erhält man getrennt die in den Gasraum abgegebene und in den Geweben retinierte Kohlensäure. Für Messungen an Nerven und auch an kleinen Muskeln (von 0,1 g Gewicht) hat sich besonders die Gefäßform Abb. 64 bewährt. In den Bodenraum a, der zur Aufnahme des Gewebes mit oder ohne Suspensionslösung dient, sind für Reizversuche Platindrähte (f) eingeschmolzen; c dient zur Aufnahme der Citronensäure, b der Barytlösung. Ein rundgeschmolzenes Glasstäbchen dient zur Zerreißung des Films von BaCO₃. Nach gründlichem Auswaschen der am Manometer befestigten Gefäße mit CO_2-freiem Sauerstoff werden die Flüssigkeiten durch den Stopfen zugesetzt, zuletzt die Barytlösung.

Die manometrischen Methoden zur Bestimmung der Milchsäurebildung mittels Austreibung von Kohlensäure aus Bicarbonatlösung lassen sich für den intakten Muskel nicht verwenden, weil die Milchsäure hier nur zum geringsten Teil in die Lösung übertritt. Die Verwendung beschränkt sich auf die Milchsäurebildung im enzymhaltigen Muskelextrakt und unter Umständen in zerkleinerter Muskulatur. Dagegen läßt sich in Umkehrung eines von O. WARBURG und NEGELEIN (B 222) angegebenen Verfahrens der Milchsäureverbrauch des intakten Muskels aus der umgebenden Lösung feststellen. Enthält die Lösung Natriumbicarbonat und Natriumlactat, der Gasraum einen gewissen Gehalt an CO_2 (5%) in Sauerstoff oder Stickstoff, so tritt für jedes verschwindende Milchsäuremolekül ein Molekül $NaHCO_3$ auf, wofür die Kohlensäure aus dem Gasraum entnommen wird. Säuert man aliquote Teile der Flüssigkeit bzw. die symmetrischen Organe oder entsprechende Gewebsschnitte in einer Suspensionslösung zu Beginn und am Schlusse des Versuchs an, nachdem man in beiden Fällen mit dem gleichen Kohlensäuredruck gesättigt hat, so wird jeweils die vorhandene Bicarbonatmenge total zersetzt und als

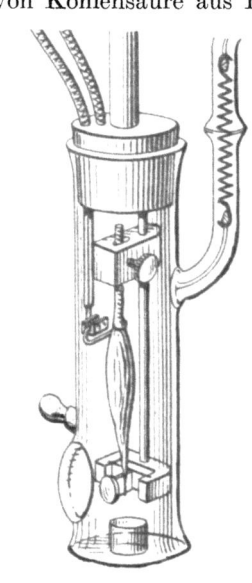

Abb. 63. Atmungsgefäß für gleichzeitige Messung des Sauerstoffverbrauchs und der Spannungsleistung indirekt gereizter Gastrocnemien. Das Atmungsgefäß besitzt vorn ein aufgekittetes Quarzfenster, durch das das auf den Spiegel des Spannungshebels fallende Licht hindurchfällt. Der zylindrische Einsatz wird mit Ringerlösung, der erweiterte Boden mit n-NaOH gefüllt. Der Stopfen des Gefäßes ist ein eingeschliffener Messingkonus, der mit einem Messingstiel festgehalten wird. Seitlich am Gefäß befindet sich ein Glasstopfen zum Durchleiten von Gasen.

CO_2 gemessen. Die Zunahme an Bicarbonat während des Versuchs ist äquimolekular dem Schwund des Lactats.

Die kontinuierliche Verfolgung der Milchsäurebildung auf manometrischem Wege bietet aber eine bedeutende Erleichterung beim Studium der Spaltung im wäßrigen Muskelextrakt. Als Gasraum dient hier Stickstoff mit 5% Kohlensäure, während zum Muskelextrakt $2 \cdot 10^{-2}$ bis $5 \cdot 10^{-2}$ n-$NaHCO_3$ zugesetzt wird. Das p_H ist dann 7,28—7,68 und kann durch Änderung des Kohlensäuredruckes oder des Bicarbonatgehaltes weiter variiert werden. Bei nicht zu großer Milchsäurebildung im Vergleich zur Konzentration von CO_2 und HCO_3' ist das p_H während des Versuchs annähernd konstant. Für die Berechnung muß außer der Retention der Milchsäure durch andere Puffersubstanzen noch eine „Veresterungskorrektur" bestimmt werden, indem bei der *Veresterung* von 2 Mol Phosphorsäure zu Hexosediphosphorsäure sich die Reaktion in etwa demselben Maße nach der sauren Seite verschiebt wie bei der Entstehung von 0,5 Mol Milchsäure, und entsprechend bei der *Aufspaltung* der Hexosediphosphorsäure in umgekehrter Richtung nach der alkalischen Seite. Diese Korrektur ergibt sich aus der Änderung des Gehalts an „direkt bestimmbarem Phosphat", soweit die Änderung auf Bildung oder Verschwinden von Hexosediphosphorsäure bezogen werden kann. (Die zweite Dissoziationskonstante des LOHMANNschen Esters I stimmt mit derjenigen der HARDEN-YOUNGschen Säure nahe überein.) Umständlicher zu berechnen, aber auch kleiner, ist die Korrektur beim Umsatz von Monoestern, und schließlich kann man bei der Aufspaltung des präformierten Adenylpyrophosphats auf die Korrektur verzichten, weil die Lösung durch Ammoniakbildung nahezu ebensoviel alkalischer wird, als durch Abspaltung des Pyrophosphats aus der Adenylsäure saurer. Durch die Hydrolyse des abgespaltenen Pyrophosphats zu o-Phosphat wird in der Nähe von p_H 7 die Reaktion nur unwesentlich beeinflußt, erheblich aber durch das Freiwerden zweier Phosphorsäurevalenzen bei der Abspaltung von der Phosphorsäuregruppe der Adenylsäure. Bestimmt

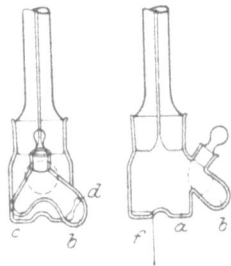

Abb. 64. *a* Raum für Nerven mit eingeschmolzenen Elektroden *f*, *b* Raum für Barytlösung mit zugeschmolzenem Röhrchen *d*, *c* Raum für Citronensäure. (Aus Biochem. Z. 208, MEYERHOF u. SCHMITT.)

man gleichzeitig die Ammoniakbildung und die Änderung des Pyrophosphats, so kann man auch hier die Korrektur nach den kürzlich von H. A. KREBS (B 181) angegebenen Formeln berechnen.

Nur bei starkem Überwiegen der Veresterung über die Milchsäurebildung in Gegenwart von Fluorid wird die Veresterungskorrektur so groß, daß die chemische Bestimmung vorzuziehen ist.

C. Kalorimetrische Methoden.

Die kalorimetrischen Methoden zur Bestimmung der anaeroben Wärmebildung im ruhenden und gereizten Muskel, im zerkleiner-

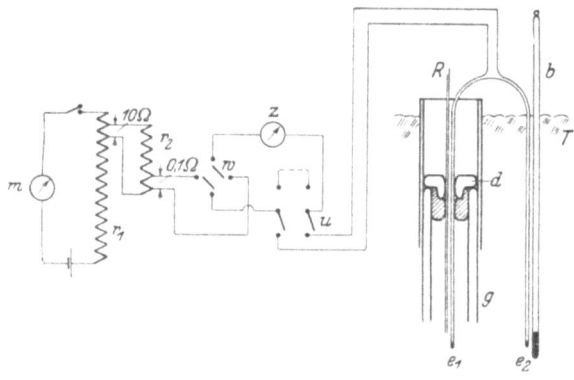

Abb. 65. Kompensationsschaltung (links) und Anordnung des Thermoelements für den Versuch (rechts). m = Milliamperemeter (Siemens 10-Ohm-Instrument); r_1 = Rheostat (Gesamtwiderstand 20000 Ohm); r_2 = Rheostat (Gesamtwiderstand 10000 Ohm); w = kupferner Stromwender; u = Umschalter für 2 Thermokreise; z = Zeiss'sches Schleifengalvanometer; e_1, e_2 = warme und kalte Lötstellen; letztere sind an einem Beckmann-Thermometer (b) befestigt. Der Thermobügel und die Reizdrähte R gehen durch eine Öffnung des evakuierten Deckels d, der, auf einem Gummistopfen befestigt, den Hals des Dewargefäßes g verschließt. Der Raum über d, der mit einer Gummimanschette abgeschlossen ist, wird mit Watte gefüllt. T = Thermostatenoberfläche.

ten Muskelgewebe und im Muskelextrakt sind bereits zusammenfassend beschrieben [(A 37), BLASCHKO (A 100)]. Die in späterer Zeit in unserem Laboratorium für die Messung der anaeroben Wärmebildung benutzte Anordnung ist auf Abb. 65 (A 114) schematisch dargestellt. Die Messung geschieht thermoelektrisch, ein Zeiss'sches Schleifengalvanometer dient als Nullinstrument. Der Thermostrom wird durch einen mittels zweier Rheostaten abgezweigten Strom eines Akkumulators kompensiert. Die Stärke dieses Stroms wird in Serie mit dem 1. Rheostaten durch ein

Milliamperemeter (10-Ohm-Instrument von Siemens) gemessen. Die Dewar-Kolben besitzen einen evakuierten Deckel, um den Temperaturausgleich nach oben zu verringern. Die elektrische Regulation des Thermostaten geschieht durch einen Pentanregulator, der sich bei 15—20° für dauernden Gebrauch besser als ein Toluolregulator bewährt (Abb. 66). Der obere Teil wird mit Stickstoff gefüllt, um eine Verschmierung des Quecksilbers durch Funkenbildung zu verhindern. Die Thermostatentemperatur bleibt für vielstündige Versuche auf 0,002° konstant.

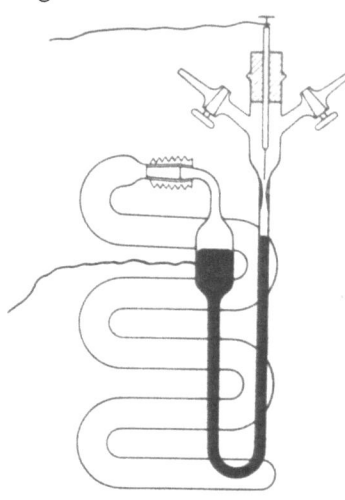

Abb. 66. Pentanregulator für elektrische Regulierung des Thermostaten. Oben Hähne zur Füllung des Gasraums mit Stickstoff. Das Pentangefäß ist mit einem Schliff an den mit Quecksilber gefüllten U-förmigen Schenkel angesetzt.

Die Bestimmung der Verbrennungswärmen der am Muskelstoffwechsel beteiligten Substanzen wird nach bekannten Regeln in der BERTHELOTschen Bombe vorgenommen. Um die Verbrennungswärmen für die Berechnung von biochemischen Reaktionen zu benutzen, müssen sie durch die Bestimmung der Lösungs- und Verdünnungswärmen ergänzt werden. Denn die intermediären Stoffwechselreaktionen besitzen eine verhältnismäßig kleine Wärmetönung im Vergleich zur Oxydationswärme.

Literatur.

A. Arbeiten aus dem eigenen Laboratorium (chronologisch).

1—34 aus dem Physiologischen Institut der Universität Kiel,
35—123 aus dem Kaiser Wilhelm-Institut f. Biologie Berlin-Dahlem.

1 MEYERHOF, O.: Über scheinbare Atmung abgetöteter Zellen durch Farbstoffreduktion. Pflügers Arch. **149**, 250 (1912).
2 MEYERHOF, O.: Zur Energetik der Zellvorgänge. Vortrag. Göttingen: Vandenhoeck u. Ruprecht 1913.
3 MEYERHOF, O.: Über Hemmung von Fermentreaktionen durch indifferente Narkotica. Pflügers Arch. **157**, 251 (1914).
4 MEYERHOF, O.: Untersuchungen zur Atmung getöteter Zellen. I. Die Wirkung des Methylenblaus auf die Atmung lebender und getöteter Staphylocokken nebst Bemerkungen über den Einfluß des Milieus, der Blausäure und Narkotica. Pflügers Arch. **169**, 87 (1917).
5a MEYERHOF, O.: Untersuchungen zur Atmung getöteter Zellen. II. Der Oxydationsvorgang in getöteter Hefe und Hefeextrakt. Pflügers Arch. **170**, 367 (1918).
5b MEYERHOF, O.: III. Die Atmungserregung in gewaschener Acetonhefe und dem Ultrafiltrationsrückstand von Hefemacerationssaft. Pflügers Arch. **170**, 428 (1918).
6 MEYERHOF, O.: Über das Vorkommen des Coferments der alkoholischen Hefegärung im Muskelgewebe und seine mutmaßliche Bedeutung im Atmungsmechanismus. (Vorläufige Mitteilung.) Hoppe-Seylers Z. **101**, 165 (1918).
7 MEYERHOF, O.: Über das Gärungscoferment im Tierkörper. 2. Mitt. Hoppe-Seylers Z. **102**, 1 (1918).
8 MEYERHOF, O.: Zur Kinetik der zellfreien Gärung. Hoppe-Seylers Z. **102**, 185 (1918).
9 MEYERHOF, O.: Über die Atmung der Froschmuskulatur. Pflügers Arch. **175**, 20 (1919).
10 MEYERHOF, O.: Zur Verbrennung der Milchsäure in der Erholungsperiode des Muskels. Pflügers Arch. **175**, 88 (1919).
11 MEYERHOF, O.: Über die Energieumwandlungen im arbeitenden Muskel. Med. Klin. **1920**, Nr 17.
12 MEYERHOF, O.: Über die Rolle der Milchsäure in der Energetik des Muskels. Naturwiss. **8**, H. 35, 696 (1920).
13 MEYERHOF, O.: Die Energieumwandlungen im Muskel. I. Über die Beziehung der Milchsäure zur Wärmebildung und Arbeitsleistung des Muskels in der Anaerobiose. Pflügers Arch. **182**, 232 (1920).

14 MEYERHOF, O.: II. Das Schicksal der Milchsäure in der Erholungsperiode des Muskels. Pflügers Arch. **182**, 284 (1920).
15 MEYERHOF, O.: III. Kohlehydrat- und Milchsäureumsatz im Froschmuskel. Pflügers Arch. **185**, 11 (1920).
16 MEYERHOF, O.: IV. Über die Milchsäurebildung in der zerschnittenen Muskulatur. Pflügers Arch. **188**, 114 (1921).
17 MEYERHOF, O.: V. Milchsäurebildung und mechanische Arbeit. Pflügers Arch. **191**, 128 (1921).
18 MEYERHOF, O.: VI. Über den Ursprung der Kontraktionswärme. Pflügers Arch. **195**, 22 (1922).
19 MEYERHOF, O.: Die Verbrennungswärme der Milchsäure. Biochem. Z. **129**, 594 (1922).
20 MEYERHOF, O.: Über ein neues autoxydables System der Zelle. (Die Rolle der Sulfhydrilgruppe als Sauerstoffüberträger.) Pflügers Arch. **199**, 531 (1923).
21 MEYERHOF, O.: Über Blausäurehemmung in autoxydablen Sulfhydrilsystemen. Pflügers Arch. **200**, 1 (1923).
22 MEYERHOF, O., u. H. WEBER: Beiträge zu den Oxydationsvorgängen am Kohlemodell. Biochem. Z. **135**, 558 (1923).
23 MEYERHOF, O.: Über die Vorgänge bei der Muskelkontraktion. Die chemischen und energetischen Verhältnisse bei der Muskelarbeit. Erg. Physiol. **22**, 328 (1923).
24 MEYERHOF, O.: Chemical Dynamics of Life Phaenomena. Monographs Exper. Biol. Philadelphia u. London: Lippincott Co. 1924.
25 MATSUOKA, K.: Über die anaerobe Ermüdung des Muskels. Pflügers Arch. **202**, 573 (1924).
26 MATSUOKA, K.: Über die Milchsäurebildung bei der chemischen Kontraktur des Muskels. Pflügers Arch. **204**, 51 (1924).
27 MEYERHOF, O.: Die Energieumwandlungen im Muskel. (Nobelvorlesung, Stockholm.) Les Prix Nobel en 1923. Stockholm 1924 — Naturwiss. **1924**, H. 10, 181.
28 MEYERHOF, O., u. K. MATSUOKA: Über den Mechanismus der Fruktoseoxydation in Phosphatlösungen. Biochem. Z. **150**, 1 (1924).
29 MEYERHOF, O.: Die Energieumwandlungen im Muskel. VII. Weitere Untersuchungen über den Ursprung der Kontraktionswärme. Pflügers Arch. **204**, 295 (1924).
30 MEYERHOF, O., u. R. MEIER: Über den Milchsäurestoffwechsel im lebenden Tier. Pflügers Arch. **204**, 448 (1924).
31 MEYERHOF, O., u. R. MEIER: Die Verbrennungswärme des Glykogens. Biochem. Z. **150**, 233 (1924).
32 MEYERHOF, O., u. H. E. HIMWICH: Beiträge zum Kohlehydratstoffwechsel des Warmblütermuskels, insbesondere nach einseitiger Fetternährung. Pflügers Arch. **205**, 415 (1924).
33 MEYERHOF, O.: Über die Milchsäurebildung bei Muskelkontrakturen. Klin. Wschr. **3**, Nr 10, 392 (1924).
34 MEYERHOF, O.: Nochmals zur Milchsäurebildung bei der chemischen Kontraktur des Muskels. Klin. Wschr. **3**, Nr 32, 1445 (1924).

35 MEYERHOF, O.: Probleme der Muskelphysiologie. Naturwiss. 12, 1137 (1924).
36 MEYERHOF, O.: Über die Synthese des Kohlehydrats im Muskel. Klin. Wschr. 4, Nr 8, 341 (1925).
37 MEYERHOF, O.: Mikrokalorimetrie (Wärmebildung von Zellen, niederen Organismen und kleinen Organen). Handb. d. biol. Arbeitsmeth. Abt. IV, Teil 10, 755.
38 MEYERHOF, O., u. P. FINKLE: Über die Beziehungen des Sauerstoffs zur bakteriellen Milchsäuregärung. Chem. Zelle 12, 157 (1925).
39 MEYERHOF, O., K. LOHMANN u. R. MEIER: Über die Synthese des Kohlehydrats im Muskel. Biochem. Z. 157, 459 (1925).
40 MEYERHOF, O.: Über die Energiequelle bei der Muskelarbeit. Biochem. Z. 158, 218 (1925).
41 BLASCHKO, H.: Über die Verbrennungswärme der Brenztraubensäure und ihre physiologische Bedeutung. Biochem. Z. 158, 428 (1925).
42 MEYERHOF, O.: Beobachtungen über die Methylglyoxalase. Biochem. Z. 159, 432 (1925).
43 MEYERHOF, O.: Über den Zusammenhang der Spaltungsvorgänge mit der Atmung in der Zelle. Ber. dtsch. chem. Ges. 58, H. 6, 991 (1925).
44 MEYERHOF, O.: Atmung und Anaerobiose des Muskels. Thermodynamik des Muskels. Theorie der Muskelarbeit. Handb. d. norm. u. path. Physiol. 8 I, 1. Teil, 476 (1924).
45 LOEBEL, R. O.: Beiträge zur Atmung und Glykolyse tierischer Gewebe. Biochem. Z. 161, 219 (1925).
46 MEYERHOF, O.: Über den Einfluß des Sauerstoffs auf die alkoholische Gärung der Hefe. Biochem. Z. 162, 43 (1925).
47 MEYERHOF, O.: Über den Einfluß des Sauerstoffs auf die alkoholische Gärung der Hefe. Naturwiss. 13, 980 (1925).
48 MEYERHOF, O., u. K. LOHMANN: Über den zeitlichen Zusammenhang von Kontraktion und Milchsäurebildung im Muskel. Pflügers Arch. 210, 790 (1925).
49 MEYERHOF, O., u. K. LOHMANN: Über die Vorgänge bei der Muskelermüdung. Biochem. Z. 168, 128 (1926).
50 MEYERHOF, O.: Über die Abtrennung des milchsäurebildenden Ferments vom Muskel und einige seiner Eigenschaften. Naturwiss. 14, 197 (1926).
51 MEYERHOF, O., u. K. LOHMANN: Über Atmung und Kohlehydratumsatz tierischer Gewebe. I. Biochem. Z. 171, 381 (1926).
52 TAKANE, R.: Über Atmung und Kohlehydratumsatz tierischer Gewebe. II. Atmung und Kohlehydratumsatz in Leber und Muskel des Warmblüters. Biochem. Z. 171, 403 (1926).
53 MEYERHOF, O., u. K. LOHMANN: Über Atmung und Kohlehydratumsatz tierischer Gewebe. III. Über den Unterschied von d- und l-Milchsäure für Atmung und Kohlehydratsynthese im Organismus. Biochem. Z. 171, 421 (1926).
54 MEYERHOF, O.: Thermodynamik des Lebensprozesses. Handb. d. Physik 11, 238 (1926).

55 MEYERHOF, O.: Über die enzymatische Spaltung des Traubenzuckers und anderer Hexosen im Muskelextrakt. I. Naturwiss. **14**, 756 (1926).
56 MEYERHOF, O., u. J. SURANYI: Über die Dissoziationskonstanten der Hexosediphosphorsäure und Glycerinphosphorsäure. Naturwiss. **14**, 757 (1926).
57 BLASCHKO, H.: Über den Mechanismus der Blausäurehemmung von Atmungsmodellen. Biochem. Z. **175**, 68 (1926).
58 SURANYI, J.: Über den Zusammenhang von Spannung und Milchsäurebildung bei der tetanischen Kontraktion des Muskels. Pflügers Arch. **214**, 228 (1926).
59 MEYERHOF, O.: Über die enzymatische Milchsäurebildung im Muskelextrakt. Biochem. Z. **178**, 395 (1926).
60 LOHMANN, K., u. L. JENDRASSIK: Kolorimetrische Phosphorsäurebestimmungen im Muskelextrakt. Biochem. Z. **178**, 419 (1926).
61 MEYERHOF, O., u. J. SURANYI: Über die Dissoziationskonstanten der Hexosediphosphorsäure und Glycerinphosphorsäure. Biochem. Z. **178**, 427 (1926).
62 LOHMANN, K.: Über die Hydrolyse des Glykogens durch das diastatische Ferment des Muskels. Biochem. Z. **178**, 444 (1926).
63 MEYERHOF, O.: Über die enzymatische Milchsäurebildung im Muskelextrakt. II. Die Spaltung der Polysaccharide und der Hexosediphosphorsäure. Biochem. Z. **178**, 462 (1926).
64 MEYERHOF, O.: Über die Isolierung des glykolytischen Ferments aus dem Muskel und den Mechanismus der Milchsäurebildung in Lösung. Naturwiss. **14**, 1175 (1926).
65 MEYERHOF, O., u. K. LOHMANN: Über die Charakterisierung der Hexosemonophosphorsäuren und ihr Verhalten bei der zellfreien Gärung. Naturwiss. **14**, 1277 (1926).
66 MEYERHOF, O.: Über die enzymatische Milchsäurebildung im Muskel. III. Die Milchsäurebildung aus den gärfähigen Hexosen. Biochem. Z. **183**, 176 (1927).
67 MEYER, K.: Über einige chemische Eigenschaften des Milchsäure bildenden Ferments im Muskel. Biochem. Z. **183**, 216 (1927).
68 MEYERHOF, O.: Recent investigations on the aerobic and anaerobic metabolism of carbohydrates. J. gen. Physiol. **8**, 531 (1927).
69 MEYERHOF, O., u. K. LOHMANN: Über die enzymatische Milchsäurebildung im Muskelextrakt. IV. Die Spaltung der Hexosemonophosphorsäuren. Biochem. Z. **185**, 113 (1927).
70 MEYERHOF, O.: Über die Energetik der Muskelkontraktion. Klin. Wschr. **6**, Nr 26 (1927).
71 MEYERHOF, O., u. R. W. GERARD: Über die mit der Nervenerregung verknüpften chemischen Vorgänge. Naturwiss. **15**, H. 26 (1927).
72 GENEVOIS, L.: Über Atmung und Gärung in grünen Pflanzen. Biochem. Z. **186**, 461 (1927).
73 MEYERHOF, O., u. K. LOHMANN: Über den Ursprung der Kontraktionswärme. Naturwiss. **15**, H. 32 (1927).

74 MEYERHOF, O., u. W. SCHULZ: Über das Verhältnis von Milchsäurebildung und Sauerstoffverbrauch bei der Muskelkontraktion. Pflügers Arch. **217**, 547 (1927).
75 MEYERHOF, O., u. K. MEYER: The purification of the lactic acid forming enzyme of muscle. Proc. Physiol. Soc. — J. of Physiol. **63** (1927).
76 GERARD, R. W.: Studies on Nerve Metabolism. II. Respiration in Oxygen and Nitrogen. Amer. J. Physiol. **82**, 381 (1927).
77 MEYERHOF, O., u. J. SURANYI: Über die Wärmetönungen der chemischen Reaktionsphasen im Muskel. Biochem. Z. **191**, 106 (1927).
78 GERARD, R. W., u. O. MEYERHOF: Untersuchungen über den Stoffwechsel des Nerven. III. Chemismus und Intermediärprozesse. Biochem. Z. **191**, 125 (1927).
79 GENEVOIS, L.: Über Atmung und Gärung in grünen Pflanzen. II. Biochem. Z. **191**, 147 (1927).
80 LIPMANN, F.: Kann Milchsäure anaerob aus der Muskulatur verschwinden? Biochem. Z. **191**, 442 (1927).
81 MEYERHOF, O., u. K. LOHMANN: Über eine neue Aminophosphorsäure. Naturwiss. **16**, 47 (1927/28).
82 MEYER, K.: Über die Reinigung des milchsäurebildenden Ferments. Biochem. Z. **193**, 139 (1928).
83 LOHMANN, K.: Über das Vorkommen und den Umsatz von Pyrophosphat im Muskel. Naturwiss. **16**, 298 (1928).
84 LOHMANN, K.: Über die Isolierung verschiedener natürlicher Phosphorsäureverbindungen und die Frage ihrer Einheitlichkeit. Biochem. Z. **194**, 306 (1928).
85 LIPMANN, F.: Versuche zum Mechanismus der Fluoridwirkung. Biochem. Z. **196**, 3 (1928).
86 MEYERHOF, O., u. K. LOHMANN: Über die natürlichen Guanidinophosphorsäuren (Phosphagene) in der quergestreiften Muskulatur. I. Das physiologische Verhalten der Phosphagene. Biochem. Z. **196**, 22 (1928).
87 MEYERHOF, O., u. K. LOHMANN: Über die natürlichen Guanidinophosphorsäuren (Phosphagene) in der quergestreiften Muskulatur. II. Die physikalisch-chemischen Eigenschaften der Guanidinophosphorsäuren. Biochem. Z. **196**, 49 (1928).
88 NACHMANSOHN, D.: Über den Zerfall der Kreatinphosphorsäure in Zusammenhang mit der Tätigkeit des Muskels. I. Biochem. Z. **196**, 73 (1928).
89 MEYERHOF, O.: Über die Verbreitung der Argininphosphorsäure in der Muskulatur der Wirbellosen. Arch. di Sci. biol. **12**, 536 (1928).
90 MEYERHOF, O., u. D. NACHMANSOHN: Neue Beobachtungen über den Umsatz des „Phosphagens" im Muskel. Naturwiss. **16**, 726 (1928).
91 MEYERHOF, O.: Über den zeitlichen Verlauf der Milchsäurebildung bei der Muskelkontraktion. Hoppe-Seylers Z. **178**, 306 (1928).
92 MEYERHOF, O.: Sur la fermentation de la dioxyacetone. Communication presentée au Congr. Internation. de la Vigne et du Pin Maritime. Bordeaux 1928.
93 MEYERHOF, O., u. D. BURK: Über die Fixation des Luftstickstoffs durch Azotobakter. Z. physik. Chem. **139** (Haber-Band), 117 (1928).

94 LOHMANN, K.: Über das Vorkommen und den Umsatz von Pyrophosphat in Zellen. I. Nachweis und Isolierung des Pyrophosphats. Biochem. Z. **202**, 466 (1928).
95 LOHMANN, K.: Über das Vorkommen und den Umsatz von Pyrophosphat in Zellen. II. Die Menge der leicht hydrolysierbaren P-Verbindung in tierischen und pflanzlichen Zellen. Biochem. Z. **203**, 164 (1928).
96 LOHMANN, K.: Über das Vorkommen und den Umsatz von Pyrophosphat in Zellen. III. Das physiologische Verhalten des Pyrophosphats. Biochem. Z. **203**, 172 (1928).
97 MEYERHOF, O., u. K. LOHMANN: Notiz über die Extraktion von eisenhaltigem Pyrophosphat aus der Muskulatur. Biochem. Z. **203**, 208 (1928).
98 IWASAKI, K.: Über den Mechanismus der Vergärung des Dioxyacetons. Biochem. Z. **203**, 237 (1928).
99 LOHMANN, K.: Chemische Bestimmung der Glykolyse und der Resynthese der Kohlehydrate. OPPENHEIMER-PINCUSSEN: Die Fermente u. ihre Wirkungen **3** — Die Methodik der Fermente, S. 1236. 1928.
100 BLASCHKO, H.: Mikrocalorimetrie. OPPENHEIMER-PINCUSSEN: Die Fermente und ihre Wirkungen **3** — Die Methodik der Fermente, S. 688. 1928.
101 MEYERHOF, O.: Über den Tätigkeitsstoffwechsel des Nerven. Klin. Wschr. **8**, 6 (1929).
102 MEYERHOF, O., u. W. SCHULZ: Über die Atmung des marklosen Nerven. Biochem. Z. **206**, 158 (1929).
103 LIPMANN, F.: Weitere Versuche über den Mechanismus der Fluoridhemmung und die Dissoziationskurve des Fluor-Methämoglobins. Biochem. Z. **206**, 171 (1929).
104 ROTHSCHILD, P.: Über specifische Hemmungen der Lipase, insbesondere durch Fluorid. Biochem. Z. **206**, 186 (1929).
105 MEYERHOF, O.: Über die Bedeutung der Guanidinophosphorsäuren („Phosphagene") für die Muskelfunktion. Naturwiss. **17**, 283 (1929).
106 NACHMANSOHN, D.: Über den Zerfall der Kreatinphosphorsäure im Zusammenhang mit der Tätigkeit des Muskels. II. Biochem. Z. **208**, 237 (1929).
107 MEYERHOF, O., u. F. O. SCHMITT: Über den respiratorischen Quotienten des Nerven bei Ruhe und Tätigkeit. Biochem. Z. **208**, 445 (1929).
108 LOHMANN, K.: Über die Pyrophosphatfraktion im Muskel. Naturwiss. **17**, 624 (1929).
109 NACHMANSOHN, D.: Über den Zusammenhang des Kreatinphosphorsäurezerfalls mit Muskelchronaxie und Kontraktionsgeschwindigkeit. Med. Klin. **1929**, Nr 42.
110 ROTHSCHILD, P.: Diffusionsversuche an den phosphorsäurehaltigen Verbindungen des Muskels. Biochem. Z. **213**, 251 (1929).
111 NACHMANSOHN, D.: Über den Zerfall der Kreatinphosphorsäure im Zusammenhang mit der Tätigkeit des Muskels. III. Biochem. Z. **213**, 262 (1929).
112 SCHMITT, F. O.: Gaswechsel des Nerven während und nach der Anaerobiose. Biochem. Z. **213**, 443 (1929).

113 ROTHSCHILD, P.: Notiz über Atmung von Kaltblütermuskulatur in Gegenwart von Zucker und Hormonen. Biochem. Z. **217**, 365 (1930).
114 MEYERHOF, O., MCCULLAGH u. W. SCHULZ: Neue Versuche über den kalorischen Quotienten der Milchsäure. Pflügers Arch. **224** (1930).
115 LOHMANN, K.: Die Zuckerphosphorsäureester und ihre Bedeutung für den Stoffwechsel der Hefe und des Muskels. Oppenheimers Handb., Ergänzungsband **X** (1930).
115a LOHMANN, K.: Über die fermentative Kohlehydrat-Phosphorsäureveresterung in Gegenwart von Fluorid, Oxalat und Zitrat. Klin. Wschr. 8, Nr 43, 2009 (1929).
116 OCHOA, S.: Über den Tätigkeitsstoffwechsel kohlehydratarmer Kaltblütermuskeln. Biochem. Z. **1930** (in Vorbereitung).
117 ROTHSCHILD, P.: Gilt das Alles-oder-nichts-Gesetz für Einzelzuckungen des Muskels? Biochem. Z. **1930** (im Druck).
118 MEYERHOF, O., u. D. NACHMANSOHN: Über die Synthese der Kreatinphosphorsäure im lebenden Muskel. Biochem. Z. **1930** (im Druck).
119 MEYERHOF, O., K. LOHMANN u. K. MEYER: Über die Komplettierung der Kozymase durch Adenylpyrophosphorsäure bei der Milchsäurebildung und Gärung. Biochem. Z. **1930** (in Vorbereitung).
120 LOHMANN, K.: Über die Bildung von Phosphorsäureestern in der Muskulatur von Wirbeltieren, Wirbellosen und im Hefesaft in Gegenwart von Fluorid, Oxalat, Zitrat und Arseniat I. Biochem. Z. **1930** (in Vorbereitung).
120a LIPMANN, F., u. K. LOHMANN: Eine spontane Umwandlung des Harden-Young-Ester in Hexosediphosphorsäure in wäßrigem Froschmuskelextrakt. Biochem. Z. **1930** (in Vorbereitung).
121 LOHMANN, K.: Zerfällt Lactacidogen (Hexosemonophosphorsäure) bei der Muskelkontraktion? Biochem. Z. **1930** (in Vorbereitung).
122 MEYERHOF, O.: Unveröffentlichte Versuche. Biochem. Z. **1930** (in Vorbereitung).
123 IWASAKI, KEN: Über die Fixation des Luftstickstoffs durch Azotobakter (II). Biochem. Z. **1930** (im Druck).
124 MEYERHOF, O., u. F. LIPMANN: Über die Reaktionsänderung des tätigen Muskels im Zusammenhang mit dem Umsatz der Kreatinphosphorsäure. Naturwiss. **1930** und Biochem. Z. **1930** (in Vorbereitung).
125 LOHMANN, K.: Über die Pyrophosphatfraktion im Muskel. Biochem. Z. **1930** (in Vorbereitung).

B. Arbeiten aus fremden Laboratorien (alphabetisch geordnet).

1 ABRAMSON, H. A., M. G. EGGLETON and P. EGGLETON: The Utilization of Intravenous Sodium r-Lactate. III. Glycogen Synthesis by the Liver. Blood Sugar. Oxygen Consumption. J. of biol. Chem. **75**, 763 (1927).
2 ADRIAN, E. D., and D. W. BRONK: The Discharge of Impulses in Motor Nerve Fibres. Part I. Impulses in single fibres of the phrenic nerve. J. of Physiol. **66**, 81 (1928) — Part II. The frequency of discharge in reflex and voluntary contractions. Ebenda **67**, 119 (1929).
3 AHLGREN, G.: Mikrorespirometrische Untersuchungen über die Hormonwirkungen. I. Insulin. Skand. Arch. Physiol. (Berl. u. Lpz.) **47**, 271 (1926).
4 ARIYAMA, N.: The formation of methylglyoxal from hexose phosphate in the presence of tissues. J. of biol. Chem. **77**, 395 (1928).
5 BALDES, K., u. F. SILBERSTEIN: Über synthetische Zuckerbildung in der künstlich durchströmten Leber. II. Hoppe-Seylers Z. **100**, 34 (1917).
6 BARCROFT, J.: The Respiratory Function of the Blood. Cambridge University Press 1914. Part II. Haemoglobin. Cambridge, University Press 1928.
7 BARCROFT, J., and T. KATO: Effects of functional activity in striated muscle and the submaxillary gland. Phil. Trans. roy. Soc. B **207**, 149 (1915).
8 BARR, D. P., and H. E. HIMWICH: Studies in the Physiology of Muscular Exercise. II. Comparison of Arterial and Venous Blood following Vigorous Exercise. J. of biol. Chem. **55**, 525 (1923).
9 BARRENSCHEEN, H. K.: Über Glykogen- und Zuckerbildung in der isolierten Warmblüterleber. Biochem. Z. **58**, 277 (1913/14).
10 BATTELLI, F., u. LINA STERN: Methoden zur Bestimmung der Atmung tierischer Gewebe. Abderhaldens Handb. d. biochem. Arbeitsmeth. III[1] 444, insbes. 468 (1910).
11 BATTELLI, F., u. L. STERN: Die Oxydation der Bernsteinsäure durch Tiergewebe. Biochem. Z. **30**, 172 (1910/11) — Die Oxydation der Citronen-, Apfel- und Fumarsäure durch Tiergewebe. Biochem. Z. **31**, 478 (1911).
12 BENEDICT u. CATHCART: Carnegie Inst. Publ. **187** (1913).
13 BERITOFF, J., u. D. IASCHWILI: Über die Kontraktionsfähigkeit von Skelettmuskeln. Pflügers Arch. **205**, 465 (1924) — IV. Mitt. Über die physiologische Bedeutung des gefiederten Baues der Muskeln. Ebenda **209**, 763 (1925).
14 BERNARD, C.: Leçons sur le diabètes. Paris 1877.

Arbeiten aus fremden Laboratorien (alphabetisch geordnet). 327

15 BERNSTEIN, J.: Die Energie des Muskels als Oberflächenenergie. Pflügers Arch. **85**, 271 (1901) — Experimentelles und Kritisches zur Theorie der Muskelkontraktion. Ebenda **162**, 1 (1915).
16 BEST, C. H.: The Effect of Insulin on the Dextrose Consumption of Perfused Skeletal Muscle. Proc. roy. Soc. B **99**, 375 (1926).
17 BEST, C. H., J. P. HOET and H. P. MARKS: The Fate of the Sugar Disappearing under the Action of Insulin. Proc. roy. Soc. London B **100**, 32 (1926).
18 BEST, C. H., H. H. DALE, J. P. HOET and H. P. MARKS: Oxidation and Storage of Glucose under the Action of Insulin. Proc. roy. Soc. London B **100**, 55 (1926).
19 BETHE, A.: Spannung und Verkürzung des Muskels bei kontrakturerzeugenden Eingriffen im Vergleich zur Tetanusspannung und Tetanusverkürzung. Pflügers Arch. **199**, 491 (1923).
20 BETHE, A., M. FRAENKEL u. J. WILMERS: Die chemische Kontraktur des narkotisierten Muskels im Vergleich zu der des normalen. Pflügers Arch. **194**, 45 (1922).
21 BETHE, A., u. W. STEINHAUSEN: Untersuchungen über die elastischen Eigenschaften der Muskeln bei verschiedenen funktionellen Zuständen. BETHE: I. Mitt.: Einführung und neue Methode zur Bestimmung der Zug-Elastizität. Pflügers Arch. **205**, 63 (1924) — STEINHAUSEN: II. Mitt.: Zur Theorie des ballistischen Elastometers. Ebenda **205**, 76 (1924).
22 BIEDERMANN, W.: Histochemie der quergestreiften Muskelfasern. Erg. Biol. **2**, 416 (1927).
23 BISSINGER, E., u. E. J. LESSER: Der Kohlehydratstoffwechsel der Maus nach Injektion von Zuckerlösungen und von Insulin. III. Biochem. Z. **168**, 398 (1926).
24 BJERRUM, N.: Die Konstitution der Ampholyte, besonders der Aminosäuren, und ihre Dissoziationskonstanten. Z. physikal. Chem. **104**, 147 (1923) — Dissoziationskonstanten von mehrbasischen Säuren und ihre Anwendung zur Berechnung molekularer Dimensionen. Ebenda **106**, 219 (1923).
25 BOCK, DILL, TALBOTT, FÖLLING, VANCAULAERT and HURXTHAL: Studies in Muscular Activity I—IV. J. of Physiol. **66**, 121, 133, 136, 162 (1928).
26 BORNSTEIN, A., u. H. GREMELS: Über den Sauerstoffverbrauch isolierter Organe. Pflügers Arch. **220**, 466 (1928).
27 BORNSTEIN, A., u. E. SCHMUTZLER: Über den Milchsäurestoffwechsel der überlebenden Extremität. Pflügers Arch. **221**, 395 (1929).
28 BORNSTEIN, A., u. H. F. ROOSE: Über Blutversorgung und Stoffwechsel des arbeitenden Säugetiermuskels. Versuche an der überlebenden Extremität und am Herz-Lungen-Präparat. Pflügers Arch. **221**, 400 (1929).
28a BORNSTEIN, A., u. H. F. ROOSE: Beeinflussung des Sauerstoffverbrauchs überlebender Organe durch Glykokoll. Pflügers Arch. **223**, 498 (1929).
29 BOYLAND, E.: Phosphoric Esters in Alcoholic Fermentation. I. The Sequence of the Formation of Phosphoric Esters and Carbon Dioxide in Fermentation by Dried Yeast. Biochemic. J. **23**, 219 (1929).

30 BOZLER, E.: Über die Frage des Tonussubstrates. Z. vergl. Physiol. **7**, 407 (1928) — Weitere Untersuchungen zur Frage des Tonussubstrates. Ebenda **8**, 371 (1928/29).
31 BOZLER, E.: Heat Production in Smooth Muscle. Abstr. Intern. Physiol. Congr. Boston. Amer. J. Physiol. **90**, 295 (1929).
32 BUCHNER, E. u. H., u. M. HAHN: Die Zymasegärung. Untersuchungen über den Inhalt der Hefezellen und die biologische Seite des Gärungsproblems. München u. Berlin: R. Oldenbourg 1903.
33 BURK, D.: The Free Energy of Glycogen-Lactic Acid Breakdown in Muscle. Proc. roy. Soc. London B **104**, 153 (1929).
34 BURN, J. H., and H. H. DALE: On the location and nature of the action of insulin. J. of Physiol. **59**, 164 (1924).
35 BURRIDGE, W.: Observations on the rôle of potassium salts in frog's muscle. J. of Physiol. **42**, 359 (1911).
36 CASE, E. M.: Glycolysis in Muscle and other Tissues. Biochemic. J. **23**, 210 (1929).
37 CATHCART, E. P., and BURNETT: unpubl. cited in: The Influence of Muscle Work on Protein Metabolism. Physiologic. Rev. **5**, 225 (1925).
38 CLARK, J. H.: A Theory of Muscle Contraction with X-Ray Diffraction Patterns from Relaxed and Contracted Muscles. Amer. J. Physiol. **82**, 181 (1927).
39 CLAUSEN, S. W.: A method for the determination of small amounts of lactic acid. J. of biol. Chem. **52**, 263 (1922).
40 COFFEY, S.: Linolenic and Linolic Acid. J. chem. Soc. Lond. **119**, 1152, 1408 (1921).
41 COHN, E. J., and JESSIE L. HENDRY: Studies in the physical chemistry of the proteins II. The relation between the solubility of casein and its capacity to combine with base. The solubility of casein in systems containing the protein and sodium hydroxide. J. gen. Physiol. **5**, 521 (1923).
42 CONNSTEIN, W., u. K. LÜDECKE: Über Glycerin-Gewinnung durch Gärung. Ber. dtsch. chem. Ges. B **52**, 1385 (1919).
43 CORI, C. F.: The Influence of Insulin and Epinephrine on the Fate of Sugar in the Animal Body. Harvey Lectures, S. 76. 1927—1928.
44 CORI, CORI and GOLTZ: J. of Pharmacol. **22**, 355 (1923).
45 CORI, C. F., and G. T. CORI: The Carbohydrate Metabolism of Tumors. II. Changes in the sugar, lactic acid, and CO_2-combining power of blood passing through a tumor. J. of biol. Chem. **65**, 397 (1925).
46 CORI, C. F., and G. T. CORI: The Mechanism of Epinephrine Action. II. The Influence of Epinephrine and Insulin on the Carbohydrate Metabolism of Rats in the Postabsorptive State. J. of biol. Chem. **79**, 321 (1928) — III. The Influence of Epinephrine on the Utilization of Absorbed Glucose. Ebenda **79**, 343 (1928).
47 CORI, C. F., and G. T. CORI: Glycogen Formation in the Liver from d- and l-Lactic Acid. J. of biol. Chem. **81**, 389 (1929).
48 DAKIN, H. D.: The racemization of proteins and their derivatives resulting from tautomeric change. J. of biol. Chem. **13**, 357 (1912).

49 DAKIN, H. D., and H. W. DUDLEY: An enzyme concerned with the formation of hydroxy acids from ketonic aldehydes. J. of biol. Chem. **14**, 155 (1913) — On glyoxalase. Ebenda **14**, 423 (1913).

49a DAKIN, H. D., and H. W. DUDLEY: The racemization of proteins and their derivates resulting from tautomeric change. Part II. The racemization of casein. J. of biol. Chem. **15**, 263 (1913).

50 DAVENPORT, H. A., and HELEN K. DAVENPORT: The lactic acid content of resting mammalian muscle. J. of biol. Chem. **76**, 651 (1928).

51 DAVENPORT, H. A., and J. SACKS: Muscle phosphorus. II. The acid hydrolysis of lactacidogen. J. of biol. Chem. **81**, 469 (1929).

52 DAVENPORT, H. A., H. H. DIXON and S. W. RANSON: Muscle Phosphorus. III. The distribution of acid-soluble phosphorus compounds during parathyroid tetany. J. of biol. Chem. **83**, 741 (1929).

53 DOI, Y.: Studies on muscular contraction. II. The relation between the maximal work and the tension developed in a muscle twitch, and the effects of temperature and extension. J. of Physiol. **54**, 335 (1921).

54 DOWNING, A. C., R. W. GERARD and A. V. HILL: The heat production of nerve. Proc. roy. Soc. Lond. B **100**, 223 (1926).

55 DUBOIS-REYMOND: Abhandlungen zur Muskel- und Nervenphysik **2**, 3 (1877) — Akad. d. Wiss. Berlin, 31. III. 1859.

56 DULIÈRE, W., and H. V. HORTON: The reversible loss of excitability in isolated amphibian voluntary muscle. J. of Physiol. **67**, 152 (1929).

57 EBERT, L.: Zur Abschätzung der Zwitterionenmenge in Ampholytlösungen. Z. physik. Chem. **121**, 385 (1926).

58 EGGLETON, P.: The Position of Phosphorus in the Chemical Mechanism of Muscular Contraction. Physiologic. Rev. **9**, 432 (1929).

59 EGGLETON, P., and G. P. EGGLETON: The inorganic phosphate and a labile form of organic phosphate in the gastrocnemius of the frog. Biochemic. J. **21**, 190 (1927).

60 EGGLETON, P., and G. P. EGGLETON: The physiological significance of „phosphagen". J. of Physiol. **63**, 155 (1927).

61 EGGLETON, P., and G. P. EGGLETON: Further observations on phosphagen. J. of Physiol. **65**, 15 (1928).

61a EGGLETON, P., and G. P. EGGLETON: A method of estimating Phosphagen and some other Phospo hrus compounds in muscle tissue. J. of Physiol. **68**, 193 (1929).

62 EGGLETON, G. P., P. EGGLETON and A. V. HILL: The Coefficient of Diffusion of Lactic Acid through Muscle. Proc. roy. Soc. Lond. B **103**, 620 (1928).

63 EMBDEN, G.: Abderhaldens Handb. d. biochem. Arbeitsmethod. **5**, 1254 (1912).

64 EMBDEN, G.: Chemismus der Muskelkontraktion und Chemie der Muskulatur. Handb. d. norm. u. path. Physiol. **8**, 1, 369 (1925).

64a EMBDEN, G.: Beziehungen zwischen Ermüdung und Sterben. Klin. Wschr. **8**, 913 (1929).

65 EMBDEN, G., u. H. SALOMON: Fütterungsversuche am pancreaslosen Hunde. Beitr. chem. Physiol. u. Path. **6**, 63 (1905).

66 EMBDEN, G., u. F. KRAUS: Über Milchsäurebildung in der künstlich durchströmten Leber. I. Mitt. Biochem. Z. **45**, 1 (1912).
67 EMBDEN, G., FR. KALBERLAH u. H. ENGEL: Über Milchsäurebildung im Muskelpreßsaft. Biochem. Z. **45**, 45 (1912).
68 EMBDEN, G., W. GRIESBACH u. E. SCHMITZ: Über Milchsäurebildung und Phosphorsäurebildung im Muskelpreßsaft. Hoppe-Seylers Z. **93**, 1 (1914).
69 EMBDEN, G., W. GRIESBACH u. F. LAQUER: Über den Abbau von Hexosephosphorsäure und Lactacidogen durch einige Organpreßsäfte. Hoppe-Seylers Z. **93**, 124 (1914).
70 EMBDEN, G., u. F. LAQUER: Über die Chemie des Lactacidogens. Hoppe-Seylers Z. **98**, 181 (1916/17).
71 EMBDEN, G., u. H. LAWACZECK: Über die Bildung anorganischer Phosphorsäure bei der Kontraktion des Froschmuskels. Biochem. Z. **127**, 181 (1922).
72 EMBDEN, G., u. MARG. ZIMMERMANN: Über die Chemie des Lactacidogens. IV. Hoppe-Seylers Z. **141**, 225 (1924).
73 EMBDEN, G., H. HIRSCH-KAUFFMANN, E. LEHNARTZ u. H. J. DEUTICKE: Über den Verlauf der Milchsäurebildung beim Tetanus. Hoppe-Seylers Z. **151**, 209 (1926).
74 EMBDEN, G., E. LEHNARTZ u. H. HENSCHEL: Der zeitliche Verlauf der Milchsäurebildung bei der Muskelkontraktion. Hoppe-Seylers Z. **165**, 255 (1927).
74a EMBDEN, G., u. MARG. ZIMMERMANN: Über die Chemie des Lactacidogens. V. Mitt. Hoppe-Seylers Z. **167**, 114 (1927).
75 EMBDEN, G., u. MARG. ZIMMERMANN: Über die Bedeutung der Adenylsäure für die Muskelfunktion. I. Mitt.: Das Vorkommen von Adenylsäure in der Skelettmuskulatur. Hoppe-Seylers Z. **167**, 137 (1927).
76 EMBDEN, G., u. E. LEHNARTZ: Über den zeitlichen Verlauf der Milchsäurebildung bei der Muskelkontraktion. Hoppe-Seylers Z. **178**, 311 (1928).
77 EMBDEN, G., u. H. JOST: Über die Spaltung des Lactacidogens bei der Muskelkontraktion. Hoppe-Seylers Z. **179**, 24 (1928).
78 EMBDEN, G., C. RIEBELING u. G. E. SELTER: Über die Bedeutung der Adenylsäure für die Muskelfunktion. II. Mitt.: Die Desaminierung der Adenylsäure durch Muskelbrei und die Ammoniakbildung bei der Muskelkontraktion. Hoppe-Seylers Z. **179**, 149 (1928).
79 EMBDEN, G., u. G. SCHMIDT: Über Muskeladenylsäure und Hefeadenylsäure. Hoppe-Seylers Z. **181**, 130 (1929).
80 EMERY u. BENEDICT: Amer. J. Physiol. **28**, 301 (1911).
81 ERNST, E.: Untersuchungen über Muskelkontraktion. I. Mitt.: Volumänderung bei der Muskelkontraktion. Pflügers Arch. **209**, 613 (1925) — II. Mitt.: Wasseraufnahme gespannter und ungespannter Muskeln. Ebenda **213**, 131 (1926) — III. Mitt.: Durchströmungsversuche. Ebenda **213**, 133 (1926) — IV. Mitt.: Volumverminderung und Arbeitsleistung. Ebenda **213**, 144 (1926) — V. Mitt.: Über Zeitverhältnisse der Volumverminderung. Ebenda **214**, 240 (1926). — ERNST, E., u. L. SCHEFFER: VII. Mitt.: Die Rolle des Kaliums in der Kontraktion. Ebenda **220**,

655 (1928) — VIII. Mitt.: Wasserverschiebung als Grundlage der Zuckung. Mit einem Nachtrag über die osmotische Theorie der Kontraktion. Ebenda **220**, 672 (1928).
82 EULER, H. v.: Chemie der Enzyme 1 u. **2**, 3. Aufl. München: J. F. Bergmann 1925 u. 1928.
83 EULER, H., u. S. KULLBERG: Über die Wirkungsweise der Phosphatese. I. Hoppe-Seylers Z. **74**, 15 (1911). — EULER, H., u. HJ. OHLSÉN: Dasselbe. II. Ebenda **76**, 468 (1912). — EULER, H., u. D. JOHANSSON: Über die Reaktionsphasen der alkoholischen Gärung. Ebenda **85**, 192 (1913).
84 EULER, H. v., u. K. MYRBÄCK: Gärungs-Co-Enzym (Co-Zymase) der Hefe. III. Hoppe-Seylers Z. **136**, 107 (1924) — Dasselbe. IV. Ebenda **138**, 1 (1924) — Dasselbe. VI. Weitere Isolierungsversuche. Ebenda **139**, 281 (1924).
85 EULER, H. v., u. K. MYRBÄCK: Zur Kenntnis der Biokatalysatoren des Kohlehydratumsatzes. III. Hoppe-Seylers Z. **150**, 1 (1925).
86 EULER, H. v., u. K. MYRBÄCK: Zur Kenntnis der enzymatischen Umwandlungen der Aldehyde. III. Hoppe-Seylers Z. **165**, 28 (1927).
87 EULER, H. v., K. MYRBÄCK u. R. NILSSON: Co-Zymase. XII. Das Molekulargewicht der Co-Zymase. Hoppe-Seylers Z. **168**, 177 (1927). — EULER u. MYRBÄCK: Co-Zymase. Naturwiss. **17** 291 (1929).
88 EULER, H. v., u. K. MYRBÄCK: Der Anteil der Hexose-mono-phosphate am enzymatischen Zuckerabbau. Liebigs Ann. **464**, 56 (1928).
89 EULER, H. v., u. S. GARD: Über die Reinigung der Co-Zymase aus Muskel. Sv. Kem. Tidskr. **40**, 99 (1928). — EULER, H. v., E. BRUNIUS u. ST. PROFFE: Milchsäurebildung aus Glykogen mit Trockenmuskel und Aktivatoren. Ebenda **40**, 100 (1928).
90 EULER, H. v., u. S. STEFFENBURG: Co-Zymase in atmenden Pflanzenorganen. Hoppe-Seylers Z. **175**, 38 (1928).
91 EULER, H. v., u. K. MYRBÄCK: Gärungsprobleme. Hoppe-Seylers Z. **181**, 1 (1929).
92 EWALD, J. R.: Ändert sich das Volumen eines Muskels bei der Kontraktion? Pflügers Arch. **41**, 215 (1887).
93 FELIX, K., u. A. HARTENECK: Über den Aufbau des Histons der Thymusdrüse. II. Mitt. Hoppe-Seylers Z. **157**, 77 (1926).
94 FENN, W. O.: A quantitative comparison between the energy liberated and the work performed by the isolated Sartorius muscle of the frog. J. of Physiol. **58**, 175 (1923) — The relation between the work performed and the energy liberated in muscular contraction. Ebenda **58**, 373 (1924).
95 FENN, W. O.: Die mechanischen Eigenschaften des Muskels. Handb. d. norm. u. pathol. Physiol. **8**, 1, 146 (1925) — Der zeitliche Verlauf der Muskelkontraktion. Ebenda **8**, 1, 166 (1925).
96 FENN, W. O.: The Metabolism of Nerves. Harvey Lect. **1927/28**, 115.
97 FENN, W. O.: The gas exchange of isolated muscles during stimulation and recovery. Amer. J. Physiol. **83**, 309 (1927/28).
98 FICK, A.: Mechanische Arbeit und Wärmeentwicklung bei der Muskeltätigkeit. Leipzig: F. A. Brockhaus 1882.
99 FISCHER, C.: Die Wärmebildung des isolierten Säugetiermuskels. Abstr. XII. Internat. Physiol. Congress Boston. Amer. J. Physiol. **90**, 345 (1929).

332 Literatur.

100 FISKE, C. H., and Y. SUBBAROW: The colorimetric determination of phosphorus. J. of biol. Chem. **66**, 375 (1925).
101 FISKE, C. H., and Y. SUBBAROW: The Nature of the „Inorganic Phosphate" in Voluntary Muscle. (Vorl. Mitteilung.) Science (N. Y.) **65**, 401 (1927) — Phosphocreatine. J. of biol. Chem. **81**, 629 (1929).
102 FLETCHER, W. M.: On the alleged formation of lactic acid in muscle during autolysis and in postsurvival periods. J. of Physiol. **43**, 286 (1911).
103 FLETCHER, W. M.: Lactic acid formation, survival respiration and rigor mortis in mammalian muscle. J. of Physiol. **47**, 361 (1913).
104 FLETCHER, W. M., and F. G. HOPKINS: Lactic acid in amphibian muscle. J. of Physiol. **35**, 247 (1907).
105 FLETCHER, W. M., and F. G. HOPKINS: Croonian Lecture: The Respiratory Process in Muscle and the Nature of Muscular Motion. Proc. roy. Soc. Lond. B **89**, 444 (1917).
106 FOLIN, O., and H. WU: A system of blood analysis. J. of biol. Chem. **38**, 81 (1919).
107 FREUND, H., u. S. JANSSEN: Über den Sauerstoffverbrauch der Skelettmuskulatur und seine Abhängigkeit von der Wärmeregulation. Pflügers Arch. **200**, 96 (1923).
108 FRIEDEL: Ann. Physique IX **17/18**, 304 (1922).
109 FRIEDEMANN, T. E., M. COTONIO and P. A. SHAFFER: The determination of lactic acid. J. of biol. Chem. **73**, 335 (1927).
110 FÜRTH, O.: Die Kolloidchemie des Muskels und ihre Beziehungen zu den Problemen der Kontraktion und der Starre. Erg. Physiol. **17**, 363 (1919).
111 FÜRTH, O. v., u. D. CHARNAS: Über die quantitative Bestimmung der Milchsäure durch Ermittlung der daraus abspaltbaren Aldehydmenge. Biochem. Z. **26**, 199 (1910).
112 FÜRTH, O., u. F. LIEBEN: Über Milchsäurezerstörung durch Hefe und durch Blutzellen. Biochem. Z. **128**, 144 (1922).
113 FURUSAWA, K., and PH. M. T. KERRIDGE: The hydrogen ion concentration of the muscles of marine animals. J. Mar. biol. Assoc. U. Kingd. **14**, 3 (1927).
114 FURUSAWA, K., and PH. M. T. KERRIDGE: The Hydrogen Jon Concentration of the Muscles of the Cat. J. of Physiol. **63**, 33 (1927).
115 GARNER, W. E.: The Mechanism of Muscular Contraction. Proc. roy. Soc. Lond. B **99**, 40 (1925).
116 GASSER, H. S., and W. HARTREE: The inseparability of the mechanical and thermal responses in muscle. J. of Physiol. **58**, 396 (1924).
117 GASSER, H. S., and A. V. HILL: The Dynamics of Muscular Contraction. Proc. roy. Soc. Lond. B **96**, 398 (1924).
118 GASSER, H. S., and H. H. DALE: Pharmacology of denervated mammalian muscle. J. of Pharmacol. **28**, 287 (1926).
119 GATIN-GRUCZEWSKA, Z.: Das reine Glykogen. Pflügers Arch. **102**, 569 (1904).
120 GERARD, R. W.: The two phases of heat production of nerve. J. of Physiol. **62**, 349 (1926/27) — Studies on Nerve Metabolism. I. The influence of oxygen lack on heat production and action current. Ebenda **63**, 280 (1927).

121 GINSBERG: Dissertation. Braunschweig 1923.
122 GOTTSCHALK, A.: Vergleichende Untersuchungen über den Co-Zymasebedarf der Hefe bei der Vergärung von Hexose-monophosphorsäure und Hexose-di-phosphorsäure. Hoppe-Seylers Z. **173**, 184 (1928).
123 GRAFE, E., H. REINWEIN u. SINGER: Studien über Gewebsatmung. II. Mitt. Die Atmung der überlebenden Warmblüterorgane. Biochem. Z. **165**, 102 (1925).
124 HAEHN, H., u. M. GLAUBITZ: Über die Vergärbarkeit von Glycerinaldehyd und Dioxy-aceton mit lebender Hefe (Hefegärungen, vom biologischen Standpunkt aus betrachtet. II.) (Vorläufige Mitteilung.) Ber. dtsch. chem. Ges. **60**, 490 (1927).
125 HAGEDORN, H. C., u. B. N. JENSEN: Zur Mikrobestimmung des Blutzuckers mittels Ferricyanid. Biochem. Z. **135**, 46 (1923).
126 HAHN, A., E. FISCHBACH u. W. HAARMANN: Über die Dehydrierung der Milchsäure. Z. Biol. **88**, 516 (1929).
127 HAHN, A., u. E. FISCHBACH: Über die Oxydation der Milchsäure im Muskel. Z. Biol. **89**, 149 (1929).
128 HARDEN, A.: Alcoholic Fermentation, 3. Aufl. London: Longmans, Green a. Co. 1923. New York, Toronto, Bombay, Calcutta and Madras.
129 HARDEN, A., and W. J. YOUNG: The alcoholic ferment of yeast-juice. Part II. The co-ferment of yeast-juice. Proc. roy. Soc. Lond. B (2) **78**, 369 (1906).
130 HARDEN, A., and W. J. YOUNG: The alcoholic ferment of yeast-juice. Part III. The function of phosphates in the fermentation of glucose by yeast-juice. Proc. roy. Soc. Lond. B **80**, 299 (1908).
131 HARDEN, A., and W. J. YOUNG: The alcoholic ferment of yeast-juice. Part V. The function of phosphates in alcoholic fermentation. Proc. roy. Soc. Lond. B (2) **82**, 321 (1910).
132 HARDEN, A., and W. J. YOUNG: The alcoholic ferment of yeast-juice. Part VI. The effect of arsenates and arsenites on the fermentation of the sugars by yeast-juice. Proc. roy. Soc. Lond. B (1) **83**, 451 (1911).
133 HARDEN, A., and W. J. YOUNG: Der Mechanismus der alkoholischen Gärung. Biochem. Z. **40**, 458 (1912).
134 HARDEN, A., and R. ROBISON: A new phosphoric ester obtained by the aid of yeast-juice. (Preliminary Note.) Proc. Chem. Soc. **30**, 16 (1914).
135 HARDEN, A., and F. R. HENLEY: The effect of pyruvates, aldehydes and methylene blue on the fermentation of glucose by yeast-juice and zymin in presence of phosphate. Biochemic. J. **14**, 642 (1920).
136 HARDEN, A., and F. R. HENLEY: The Equation of Alcoholic Fermentation. I. Biochemic. J. **21**, 1216 (1927) — II. Ebenda **23**, 230 (1929).
137 HARTREE, W.: An Analysis of the Heat Production during a Contraction in which Work is Performed. J. of Physiol. **60**, 269 (1925).
138 HARTREE, W.: An analysis of the initial heat production in the voluntary muscle of the tortoise. J. of Physiol. **61**, 255 (1926).
139 HARTREE, W., and A. V. HILL: The regulation of the supply of energy in muscular contraction. J. of Physiol. **55**, 133 (1921).

140 HARTREE, W., and A. V. HILL: The nature of the isometric twitch. J. of Physiol. **55**, 389 (1921).
141 HARTREE, W., and A. V. HILL: The heat-production and the mechanism of the veratrine contraction. J. of Physiol. **56**, 294 (1922).
142 HARTREE, W., and A. V. HILL: The recovery heat-production in muscle. J. of Physiol. **56**, 367 (1922).
143 HARTREE, W., and A. V. HILL: The effect of hydrogen-ion concentration on the recovery process in muscle. J. of Physiol. **58**, 470 (1924).
144 HARTREE, W., and G. LILJESTRAND: The Recovery Heat Production in Tortoise's Muscle. J. of Physiol. **62**, 93 (1926/27).
145 HARTREE, W., and A. V. HILL: The anaerobic delayed heatproduction after a Tetanus. Proc. roy. Soc. Lond. B **103**, 207 (1928).
146 HARTREE, W., and A. V. HILL: The Factors determining the Maximum Work and the Mechanical Efficiency of Muscle. Proc. roy. Soc. Lond. B **103**, 234 (1928).
147 HARTREE, W., and A. V. HILL: The Energy Liberated by an Isolated Muscle during the Performance of Work. Proc. roy. Soc. Lond. B **104**, 1 (1928).
147a HARVEY, E. N.: The oxygen consumption of luminous bacteria. J. gen. Physiol. **11**, 469 (1928).
148 HELMHOLTZ, H. v.: Über den Stoffverbrauch bei der Muskelaktion. Müllers Arch. **1845**.
149 HELMHOLTZ, H. v.: Arch. f. Physiol. **1848**, 144.
150 HERMANN: Untersuchungen über den Stoffwechsel des Muskels. Berlin **1867**.
151 HERZOG, R. O.: Einige Arbeiten aus dem Kaiser Wilhelm-Institut für Faserstoffchemie. Naturwiss. **11**, 172 (1923). — HERZOG, R. O., u. W. JANCKE: Röntgenographische Untersuchungen am Muskel. Ebenda **14**, 1223 (1926).
152 HETZEL, K. S., and C. N. H. LONG: The metabolism of the diabetic individual during and after muscular exercise. Proc. roy. Soc. Lond. B **99**, 279 (1925).
153 HILL, A. V.: The heat-production of surviving amphibian muscles during rest, activity and rigor. J. of Physiol. **44**, 466 (1912).
154 HILL, A. V.: Die Beziehungen zwischen der Wärmebildung und den im Muskel stattfindenden chemischen Prozessen. Erg. Physiol. **15**, 340 (1916).
155 HILL, A. V.: Nature **1923** (14. Juli).
156 HILL, A. V.: The Surface-Tension Theory of Muscular Contraction. Proc. roy. Soc. Lond. B **98**, 506 (1925).
157 HILL, A. V.: Muscular Activity. (The Herter Lectures for 1924.) Baltimore: The Williams and Wilkins Co. 1926.
158 HILL, A. V.: Myothermic Apparatus. The Rôle of Oxidation in maintaining the Dyanamic Equilibrium of the Muscle Cell. The Absolute Value of the Isometric Heat Coefficient TL/H in a Muscle Twitch, and the Effect of Stimulation and Fatigue. Proc. roy. Soc. Lond. B **103**, 117—170 (1928).

158a HILL, A. V.: The Absence of Delayed Anaerobic Heat in a Series of Muscle Twitches. The Recovery Heat-Production in Oxygen after a Series of Muscle Twitches. Proc. roy. Soc. Lond. B **103**, 171—191 (1928).
159 HILL, A. V.: The Diffusion of Oxygen and Lactic Acid through Tissues. Proc. roy. Soc. Lond. B **104**, 39 (1928).
160 HILL, A. V.: The vapour pressure of muscles. (Unveröffentlicht.) Proc. roy. Soc. Lond. B **1930**.
161 HILL, A. V., and W. HARTREE: The Thermo-elastic Properties of Muscle. Philosoph. Transact. B **210**, 153 (1920).
162 HILL, LONG and LUPTON: Muscular Exercise, Lactic Acid and the Supply and Utilisation of Oxygen. Proc. roy. Soc. Lond. B **96** I—III, 438 (1924); **97** IV—VI, 84 (1924); **97** VII and VIII, 155 (1924).
163 HILL, A. V., C. N. LONG, K. FURUSAWA and R. J. LYTHGOE and J. R. PEREIRA: Muscular Exercise, Lactic Acid, and the Supply and Utilisation of Oxygen. — FURUSAWA: IX.: Muscular Activity and Carbohydrate Metabolism in the Normal Individual. Proc. roy. Soc. Lond. B **98**, 65 (1925) — X.: The Oxygen Intake during Exercise while Breathing Mixtures Rich in Oxygen. Ebenda A **108**, 287 (1925). — LYTHGOE and PEREIRA: XI.: Pulse Rate and Oxygen Intake during the early Stages of Recovery from Severe Exercise. Ebenda B **98**, 468 (1925). — FURUSAWA: XIII.: The Gaseous Exchanges of Restricted Muscular Exercise in Man. Ebenda B **99**, 155 (1926). — LONG: XIV.: The Relation in Man between the Oxygen Intake during Exercise and the Lactic Acid Content of the Muscles. Ebenda B **99**, 167 (1926).
164 HILL, A. V., and P. KUPALOV: Anaerobic and Aerobic Activity in Isolated Muscle. Proc. roy. Soc. Lond. B **105**, 313 (1929).
165 HINES, H. J. G., L. N. KATZ and C. N. H. LONG: Lactic acid in mammalian cardiac muscle. Part II. The rigor mortis maximum and the normal glycogen content. Proc. roy. Soc. Lond B **99**, 20 (1925).
166 HIRSCH, J.: Der Stoffwechsel des Vibrio cholerae bei aerober und bei anaerober Züchtung. Z. Hyg. **109**, 387 (1928).
167 HOET, J. P., and H. P. MARKS: Observations on the Onset of Rigor Mortis. Proc. roy. Soc. Lond. B **100**, 72 (1926).
168 HOET, J. P., and P. M. T. KERRIDGE: Observations on the muscles of normal and moulting crustacea. Proc. roy. Soc. Lond. B **100**, 116 (1926).
169 HOFFMAN, W. S.: The isolation of crystalline adenine nucleotide from blood. J. of biol. Chem. **63**, 675 (1925).
170 HOLDEN, H. F.: The Effect of a Yeast Extract on the Oxygen Consumption of Washed Frog Muscle. Biochemic. J. **17**, 361 (1923) — Experiments on Respiration and Fermentation. Ebenda **18**, 535 (1924).
171 HOPKINS, F. G.: On an autoxidisable constituent of the cell. Biochemic. J. **15**, 286 (1921).
172 HOPKINS, F. G.: Glutathione. Its Influence in the Oxidation of Fats and Proteins. Biochemic. J. **19**, 787 (1925).
172a HOPKINS, F. G.: Glutathione. A reinvestigation. J. of biol. Chem. **84**, 269 (1929).

173 HOPKINS, F. G., and M. DIXON: On Glutathione. II. A thermostable oxydation-reduction system. J. of biol. Chem. **54**, 527 (1922).
174 IRVING, L., and E. FISCHER: Dissociation Constants of Hexosephosphoric Acids. Proc. Soc. exper. Biol. a. Med. **24**, 559 (1927).
175 JANSSEN, S., u. H. JOST: Über den Wiederaufbau des Kohlehydrates im Warmblütermuskel. Hoppe-Seylers Z. **148**, 41 (1925).
176 KAY, H. D.: The Phosphatases of Mammalian Tissues. Biochemic. J. **22**, 855 (1928).
177 KEILIN, D.: On Cytochrome, a Respiratory Pigment, Common to Animals, Yeast, and Higher Plants. Proc. roy. Soc. Lond. B **98**, 312 (1925).
178 KERRIDGE, P. T.: The use of the glass electrode in biochemistry. Biochemic. J. **19**, 611 (1925).
179 KLUYVER, A. J., and A. P. STRUYK: The so-called co-enzyme of alcoholic fermentation. Ber. Akad. Wiss. Amsterdam **30**, 569 (1927).
180 KREBS, H. A.: Stoffwechsel der Zellen und Gewebe. Method. wiss. Biol. **2**, 1048 (1928) — Methode der manometrischen Messung von Atmung und Gärung. OPPENHEIMER: Fermente u. ihre Wirkungen **3**, 635 (1929).
181 KREBS, H. A., u. DONEGAN, J. F.: Manometrische Messung der Peptidspaltung. Biochem. Z. **210**, 7 (1929).
182 KROGH, A.: The rate of diffusion of gases through animal tissues, with some remarks on the coefficient of invasion. J. of Physiol. **52**, 391 (1919).
183 KROGH, A.: The number and distribution of capillaries in muscles with calculations of the oxygen pressure head necessary for supplying the tissue. J. of Physiol. **52**, 409 (1919).
184 KROGH, A.: Anatomie und Physiologie der Capillaren. Berlin: Julius Springer 1924.
185 KUBOWITZ, F.: Stoffwechsel der Froschnetzhaut bei verschiedenen Temperaturen und Bemerkung über den Meyerhofquotienten bei verschiedenen Temperaturen. Biochem. Z. **204**, 475 (1929).
186 LAPICQUE, L.: L'excitabilité en fonction du temps. La Chronaxie, sa signification et sa mesure. Les problèmes biologiques, publ. par Les Presses Universitaires de France. Paris 1926.
186a LAPICQUE, L.: Les Muscles. Traité de physiologie **8**, 1. Paris: Masson & Co. 1929.
187 LAQUER, F.: Über die Bildung von Milchsäure und Phosphorsäure im Froschmuskel. I. Mitt. Hoppe-Seylers Z. **93**, 60 (1914).
188 LAQUER, F.: Über den Abbau der Kohlehydrate im quergestreiften Muskel. Hoppe-Seylers Z. **116**, 169 (1921) — Über den Abbau der Kohlehydrate im quergestreiften Muskel. II. Ebenda **122**, 26 (1922).
189 LAQUER, F., u. P. MEYER: Über den Abbau der Kohlehydrate im quergestreiften Muskel. III. Hoppe-Seylers Z. **124**, 211 (1923).
190 LEE u. TASHIRO: Amer. J. Physiol. **61**, 244 (1922).
191 LEHNARTZ: Ber. Physiol. **42**, 561 (1928).
192 LEHNARTZ, E.: Über Verknüpfung des Aufbaus und Abbaus von Tätigkeitssubstanzen des Muskels. Hoppe-Seylers Z. **184**, 1 (1929).

193 LESSER, E. J.: Das Verhalten des Glykogens der Frösche bei Anoxybiose und Restitution. Z. Biol. **56**, 467 (1911).
194 LESSER, E. J.: Über die Beeinflussung des Glykogenschwundes in autonomen Organen des Frosches durch Anoxybiose. Biochem. Z. **54**, 236 (1913).
195 LESSER, E. J.: Das Verhalten des Glykogens der Frösche bei Anoxybiose und Restitution. III. Mitt. Z. Biol. **60**, 388 (1913).
196 LESSER, E. J.: Über die Abhängigkeit des Gaswechsels und der Oxydationsgeschwindigkeit von dem Sauerstoffgehalt des umgebenden Mediums beim Frosch. Biochem. Z. **65**, 400 (1914).
197 LESSER, E. J.: Über das Wesen des Pankreasdiabetes. Biochem. Z. **103**, 1 (1920).
198 LESSER, E. J.: Das Verhalten des Glykogens der Frösche bei Anoxybiose und Restitution. IV. Mitt. Biochem. Z. **140**, 577 (1923).
198a LEVENE, A., u. W. A. JACOBS: Über Inosinsäure. Ber. dtsch. chem. Ges. **44** (1), 746 (1911).
199 LEVENE, A., and G. M. MEYER: The action of leucocytes on glucose. J. of biol. Chem. **11**, 361 (1912).
199a LEVENE, P. A., u. H. S. SIMMS: Nucleic acid structure as determined by electrometric titration data. Ebenda **70**, 327 (1926).
200 LEVENE, P. A., and A. L. RAYMOND: Hexosediphosphate. J. of biol. Chem. **80**, 633 (1928).
201 LEVIN, A., and J. WYMAN: The viscous elastic properties of muscle. Proc. roy. Soc. Lond. B **101**, 218 (1927).
202 LIEBEN, F.: Über das Verhalten von Brenztraubensäure und Acetaldehyd gegenüber mit Sauerstoff gelüfteter Hefe. Biochem. Z. **135**, 240 (1923).
203 LOEB, J.: Die Eiweißkörper. Berlin: Julius Springer 1924.
204 LOEWI, O.: Zur Frage der Verwertbarkeit der Glucose bei Diabetes. Ther. Mh. **32**, 350 (1918).
205 LOEWI, O.: Über den Vagusstoff. Naturwiss. **14**, H. 45 (1926).
206 LÜSCHER: Gaswechsel und mechanische Leistung des Froschherzens. Z. Biol. **73**, 67 (1921).
207 LUNDIN, H.: Über den Einfluß des Sauerstoffs auf die assimilatorische und dissimilatorische Tätigkeit der Hefe. I. Verhalten der Dextrose. Biochem. Z. **141**, 310 (1923) — Dasselbe. III. Teil: Verhalten zugesetzten Alkohols in Hefe-Suspensionen. Ebenda **142**, 454 (1923).
208 LUNDSGAARD, E.: Untersuchungen über Muskelkontraktionen ohne Milchsäurebildung. Biochem. Z. **217**, 162 (1930).
209 MANDEL, A. R., and G. LUSK: Lactic Acid in Intermediary Metabolism. Amer. J. Physiol. **16**, 129 (1906).
210 MANN, F. C.: The Relation of the Liver to Metabolism. Harvey Lect. **1927/28**, 49.
211 MARCUSE, W.: Über die Bildung von Milchsäure bei der Tätigkeit des Muskels und ihr weiteres Schicksal im Organismus. Pflügers Arch. **39**, 425 (1886).
212 MASHIMO, T.: Factors affecting the theoretical maximum work of muscle. J. of Physiol. **59**, 37 (1924).

213 MEYER, K. H.: Über Feinbau, Festigkeit und Kontraktilität tierischer Gewebe. Biochem. Z. **214**, 253 (1929).
214 MICHAELIS, L.: Eine Mikroanalyse des Zuckers im Blut. Biochem. Z. **59**, 166 (1914).
215 MICHAELIS, L.: Oxydations-Reduktions-Potentiale mit besonderer Berücksichtigung ihrer physiologischen Bedeutung. Berlin: Julius Springer 1929.
216 MOECKEL, K., u. E. FRANK: Ein einfaches Verfahren der Blutzuckerbestimmung. Hoppe-Seylers Z. **65**, 323 (1910).
216a MOORE: Cryoscopic mesurement of the osmotic difference between resting and fatigued muscle. Amer. J. Physiol. **41**, 137 (1916).
217 MORGAN, W. T. J., and R. ROBISON: Constitution of hexose-diphosphoric acid. Part II. The dephosphorylated α- and β-methylhexosides. Biochemic. J. **22**, 1270 (1928).
217a MOZOLOWSKI, WL., u. W. LEWINSKI: Über die Ammoniakbildung im Muskel. Biochem. Z. **190**, 388 (1927).
218 MURALT, A. L., u. J. T. EDSALL: The Double Refraction of Cross-Striated Muscle and of Muscle Globulin. Abstr. Intern. Physiol. Congr. Boston. Amer. J. Physiol. **90**, 457 (1929).
219 MYRBÄCK, K.: Die Co-Zymase und ihre Bestimmung. Hoppe-Seylers Z. **177**, 158 (1928).
220 NAGAYA, T.: Untersuchungen über Arbeitsgröße und Säurebildung des Muskels. II. Mitt. Die Bildung der Milchsäure und Phosphorsäure im isolierten Froschmuskel bei wechselnder Größe der isotonischen Arbeit. Pflügers Arch. **221**, 720 (1929).
221 NASSE, O.: Chemie und Stoffwechsel der Muskeln. Hermanns Handb. d. Physiol. **1**, 263 (1879).
222 NEGELEIN, E.: Versuche über Glykolyse. Biochem. Z. **158**, 121 (1925).
223 NEUBAUER, O., u. K. FROMHERZ: Über den Abbau der Aminosäuren bei der Hefegärung. Hoppe-Seylers Z. **70**, 326 (1910/11).
224 NEUBERG, C.: Über die Zerstörung von Milchsäurealdehyd und Methylglyoxal durch tierische Organe. Biochem. Z. **49**, 502 (1913).
225 NEUBERG, C.: Über eine allgemeine Beziehung der Aldehyde zur alkoholischen Gärung nebst Bemerkung über das Koferment der Hefe. Biochem. Z. **88**, 145 (1918).
226 NEUBERG, C.: Überführung der Fructose-diphosphorsäure in Fructosemonophosphorsäure. Biochem. Z. **88**, 432 (1918).
227 NEUBERG, C., u. L. KARCZAG: Über zuckerfreie Hefegärungen. III. Biochem. Z. **36**, 60 (1911).
228 NEUBERG, C., u. ELSA REINFURTH: Natürliche und erzwungene Glycerinbildung bei der alkoholischen Gärung. Biochem. Z. **92**, 234 (1918) — Weitere Untersuchungen über die korrelative Bildung von Acetaldehyd und Glycerin bei der Zuckerspaltung und neue Beiträge zur Theorie der alkoholischen Gärung. Ber. dtsch. chem. Ges. B **52**, 1677 (1919).
229 NEUBERG, C., u. MARIA KOBEL: Fortgesetzte vergleichende Versuche über die Vergärbarkeit freier und phosphorylierter Hexosen und über eine polarimetrisch feststellbare Bindung dieser Substanzen an Inhaltsstoffe der Hefezelle. Biochem. Z. **179**, 451 (1926).

230 NEUBERG, C., u. LEIBOWITZ: Enzymatische Umwandlung von Hexosediphosphat in Hexosemonophosphorsäure-ester und enzymatische Synthese von Hexosediphosphat aus Hexosemonophosphat. Biochem. Z. **187**, 481 (1927).

230a NEUBERG, C., u. M. KOBEL: Die biochemische Umwandlung von Dioxyaceton in Hexosen auf dem Gärungswege und die Vergärungsgeschwindigkeit des Dioxyacetons in Zusammenhang mit der Verbrennungswärme dieser Triose. Biochem. Z. **203**, 452 (1928).

231 NEUBERG, C., u. MARIA KOBEL: Die Isolierung von Methylglyoxal bei der Milchsäuregärung. Biochem. Z. **207**, 232 (1929).

231a NEUBERG, C., u. M. KOBEL: Die Bildung von Brenztraubensäure als Durchgangsglied bei der alkoholischen Gärung. Biochem. Z. **216**, 493 (1929).

232 OHLSSON, E.: Eine neue Methode zur Extraktion der Milchsäure. Skand. Arch. Physiol. (Berl. u. Lpz.) **33**, 231 (1916).

233 OLMSTEDT: The effect of lower glycogen content on the fatigue curve and on lactic acid formation in excised muscle. Amer. J. Physiol. **84**, 610 (1928).

234 PAASCH, G., u. H. REINWEIN: Studien über Gewebsatmung. V. Mitt.: Der Einfluß von Thyroxin, Adrenalin und Insulin auf den Sauerstoffverbrauch von überlebendem Rattenzwerchfell. Biochem. Z. **211**, 468 (1929).

235 PARNAS, J. K.: Energetik glatter Muskeln. Pflügers Arch. **134**, 441 (1910).

236 PARNAS, J. K.: Zbl. Physiol. **30**, 1 (1915).

237 PARNAS, J. K.: Über den Kohlehydratstoffwechsel der isolierten Amphibienmuskeln. II. Mitt. Biochem. Z. **116**, 71 (1921).

238 PARNAS, J. K.: Über den mechanischen Wirkungsgrad der in isolierten Amphibienmuskeln stattfindenden Verbrennungsprozesse. (Vorläufige Mitteilung.) Biochem. Z. **116**, 102 (1921).

239 PARNAS, J. K.: Ammonia Formation in Muscle and its Source. Abstr. Physiol. Congr. Boston. Amer. J. Physiol. **90**, 467 (1929). — Über die Ammoniakbildung im Muskel und ihren Zusammenhang mit Funktion und Zustandsänderung. VI. Mitt. Der Zusammenhang der Ammoniakbildung mit der Umwandlung des Adeninnucleotids zu Inosinsäure. Biochem. Z. **206**, 16 (1929).

239a PARNAS, J. K.: Le metabolism du muscle en activité. C. r. Soc. Biol. Réunion plén. **1929**.

240 PARNAS, J., u. J. BAER: Über Zuckerabbau und Zuckeraufbau im tierischen Organismus. Biochem. Z. **41**, 386 (1912).

241 PARNAS, J., u. R. WAGNER: Über den Kohlenhydratumsatz isolierter Amphibienmuskeln und über die Beziehungen zwischen Kohlehydratschwund und Milchsäurebildung im Muskel. Biochem. Z. **61**, 387 (1914).

242 PARNAS, J. K., u. WL. MOZOLOWSKI: Über den Ammoniakgehalt und die Ammoniakbildung im Muskel und deren Zusammenhang mit Funktion und Zustandsänderung. I. Mitt. Biochem. Z. **184**, 399 (1927). II. Mitt. Klin. Wschr. **6**, 998 (1927); ferner ebenda **6**, 1710 (1927).

242a PARNAS, J. K., WL. MOZOLOWSKI u. W. LEWINSKI: Der Zusammenhang des Blutammoniaks mit der Muskelarbeit. Biochem. Z. **188**, 15 (1927).
243 PETERS, R. A.: The heat production of fatigue and its relation to the production of lactic acid in amphibian muscle. J. of Physiol. **47**, 243 (1913).
244 POHLE, K.: Über das Vorkommen von Muskeladenylsäure und Hexosemonophosphorsäure. Hoppe-Seylers Z. **184**, 261 (1929).
245 POWER, M. H., u. T. A. CLAWSON JR.: Free sugar in liver and muscle tissue. J. of biol. Chem. **78**, Proc. LVI (1928).
245a PRYDE, J., and E. T. WATERS: The nature of the sugar-residue in the hexosemonophosphoric acid of muscle. Biochemic. J. **23**, 573 (1929).
246 PRINGSHEIM, H.: Über die Chemie komplexer Naturstoffe. Naturwiss. **13**, 1084 (1925).
247 PROCTER and WILSON: J. chem. Soc. Lond. **105**, 313 (1904); **109**, 307 (1916).
248 REINWEIN, H.: Studien über den Mechanismus der spec.-dynam. Eiweißwirkung. Dtsch. Arch. klin. Med. **160**, 278 (1928).
249 RIESSER, O.: Der Muskeltonus. Handb. d. norm. u. path. Physiol. **8 I**, 192 (1925) — Kontraktur und Starre. Ebenda 218 (1925).
250 RIESSER, O., u. W. SCHNEIDER: Untersuchungen über Arbeitsgröße und Säurebildung des Muskels. I. Mitt.: Der Einfluß der Belastung auf die Ermüdung des Muskels. Pflügers Arch. **221**, 713 (1929).
251 RITCHIE, A. D.: The Comparative Physiology of Muscular Tissue. Cambridge, University Press 1928.
251a RITCHIE, A. G.: The Acid-Base Equilibrium in Frog's Muscle. J. of Physiol. **68**, 295 (1929).
252 ROBISON, R.: A new phosphoric ester produced by the action of yeast juice on hexoses. Biochemic. J. **16**, 809 (1922).
253 ROBISON, R., and W. T. J. MORGAN: Trehalosemonophosphoric ester isolated from the products of fermentation of sugars with dried yeast. Biochemic. J. **22**, 1277 (1928).
254 ROBISON, R., and E. J. KING: Hexosemonophosphoric ester. Chem. a. Ind. **48**, 143 (1929).
255 ROTH, W., u. M. KOBEL: Über die Verbrennungs- und Lösungswärme des Di-oxyacetons. Biochem. Z. **203**, 159 (1928).
256 SACKS, J., and H. A. DAVENPORT: The inorganic phosphate content of resting mammalian muscle. J. of biol. Chem. **79**, 493 (1928).
257 SAKUMA, S.: Über die sogenannte Autoxydation des Cysteins. Biochem. Z. **142**, 68 (1923).
258 SCHMIDT, G.: Über fermentative Desaminierung im Muskel. Hoppe-Seylers Z. **179**, 243 (1928).
259 SERENI, E.: The effects of different salts on the heatproduction of muscle. J. of Physiol. **60**, 1 (1925).
260 SIMMS, H. S., and P. A. LEVENE: Graphical interpretation of electrometric titration data by use of comparison curves. J. of biol. Chem. **70**, 319 (1926) — SIMMS: Ebenda **70**, 327 (1926); (s. LEVENE).

261 SIMPSON, W. W., and J. J. R. MACLEOD: The immediate products of postmortem glycogenolysis in mammalian muscle and liver. J. of Physiol. **64**, 255 (1927).
262 SLATER, W. K.: The heat of combustion of glycogen in relation to muscular contraction. J. of Physiol. **58**, 163 (1923) — A redetermination of the heat of combustion of glycogen, with special reference to its physiological importance. Biochemic. J. **18**, 621 (1924).
263 SLOSSSE: Arch. internat. Physiol. **11**, 154 (1911).
264 SMITH, E. C.: The Formation of Lactic Acid in the Muscles in the Frozen State. Proc. roy. Soc. Lond. B **105**, 198 (1929).
265 SPOEHR, H. A.: The Oxidation of Carbohydrates with Air. J. amer. chem. Soc. **46**, 1494 (1924). — SMITH, H. C., and H. A. SPOEHR: Studies on Atmospheric Oxidation. II. The Kinetics of the Oxidation with Sodium Ferro-Pyrophosphate. Ebenda **48**, 107 (1926).
266 STELLA, G.: The Concentration and Diffusion of Inorganic Phosphate in Living Muscle. J. of Physiol. **66**, 19 (1928).
267 STELLA, G.: The combination of carbon Dioxide with muscle: its heat of neutralization and its dissociation curve. J. of Physiol. **68**, 49 (1929).
268 STOHMANN u. SCHMIDT: J. f. prakt. Chem. (2) **50**, 385 (1894).
269 STÜBEL, H.: Die Ursache der Doppelbrechung der quergestreiften Muskelfaser. Pflügers Arch. **201**, 629 (1923).
270 SZENT-GYÖRGYI, A. v.: Studien über die biologische Oxydation. I. Über die Sauerstoffaufnahme des Systems Linolensäure-SH-Gruppe. Biochem. Z. **146**, 245 (1924).
270a THOMAS, K.: Arch. f. Anat. u. Physiol. Suppl.-Bd. **249** (1910).
271 THUNBERG, T.: Studien über die Beeinflussung des Gasaustausches des überlebenden Froschmuskels durch verschiedene Stoffe. Skand. Arch. Physiol. (Berl. u. Lpz.) **22**, 406 (1909).
272 THUNBERG, T.: Studien über die Beeinflussung des Gasaustausches des überlebenden Froschmuskels durch verschiedene Stoffe. Skand. Arch. Physiol. (Berl. u. Lpz.) **25**, 37 (1911).
273 TIEGS, O. W.: The Structure and Action of „Striated" Muscle Fibre. Trans. roy. Soc. S. Australia **47**, 142 (1923) — A Colour Test for Guanidine Bases, together with some Physiological Applications. Austral. J. exper. Biol. a. med. Sci. **1**, 93 (1924).
274 TOENNIESSEN, E., u. W. FISCHER: Methylglyoxal als Abbauprodukt der Glykose. Hoppe-Seylers Z. **161**, 254 (1926).
275 TUNNICLIFFE, H. E.: Glutathione. The Occurrence and Quantitative Estimation of Glutathione in Tissues. Biochemic. J. **19**, 194 (1925).
276 VERZÀR, F.: The gaseous metabolism of striated muscle in warmblooded animals. I. J. of Physiol. **44**, 243 (1912).
277 VERZÀR, F.: The influence of lack of oxygen on tissue respiration. J. of Physiol. **45**, 39 (1912).
278 VERZÀR, F.: Der Gaswechsel des Muskels. Erg. Physiol. **15**, 1 (1916).
279 WARBURG, O.: Versuche an überlebendem Carcinomgewebe. (Methoden.) Biochem. Z. **142**, 317 (1923).
280 WARBURG, O.: Manometrische Messung des Zellstoffwechsels in Serum. Biochem. Z. **164**, 481 (1925).

281 WARBURG, O.: Über die Wirkung von Blausäureäthylester (Äthylcarbylamin) auf die Pasteursche Reaktion. Biochem. Z. **172**, 432 (1926).
282 WARBURG, O.: Über den Stoffwechsel der Tumoren. Berlin: Julius Springer 1926.
283 WARBURG, O.: Über die Wirkung von Kohlenoxyd und Stickoxyd auf Atmung und Gärung. Biochem. Z. **189**, 354 (1927).
284 WARBURG, O.: Über die katalytischen Wirkungen der lebendigen Substanz. Berlin: Julius Springer 1928.
285 WARBURG, O.: Atmungsferment und Oxydasen. Biochem. Z. **214**, 1 (1929).
286 WARBURG, O., u. S. SAKUMA: Über die sogenannte Autoxydation des Cysteins. Pflügers Arch. **200**, 203 (1923).
287 WARBURG, O., u. M. YABUSOE: Über die Oxydation von Fructose in Phosphatlösungen. Biochem. Z. **146**, 380 (1924).
288 WARBURG, O., E. NEGELEIN u. K. POSENER: Versuche an überlebendem Carcinomgewebe. Klin. Wschr. **3**, 1062 (1924).
289 WARBURG, O., K. POSENER u. E. NEGELEIN: Über den Stoffwechsel der Carcinomzelle. Biochem. Z. **152**, 309 (1924).
290 WARBURG, O., F. WIND u. E. NEGELEIN: Über den Stoffwechsel von Tumoren im Körper. Klin. Wschr. **5**, 829 (1926).
290a WARBURG, O., u. F. KUBOWITZ: Atmung bei sehr kleinen Sauerstoffdrucken. Biochem. Z. **214**, 5 (1929).
291 WARBURG, O., u. F. KUBOWITZ: Über Atmungsferment im Serum erstickter Tiere. Biochem. Z. **214**, 107 (1929).
292 WEBER, H. H.: Das kolloidale Verhalten der Muskeleiweißkörper. I. Isoelektrischer Punkt und Stabilitätsbedingungen des Myogens. Biochem. Z. **158**, 443 (1925) — Das kolloidale Verhalten der Muskeleiweißkörper. III. Physikochemische Konstanten des Myogens. Biochem. Z. **189**, 407 (1927).
292a WEBER, H. H., u. D. NACHMANSOHN: Unabhängigkeit der Eiweißhydratation von der Eiweißionisation. Biochem. Z. **204**, 215 (1929).
293 WELS, P.: Der Einfluß der Tiergröße auf die Oxydationsgeschwindigkeit im überlebenden Gewebe. Pflügers Arch. **209**, 32 (1925).
294 WILLSTÄTTER, R., u. G. SCHUDEL: Bestimmung von Traubenzucker mit Hypojodit. Chem. Ber. **51**, 780 (1918).
295 WIND, F.: Versuche über den Stoffwechsel von Gewebsexplantaten und deren Wachstum bei Sauerstoff- und Glucosemangel. Biochem. Z. **179**, 384 (1926).
296 ZOCHER, H., u. V. BIRSTEIN: Beiträge zur Kenntnis der Mesophasen. Z. physik. Chem. A **141**, 413 (1929); **142**, 113, 126, 177, 186 (1929).

Sachverzeichnis.

Aufspaltung von Adenylpyrophosphat in zerkleinerter Muskulatur, 124
Autolyse von Froschmuskelbrei, 126
—, Phosphatmenge, abgespalten durch —, 80
Arbeit, effektive — und Milchsäurebildung, 252
Arbeitsfähigkeit anaerober Muskeln beim Aufenthalt in Stickstoff oder phosphathaltiger Ringerlösung, 32
— von Oxydationsvorgängen, 281
Arbeitsleistung, effektive, 243
—, — und Wärmeproduktion, 274
Arbeitsstoffwechsel, respiratorischer Quotient, 61
Arginin, 94
Argininphosphorsäure, 93, 312
Arseniat, 114, 119, 156, 161
Atmung, Anfangssteigerung im Muskel, 12
— und Gärung der Hefe, 190
—, Hemmung durch Fluorid und Oxalat, 113
—, intramolekulare, 177
— des Rattenzwerchfells, 52
Atmungsgröße isolierter Muskeln, 11
Atmungskörper, 131
Atmungssteigerung, 29
— bei Lactatzusatz, 13
— und Kohlehydratsynthese in Leberschnitten, 185
Atmungsverlauf in der grauen Hirnsubstanz von Ratten, 183
—, Verschwinden des Spaltungsumsatzes durch —, 118

Bacillus DELBRÜCK, 189
Bakterien, Milchsäurebildung, 189
Basenbindungsvermögen der Proteine, 219
Bernsteinsäure, 132, 139
Bilanz des präformierten Kohlehydrats, 120
Blausäure, 17
—äthylester, 181
Blut, Änderung des Kohlensäuregehalts, 59
—, des Menschen, Milchsäure im —, 60
Brenztraubensäure, 15
—, Kohlehydratsynthese aus zugeführter —, 48, 229
—, Oxydation, 54
—, Verbrennungswärme, 229

Chronaxie, 105
—, Zusammenhang des Phosphagenzerfalls mit der —, 105
Coffein, 16, 17, 114
Curare, 104
Cystein als Sauerstoffüberträger, 135
Cytochrom Keilins, 9

Destillationsmethode, FÜRTH-CHARNAsche —, 306
Diffusion, Kinetik, 10
—skoeffizient der Milchsäure, 8
— — des Sauerstoffs, 5, 8
Dissoziation des Fluormethämoglobins, 148
—skonstanten der Phosphorsäureester, 73

Dissoziationswärme, scheinbare — der Aminosäuren, 217
— —, — des Eiweiß im Muskel, 219
Disulfide, 135
Doppelbrechung, Änderung, 290

Effekte, thermoelastische, 293
Eiweißkörper und Aminosäuren, spezifisch-dynamische Wirkung, 196
Elastizitätsmodul der Muskelsubstanz, 294
Elektrostriktion, 292
Energieänderung, Geschwindigkeit bei der Kontraktion, 282
—ausbeute, maximale, 278
— einer einzelnen Zuckung, 284
—, freie — der Kohlehydratspaltung, 290
—, glatter Muskeln, 273
—, mechanische potentielle — des gereizten Muskels, 252
—regulation, 274
—umsatz im Tetanus, 272
Entartungsreaktion, 105
Entionisierungsreaktion des Proteins, 84
Ergometer, LEVIN-WYMAN, 250, 277
—kurve, 248
Erholungsoxydation, Maximalgeschwindigkeit, 259
Erholungsvorgang, Nutzeffekt, 227, 279
Erholungswärme, Geschwindigkeit, 256
Ermüdung, Zunahme des osmotischen Drucks bei fortschreitender —, 299
Ermüdungsmaximum, Abhängigkeit von der Art und den Intervallen der Reizung, 33
—, Abhängigkeit vom Ernährungszustand der Frösche, 33
—, Abhängigkeit von der Temperatur, 34
— bei frisch gefangenen Tieren, 34
Erregungsgeschwindigkeit, Zusammenhang des Phosphagenzerfalls mit der —, 105

Erschlaffungswärme, 251, 264
—, ,,Buckel", 267
—, zerstreute Spannungsenergie und —, 266
Ester vgl. Hexosephosphorsäure
—, aktiver, 147
—, Gehalt vor und im Beginn des Tetanus und nachträgliche Zunahme, 82
— I, schwer hydrolysierbarer, 147
— II, schwer hydrolysierbarer, 148

Fällungswärme, bei Alanin, 218
—, bei Leucin, 218
Ferment, Isolierung des milchsäurebildenden, 141
—, Reinigung des milchsäurebildenden, 141
Fettsäuredoppelbindungen, Verschwinden bei Sauerstoffaufnahme, 136
—krystalle, Änderung der Gitterkräfte, 300
Fibrillen, 296, 299
Fluorid, 119, 147, 156
—, Hemmung der Milchsäurebildung und Atmung, 113
Fluormethämoglobin, Dissoziation, 148
Fruktose, Umsatz während der Phosphatperiode, 155
Fumarsäure, 139
Fundamentalvorgang, innerer, mechanischer, im Muskel, 249

Gärung und Atmung der Hefe, 190
— des Glykogens, 162
—skoferment, Vorkommen im Muskel, 128
— thermolabiler Hemmungskörper, 129
Gefriermaximum, 23
Glukose, reaktionsfähige, 151
—, Spaltung durch Wasserextrakt aus Froschmuskeln ohne Aktivator, 149
—, Umsatz (vgl. auch Hexosen), 155
Glutathion, 9, 135

Sachverzeichnis. 345

Glutathion, präformiertes, 138
Glycerinphosphorsäure, 139
Glykogen, 70, 121, 309
— Gärung, 162
—hydrat, Lösungswärme, 212
—, Hydrolyse, 143
—, Hydrolysenwärme, 208
—, Lösungswärme, 212
—, Spaltungswärme, 208
—, Verbrennungswärme, 211
—, Versterungswärme, 209
Glykolyse, aerobe, 180
— der bösartigen Tumoren, 180
— von Rattengeweben, Größe, 178
— tierischer Gewebe, 177
Grenzschnittdicke, 5
Guanidinophosphorsäuren, 92, 311
—, Titrationskurven für die beiden —, 95

„Halb unendlicher fester" Körper, 10
Harden-Youngsche Gärungsgleichungen, 158, 160
— — Säure, vgl. Hexosediphosphorsäure. Konstitution, 78.
Hebel, Trägheits- und Schwung-, 247
—, Winkel-, 244
Hefe, Atmung und Gärung, 190
Hemmungskörper, thermolabiler — der Gärung, 129
Hexokinase, 149
Hexosediphosphorsäure, 71, 78, 123, 144
—, Zusatz, 121
Hexosemonophosphorsäure, 72, 80, 310
—, Hydrolysenkurve, 75
—, intermediäre, 158
—, Umsatz, 155
Hexosen, Umsatz der gärfähigen mit Hefeaktivator („Hexokinase"), 149
—, vergärbare, 121
Hexosephosphatase, 161
Hexosephosphat- und Polysaccharidspaltung, 145
Hexosephosphorsäuren, 71, 313
—, Dissoziationskonstanten, 73

Hexosephosphorsäuren, hydrolytische Spaltung, 143
—, Reduktionswert, 76
Hydrolyse des Glykogens, 143
— des Pyrophosphats bei Autolyse des Gewebes, 88
—nkurve, Aufnahme, 81
— — der Hexosephosphorsäuren, 75
—nwärme des Glykogens, 208
Hypoxanthin, 90

Inosinsäure, 90
Insulin, Wirkung, 57
Isochronismus von Nerv und Muskel, 105

Jodessigsäure, Vergiftung der Muskeln, 286, 304
Jodzahl, Verringerung, 136

Kaltblütermuskel, Ruheatmung des isolierten, 10
—, Tätigkeitsstoffwechsel im —, 28
—, — in situ, 48
Kapillarkonstante, 299
Kinetik der alkoholischen Gärung, 159
— der Diffusion, 10
Koeffizient, Arbeits- der Milchsäure, 253
—, isometrischer, der Milchsäure, 42, 231
—, isometrischer, der Milchsäure bei Einzelzuckungen, 232
—, isometrischer, des Phosphagenzerfalls, 102
—, isometrischer, des Sauerstoffs, 42, 238
Koferment, Rolle, 128
Kohlehydratbilanz, 27, 44, 120
—versuche, 45
Kohlehydrate, Bestimmung, 309
—, niedere, 310
Kohlehydrat, Kreislauf, 46, 120, 285
— im Rattenzwerchfell, 55
—, Resynthese, 38
—schwund in zerschnittener Muskulatur, 115

Kohlehydratspaltung, freie Energie, 290
—synthese, Atmungssteigerung und
— — in Leberschnitten, 185
— — aus zugeführter Brenztraubensäure, 15, 48, 229
—, Synthese aus zugesetzter Milchsäure, 47
Kohlensäure, carboxylatisch abgespalten, 15
—gehalt des Blutes, Änderung, 59
Koinzidenz von Spannungsentwicklung und Milchsäurebildung bei Coffein- und Chloroformstarre, 67
Kondensatoren aus Alkaliprotein, 303
Kontraktion, Geschwindigkeit der Energieänderung, 282
—, isometrische, 231
Kontraktionsenergie in gcm, 269
Kontraktion, Volumen-, 292
—, Wärmebilanz der aeroben, 227
—, Wärmeverlauf bei isometrischer und auxotonischer —, 270.
Kontraktur, Acetylcholin-, 68
—, Coffein-, 273
—, Spannung und Wärmeentwicklung, 273
—, Stoffwechsel, 63
—substanzen, 16, 66
—, Veratrin-, 68, 274
Koppelung zwischen Extrasauerstoff und Milchsäureschwund, 38
Körper, ,,halb unendlicher fester'',10
Kozymase, 128
—, Komplettierung durch Adenylsäure, 128
—, Rolle für die Milchsäurebildung, 130
Kreatin, 92
Kreatinphosphorsäure, vgl. auch Phosphagen, 93, 311
—, Gehalt, 100
—, Spaltungswärme, 209
—, Verhalten im ruhenden Muskel, 99
—, Zerfall, 305
Kreislauf der Milchsäure in der Ruheatmung, 26

Kreislauf des Kohlehydrats, 46, 120
Krystalle, flüssige, 300

Lactacidogen, 72
—gehalt, 80
Lactat, d-, 14
—, l-, 14
—, oxydativer Verbrauch, 182
—zusatz, Steigerungen der Atmung, 14, 112
Lecithin, 135
Leucin, 218
Levin-Wyman-Ergometer, 277
Linolensäure, 135
Lipoide, 135
Löslichkeit des Sauerstoffs im Muskel, 8
Lösungswärme von Glykogen, 212

Mensch, Restitutionsvorgang, 62
Methoden, kalorimetrische, 317
—, manometrische, 313
Methylenblau, 138, 189
—atmung, 139
—, respiratorischer Quotient in Gegenwart von —, 189
Methylglyoxal, 124
Meyerhof-Quotient, 179
Milchsäureäquivalente, verbrannte, 38
Milchsäure, Arbeitskoeffizient, 253
—bildendes Ferment, Isolierung, 141
— — —, Reinigung, 142
—bildung und effektive Arbeit, 252
— — und Arbeit, zeitlicher Zusammenhang, 35
— — in Bakterien, 189
— —, Bestimmung mittels Austreibung von Kohlensäure aus Bicarbonatlösung, 315
— —, Geschwindigkeit der anaeroben, 17
— —, Hemmung durch Fluorid und Oxalat, 113
— —, Koinzidenz von Spannungsentwicklung und —, 67
— —, Rolle der Kozymase, 130
— — und Tätigkeit, 29

Milchsäurebildung, traumatische, 29
— — und Veresterung der Polysaccharide, 144
— — in der zerschnittenen Muskulatur, 114
— — aus zugesetzten Kohlehydraten, 121
—, calorischer Quotient bei der Tätigkeit, 203
—, Diffusionskoeffizient, 8
—, Ermüdungsmaximum, 30
—, Extra-, 121
—gehalt im Blut, 60
—, isometrischer Koeffizient, 42, 231
—, — — bei Einzelzuckungen, 232
—, Kreislauf, 285
—, — in der Ruheatmung, 26
—, links- und rechts-, 14
—maxima, verschiedene, 19, 23
—, nachgebildete, Folge einer Überreizung, 36
—, Neutralisierung, 83
—, Oxydationsquotient der —, vgl. unter „Oxydationsquotient"
—, oxydatives Verschwinden in Warmblüterorganen, 184
—, Ruheminimum, 24, 308, im Warmblüter, 56
—schwund, 15
— —, Koppelung zwischen Extrasauerstoff und —, 38
— — nach Ruheanaerobiose, 25
—, Starremaximum, 19
—, Steigerung des Umfangs der intermediär entstehenden — durch die Innervation des Muskels, 49
—, Übertritt in die Außenlösung, 30
—, Verbrennungswärme, 213
Modell, viscös-elastisches, 249
Monoaminophosphorsäure, 94
Monoester, vgl. Hexosemonophosphorsäure, natürliche Umlagerung im Hefeextrakt unter Vergärung, 161
Monoesterspaltung, Einfluß von Arseniat und Fluorid, 156
Monojodessigsäure, Muskeln behandelt mit —, 286, 304

Muskelextrakt, chemische Vorgänge im, 140
Muskelfaser, micellare Ultrastruktur, 291
Muskelkochsaft, 129
Muskel, anaerobe Arbeitsfähigkeit beim Aufenthalt in Stickstoff oder phosphathaltiger Ringerlösung, 32
—, mechanische potentielle Energie des gereizten —, 252
—, menschlicher, oxydativer Wirkungsgrad, 278
—, pH, 21, 35
—, Pufferkapazität, 21
—, Reaktionsänderung in Ruhe und Tätigkeit, 97
—, Röntgenspektroskopie, 291
—substanz, Elastizitätsmodul, 294
—, viscöser Widerstand, 248
Myosingranula, 295

NaF, 112
Nährstoffenergie, Ausnützung durch anaerobe Prozesse, 284
Narcotica, 114
—, Atmungshemmung durch —, 16
Nerven, respiratorischer Quotient, 187
—, Stoffwechsel des —, 186
—, Wärmemessungen, 188
Neutralisierung der Milchsäure, 83
Nutzeffekt der Erholungsperiode, 227, 279

Oberflächenspannung, Theorie der Änderung, 299
Organische Säuren. Oxydation in wasserextrahierter Muskulatur, 138
o-Phosphat, Hydrolyse aus Pyrophosphat, 125
Osmotische Hypothese, 298
Osmotischer Druck, Zunahme bei fortschreitender Ermüdung, 299
Oxalat, 147
—, Hemmung der Milchsäurebildung und Atmung, 113

Oxydation von organischen Säuren in wasserextrahierter Muskulatur, 138
Oxydationsquotient, 25, 37, 43, 119, 179, 189, 190, 227, 262
— im lebenden Tier, 51
Oxydationsvorgänge, Arbeitsfähigkeit, 281
Oxydative Erholung und Resynthese, Bilanzversuche, 45
— Resynthese des Phosphagens, 103
„Oxygen debt", 62

PASTEURsche Reaktion, 177
— —, Beeinflussungen, 181
Permanganat, 306
P-Fraktion, leicht hydrolysierbare, 88
pH-Änderung vom Muskel, 21, 35, 288
Phosphagen (vgl. auch Kreatinphosphorsäure), 92
—, Gehalt, 99
—, isometrischer Koeffizient, 107
—, Zeitkoeffizient, 107
—, Resynthese, anaerobe, 101
—, —, oxydative, 103
—zerfall bei Aufhebung der indirekten Erregbarkeit des Muskels, 103
— —, Zusammenhang mit der Erregungsgeschwindigkeit bzw. „Chronaxie", 105
Phosphat, Gehalt an diffusiblem — im Muskel, 109
—, Menge, durch Autolyse abgespalten, 80
Phosphatasen, 143
Phosphorsäureester (vgl. Hexosephosphorsäuren)
—, hydrolytische Spaltung, 143
Phosphorsäurefraktionen, 310
Polysaccharide, Milchsäurebildung und Veresterung, 144, 145
Protein, Entionisierungsreaktion, 84
—, Entionisierungswärme, 216, 220
—, Muskel-, Lösungszustand, 85
—, Säure- und Basenbindungsvermögen, 219

Protein der Verkürzungsorte, isoelektrischer Punkt, 302
Pufferkapazität der Muskeln, 21, 22
Pyrophosphatfraktion, 86, 312
— Hydrolyse bei Autolyse des Gewebes, 88
—zerfall, 88, 125

Quellung, Säure-, 297
Quellungshypothese, 296
Quotient, calorischer, 221
—, —, bei der chemischen Starre, 206
—, —, bei der Tätigkeit, 203
—, —, der Ruheanaerobiose, 204
—, —, in der zerschnittenen Muskulatur, 207
Quotient, MEYERHOF-, 179
—, respiratorischer, 13, 61, 197
—, —, des Arbeitsstoffwechsels, 61
—, —, Bestimmung, 314
—, —, in Gegenwart von Methylenblau, 189
—, —, des Nerven, 187
—, —, Steigerung bei der Arbeit, 197

Rattenzwerchfell, Atmung, 52
—, Kohlehydrat im —, 55
Reaktion, gekoppelte, chemische, 282
—sänderung des Muskels in Ruhe und Tätigkeit, 97
Reduktion von Methylenblau, 138
Reduktionswert der Hexosephosphorsäure, 76
Restester, 75
Restitution (vgl. auch „Erholung"), oxydative, 36
—, nach Ruheanaerobiose, 24
—speriode, Wärmebildung der oxydativen, 224, 259
—svorgang beim Menschen, 62
Resynthese des Phosphagens, 101, 103
— von Milchsäure zu Kohlehydrat, 38, 118
—, oxydative Erholung und —, Bilanzversuche, 45
Röntgenspektroskopie beim Muskel, 291

Sachverzeichnis.

Ruheanaerobiose, 17
—, calorischer Quotient, 204
—, Milchsäureschwund nach —, 24, 25
Ruheatmung der Frösche, 48
— des isolierten Kaltblütermuskels, 10
—, Kreislauf der Milchsäure, 26
Ruheminimum der Milchsäure, 24, 308

Saccharid, höheres, reduzierendes, 143
Salzbildung, innere — des Verkürzungsproteins, 301
Sauerstoffaufnahme, Verschwinden von Fettsäuredoppelbindungen, 136
—defizit, 62
—, Diffusionskoeffizienten, 5, 8
—druck, in den Zellen herrschender —, 9
—, Einfluß auf die Zuckungswärme, 199
—gefälle, 40
—gehalt im Muskel, 8
—, isometrischer Koeffizient, 42, 238
—überträger, Cystein, 135
—verbrauch isolierter Muskeln, 10
—versorgung des Muskels, 5
—verteilung im Muskel, 41
Säugetiere, Starrewert, 56
—muskel, Stoffwechsel, 52
Säure- und Basenbindungsvermögen der Proteine, 219
—quellung, 297
Sulfhydrilgruppe, 134
Spaltungsumsatz, Verschwinden durch die Atmung, 118
—wärme des Glykogens, 208
— der Kreatinphosphorsäure, 209, 222
Spannungsentwicklung, Koinzidenz von Milchsäurebildung und —, 67
—längendiagramm, 239
Spannung, Verhältnis von Wärme und —, 270
— und Wärmeentwicklung bei Kontrakturen, 273

Spartein, 105
Spinaltier, evisceriertes, 57
Schwefelwasserstoff, 114
Schwermetallsulfid, komplexes, organisches, 137
Schichten, doppelbrechende, 295
Starremaximum der Milchsäure, 19
Starren, chemische, 66
Starrewert bei Säugetieren, 56
Steigerung der anaeroben Tätigkeit bei Herausdiffusion der Milchsäure, 35
— der Atmung, 29
Stoffwechsel der Embryonen, der Säugetierretina, 179
— des Kaltblütermuskels in situ, 48
— der Kontraktur, 63
— des Säugetiermuskels, 52
— des wasserextrahierten Muskelgewebes, 128
Strychnin, 105

Tätigkeitsstoffwechsel im Kaltblütermuskel, 28, 29
Tetanus, Größe des Energieumsatzes, 272
Thioglykolsäure, 134
Titrationskurven der Guanidinophosphorsäuren, 95
Tonus, 69
Totenstarre, 19, 64
Trägheits- oder Schwunghebel, 247
Trihexosan, 145
Trimethyloctylammoniumjodid, 104

Ultrastruktur, micellare — der Muskelfaser, 291
Untersuchungen, myothermische, 199

Valeriansäure, aufgetretene Wärme pro 1 Mol., 214
Veratrin, 105
—kontraktur, 68
Verbrennungswärme des Glykogens, 211
— der Milchsäure, 213
Veresterung und Milchsäurebildung der Polysaccharide, 144

350 Sachverzeichnis.

Veresterungskorrektur, 316
Veresterungswärme des Glykogens, 209
Verkürzungsprotein, Innere Salzbildung, 301
Versuche, kalorimetrische, 200
— am Menschen, 59
Vibrio METSCHNIKOFF, 190
Volumenkontraktion, 292

Warmblüter, Milchsäureminimum, 56
Wärme, anaerob verzögerte, 257
—, Auftreten pro 1 Mol eingedrungener Valeriansäure, 214
Wärmebilanz der aeroben Kontraktion, 227
Wärmebildung der anaeroben Phase, 201
— beim Eindringen von CO_2, 215
— der oxydativen Restitutionsperiode, 224, 260
—, zeitlicher Verlauf, 255, 257, 270
Wärmeentwicklung und Spannung bei Kontrakturen, 273
Wärmekurve, analysierte, 263
—, photographische Registrierung, 267
Wärme, initiale — am Biceps cruris der Schildkröte, 265
— —, einzelne Phasen, 263
— — und verzögerte, 256
Wärmemessungen am Nerven, 188
Wärmeproduktion und effektive Arbeitsleistung, Zusammenhang, 274

Wärmestarre, 66
Wärme, Verhältnis der anaeroben zur oxydativen, 225
— — von Spannung und —, 270
Wärmeverlauf bei isometrischer und auxotonischer Kontraktion, 270
Wasserstoffzahl des ruhenden, starren und ermüdeten Muskels, 21, 97
Widerstand, viscöser — des Muskels, 248
Winkelhebel, 244
Wirkung des Insulins, 57
Wirkungsgrad, anaerober, 253, 268, 277
—, oxydativer des menschlichen Muskels, 278

Zeitwert der Erregung (vgl. Chronaxie), 105
Zellen, Sauerstoffdruck in den —, 9
Zink-l-Lactat, 306
Zucker, Entfernung durch Kupferkalk, 306
Zuckerumsatz, Theorie, 157
Zuckung, Energie einer einzelnen —, 284
Zuckungswärme, Einfluß des Sauerstoffs, 199
Zwerchfell der Maus, 52
— von Ratten, 52
—, Kohlehydrat im —, 55
Zwischenzucker im Muskel, 70
Zwitterionen, Aminosäuren als —, 216

If you have any concerns about our products,
you can contact us on
ProductSafety@springernature.com

In case Publisher is established outside the EU,
the EU authorized representative is:
**Springer Nature Customer Service Center GmbH
Europaplatz 3, 69115 Heidelberg, Germany**

Printed by Libri Plureos GmbH
in Hamburg, Germany